Outlook ビジネスメール 効率化&自動化の教科書

伊賀上真左彦
シーピーデザインコンサルティング

技術評論社

はじめに

本書はMicrosoft Outlookを用いて、ビジネスメールの業務を効率化、および自動化するテクニックを解説する書籍です。

ここでの「効率化」は、クイックパーツ、検索フォルダー、条件付き書式など、Outlookが持つさまざまな機能を活用し、メール業務の時間を大幅に短縮することを指しています。

もう1つの「自動化」は、クイック操作やVBAなどのプログラミング機能を用い、完全自動、もしくはボタンを1回クリックする程度で、メールの業務を完了することを指しています。

近年のペーパーレス化の動きから、郵便やFAXで送っていた発注書や請求書をメールに切り替える動きが進んでいます。しかし、多くの会社ではその作業を手作業で行っており、長時間残業や臨時出勤の原因にもなっています。また、オンラインセミナーの案内やアンケートの依頼を数百から数千人に向けてメールする、ということも日常的に行われています。こういった作業は、長時間労働やメール誤送信の原因になることもあります。これをボタン1個でかんたんに完了できるとしたら、いかがでしょうか？

》筆者がITスキルを習得した経緯

筆者は、とある事情で前の仕事から離れ、未経験だった事務職として再出発しました。40歳を目前にしてのことです。筆者はキーボードで入力する速度も遅い方でしたし、記憶力も高くはなく、事務職としての適性はないに等しい状況でした。これからどうやって生きていくか、当時真剣に悩みました。その結果として辿り着いたのが、ショートカットを始めとする各種業務効率化スキルの習得と、プログラミング等の業務自動化スキルの習得です。

それにより、他の人よりも短時間で、ミスなく作業を行えるようになりましたし、毎日6時間かかっていた集計作業をボタン1個で完了させることもできるようになりました。筆者は事務仕事を行う頻度が徐々に減り、業務の設計や自動化プログラムの開発、業務効率化や自動化のセミナーを行うことが増えていきました。それから10年ほど経過した今、筆者の仕事は事務職からITエンジニア、ITコンサルタントへと変化しました。

》業務を効率化するために重要な3つのアプリ

筆者は、業務を効率化&自動化するには、3つのアプリが重要だと考えています。1つが「Excel」、もう1つが「Outlook」、そして最後が「ブラウザ（ChromeやEdge）」です。これらは、例えば「Excelで送られてくる大量の注文データを社内の3つのシステムに毎日6時間かけて入力する」といった、「単純な繰り返し作業」の温床となっている場合があります。ショートカットを始めとする効率化テクニックや、プログラミングを始めとする自動化テクニックがもっとも効果を発揮するのは、こういった「単純な繰り返し作業」なのです。

単純な繰り返し作業の温床となりやすい「Excel」「Outlook」「ブラウザ」の中で、「Excel」と「ブラウザ」は効率化や自動化の手段がさまざまな書籍で説明されてきました。ところが、Outlookに関してはそういった書籍がほとんど出版されておらず、長時間の残業で大量のメールを手動で作成、送信し、時にはメールを誤送信するといった、非効率な使い方が継続されてきたのです。その状態を改善することが、本書を出版する最大の目的です。

》メールを効率化&自動化すると何ができる？

筆者はこれまで、「500件のメールを3名が2日間、臨時出勤して送信する」「メールで毎日50件送られてくる注文データを専任の担当者がExcelの一覧表にまとめる」といった場面を多数目撃してきました。こういった作業は、本書に付属する大量メール自動下書き／送信ソフト「AutoMailerDraft」、受信メール集計ソフト「AutoMailer」、Excelファイル集計ソフト「エクセル集計おまとめ君」を用いれば、ボタン1個で完了するかもしれません。

社会人がメールに割く時間は、1日平均2時間程度とされています（※1、※2）。これは、Excelなど他のアプリケーションと比較しても長いと考えられます。にも関わらず、メール業務の効率化や自動化に関しては、ほとんど議論がされてきませんでした。

仮に毎日2時間かかるメール業務が1時間で完了するようになったら、いかがでしょうか？日本人の平均残業時間は1日1時間程度とされているので、多くの人が残業なしで今と同じ業務をこなせる程度の、大きなインパクトがあります。

》本書が目指すのは、より自由で豊かな働き方

近年、日本の労働生産性の低さと、それによって引き起こされる賃金の低下が社会的な問題となっています。もし、皆さんが本書の内容を習得し、他の人が6時間かかる仕事をボタン1個で完了できるようになったとしたら、いかがでしょうか？　今まで出社して行っていた作業を自動化すれば、出社の必要もなくなるかもしれませんし、会社での評価も大きく上がるかもしれません。

業務の効率化&自動化は、ともすれば残業時間の削減を最終的な目標としてしまうことがあります。しかし、単に残業時間を減らすだけでは、残業代も減るだけで、働く人は幸せにはならないのではないでしょうか？

筆者は、本当に目指すべきは「より自由で豊かな働き方」だと考えます。

本書に書かれたテクニックが、皆様のお役に立てればと願っています。

※1　Adobe社「2019 Consumer Email Survey」
https://www.adobe.com/jp/news-room/news/201910/20191010_2019-consumer-email-survey.html

※2　日本ビジネスメール協会「ビジネスメール実態調査2021」
https://businessmail.or.jp/research/2021-result/

動作環境について

本書で紹介するテクニックやVBAのプログラムは、以下の環境に対応しています。

OS：Windows 10/11
MS Office：2010/2013/2016/2019/2021/Microsoft 365 Apps for enterprise/for business

本書をご利用の際は、下記の点にご留意ください。

- 本書の画面は、主にWindows 10、MS Office Microsoft 365 Apps for enterprise/for businessを使用しています
- Outlookは、バージョンや画面のサイズによってアイコンの配置やデザインが変化する場合があります
- VBAによるプログラミングの解説では、一部Excelクライアント版を用いています。本書の内容をすべて学習するには、Excelクライアント版が必要です（Excel ブラウザ版には対応していません）
- Mac版に関しては動作の確認を行っておらず、保証の対象外とさせていただきます
- 本書の動作は、一般的な環境で確認を行っています。会社で制限をかけている場合や、今後のバージョンアップ等によっては、本書の通りに動作しない場合もあります

Outlookには、ブラウザ版、Mac版、スマホ版など多数の種類が存在しますが、本書でご説明しているのはOutlookクライアント版（デスクトップ版）のみです。これは以下の理由により、業務効率化にはOutlookクライアント版がもっとも優れているためです。

- ブラウザ版やスマホ版と比較し、動作速度が2～3倍程度速い
- クイックパーツ、検索フォルダー、クイック操作、VBAなどの効率化&自動化機能を持っているのはクライアント版だけである

筆者が実験をしたところ、「メッセージウィンドウ」でメールを1件開くまでの時間は、Outlookクライアント版では平均1.2秒、ブラウザ版では3.5秒でした。他の操作も、ブラウザ版では動作速度が半分程度となっていました。ブラウザ版を使用している方は、クライアント版に切り替えるだけで、「処理待ち」の時間が半分程度になります。Outlookブラウザ版の使用は、出先のパソコンを借りてメールをチェックする場合などにとどめ、普段はOutlookクライアント版をご使用いただくことをおすすめします。

本書の構成

本書の構成は、以下のようになっています。

1章　作業効率をUPする「環境設定」テクニック　効率化

効率化と、誤送信やメール見逃しの事故を減らすための設定方法をご説明しています。

2章　メールを「整理する」時の効率化テクニック　効率化

受信したメールを効率的に整理する方法をご説明しています。

3章　メールを「読む」時の効率化テクニック　効率化

ショートカット等を駆使し、メールを短時間で読む方法をご説明しています。

4章　メールを「書く」時の効率化テクニック　効率化

ショートカット、単語の登録、クイックパーツなど、メールを書く際の効率化の方法をご説明しています。

5章　メールの「誤送信と誤操作」を減らすテクニック　効率化

メールの誤送信や誤操作を減らす方法をご説明しています。

6章　「クイック操作」を使った自動化テクニック　自動化

簡易自動化機能、クイック操作についてご説明しています。

7章　Outlook VBAの「準備」をする　自動化

Outlook VBAの初期設定の方法についてご説明しています。

8章　VBAの「基本」を知る　自動化

VBAの基本文法を、Excelを用いてご説明しています。

9章　VBAの「オブジェクトとプロパティ」を知る　自動化

「宛先」「件名」「本文」など、メールを構成する部品であるオブジェクトとプロパティについてご説明しています。

10章　VBAの「メソッド」を知る　自動化

「送信」「下書き保存」などの命令を与える、「メソッド」の使い方をご説明しています。

11章　OutlookにVBAを組み込んで使用する　自動化

Outlookの内部にプログラムを組み込み、機能を追加する方法や、メール受信時などに自動でプログラムを動かす方法をご説明しています。

12章　Outlook VBAでメール業務を「自動化」する　自動化

「誤送信防止機能」「添付ファイルを自動で保存」など、業務で使える実用的なプログラムをご紹介しています。

13章　Outlook VBAによる「業務自動化ツール」を活用する　自動化

「Excelの表を元にメールを下書き／送信する」「メールをExcelにまとめ添付ファイルをダウンロードする」「多数あるExcelファイルを一覧表にまとめる」の3つの実用プログラムについてご説明しています。

》効率化と自動化

本書の内容は、1章から5章までの「効率化」と、6章から13章までの「自動化」に分けられます。

1章から5章までの特徴と注意点

- クイックパーツ、検索フォルダー、分類、自動仕分け、ショートカットキーなど、Outlookが持つ機能を活用し、ビジネスメールの作業を効率化する方法をご説明しています。
- 「インボックス・ゼロ（受信トレイ・ゼロ）」と呼ばれるメール管理の手法を取り入れ、筆者が開発した「受信トレイを用いたタスク管理」という手法に関してご説明しています。

6章から13章までの特徴と注意点

- Outlookだけが持つ簡易自動化機能である「クイック操作」と、プログラミング言語「VBA（Visual Basic for Applications）」を用いた自動化についてご説明しています。
- プログラミング未経験の方でもわかるように解説していますが、文法が同一のため、Excel VBAをすでに習得している方はより短期間で習得できます。また本書でOutlook VBAを習得した後、Excel VBAも習得いただくと、業務を自動化できる範囲が大きく広がります。
- 12章と13章では、ダウンロードしてそのまま使える、もしくはコピーして貼り付けるだけで使える、業務効率化プログラムをご紹介しています。

本書をお読みいただく方には、「自動化（プログラミング）」には興味がない」もしくは「普段Outlook以外のメールアプリを使用しているが、自動化だけのためにOutlookを使いたい」という方も含まれると思われます。前者の方は1章から5章を中心にお読みいただき、後者の方は6章から13章を中心にお読みください。

また、どちらの方も12章と13章には目を通していただければと考えます。ここでは、多くの職場で使用できる汎用メール業務自動化プログラムや、誤送信防止プログラムをご紹介しているためです。もしかしたら、メールの誤送信が劇的に減るかもしれませんし、皆様の会社で普段長時間かけて行っている仕事が、ボタン1個で終わるかもしれません。

本書が依拠する「インボックス・ゼロ」の考え方

》「インボックス・ゼロ」とは何か？

「インボックス・ゼロ」は、Merlin Mann氏によって提唱されたメール効率化の手法です。詳しくは、以下のWebサイトで説明されています。また、書籍（Inbox Zero: Cutting Through the Crap to Do the Work That Matters）も発売されています。

http://www.43folders.com/izero

「インボックス・ゼロ」は、主に以下のような方法でメールを効率的に管理します。

①自動通知をオフにする

1～3時間に1回、集中して読み、それ以外の時間はメールのことを忘れる。

②かんたんなものはすぐに対応する

1～2行の返信ですむかんたんなメールはすぐに返信し、すぐにそのメールのことを忘れる。

③書く量を減らす

短く、迅速に返信する。

④頻繁に書く内容はテンプレート化する

テンプレート化したメールを人や状況に応じて一部修正して使う。

⑤不要なメールは削除（アーカイブ）する

このメールに返信する必要はないと判断したら即削除（アーカイブ）する。

Merlin Mann氏は「受信トレイ内にあるメール」を「面倒なこと」と呼んでおり、処理が完了したメールをすぐに削除（アーカイブ）することで「面倒なこと」を減らすことを推奨しています。それにより精神的な負荷を減らし、メール以外の仕事に集中できます。

》「インボックス・ゼロ」のよくある勘違い

「インボックス・ゼロ」はその名前から、「常時メールを監視し、受信トレイ内のメールをゼロにする方法」と勘違いされることがあります。実際には真逆で、1日に数回程度、メールをまとめて処理し、それ以外の時間は別の仕事に集中することが推奨されています。また受信トレイ内のメールは必ずしもゼロにしておく必要はありません。ただ、「受信トレイ内のメール」=「面倒なこと」を減らすため、極力、受信トレイ内のメールを少なくすることが推奨されています。

「インボックス・ゼロ」は、「GTD(Getting Things Done)」の手法をメールに適用したもの、とされています。「GTD」はDavid Allen氏が書籍「Getting Things Done」(邦題:仕事を成し遂げる技術 —ストレスなく生産性を発揮する方法)の中で提唱した、タスク管理の仕組みです。精神的な負荷を下げつつ、タスクを効率的に処理する方法とされています。

従来のタスク管理の手法では、「重要性」や「納期」などから、タスクに優先順位をつけて管理します。この方法は、間に次々と新しいタスクが入ってきて、「重要度」や「納期」が頻繁に変わるという欠点があります。それによってストレスを感じたり、タスクを処理しきれず、業務が破綻することもあります。

それに対して「GTD」では、「重要度に関わらず、2分以内に終わる仕事は直ちに行う」「手帳や付箋、メールなどに分散して記録されている「タスク」を、種類ごとに1か所の「パケット」に集約・分類し、処理する」といった手法を用います。これにより精神的な負荷を下げつつ、効率的にタスクを処理できます。

近年、日本でも「ライフ・ハック(日常業務の質や生産性を上げる手法)」という言葉がよく使われます。「GTD」や、その応用といえる「インボックス・ゼロ」は、海外では「ライフ・ハック」の代表的なものとされています。

本書で扱う画面について

本書で解説を行う画面は、大きくOutlookの「メール」ビューと「Visual Basic Editor」に分けられます。ここではそれぞれの画面の名称と役割について、ご紹介します。本書を読む上で、あらかじめ知っておくとよいでしょう。

》「メール」ビューの名称と役割

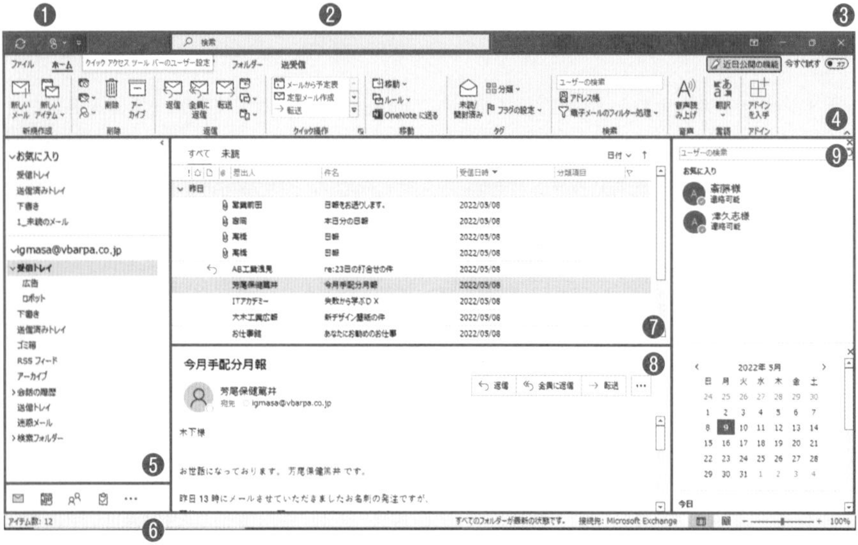

❶クイックアクセスツールバー	頻繁に使う機能を登録できる。登録した機能は、ショートカットとしても使用できる→ P.40 参照
❷検索ボックス	検索する内容を入力する→ P.90 参照
❸タイトルバー	アプリの最大化、最小化、表示場所の移動などに使う
❹リボン	よく使う機能が目的別に分類され、配置されている→ P.34 参照
❺フォルダーウィンドウ	メールの入ったフォルダーを切り替えられる
❻ナビゲーションバー	「メール」ビュー、「予定表」ビュー、「連絡先」ビュー等を切り替えられる
❼ビュー	主な情報が表示される
❽閲覧ウィンドウ	メールの内容を見ることができる→ P.22 参照
❾To Do バー	直近の予定、タスク、お気に入りの連絡先が表示される→ P.30 参照

》「Visual Basic Editor」の名称と役割

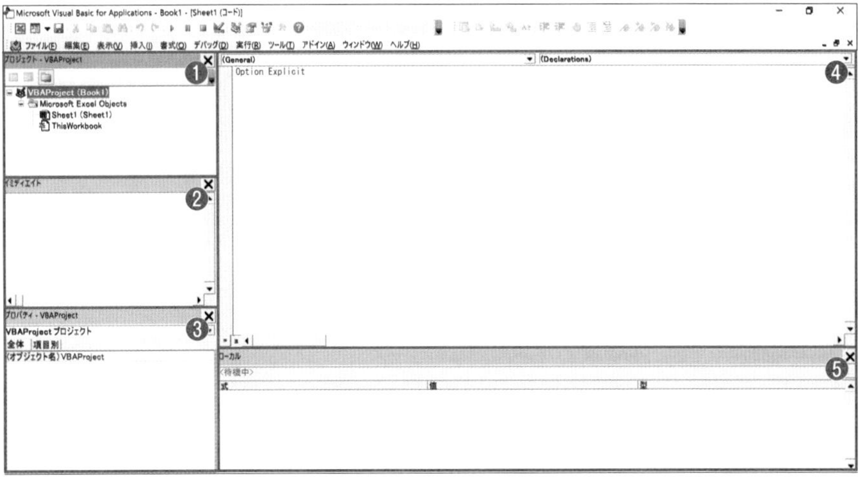

❶プロジェクト エクスプローラー	「プロジェクト」とは、プログラムが集まった単位のこと。プロジェクトの階層リストと、含まれるすべてのアイテムが表示される
❷イミディエイト ウィンドウ	コードの動作確認やエラーチェックを行うことができる
❸プロパティ ウィンドウ	プロジェクトエクスプローラーで選択しているプロジェクトやモジュールの設定値の確認や変更を行うことができる
❹コード ウィンドウ	VBAのコードを入力する
❺ローカル ウィンドウ	プログラム実行中に、オブジェクトや変数の状態を確認することができる

サンプルファイルのダウンロードについて

本書では、解説に使用したVBAのサンプルプログラムを提供しています。サンプルプログラムは、下記のページからダウンロードできます。ダウンロード時は圧縮されているため、展開してからご利用ください。

https://gihyo.jp/book/2022/978-4-297-13012-1/support

Outlookビジネスメール効率化&自動化の教科書
サポートページ
ツイート
リスト
B! 0
いいね！0
この記事を読むのに必要な時間：およそ 0.5 分
ダウンロード
ダウンロード
本書のサンプルファイルは以下よりダウンロードできます。
サンプルファイルのデータは圧縮ファイル形式（zip）となっているため，ファイルダウンロード後はデスクトップなどに展開してご利用ください。
（2022年8月15日最終更新）
ダウンロード
sample.zip
左クリックする

なお、サンプルプログラムのご利用に伴うトラブルや不具合について、弊社および著者はあらゆる対処を行いません。あらかじめ、ご承知おきください。

本書提供のサンプルプログラムは、以下のようなフォルダー構成になっています。

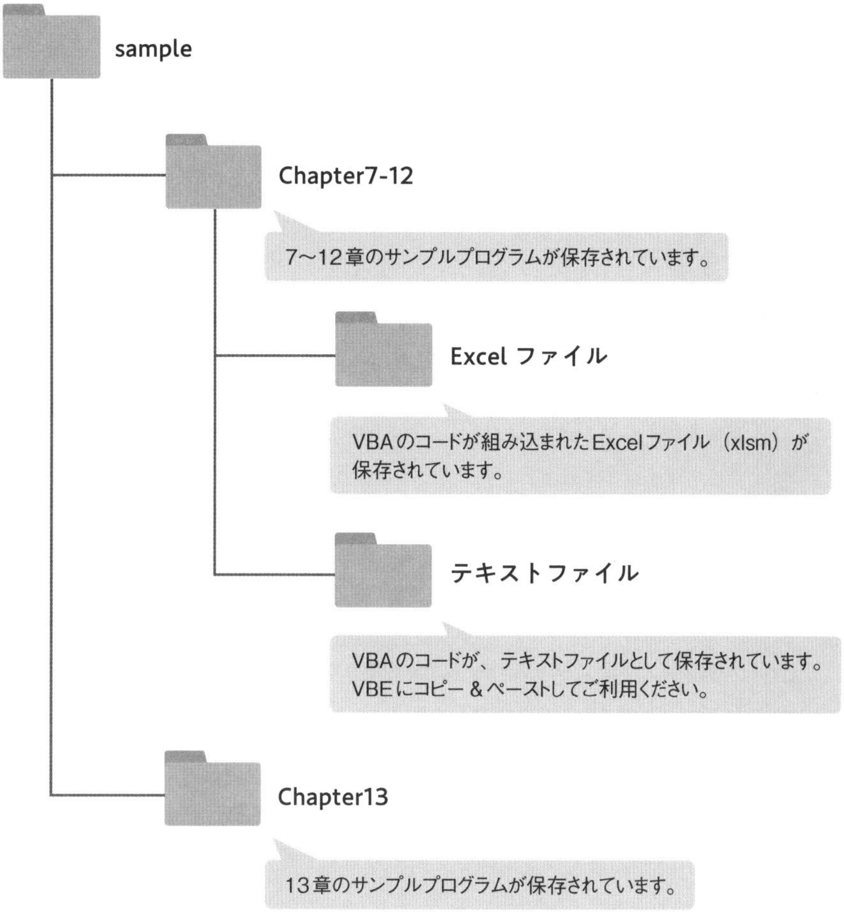
sample
Chapter7-12
7～12章のサンプルプログラムが保存されています。
Excel ファイル
VBAのコードが組み込まれたExcelファイル（xlsm）が
保存されています。
テキストファイル
VBAのコードが、テキストファイルとして保存されています。
VBEにコピー＆ペーストしてご利用ください。
Chapter13
13章のサンプルプログラムが保存されています。

サンプルプログラムは、章ごとのフォルダーに分かれて保存されています。また章のフォルダーの中では、節ごとのフォルダーに分かれて保存されています。ご利用の章→節の順にフォルダーを開き、目的のサンプルプログラムを開いてください。なお、1～6章はVBAの解説を行っていないため、サンプルプログラムのご提供もありません。

目次

第1章　作業効率をUPする「環境設定」テクニック

第5章 メールの「誤送信と誤操作」を減らすテクニック

第6章 「クイック操作」を使った自動化テクニック

第7章 Outlook VBAの「準備」をする

第8章　VBAの「基本」を知る

第9章　VBAの「オブジェクトとプロパティ」を知る

第10章　VBAの「メソッド」を知る

第11章　OutlookにVBAを組み込んで使用する

第12章　Outlook VBAでメール業務を「自動化」する

第13章　Outlook VBAによる「業務自動化ツール」を活用する

● 免責

本書に記載された内容は、情報の提供のみを目的としています。したがって、本書を用いた運用は、必ずお客様自身の責任と判断によって行ってください。これらの情報の運用の結果、いかなる障害が発生しても、技術評論社および著者はいかなる責任も負いません。

本書記載の情報は、2022年8月現在のものを掲載しております。ご利用時には、変更されている可能性があります。OSやソフトウェアなどはバージョンアップされる場合があり、本書での説明とは機能内容や画面図などが異なってしまうこともあり得ます。OSやソフトウェア等のバージョンが異なることを理由とする、本書の返本、交換および返金には応じられませんので、あらかじめご了承ください。

また、本書で使用されている例はすべて架空のものであり、実在の人物・企業・団体とは一切関係がありません。

以上の注意事項をご承諾いただいた上で、本書をご利用願います。これらの注意事項に関わる理由に基づく、返金、返本を含む、あらゆる対処を、技術評論社および著者は行いません。あらかじめ、ご承知おきください。

第1章

作業効率をUPする「環境設定」テクニック

01 「閲覧ウィンドウ」の表示位置を変更する

》「閲覧ウィンドウ」の表示位置の問題点

Outlookの「閲覧ウィンドウ」は、メールの検索や整理を行う上で必要となる、重要な画面です（P.82）。しかし、使用しているPCのモニタのサイズや解像度によっては、「閲覧ウィンドウ」が見づらく、操作に支障が出る場合があります。Outlookの初期設定で、「閲覧ウィンドウ」は画面の右側に表示されています。横幅の狭いモニタを使っているような場合、以下の画面のように「閲覧ウィンドウ」が場所をとり、「ビュー」の横幅が狭くなることがあります。「ビュー」には、メールの差出人や件名など、メールを整理する上で重要な情報が表示されています。これらの情報が見づらくなると、整理の作業効率が下がってしまいます。

また、以下の画面は幅の狭いモニタで「To Doバー」(P.30)を表示した場合の画面です。「ビュー」に表示されるメールの件名や差出人が、ほとんど見えなくなっていることがわかります。この状態では作業効率が落ちるだけでなく、広告メールやスパムメールを見分けることも困難で、致命的なトラブルの原因となる可能性があります。

To Doバー

「閲覧ウィンドウ」の位置を変更する

このようにモニタの幅が狭く、「閲覧ウィンドウ」や「ビュー」が見づらくなってしまう場合は、以下の方法で「閲覧ウィンドウ」の位置を「下」に変更します。その結果、画面に表示されるメールの件数は少なくなりますが、件名や差出人はしっかり見えています。ワイドモニタを用意することが難しい状況では、この配置で使用することをおすすめします。

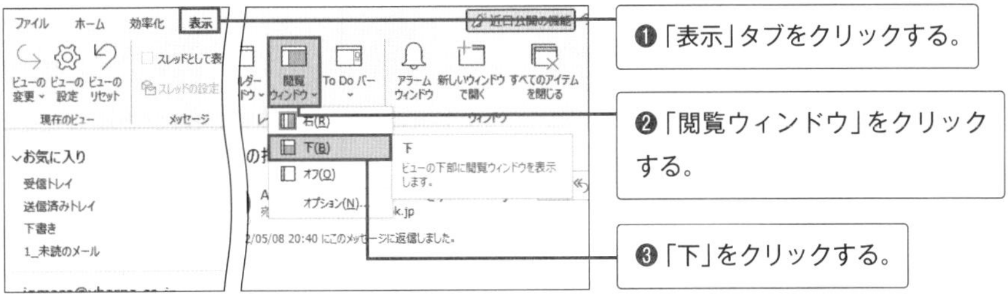
❶「表示」タブをクリックする。
❷「閲覧ウィンドウ」をクリックする。
❸「下」をクリックする。

❹「閲覧ウィンドウ」が下に移動する。

》「閲覧ウィンドウ」を非表示にする

「閲覧ウィンドウ」の表示位置を「オフ」に設定すると、次ページの画面のように「閲覧ウィンドウ」を非表示にすることができます。確かに画面は広く使えるのですが、メールの内容がわからないため、メールを探したり整理したりする作業の効率は大きく落ちます。

必要に応じて「メッセージウィンドウ」を開いて確認することもできますが、メールを移動すると「メッセージウィンドウ」が閉じてしまい、いちいち開き直すことになり時間の無駄です。効率化という意味では、「閲覧ウィンドウを非表示」よりも「閲覧ウィンドウを下に表示」の方が優れています。

閲覧ウィンドウ

「オフ」をクリック

「閲覧ウィンドウ」を
非表示にした

ポイント

- 「閲覧ウィンドウ」は、メールの検索と整理に使用する
- 画面が狭い場合は、「閲覧ウィンドウ」の位置を下に変更する
- 「閲覧ウィンドウ」を非表示にすると、作業効率が落ちる

02 「優先受信トレイ」は表示しない

》「優先受信トレイ」の大きな欠点

Outlookの機能に、「優先受信トレイ」というものがあります。これは、「受信トレイ」に届いたメールをOutlookが自動で分類し、優先順位が高いと思われるメールを集めたものです。優先順位が低いと判断されたメールは、「その他受信トレイ」に入ります。「優先受信トレイ」と「その他受信トレイ」の切り替えは、「ビュー」の左上に表示されている「優先」「その他」をクリックして行います。

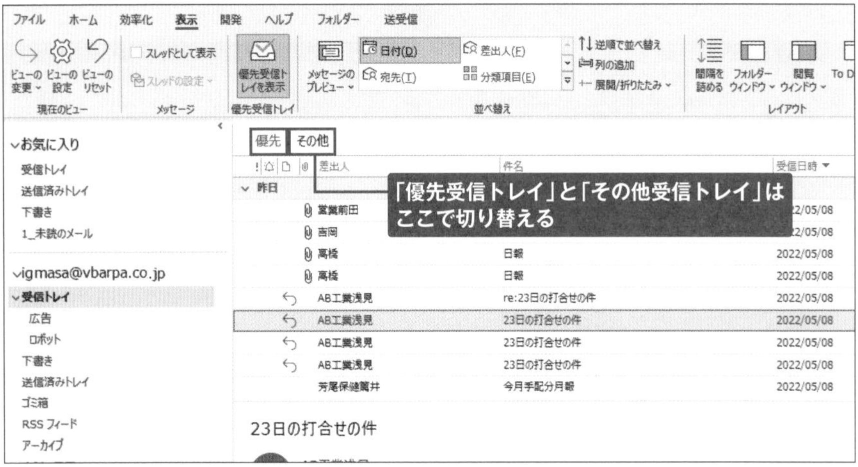

一見便利に思われる「優先受信トレイ」ですが、実際は大きな欠点を抱えています。「優先」と「その他」の振り分けルールが不明確で、重要なメールが「その他」に入ってしまう場合があるのです。重要なメールが「その他」に入ると見逃す可能性も高く、結局のところ「優先」と「その他」の両方を確認する必要が出てきます。本来であれば「受信トレイ」のみの確認ですむところが、2つの「受信トレイ」を確認しなければならなくなるため、作業効率のアップどころかダウンにつながります。効率化と処理洩れ防止という観点から、「優先受信トレイ」は必ず非表示にしましょう。

》「優先受信トレイ」を非表示にする

「優先受信トレイ」を非表示にするには、「表示」タブから設定を行います。

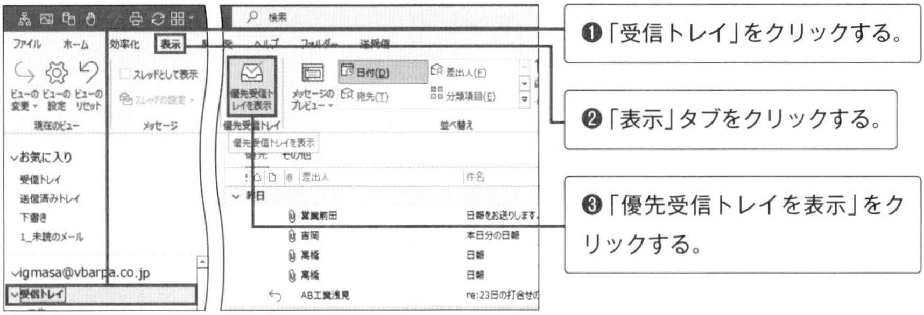
❶「受信トレイ」をクリックする。
❷「表示」タブをクリックする。
❸「優先受信トレイを表示」をクリックする。
優先受信トレイを表示

上記の設定を行うと、「優先」「その他」の表示が「すべて」「未読」に変わります。その結果、「すべて」「未読」をクリックすることで、未読メールだけを一覧で確認することができます。短時間でメールをチェックしたい場合は、こちらの方が有効です。

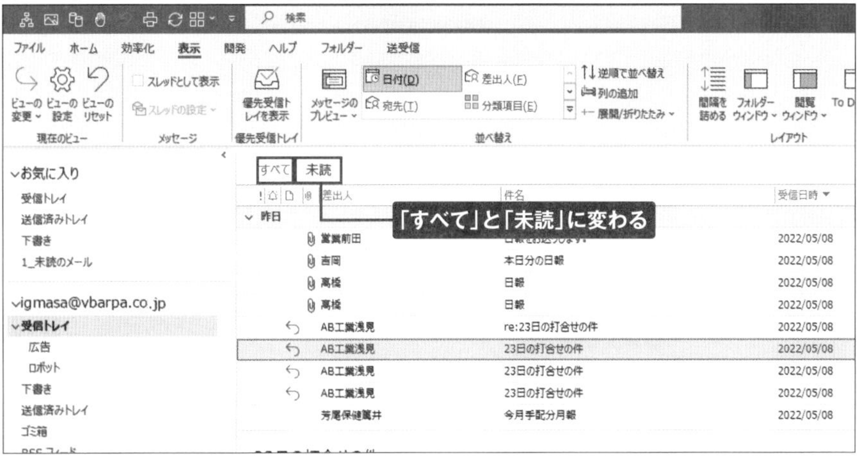
すべて
未読
「すべて」と「未読」に変わる

ポイント

- 「優先受信トレイ」は、Outlookがメールの優先順位を判断し仕分ける機能
- 判断基準が曖昧で、重要なメールを見逃すリスクが高い
- 「表示」タブから、非表示にすることができる

03 「スレッド表示」は使用しない

》Outlookの設定のもう1つの落とし穴

Outlookの「スレッド表示」は、件名が似たメールをひとまとめにして表示する機能です。何度も返信されているメールをまとめて表示し、最新の1件だけが強調された状態で表示されます。以下が、「スレッド表示」の画面です。

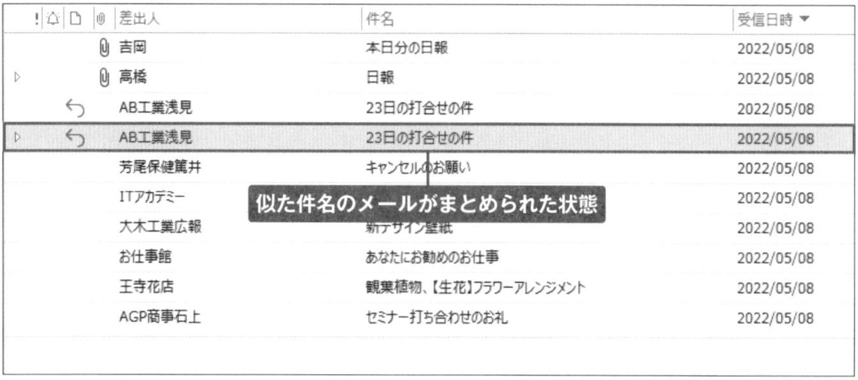

「スレッド表示」では、先頭の三角のマークをクリックすると、まとめられたメールを確認することができます。

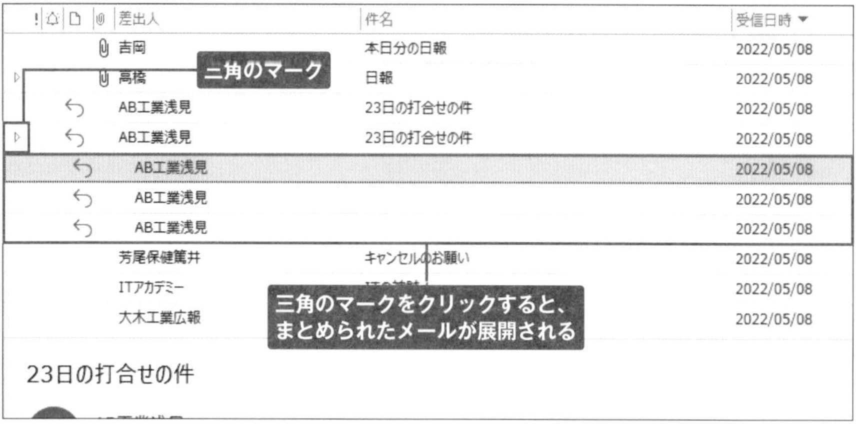

しかし、「スレッド表示」は以下のような問題を抱えています。効率化のためには、スレッド表示は使用しないようにしましょう。

- メールが受信時間順に並ばなくなる
- 件名が似ていると、無関係なメールが同じスレッドに入り、見逃しの原因になる
- 件名が変更されると、異なるスレッドにまとめられてしまう
- すべてのメールを読むには複雑な操作が必要で、作業効率が悪い

「スレッド表示」を非表示にする

「スレッド表示」を非表示にするには、「表示」タブから設定を行います。

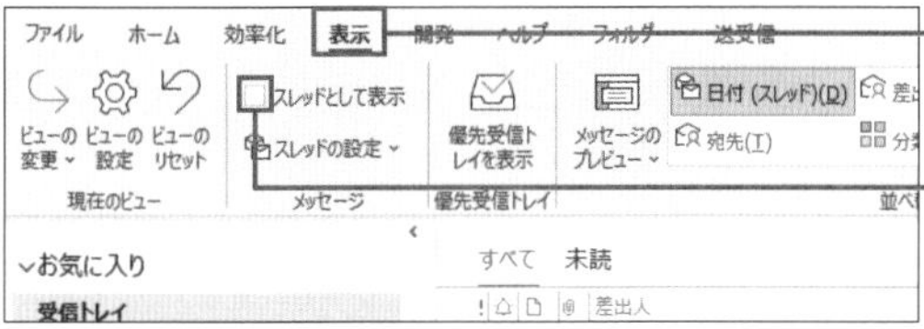

❶「表示」タブをクリックする。

❷「スレッドとして表示」のチェックを外す。

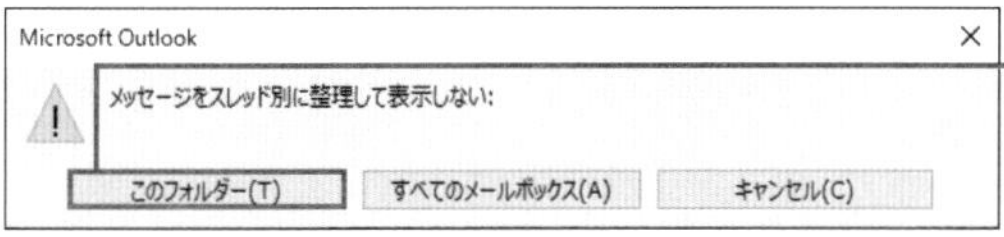

❸「このフォルダー」をクリックする。

Outlookには、使用すると効率が悪化したり、誤送信の原因になったりする機能が存在しています。P.26の「優先受信トレイ」と「スレッド表示」がその代表ですので、どちらも必ず非表示にして使用しましょう。

ポイント

- 「スレッド表示」は、件名が似ているメールをひとまとめにして表示する機能
- メールが受信日時順に並ばなくなる、無関係なメールもまとめてしまうなど、作業漏れの原因になる
- 「スレッド表示」は、「表示」タブから必ずオフにする

04 「To Doバー」で予定を確認する

》画面の切り替えを減らして作業効率を上げる

「To Doバー」は、直近の予定とタスク、お気に入りの連絡先（P.48）をメール画面の右側に表示する機能です。初期状態では非表示になっているため存在を知らない方が多いのですが、非常に便利な機能です。「To Doバー」は、以下のような場面で効果を発揮します。

- 直近の予定とタスクが常時表示されるので、大切な会議や予定を忘れることがない
- メールで会議や打ち合わせの依頼を受けた場合、予定とメールの内容を見比べながら参加を検討できる

例えばメールで届いた打ち合わせの依頼について、「予定表」を見ながら候補日を検討する場合、通常は以下のような操作を行います。

①受信したメールをダブルクリックして「メッセージウィンドウ」を開く

②Outlookの画面を「予定表」に切り替える

③「メッセージウィンドウ」と「予定表」を見比べながら打ち合わせの時間を検討する

Outlookでは、「メール」と「予定表」が別の画面になっています。そのため、「メール」と「予定表」を1つの画面に表示し、両方を見ながらメールを書くことが困難です。そのような場合に「To Doバー」を表示しておくと、画面右に小型の「予定表」が常時表示されるため、「予定表」を見ながらメールを書くことがかんたんに行えるようになります。

〉「To Doバー」を表示する

「To Doバー」の表示設定は、「表示」タブから行います。

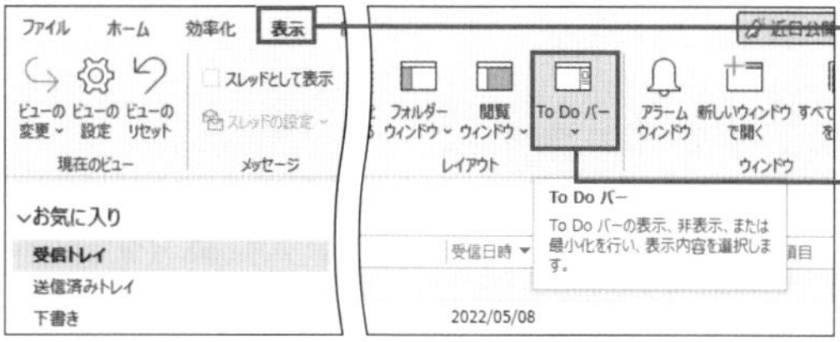

❶「表示」タブをクリックする。

❷「To Doバー」をクリックする。

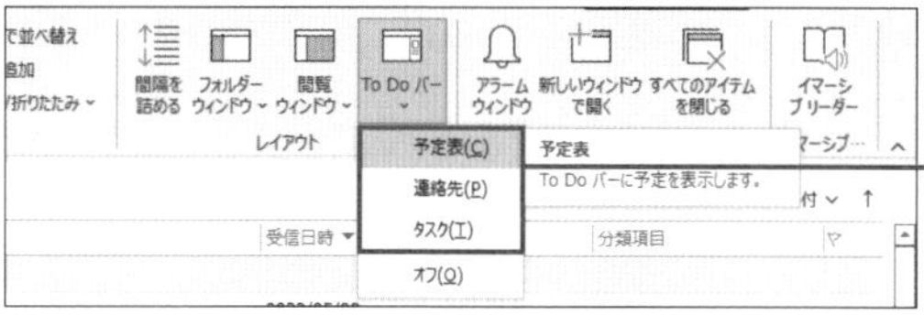

❸「予定表」「連絡先」「タスク」の中で、表示したいものをクリックし、チェックを入れる。ここでは、「予定表」にチェックを入れる。

❹「To Doバー」が表示され、「予定表」が常時表示されるようになった。

なお「To Doバー」を表示すると、画面のかなりの面積を占有してしまいます。P.23で解説したように「閲覧ウィンドウ」を下に表示するなど、見やすい環境を作る工夫をしましょう。モニタの幅が狭い場合は、外部ディスプレイとしてワイドモニタに接続し、2画面で使用すると作業効率が上がります（P.50）。2画面での使用が難しい場合は、P.32で解説する「Outlook Today」の使用も検討しましょう。

ポイント

- 「メール」と「予定表」を1つの画面に表示できるため、「予定表」の使用頻度が高い場合は特に効果的
- 「表示」タブの「To Doバー」から表示／非表示を変更できる

05 「Outlook Today」を活用する

》「To Doバー」を表示できない場合の代替手段

「Outlook Today」は、本日行うべきことを一覧にして表示する機能です。「直近の予定」「タスク」「未読メールの数」の3つが表示されます。P.30で解説した「To Doバー」と類似した機能ですが、「To Doバー」が常時表示されるのに対して、「Outlook Today」は呼び出した時のみ表示されます。画面の占有面積などの理由により「To Doバー」を表示することができない場合に、予定を確認するための方法としておすすめです。

「Outlook Today」は、「フォルダーウィンドウ」で自分のメールアドレスをクリックすると表示されます。また「フォルダーウィンドウ」のいずれかのフォルダーをクリックすると、「Outlook Today」が非表示になります。なお、「Outlook Today」はメールの内容が表示される位置に表示されるため、「To Doバー」のようにメールを見ながら「予定表」と見比べることはできません。

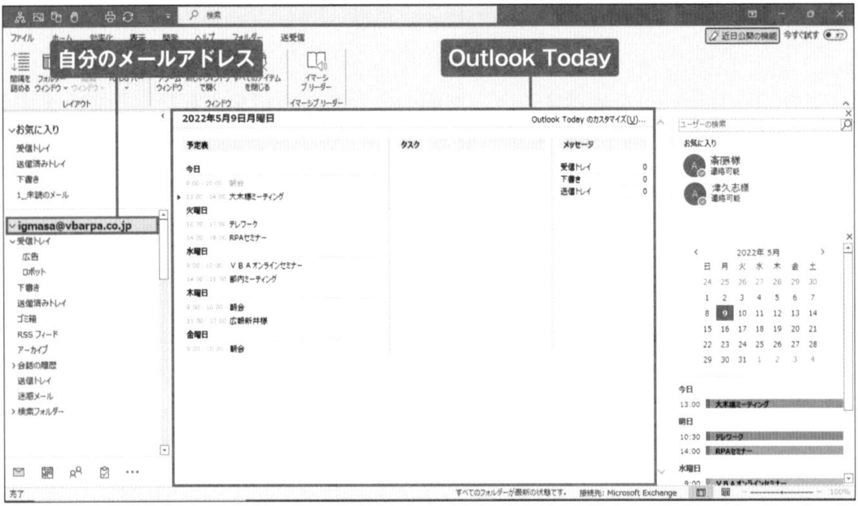

〉Outlook Todayをカスタマイズする

「Outlook Today」の右上にある「Outlook Todayのカスタマイズ」をクリックすると、「Outlook Today」の設定を変更することができます。

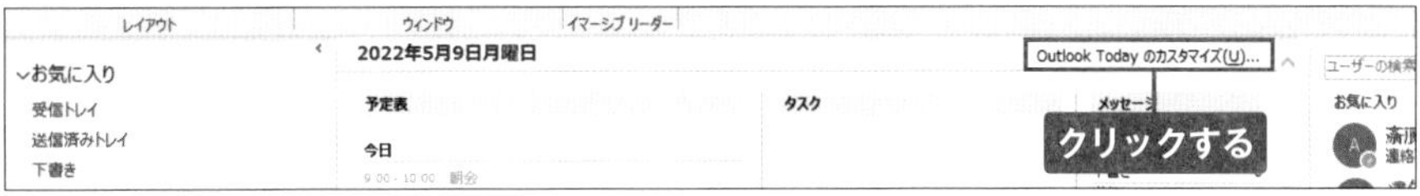

設定の中でもっとも重要なのは、「起動時にOutlook Todayを開く」です。チェックを入れると、Outlookを起動した際に「Outlook Today」が自動で表示されるようになります。「To Doバー」を非表示にしている場合は、必ずチェックを入れましょう。設定が完了したら、右上の「変更の保存」をクリックしてください。

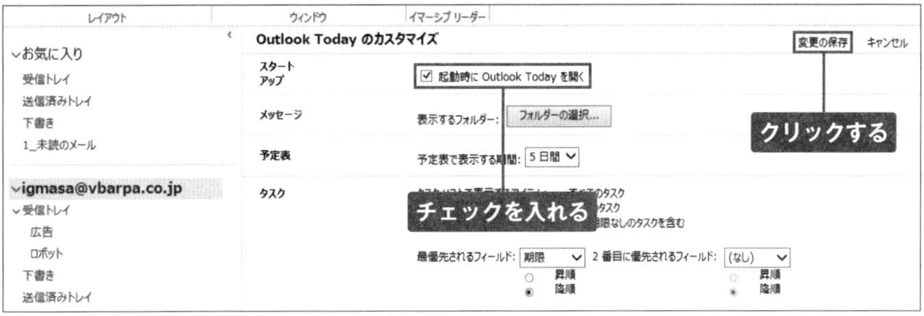

筆者も稀に行いそうになるミスとして、「朝出勤しメールをチェック、そのあとに予定表を確認するとすでにミーティングが始まっていた」というものがあります。出勤して最初に行うべきなのは、メールではなく予定の確認です。「起動時にOutlook Todayを開く」の設定を行うと、Outlookの起動時に予定表が表示されるため、このようなミスを防ぐことができます。

ポイント

- 「Outlook Today」は、今日の予定を確認するための機能
- モニタの幅が狭く「To Doバー」を表示できない場合に使うとよい
- 「起動時にOutlook Todayを開く」を設定しておくと、予定を忘れることが減る

06 「オリジナルのリボン」を作る

自分だけのリボンを作ろう

リボンとは、Outloookの画面上部にある、ボタンなどが集約された部分のことです。ここでは、自分がよく使う機能だけを集めたオリジナルのリボンを作成する方法をご紹介します。リボンはタブを切り替えながら使用しますが、よく使う機能を1つのタブに登録しておくと、タブを切り替える必要がなくなります。また、必要なボタンを探す手間もなくなり、作業効率が上がります。オリジナルのリボンは、「リボンのユーザー設定」から作成します。Outlookだけでなく、他のMicrosoft Officeのアプリでも同様の方法で設定できます。

オリジナルのタブを作る

最初に、オリジナルのタブを作成します。「ファイル」タブから「オプション」を選択し、「リボンのユーザー設定」を選択します。

❶「ファイル」タブをクリックする。

❷「オプション」をクリックする。

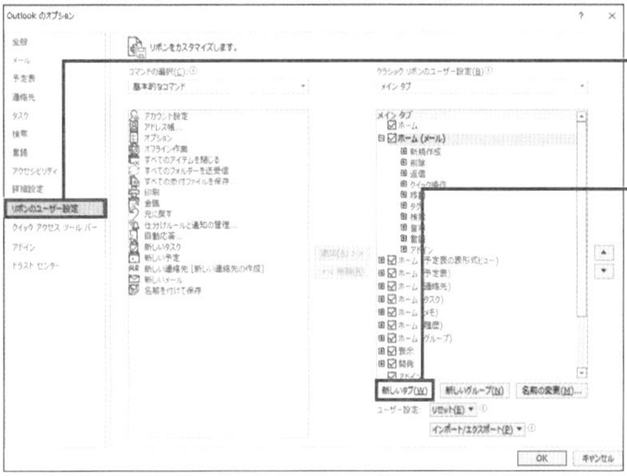

❸「リボンのユーザー設定」をクリックする。

❹「新しいタブ」をクリックする。

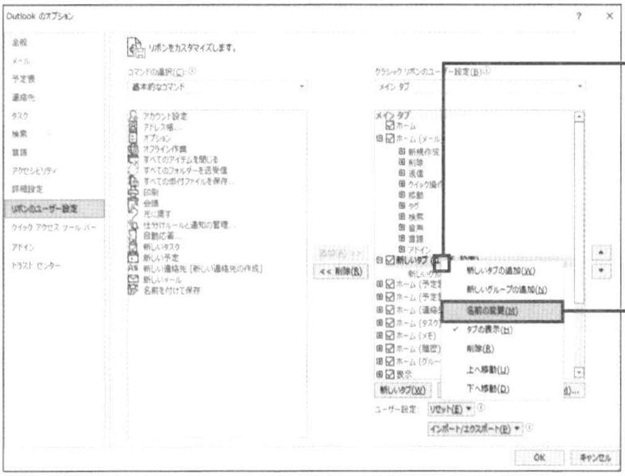

❺「新しいタブ（ユーザー設定）」を右クリックする。

❻「名前の変更」をクリックする。

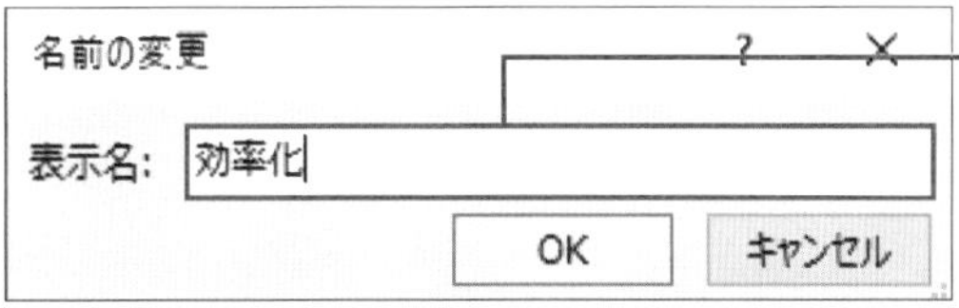

❼名前（ここでは「効率化」）を入力する。

》グループを追加する

次に、作成したタブに「グループ」を追加します。「グループ」はタブの機能を分類するもので、タブの下に名前が表示されます。初期状態で、1つの「新規グループ」が自動で作られています。必要な数だけグループを作成してください。

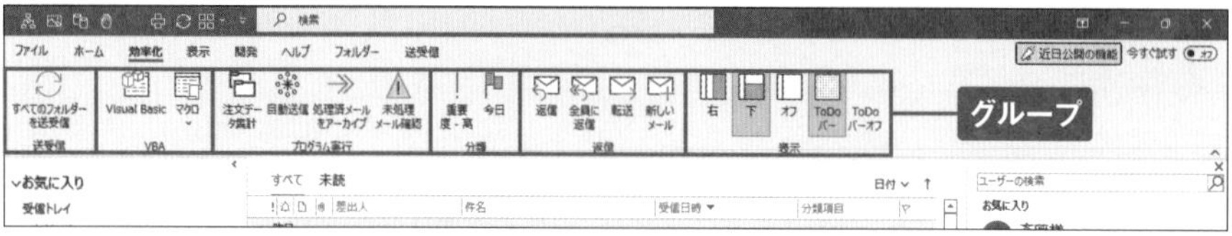

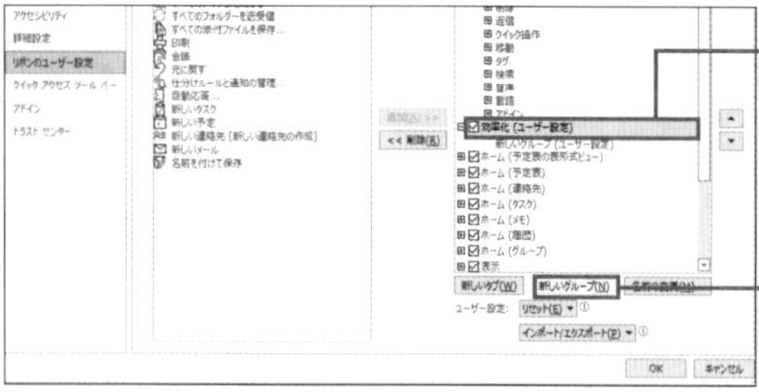

❶先ほど作成したタブ（ここでは「効率化」）をクリックする。

❷「新しいグループ」をクリックする。

❸「新しいグループ（ユーザー設定）」を右クリックする。

❹「名前の変更」をクリックする。

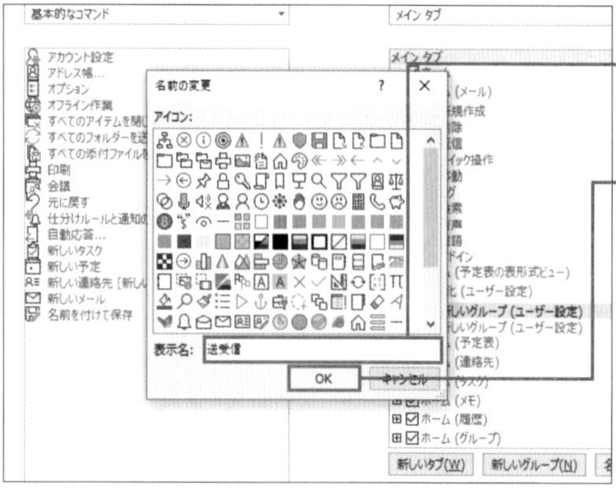

❺「表示名」に任意の名前（ここでは「送受信」）を入力する。

❻「OK」をクリックする。

MEMO

「名前の変更」の画面でアイコンを設定できますが、画面には反映されないので設定する必要はありません。

機能（コマンド）を追加する

最後に、作成したグループに機能（コマンド）を登録します。

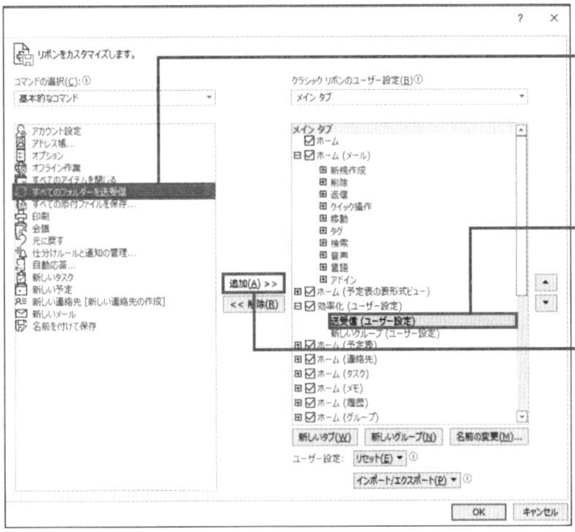

❶追加したい機能（ここでは「すべてのフォルダーを送受信」）をクリックする。

❷機能を追加したいグループ（ここでは「送受信」）をクリックする。

❸「追加」をクリックする。

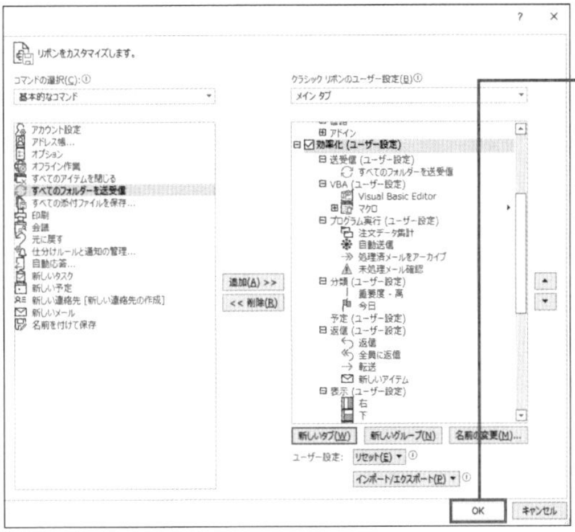

❹以上の操作を繰り返し、使いたい機能をすべて追加できたら「OK」をクリックする。

MEMO

追加した機能を右クリックして「名前の変更」をクリックすると、リボン上で表示される名前とアイコンの画像を変更できます。

以上で、オリジナルのリボンが完成しました。注意点として、機能を追加できるグループは名前に「（ユーザー設定）」と書かれたもの、つまり自分で作成したグループのみとなります。最初から用意されているタブのグループに機能を追加することはできません。

Check! 筆者のオリジナルリボン

オリジナルのリボンを作成するとOutlookの見た目と使い勝手が大きく変わり、自分だけのアプリを開発したような楽しさがあります。7章以降で説明するVBAを使って新しいプログラムを開発し、それをオリジナルのリボンに登録することもできます。

以下の画面は、筆者が使用しているオリジナルのリボンです。よく使う機能や、VBAのプログラムを書くのに必要な機能、開発したプログラムのボタンなどを登録しています。「返信」「新しいメール」などのボタンは使用頻度が高いため、中央に配置しています。これらは4章で紹介するようにショートカットキーもありますが、コーヒーを片手にメールを読む時など、ショーカットキーよりもマウス操作の方が楽な場合もあります。

また、私のオリジナルのリボンには「To Doバー」の表示／非表示を変更するボタンも配置しています。筆者は普段ノートパソコンを使い、会社や家では外部モニタに接続しています。その時の画面のサイズによって、「To Doバー」の表示／非表示を切り替えています。

「To Doバー」の表示／非表示は「表示」タブからも設定できますが、プルダウンで選択する必要がありますし、アイコンのサイズも小さいです。リボンにボタンを配置することでアイコンのサイズも大きくなり、操作しやすくなります。

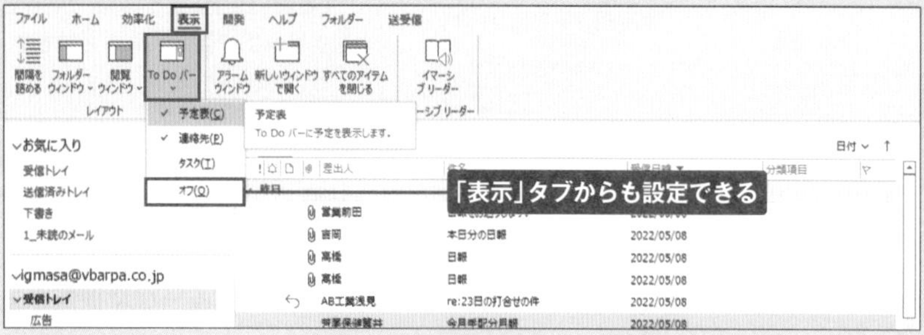

また「重要度-高」のボタンは、ビューで選択したメールに対して重要度を「高」に設定する機能があります。筆者はURLや地図など、後々に読み返す可能性が高いメールには「重要度-高」を設定しています。他にも、「注文キャンセル」などイレギュラーな対応が必要なメールに「重要度-高」を設定する人もいます。重要度の設定は通常、複雑な操作が必要ですが、このボタンを設置するとワンクリックで完了します。

「重要度」のボタンは、「重要度-高」のメールを検索する機能があります。「重要度-高」のボタンとセットで使用するとよいでしょう。

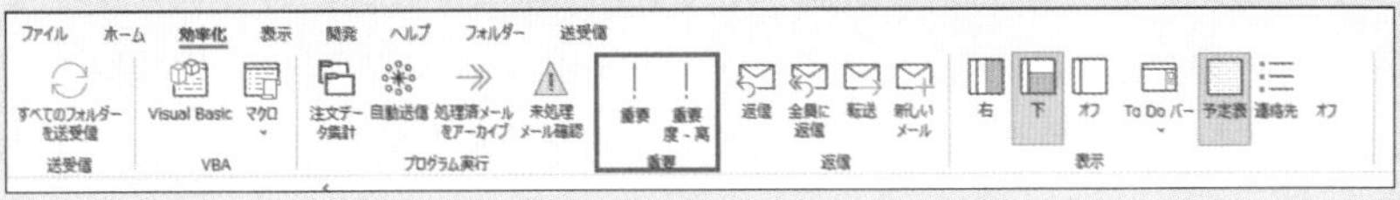

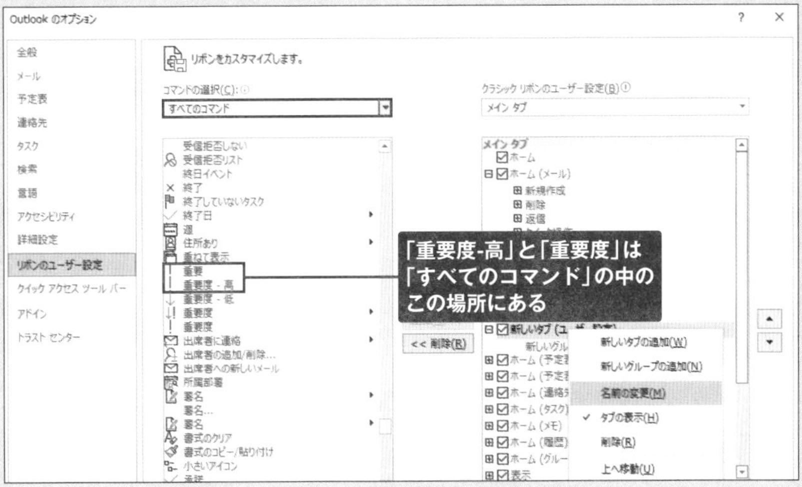

ポイント

- 「リボンのユーザー設定」を使うと、オリジナルのリボンによく使う機能をまとめて登録し、タブを切り替える頻度を減らす効果を期待できる
- Outlook以外のMicrosoft Officeシリーズのアプリでも同様の方法でオリジナルリボンを作れる
- 最初にタブを作り、その中にグループを作り、その中に機能（コマンド）を入れる

07 「クイックアクセスツールバー」によく使う機能を追加する

》機能をショートカット化することも可能

「クイックアクセスツールバー」は、よく使う機能をボタンとして登録することができる場所で、Outlookの画面左上に表示されています。リボンがタブを切り替えて使用するのに対し、「クイックアクセスツールバー」には常時同じ内容が表示されます。そのため、特によく使用する機能を登録しておくのがおすすめです。

クイックアクセスツールバー

「クイックアクセスツールバー」に機能を追加した状態でAltキーを押すと、以下の画面のように数字とアルファベットが表示されます。対応するキーを押すと、その機能が実行されます。「クイックアクセスツールバー」は画面の端にあるため、マウスで操作する場合に移動距離が長くなります。また、リボンと比較してボタンのサイズが小さく、マウスでの操作に適していません。ショートカットとしてキーボードから実行した方が効率的です。

Altキーを押すと表示される
数字や文字のキーを押すと、
その機能が実行される

なお、リボンに登録した機能もAltキーを押すことでショートカットとして実行することができます。ただし、リボンの場合は多数のキーを順番に押さないと実行できないため、マウスを使って操作した方が効率的です。

》「クイックアクセスツールバー」に機能を登録する

Outlookでは、「クイックアクセスツールバー」の右側にある「クイックアクセスツールバーのユーザー設定」をクリックすると表示されるメニューから必要な機能を選択することで、機能を追加できます。

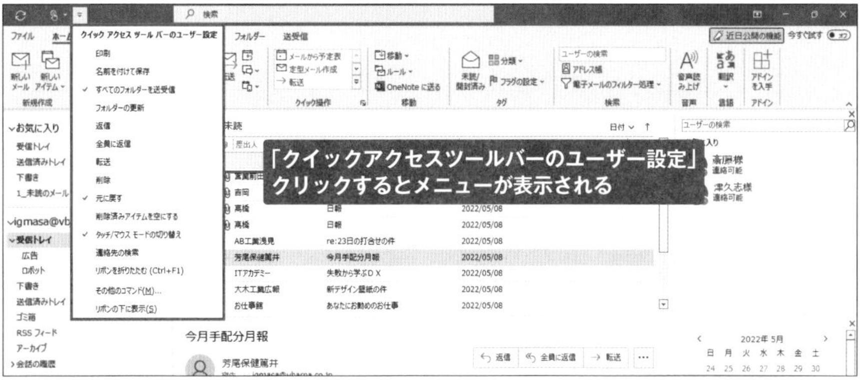

メニューに表示される機能は使用頻度が高いものが多いのですが、すでにショートカットキーを持っているものがほとんどです。すでにショートカットキーが存在しているものをあらためて「クイックアクセスツールバー」に登録しても、意味がありません。登録するのは、「ショートカットキーが存在しないもの」「ショートカットキーが存在するが暗記していないもの」「ショートカットキーの位置が使いにくいもの」がおすすめです。このメニューに表示されない機能は、次の方法で登録できます。

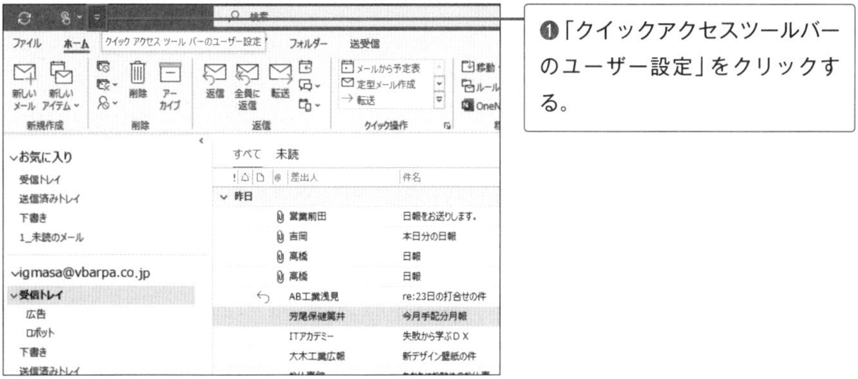

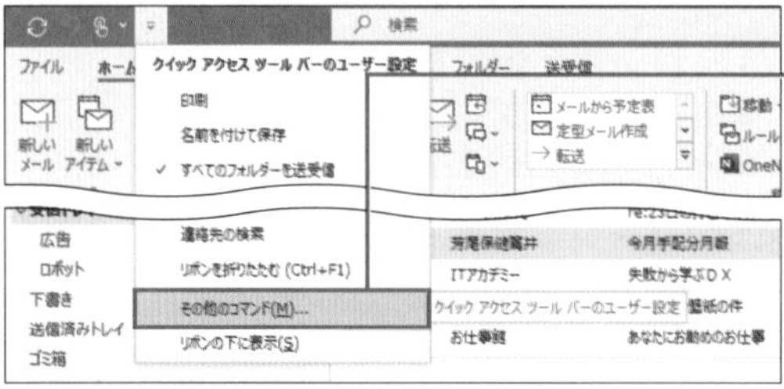

❷「その他のコマンド」をクリックする。

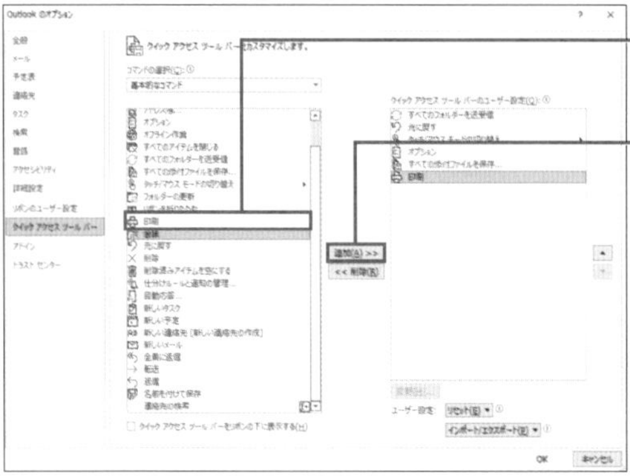

❸登録したい機能を選択する。

❹「追加」をクリックする。

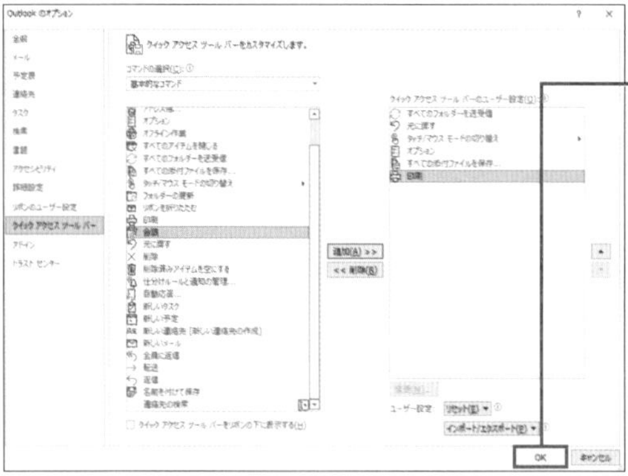

❺以上の操作を繰り返し、使いたい機能をすべて追加できたら「OK」をクリックする。

「クイックアクセスツールバー」には、数十個の機能を登録することができます。しかし、あまりに多くの機能を登録しすぎると、かえって使いづらくなります。ショートカットキーとして片手で操作しやすい5個、もしくは両手で操作しやすい10個程度の機能を登録するのが望ましいでしょう。それを超える機能を登録したい場合は、リボンに登録するようにしましょう。

Check! 「クイックアクセスツールバー」にVBAを登録する

以下の画面は、筆者が使用している「クイックアクセスツールバー」です。左4つは筆者がVBAで作成したプログラムで、ショートカットで実行できるようにしています。

自作のVBAを登録している

「クイックアクセスツールバー」にVBAを登録する場合、P.42の画面の「コマンドの選択」の欄で「マクロ」を選択します。作成したプログラムが一覧表示されるので、ここで「クイックアクセスツールバー」に登録したいプログラムを選び「追加」をクリックします。この時、「変更」→「ボタンの変更」からアイコンのデザインを変更すると、ボタンによってプログラムを見分けることができます。VBAを使ったプログラミングについて、詳しくは7章以降で解説します。

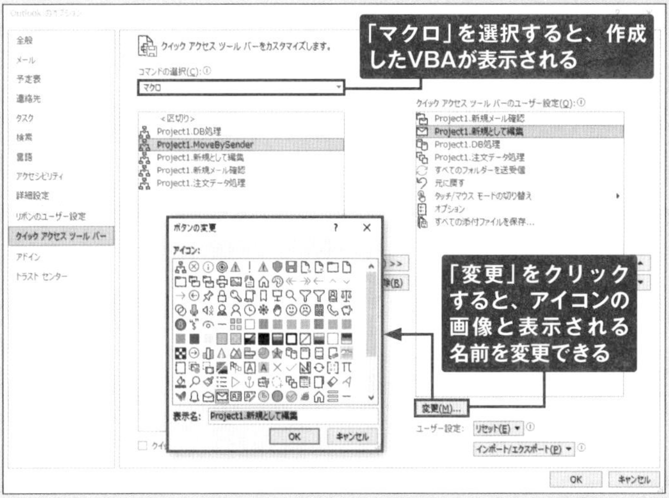
「マクロ」を選択すると、作成したVBAが表示される
「変更」をクリックすると、アイコンの画像と表示される名前を変更できる

ポイント

- 「クイックアクセスツールバー」には、自由に機能を追加することができる
- Alt＋数字キーでショートカットとして使用できる
- 「クイックアクセスツールバー」は、マウスよりもショートカットキーでの使用が望ましい

08 「メールの自動保存」で保存漏れを防ぐ

≫ ExcelやWordでも使えるおすすめテクニック

パソコンを使っていると、「作成中のファイルを誤って消してしまう」といったトラブルはよくあることです。Outlookでも、作成途中のメールを誤って消してしまった経験がある方は多いと思います。これは、「自動保存」の機能を使うことで防ぐことができます。「自動保存」機能は標準の設定でオンになっていますが、保存間隔が3分と、長めに設定されています。これを1分に変更し、保存漏れを極力回避できるようにしましょう。「自動保存」の設定は、「ファイル」タブのオプション画面から行います。

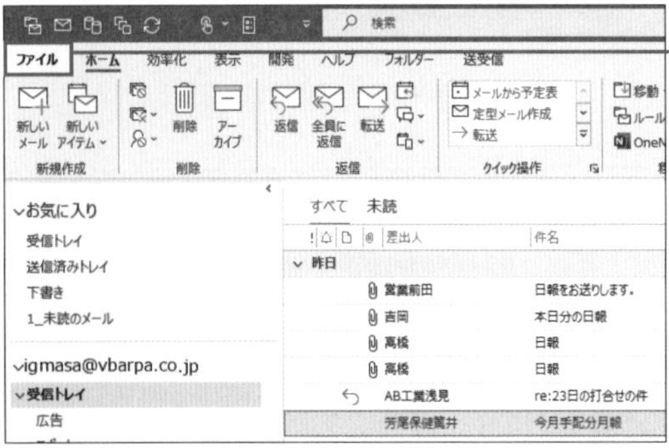

❶「ファイル」タブをクリックする。

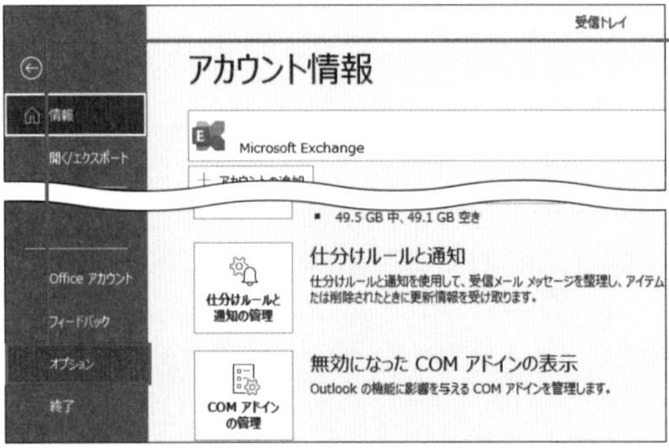

❷「オプション」をクリックする。

❸「メール」をクリックする。

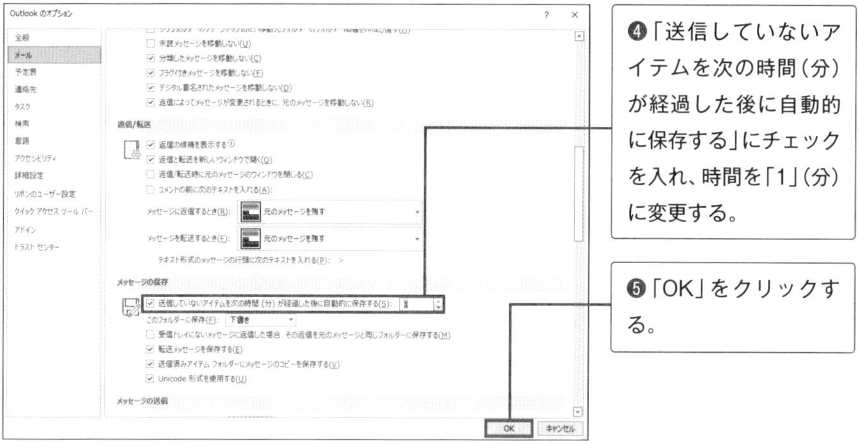
❹「送信していないアイテムを次の時間（分）が経過した後に自動的に保存する」にチェックを入れ、時間を「1」（分）に変更する。
❺「OK」をクリックする。

「自動保存」されたメールは、「下書き」フォルダー内に保存されます。「自動保存」の機能はExcel、Word、PowerPointにも存在しており、ほぼ同じ方法で設定できます。この機会に確認してみましょう。

⊖ポイント

- 「自動保存」は、初期設定で「3分」になっている。これを最短の「1分」に変更する
- 「自動保存」されたメールは、「下書き」フォルダーに保存される
- 「自動保存」の機能は、Excel、Word、PowerPointにも搭載されている

09 「メール本文の形式」を変更する

「メール本文の形式」には3種類ある

Outlookには、「メール本文の形式」が3種類用意されています。「HTML形式」「リッチテキスト形式」「テキスト形式」です。それぞれ、以下のような特徴があります。

HTML形式

- HTMLを用いた形式
- 画像や表を用いたメールを作成できる
- ウイルス感染のリスクがある
- 受け取る側の環境によっては読めないことがある

リッチテキスト形式

- Outlook独自の形式
- 文字の装飾や画像の埋め込みを行える
- HTML形式の機能を制限したもので、複雑な装飾ができない反面、ウイルス感染や内容が読めないリスクが少ない
- 受信者にはHTML形式として認識される

テキスト形式

- 文字のみの形式
- 文字の装飾（太字、フォント変更、サイズ変更）ができない
- 画像を埋め込むことができない
- メールの容量が他より小さくなる

おすすめは「テキスト形式」と「リッチテキスト形式」

それでは、3種類ある「メール本文の形式」の中で、どれを使うのがよいでしょうか？　1つ目の「HTML形式」は、ビジネスに利用するのは長年ご法度とされてきました。ウイルス感染や、表示が崩れて内容を読めなくなるといったリスクがあるためです。しかし、最近はスマホからのメールやメールマガジンなどで「HTML形式」が積極的に使われており、ご法度とする空気は薄れています。

ビジネス用としてもっともおすすめなのが「テキスト形式」です。ビジネスでは、画像や文字の装飾によるインパクトよりも、内容が簡潔であることやウイルス感染のリスクが少ないことの方が重要視されます。

説明のために図や写真を埋め込む必要がある場合は、「リッチテキスト形式」を使用しましょう。「HTML形式」のような複雑な装飾はできませんが、ウイルス感染や内容を読めないといったリスクは小さくなります。とはいえ、相手が読めない可能性もあるため、装飾は最小限にとどめるのがよいでしょう。

「メール本文の形式」の設定は、「Outlookのオプション」から行います。

❶「ファイル」タブ→「オプション」をクリックする。

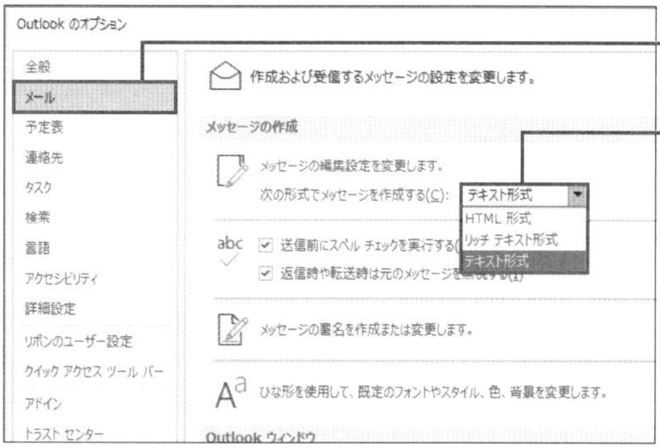

❷「メール」をクリックする。

❸形式を選択する。

❹「OK」をクリックする。

ポイント

- ビジネス用途としては①テキスト形式、②リッチテキスト形式、③HTML形式の順で優れている
- 「リッチテキスト形式」と「HTML形式」を使う場合は、相手が読めなくなるリスクを考慮し、装飾は最小限にする

10 「お気に入りの連絡先」によく使う連絡先を登録する

》「お気に入りの連絡先」にはステータスが表示される

P.30の方法で「To Doバー」を表示している場合、設定で「連絡先」にチェックを入れると、「お気に入りの連絡先」が表示されます。頻繁に連絡する相手を「お気に入りの連絡先」に登録しておくと、登録した相手のステータスが表示され、クリックすることで電話をかけたり、メールを送ったりすることができます。

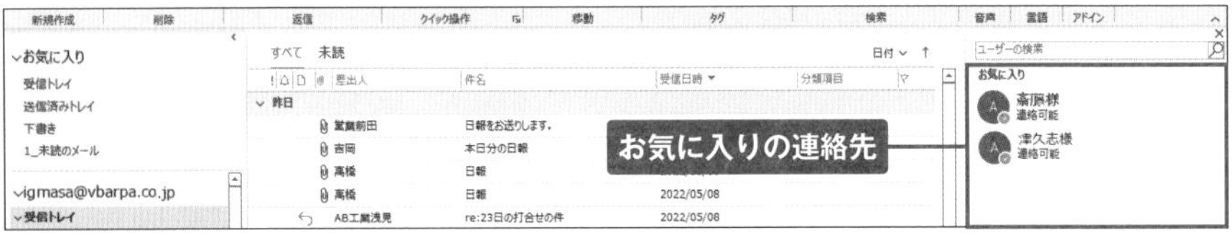

表示されるステータスは、主に「予定表」の登録内容を元に自動で判断されています。またTeamsを使っている場合は、右上にある自分の名前をクリックしてステータスを変更することができます。電話やチャットもTeamsの機能を用いて行われるため、「お気に入りの連絡先」の機能をすべて活用するにはTeamsの設定が完了している必要があります。なお、ステータスを共有できるのは「Microsoft 365」のサービスに加入している企業内に限られます。また「Microsoft 365」に加入していても、他社の方と共有することはできません。

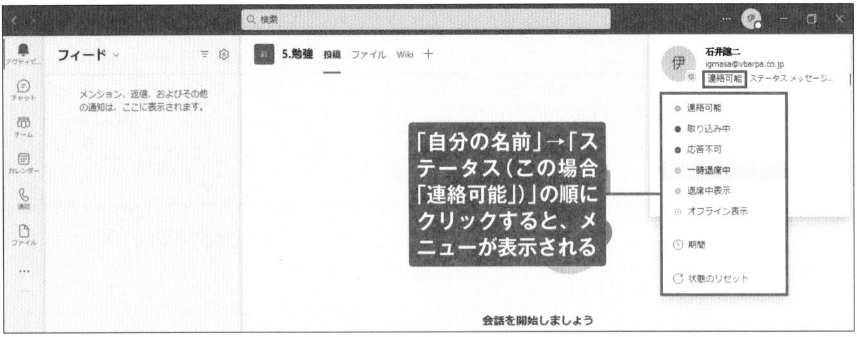

「お気に入りの連絡先」に登録する

「お気に入りの連絡先」への登録は、以下の方法で行います。P.30の方法で、あらかじめ「To Doバー」の「連絡先」を表示しておきます。なお、相手が会議などでの取り込み中に電話で連絡をすると失礼にあたります。ステータスが「連絡可能」以外の場合は、電話ではなくメールやチャットを用いて連絡しましょう。

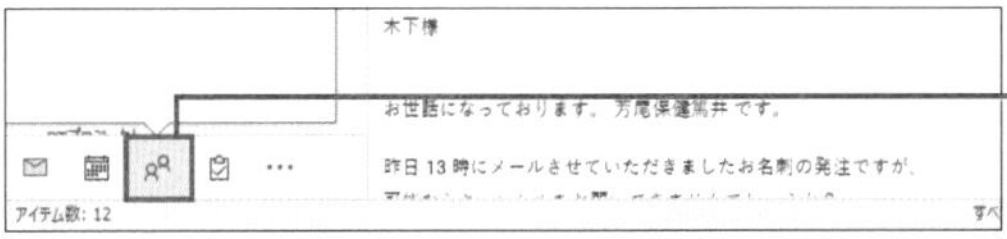

❶「連絡先」をクリックする(もしくはCtrl+3キーを押す)。

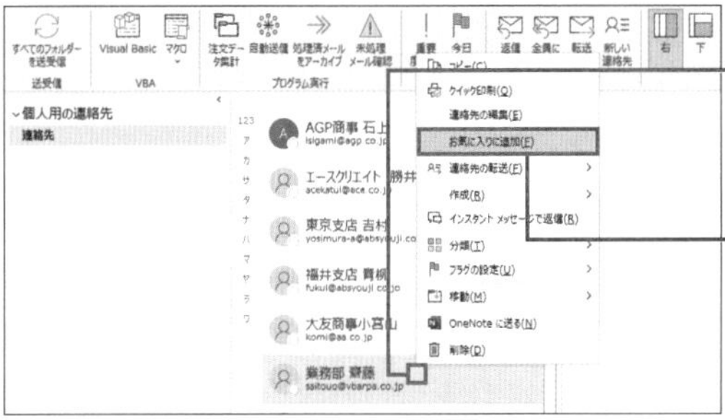

❷登録したい相手の名前を右クリックする。

❸「お気に入りに追加」をクリックする。

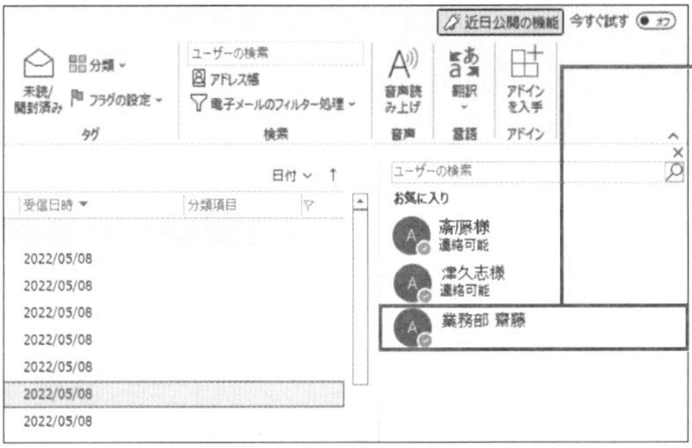

❹「お気に入りの連絡先」に登録された。

ポイント

- 「お気に入りの連絡先」は、「To Doバー」と組み合わせて使うと便利
- 「Microsoft 356」のサービスに加入している場合、社内限定で他の人の「ステータス(連絡可能な状態か)」を確認できる

サイズの大きいワイドモニタ使用のおすすめ

P.30で紹介した「To Doバー」は非常に便利な機能ですが、1つ欠点があります。それは、画面のかなりの面積を占有してしまうということです。また「To Doバー」を表示しない場合でも、モニタのサイズが小さいと「閲覧ウィンドウ」や「ビュー」の使い勝手が悪くなり、効率が下がります。そのためOutlookを使用する場合は、サイズの大きいワイドモニタを利用することをおすすめします。ノートパソコンの場合は、外部ディスプレイとしてワイドモニタに接続し、2画面で使用すると作業効率が上がります。

筆者のようなITコンサルタントがオンライン会議を行う場合、参加者から出るであろう質問を想定し、事前に補足説明用のファイルを作成し、開いておきます。この時、モニタ1台で画面を共有していると、あらかじめ開いておいた補足説明用のファイルが相手に見えてしまうことがあります。これでは、お互いに興醒めです。そこでおすすめしたいのが、モニタ2台を使ったオンライン会議です。メインのモニタに補足説明用のファイルを表示し、サブのモニタを共有して説明します。質問が来たタイミングで補足説明用のファイルをメインのモニタからサブのモニタに移動させることで、スムーズに切り替えを行えます。

営業やコンサルタントの場合、オンライン会議の参加者から段取りが悪い、情報管理が甘いと思われることは致命的です。Outlookの作業効率アップとオンライン会議時の対策として、2台のモニタ使用をおすすめします。なお、メインのモニタではなくサブのモニタを共有するのは、メインのモニタはメールやTeamsの通知など、オンライン会議中に見られてはいけない情報が表示される可能性があり、それを避けるためです。

第2章

メールを「整理する」時の効率化テクニック

01 「受信トレイを用いたタスク管理」の考え方

》受信トレイでタスクを管理する方法

生産性の専門家Merlin Mann氏によって2007年に発表されたメールの管理手法に、「インボックス・ゼロ（受信トレイ・ゼロ）」という考え方があります（P.8）。受信したメールを1日に数回程度、集中してすべて処理し、完了したタイミングでメールを削除することで、「受信トレイ」の中を極力ゼロの状態に保つ手法です。

「インボックス・ゼロ」では、メールの処理を集中して行います。それにより、それ以外の時間はメールに中断されることがなく、別の仕事に集中できます。つまり「インボックス・ゼロ」は、メール処理の効率を上げる手法であると同時に、メール以外の仕事の効率を上げるための手法でもあるのです。

本書では、こうした「インボックス・ゼロ」の考え方を、Outlookが持つさまざまな機能を活用して、より効率的に行う方法をご紹介します。それは、「受信トレイを用いたタスク管理」と呼ばれる手法です。メールを管理する手法として、進捗や業務内容に応じたフォルダーを作成し、該当するメールをそれぞれのフォルダーに分けて保管することで管理する方法があります。しかし、対応するべきメールがいろいろな場所に散らばっていると、見逃すリスクが発生しますし、確認の負荷も増えてしまいます。

「受信トレイを用いたタスク管理」では、対応が必要なメールを「受信トレイ」で管理します。対応が必要なメールを「受信トレイ」に集約し、対応が終わったメールや、対応が不要なメールは別の場所に移動するのです。それにより、「受信トレイに残っているメール」＝「To Doリスト」という形を作り上げることになります。

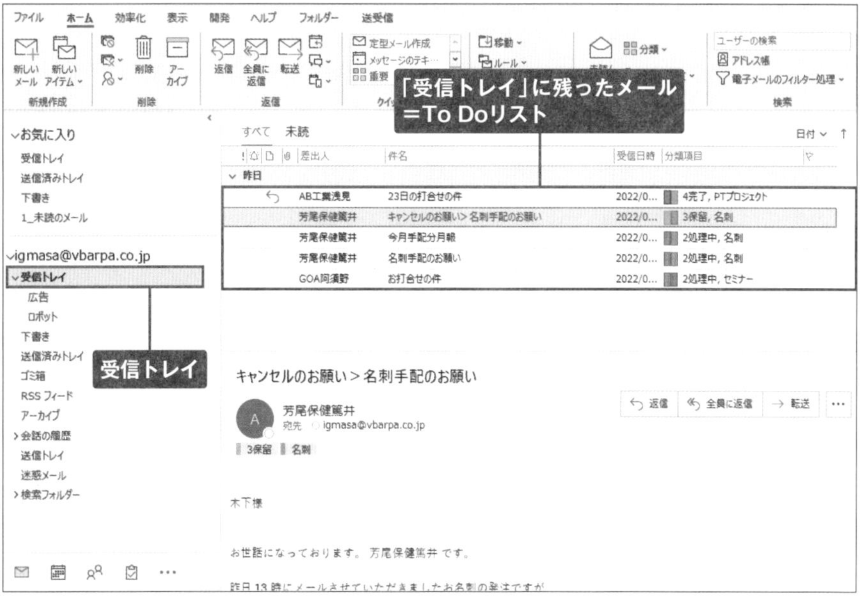
「受信トレイ」に残ったメール
=To Doリスト
受信トレイ
AB工業浅見 23日の打合せの件 4完了, PTプロジェクト
芳尾保健篤井 キャンセルのお願い> 名刺手配のお願い 3保留, 名刺
芳尾保健篤井 今月手配分月報 2処理中, 名刺
芳尾保健篤井 名刺手配のお願い 2処理中, 名刺
GOA阿須野 お打合せの件 2処理中, セミナー
キャンセルのお願い > 名刺手配のお願い
芳尾保健篤井
宛先 igmasa@vbarpa.co.jp
木下様
お世話になっております。 芳尾保健篤井 です。

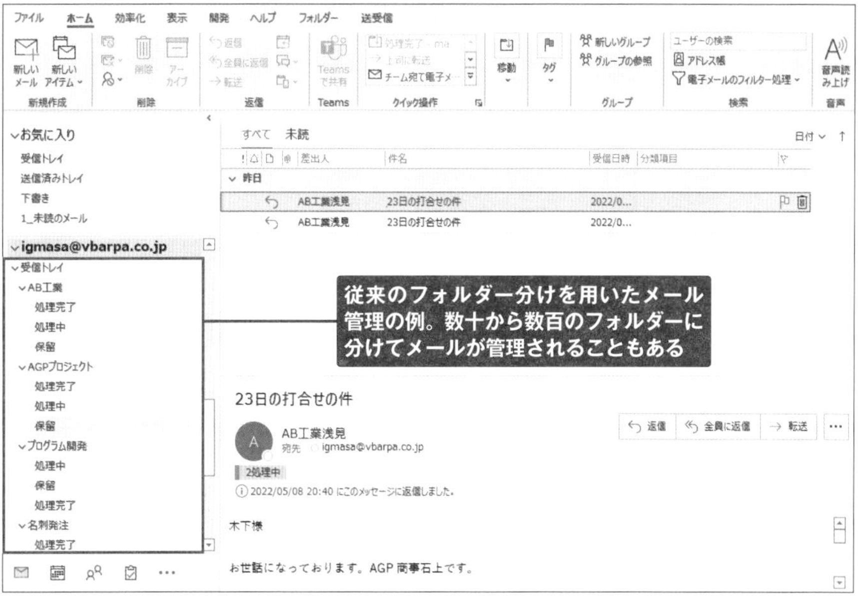
従来のフォルダー分けを用いたメール
管理の例。数十から数百のフォルダーに
分けてメールが管理されることもある
受信トレイ
AB工業
処理完了
処理中
保留
AGPプロジェクト
処理完了
処理中
保留
プログラム開発
処理中
保留
処理完了
名刺発注
処理完了
23日の打合せの件
AB工業浅見
宛先 igmasa@vbarpa.co.jp
2処理中
木下様
お世話になっております。AGP 商事石上です。

》対応が完了したメールは「アーカイブ」に送る

「受信トレイを用いたタスク管理」では、使用するフォルダーは「受信トレイ」と「アーカイブ」の2つのみです。対応が必要なメールは、すべて「受信トレイ」に保管された状態にします。そして、対応が完了したメールは「アーカイブ」へ移動します。「アーカイブ」に移動したメールは「受信トレイ」からなくなりますが、「受信トレイ」にある時と同様、検索して探すことが可能です。

また削除する場合と異なり、一定期間でメールが消えてしまうこともありません。個人情報保護などの観点から一定期間でメールを削除する場合もありますが、そうした事例を除くと、証拠としてメールを残すことのできる「アーカイブ」が優れています。対応が完了したメールの「アーカイブ」への移動について、詳しくは3章でご紹介します。

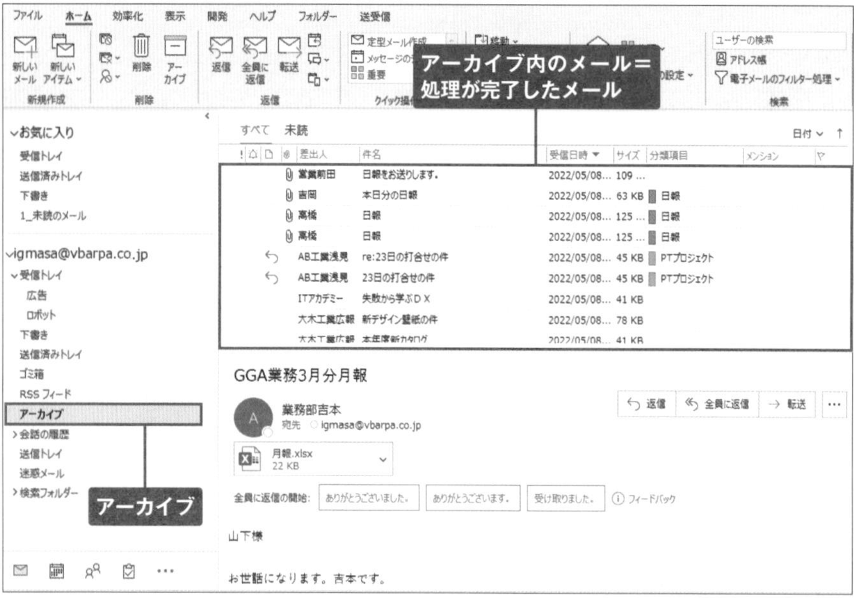

〉「進捗」でメールを分類する

メールの進捗状況(処理中、保留、完了等)の管理を、それぞれのフォルダーに分けて管理している方がいるかもしれません。しかし、本書が推奨する「受信トレイを用いたタスク管理」において、普段使用するフォルダーは「受信トレイ」と「アーカイブ」の2つのみです。従来のフォルダー分けによる進捗管理の代わりに、Outlookの「分類」の機能を用いて管理を行います。

フォルダーを用いた管理ではショートカットによるメールの移動が困難で、1つ1つのメールをマウスでドラッグして移動する必要があります。そのため作業に数倍の時間がかかりますし、「保留中のメールを誤って処理完了のフォルダーに入れてしまった」といった事故も起こります。Outlookの「分類」はショートカットでかんたんに設定できますし、メールが移動せず「受信トレイ」に留まるため、仮にまちがった「分類」を適用してしまったとしても、すぐに気がつき修正することができます。これにより、「メールの処理漏れ、2重対応」といった事故を大きく減らすことができます。「進捗」によるメールの分類について、詳しくはP.58で解説します。

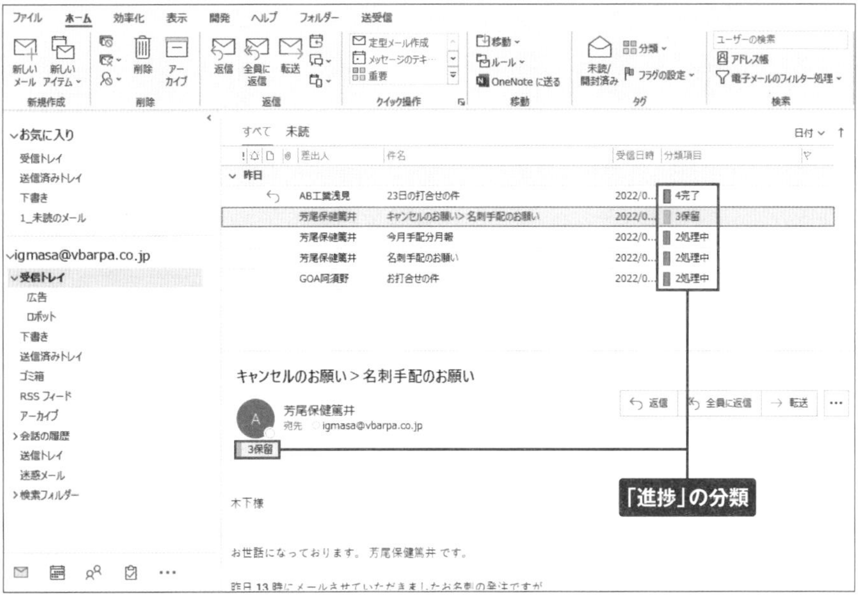

》「業務」でメールを分類する

「プロジェクトA」や「株式会社B」など、業務の内容や得意先ごとにフォルダーを作り、メールを管理している人もいるかと思います。しかし「受信トレイを用いたタスク管理」では、業務ごと、得意先ごとの仕分けも「分類」の機能を用いて行います。「分類」がフォルダー分けより優れているのは、1つのメールに対して複数の「分類」を設定できる点にあります。

フォルダー分けによるメールの管理で発生するのが、「コウモリ問題」(野口悠紀雄 著『「超」整理法』中央公論新社より)です。コウモリが鳥にも獣にも分類できることから、この名前がつきました。業務に応じてフォルダーを用意している場合、「業務A」にも「業務B」にも関わるメールが現れた場合に、いちいち「これは業務Aのフォルダーか？　それとも業務Bのフォルダーか？」などと悩む必要が出てきます。こうした時間は無駄そのものですし、まちがったフォルダーに入れてしまうと、そのメールをもう一度発見するのが難しくなります。

それに対して、「分類」は1つのメールに対して複数設定することができるので、このような悩みは発生しません「業務A」にも「業務B」にも関わるメールには、両方の「分類」を設定しておけばよいのです。メールに業務ごとの「分類」を設定する作業は、「自動仕分け」を用いると自動で行うことができます。「業務」によるメールの分類について、詳しくはP.62で解説します。

〉よく使う分類は「検索フォルダー」で管理する

「フォルダーでの管理をやめて分類で管理する」という方法を聞いて、「それでもやっぱりフォルダーで管理したい」という方がいるかもしれません。その場合は、Outlookの「検索フォルダー」という機能を利用して、特定の「分類」が設定されたメールを集めた仮想的なフォルダーを作成することが可能です。「分類」と「検索フォルダー」という2つの機能を組み合わせることで、両方の長所を取り入れることができます。

「検索フォルダー」の機能は、「分類」と組み合わせて使う以外に、「よく行う検索を登録する」という目的で使用することもできます。頻繁に検索を行う内容を「検索フォルダー」として登録しておくと、次回からはそのフォルダーをクリックするだけで検索が完了します。「検索フォルダー」について、詳しくはP.68で解説します。

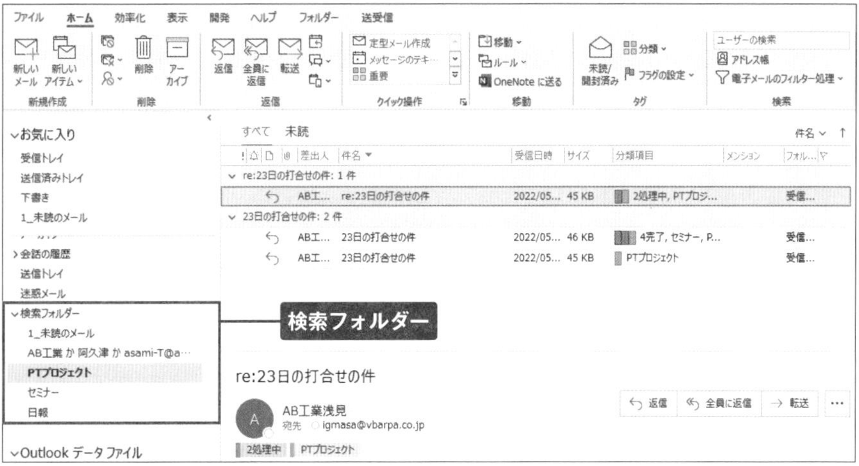

➡ポイント

- メールの処理は1日に数回、集中して行う
- 受信トレイには対応が必要なメールのみを残す
- 対応が完了したメールは「アーカイブ」に送る
- 進捗と業務内容に応じた「分類」を作る
- 業務内容に応じた「分類」は「自動仕分け」を使い自動で設定する
- よく使う「分類」は「検索フォルダー」で管理する

02 「進捗」でメールを分類する

》進捗は「分類」によって管理する

「受信トレイを用いたタスク管理」では、処理の必要なメールを「受信トレイ」に集約して管理します。そして、処理中のメールは「処理中」「保留」「完了」といった「分類」を設定することで、それぞれのメールが現在どのような状況にあるかを確認できるようにします。必要な処理がすべて完了したメールは「アーカイブ」に移動して、「受信トレイ」の中には残らないようにします。

「フォルダー分け」による進捗管理では、誤ったフォルダーに移動したメールは元のフォルダーから消えてしまいます。そのため、操作をまちがえた場合に移動先のフォルダーを開いて確認する必要があり、面倒です。一方「分類」を用いた進捗管理では、ショートカットで「分類」を簡単に設定できますし、誤ったショートカットを押してもメールは元のフォルダーに残りますので、すぐに気がつき修正することができます。

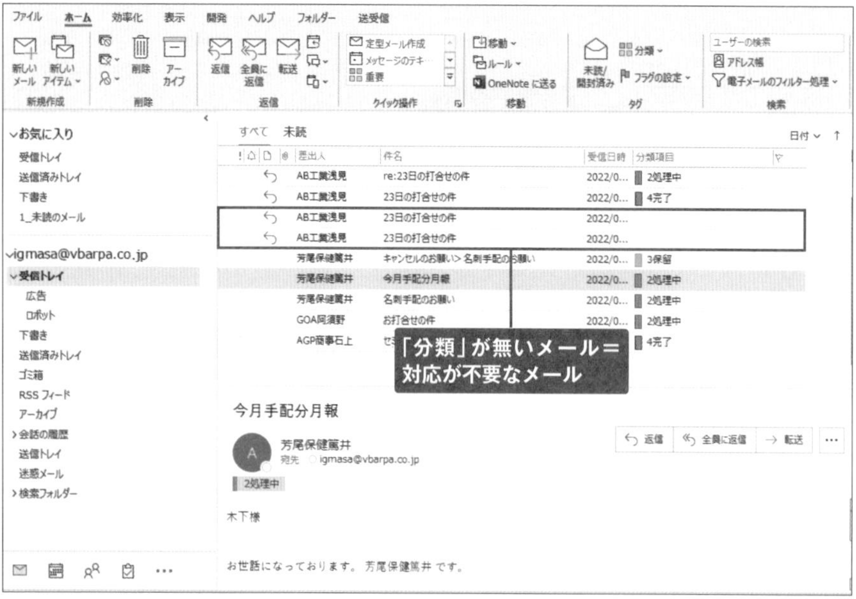

「分類」の作成・適用方法

Outlookには、初期設定で6種類の「分類」が登録されています。しかし、あらかじめ用意された「分類」では、それぞれが何を意味するものなのかわかりません。そこで、進捗管理に必要な「分類」は自分で作成する必要があります。ここでは、「2処理中」という分類を作成してみます。「分類」には、「色」と「名前」を自由に設定できます。「2処理中」の「2」は、ショートカットとしてF2キーを使うことを意味しています。このようにすると、ショートカットがどのキーか忘れなくなります。また、「2処理中」は対応が必要なメールであることを表しているので、ここでは比較的目立つオレンジ色を設定してみます。

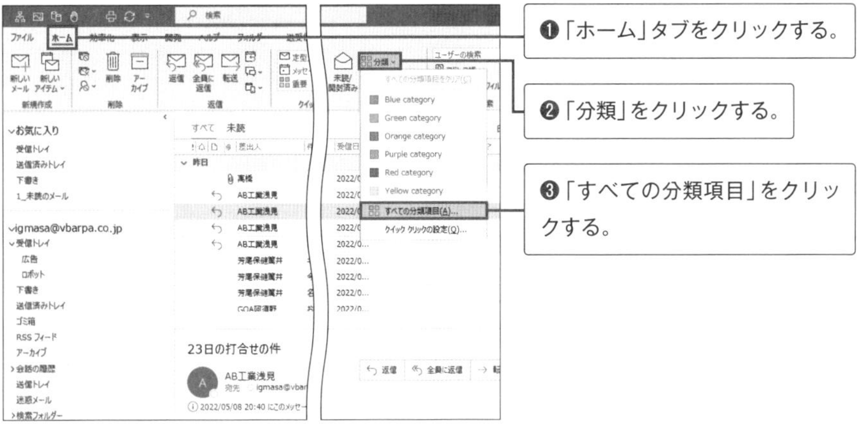

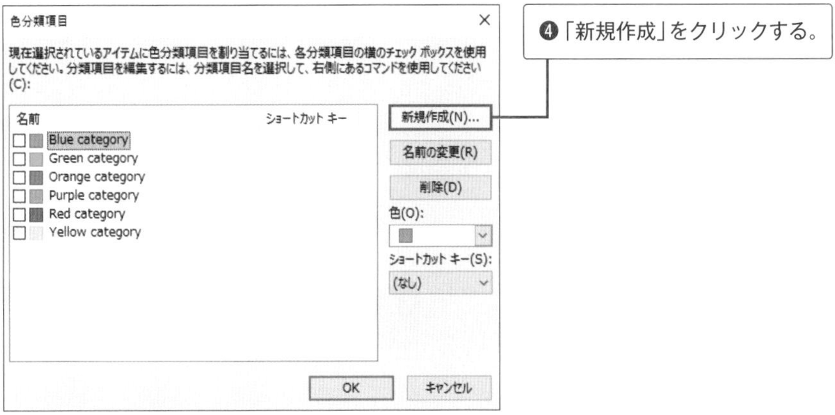

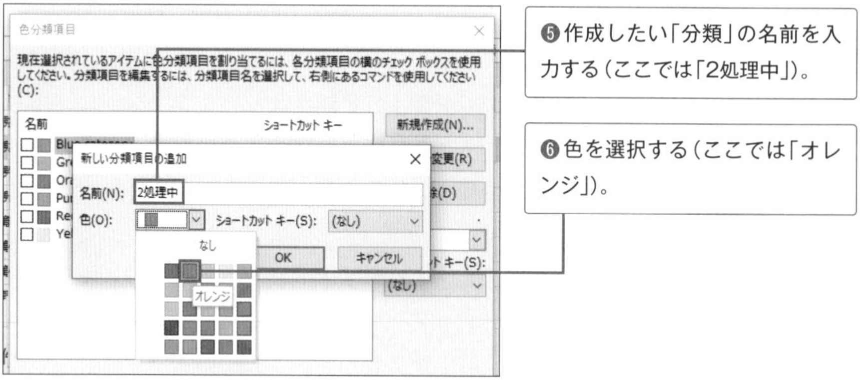

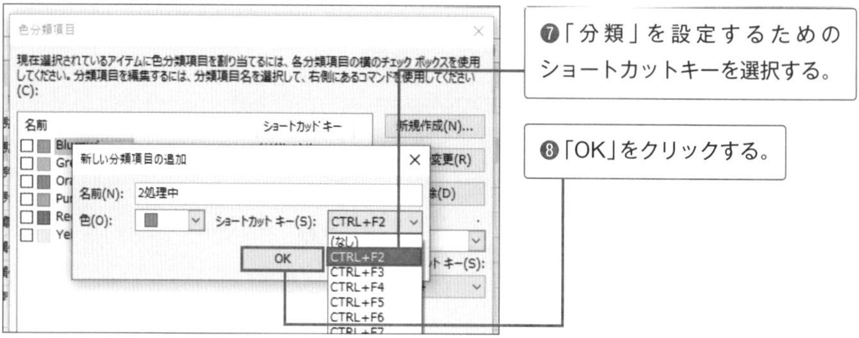

以上で、「2処理中」の「分類」を作成できました。同様の方法で、「3保留」「4完了」など、必要な「分類」を作成します。あとは「ビュー」でメールをクリックして、メールが青く選択された状態で手順❼で設定したショートカットキーを押せば、該当する「分類」が適用されます。もう一度同じショートカットを押すと、適用された分類が解除されます。

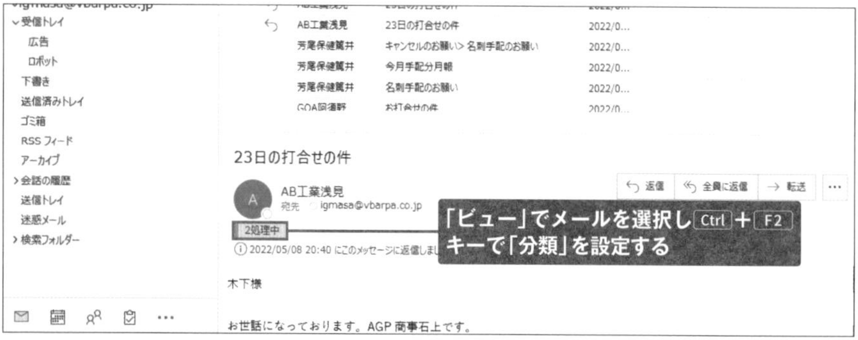

Check! 使用頻度の高いものからショートカットキーを割り振る

「分類」では、手順❼で設定を適用するためのショートカットキーを割り当てることができます。ショートカットキーは F2 キーから F12 キーまでの11種類しか設定できませんので、使用頻度が高い「分類」に優先して割り振るようにしましょう。「処理中」「保留」「完了」といった進捗管理用の「分類」は使用頻度が高いため、使いやすいショートカットキーを設定するようにします。また最初から用意されている「Blue category」などの「分類」は利用しないので、チェックを入れた状態で「削除」をクリックし、削除するようにしましょう。

なお、「分類」の並び順は名前で決まります。名前の前に数字を振ることで、並び順を自由に変更できます。あとから名前を変更する場合は、「名前の変更」をクリックします。

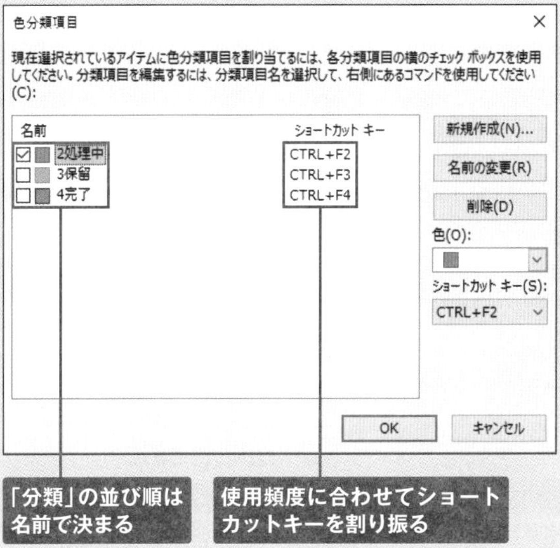

ポイント

- メールの進捗は「分類」機能を使って管理する
- 進捗の「分類」にはショートカットキーを設定する
- ショートカットの番号を分類の名前の頭に入れると覚えやすい

03 「業務」でメールを分類する

》業務ごとの仕分けに「分類」を使う

Outlookでは、1つのメールに対して複数の「分類」を設定することができます。そのため、「2処理中」「3保留」といった進捗の「分類」と合わせて、「業務A」「株式会社C」といった業務による「分類」を設定することができます。例えば「株式会社C」「業務A」「2処理中」という3つの「分類」を設定することによって、「株式会社C」の「業務A」が「2処理中」であることがわかります。

「分類」を用いて「進捗」を管理する場合、「分類」の設定にショートカットを使用しました。しかし「分類」を用いて「業務」を管理する場合、ショートカットの設定は必ずしも必要ありません。「業務」ごとの「分類」は、Outlookの「自動仕分け」の機能を用いて自動で行われるようにします。そのため、分類の名前の頭に番号を振る必要もありません。

「進捗」と「業務内容」の両方を「分類」を用いて管理する

》業務ごとの「分類」を「自動仕分け」で設定する

業務ごとの「分類」は、「自動仕分け」の機能を用いて自動で設定されるようにします。それにより、それぞれのメールがどの業務に関連するものなのかをいちいち判断することなく、すでに「分類」が設定された状態で「受信トレイ」に表示することができます。Outlookの「自動仕分け」は、受信したメールやこれから送信するメールに対して、以下のような処理を行う機能です。Outlookが持つ自動化の機能の中で、もっとも使いやすいものです。

- メールに「分類」を設定する
- メールの移動、転送をする（P.78）
- 送信時に一定時間保留する（P.174）

ここでは、「自動仕分け」の機能を使用してメールに業務ごとの「分類」を設定する方法を解説します。緊急性が高い業務は赤、低い業務は青を設定するなど、色によって判別できるようにします。ここで設定した業務ごとの「分類」は、P.68でご紹介する「検索フォルダー」と組み合わせることで、専用のフォルダーとして管理することもできます。

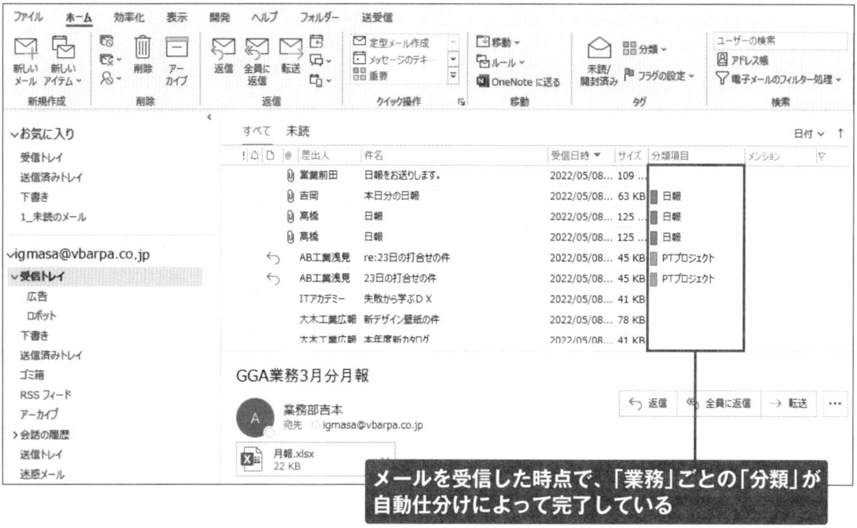

》「自動仕分け」で「分類」を設定する

「自動仕分け」の機能を使って業務ごとの「分類」を設定する場合、件名や本文に含まれる文言を用いて仕分けを行います。業務を分類するためのキーとなる会社名や担当者名、プロジェクト名、専門用語が含まれるかどうかを判定し、自動で「分類」が設定されるようにします。例えば件名か本文に「日報」という文言を含むメールに「日報」という「分類」を設定する、件名か本文に「技術評論社」という文言を含むメールに「技術評論社」という「分類」を設定する、といった形です。なお「自動仕分け」の設定は、Outlookのクライアント版、ブラウザ版、スマホ版すべてで同じ設定が共有されます。そのため、クライアント版で行った設定は、ブラウザ版、スマホ版にも反映されます。

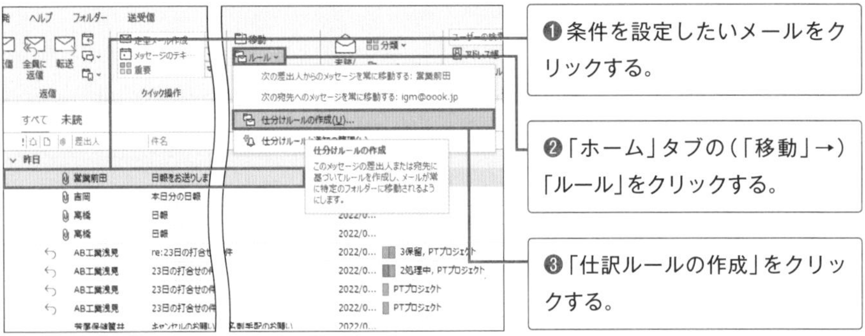
❶条件を設定したいメールをクリックする。
❷「ホーム」タブの(「移動」→)「ルール」をクリックする。
❸「仕訳ルールの作成」をクリックする。

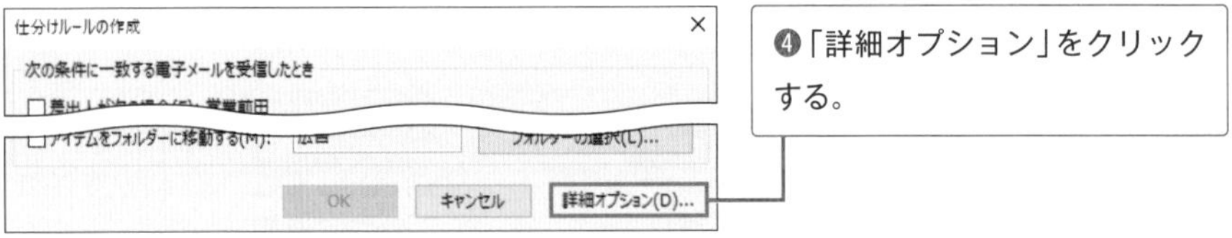
❹「詳細オプション」をクリックする。

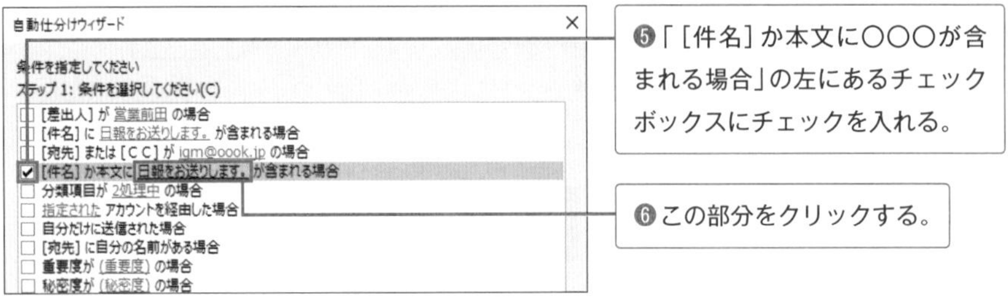
❺「[件名]か本文に○○○が含まれる場合」の左にあるチェックボックスにチェックを入れる。
❻この部分をクリックする。

❼「件名または本文に含まれる文字」を入力し（ここでは「日報」「AGI業務」）、「追加」をクリックする。

❽すべての条件を登録したら、「OK」をクリックする。

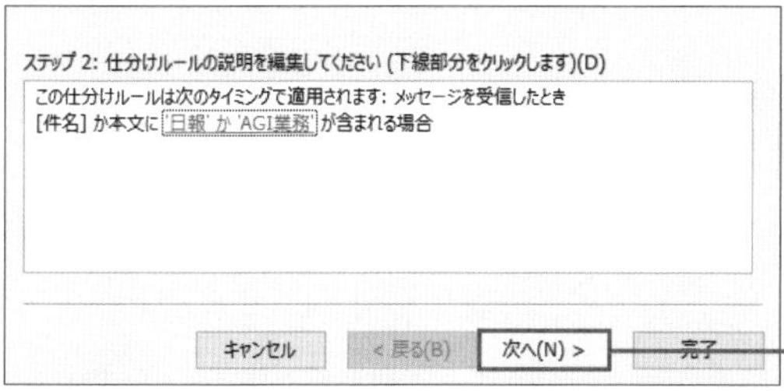

❾「次へ」をクリックする。

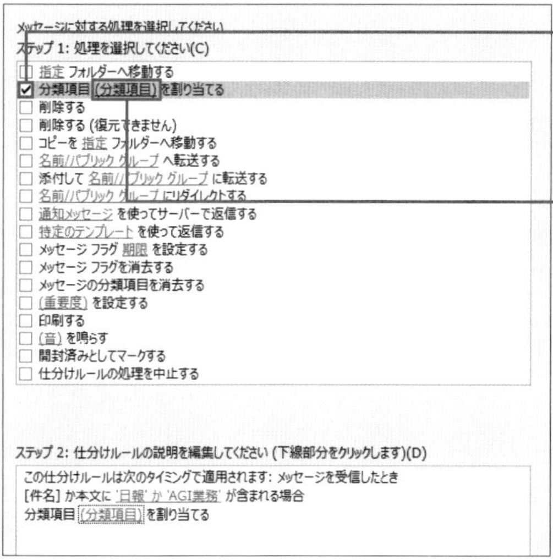

❿「分類項目を割り当てる」の左にあるチェックボックスにチェックを入れる。

⓫「（分類項目）」をクリックする。

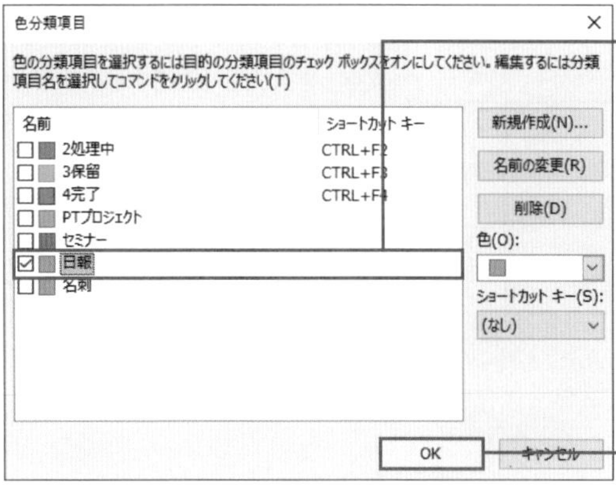

⑫設定したい「分類」のチェックボックスに、チェックを入れる(該当するものがない場合は、「新規作成」をクリックして新しい「分類」を作成する)。

⑬「OK」をクリックする。

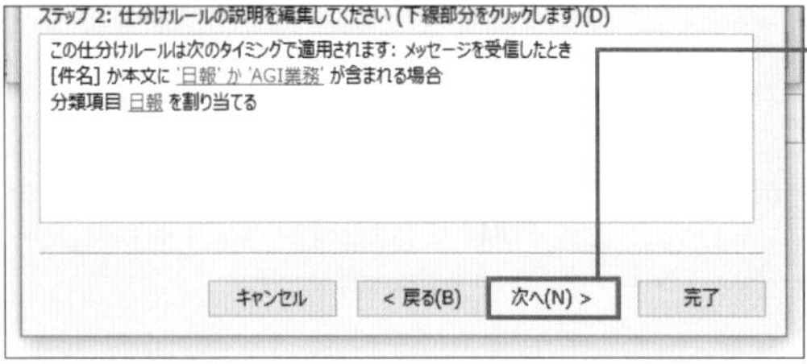

⑭「次へ」をクリックする。

⑮「次へ」をクリックする。

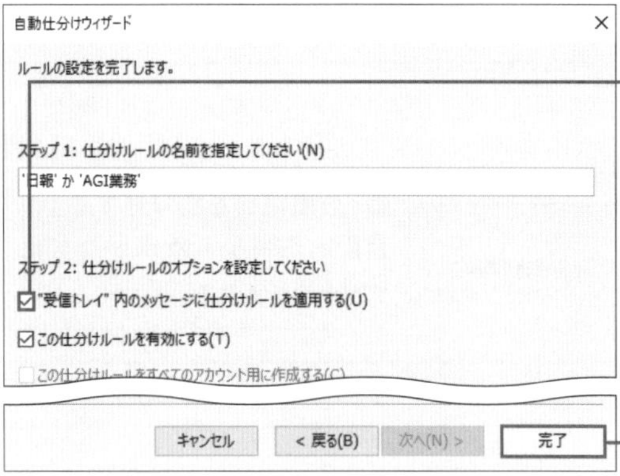

⑯「" 受信トレイ" 内のメッセージに仕分けルールを適用する」にチェックを入れる。

⑰「完了」をクリックする。

これで、「日報」業務の「分類」が「自動仕分け」の機能によって自動で適用されるようになりました。なお「"受信トレイ"内のメールに仕分けルールを適用する」にチェックを入れると、「受信トレイ」内にある既存のメールに対しても自動仕分けが適用され、分類が設定されます。すでに受信しているメールを処理したくない場合は、このチェックを外すようにしてください。

Check! シンプルな管理を心掛ける

前ページ手順⑮の設定画面には、「例外条件」という項目があります。この項目では、「自動仕分け」を例外的に作動させない条件を設定することが可能です。例えば上司からのメールには「上司」という「分類」を設定する。ただし件名か本文に「社内研修」と入っている場合は急ぎの業務ではないので、「分類」は設定しない、といったことが可能です。便利な場合もありますが、複雑な条件を設定すると自分でも何を設定したのか忘れ、事故の原因になる場合もあるので注意が必要です。

また、「分類」は1つのメールに対して複数設定できますが、あまりに多くの「分類」を設定すると、以下の画面のように「分類」の名前が一部しか表示されなくなり、何を設定したのかわからなくなります。作業をもっとも効率化できる「分類」が何かを考え、絞り込むようにしてください。

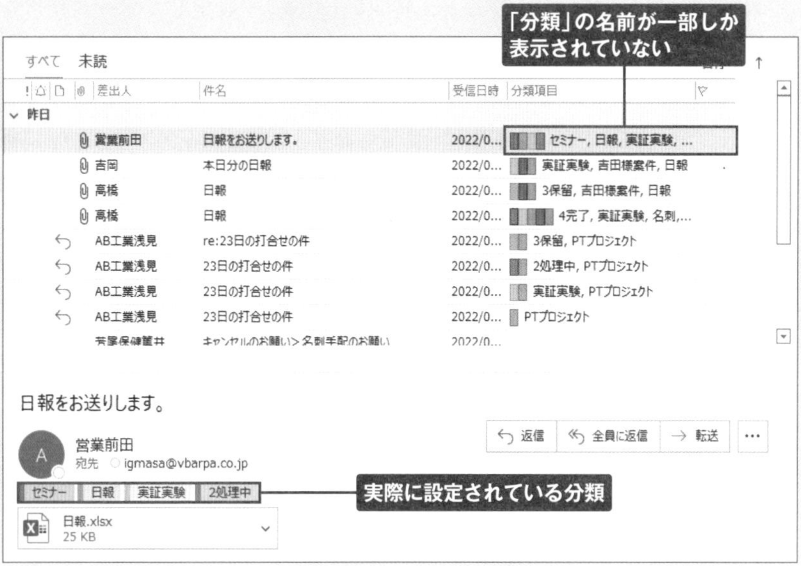

ポイント

- 業務ごとに「分類」を設定し管理する
- 業務ごとの分類は「自動仕分け」を使い、自動で行う

04 「分類」が設定されたメールを「検索フォルダー」で管理する

》指定した条件のメールを集めた仮想のフォルダーを作る

前節では、進捗や業務内容に応じて「分類」を設定しました。これにより、「受信トレイ」の中にあるメールの進捗状況や関連業務を、ひとめで見分けることができるようになりました。しかし、その中でも特に重要なメールについては、やはりフォルダーに分けて一覧できるようにしたいという場合もあるでしょう。そのような場合は、Outlookの「検索フォルダー」の機能を利用します。

「検索フォルダー」の機能を使うと、特定の「分類」を設定したメールだけを集めた仮想のフォルダーが自動で生成され、従来のフォルダー分けと同じような感覚でメールを扱うことができます。「検索フォルダー」に入ったメールは保管場所が移動したわけではなく、本体は「受信トレイ」もしくは「アーカイブ」に保管されています。「受信トレイを用いたタスク管理」の原則を崩すことなく、利便性を高めることができます。

なお、「検索フォルダー」はクライアント版Outlookだけが持つ機能です。ブラウザ版やスマホ版のOutlookでは使用できません。この2つについては出先で新着メールをチェックするなど限定的な使用に留め、普段はクライアント版のOutlookを使用するようにしてください。

》「分類」が設定されたメールを集めた「検索フォルダー」を作る

特定の進捗や業務に関するメールを集めた「検索フォルダー」を作るには、P.58やP.62で作成した「分類」を検索方法として設定します。「分類」ではなく、件名や本文に含まれる文字を基準に検索することも考えられますが、「検索フォルダー」では検索方法が「前方一致検索」に限られます（P.71）。そのため、進捗や業務ごとの「検索フォルダー」の作成には、「分類」を用いることをおすすめします。「進捗や業務ごとの「分類」を設定する」→「その「分類」が設定されたメールを集めた検索フォルダーを作る」という方法で、従来のフォルダー分けを用いたメールの管理から脱却しましょう。

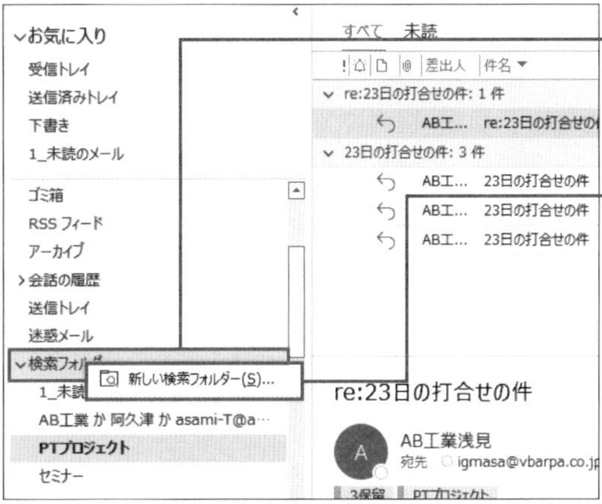

❶「受信トレイ」の下にある「検索フォルダー」を右クリックする。

❷「新しい検索フォルダー」をクリックする。

MEMO

Ctrl ＋ Shift ＋ P キーでも呼び出せます。

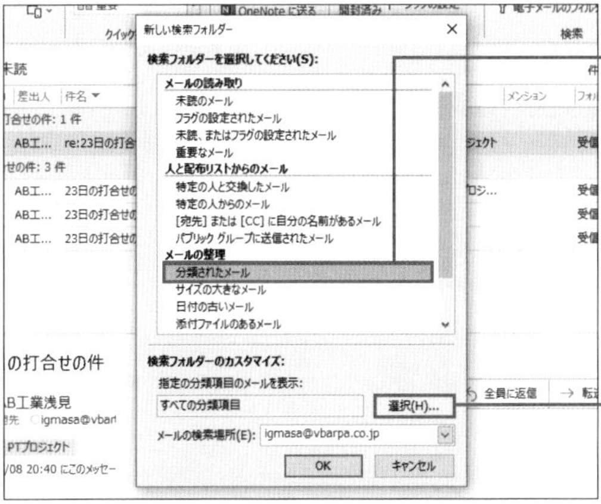

❸「分類されたメール」をクリックする。

❹「選択」をクリックする。

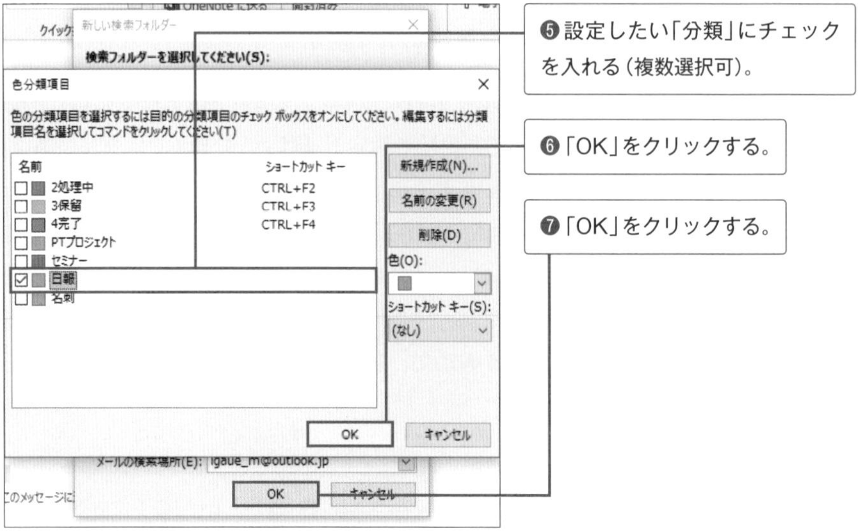

　これで、特定の進捗や業務の「分類」ごとの「検索フォルダー」が作成されました。作成した「検索フォルダー」をクリックすると、設定された条件に該当するメールを確認することができます。なお、「検索フォルダー」のフォルダー名は自動で設定されます。変更したい場合はフォルダー名を右クリックし、「フォルダー名の変更」をクリックしてください。

Check! 「検索フォルダー」の欠点

強力なメール管理機能である「検索フォルダー」ですが、大きな欠点が1つあります。それが、「件名や本文に含まれる文字」の検索が「前方一致検索」に限られているという点です。「前方一致検索」は語句の先頭がその文字と一致するかを確認するもので、指定した文言が先頭以外の場所にあった場合は発見することができません。

「東京」という文字で前方一致検索した場合

○「東京」　○「東京マラソン」　→前方一致検索でヒットする
×「西東京」　×「本日は東京で」　→前方一致検索でヒットしない

例えばメールの件名を利用して「検索フォルダー」を作る場合、返信されたメールには件名の頭に「Re:」などの文字が自動で入ります。前方一致検索を用いる「検索フォルダー」では、「Re:」が入った時点で不一致と判断され、対象から除外されてしまいます。

Outlookが持つ文字の検索機能や自動仕分けの機能は、ほとんどが「部分一致検索（文書内の任意の位置の検索語が含まれるか検索する）」か「あいまい検索（完全に一致しなくても一定のルールの範囲で一致するか検索する）」が用いられています。それに対して、「検索フォルダー」では例外的に「前方一致検索」が用いられています。前方一致検索だけでは対象のメールを探すことは困難なため、この点が「検索フォルダー」の大きな弱点になっているのです。

対策として、「検索フォルダー」を使用する場合は「件名や本文に含まれる文字の検索」は使用せず、送信者のメールアドレスや「分類」を用いて行うようにします。「分類」は、「自動仕分け」を使用すれば「部分一致検索」で設定することができます（P.63）。「分類」+「自動仕分け」+「検索フォルダー」の組み合わせによって、「検索フォルダー」の「前方一致検索しかできない」という欠点を補うことができます。

ポイント

- 「検索フォルダー」の機能はOutlookクライアント版だけで使用できる
- 前方一致検索しかできない問題は「分類」+「自動仕分け」と組み合わせることによって対応できる

05 未読メール・特定の人とやり取りしたメールを「検索フォルダー」で管理する

》「検索フォルダー」の応用的な使い方

本書の「受信トレイを用いたタスク管理」では、「受信トレイ」以外のフォルダーは基本的に使用しません。しかし、指定した条件で仮想フォルダーにまとめてくれる「検索フォルダー」の機能は、使い方次第で作業効率の改善につながります。ここでは応用的な使い方として、以下の「検索フォルダー」を使用する方法をご紹介します。

- 「未読のメール」を集めたフォルダー
- 「特定の人とやり取りしたメール」を集めたフォルダー

》「未読のメール」を集めた検索フォルダーを作る

最初にご紹介するのが、「未読のメールだけを集めた検索フォルダー」を作る方法です。未読メールを集めた「検索フォルダー」を作成することで、すべての場所に保管されている未読メールを、1つの仮想フォルダーにまとめて表示することができます。それによって、メールの見逃しによる作業漏れを未然に防ぐことができます。未読のメールを集めた「検索フォルダー」では、迷惑メールや広告メールなど、見る必要のないメールも表示されてしまいます。このままでは効率が落ちるだけでなく危険でもありますので、これらのメールが表示されないように設定を行う必要があります。

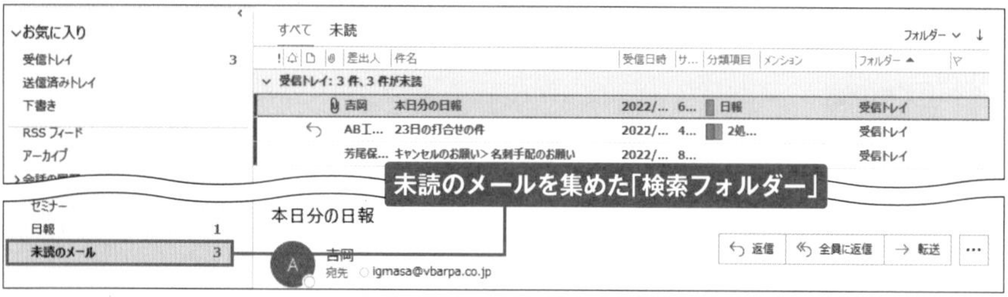

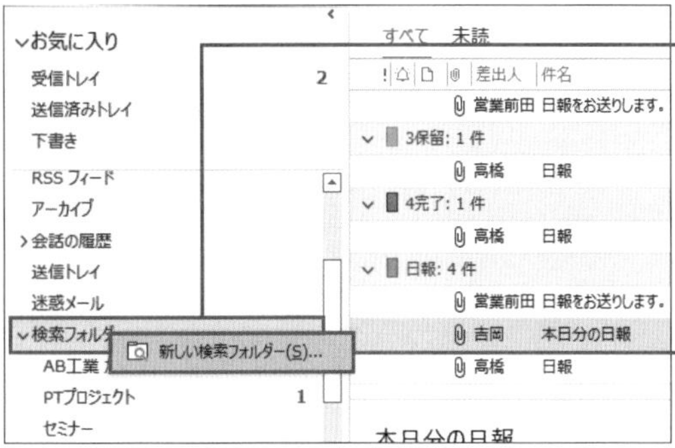

❶「受信トレイ」の下にある「検索フォルダー」を右クリックする。

❷「新しい検索フォルダー」をクリックする（Ctrl＋Shift＋Pでも可）。

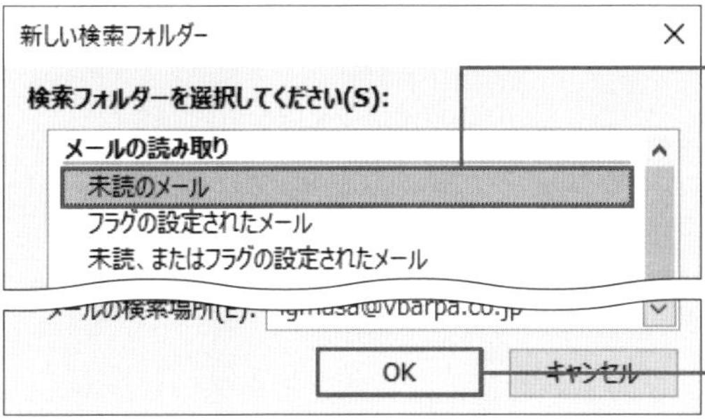

❸「未読のメール」をクリックする。

❹「OK」をクリックする。

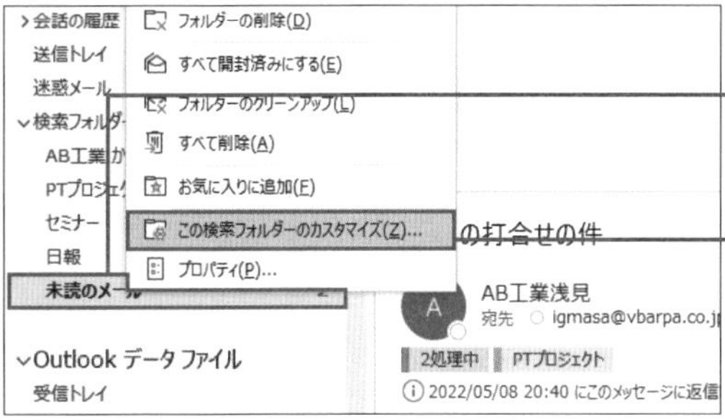

❺「未読のメール」というフォルダーが作成されるので、右クリックする。

❻「この検索フォルダーのカスタマイズ」をクリックする。

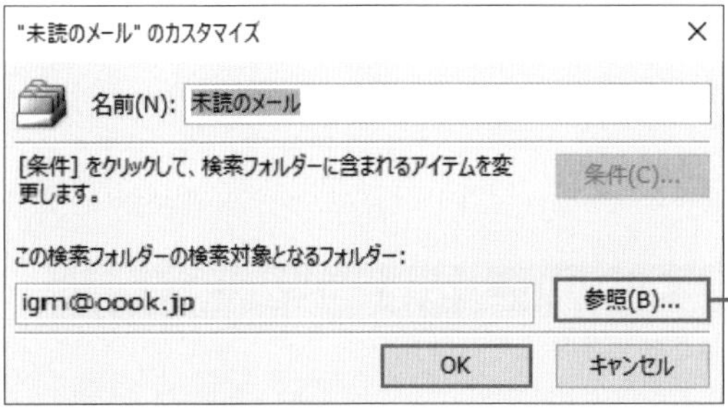

❼「参照」をクリックする。

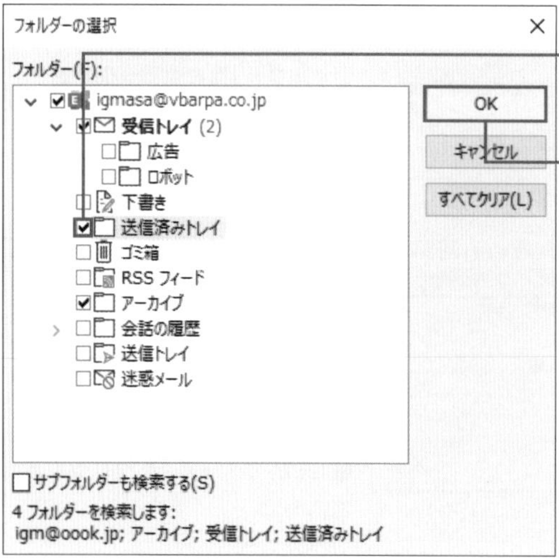

❽ 検索したいフォルダーにチェックを入れる。

❾「OK」をクリックする。

MEMO

ここでは「広告」フォルダーを検索対象外に設定するため、「サブフォルダーも検索する」のチェックを外しています。

》「特定の人とやり取りしたメール」を集めた検索フォルダーを作る

次に、特定の人とやり取りしたメールだけを集めた検索フォルダーを作る方法をご紹介します。検索機能を用いて、過去に特定の人との間でやり取りしたメールを探すことが多い人にとっては、今後検索する必要がなくなるため便利な機能です。ここでいう「特定の人とやり取りしたメール」は、「特定の人」がメールの差出人、もしくは宛先に入っていることが条件になります。また、複数の人を登録することもできるので、チーム内でやり取りしたメールを集めたフォルダーを作ることもできます。

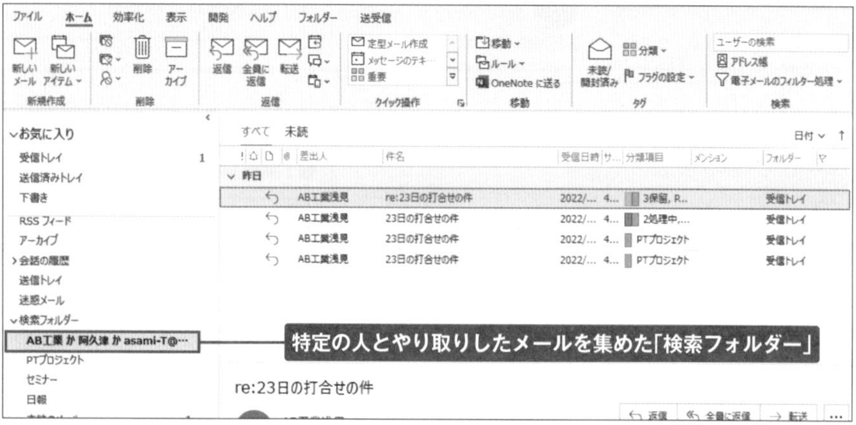

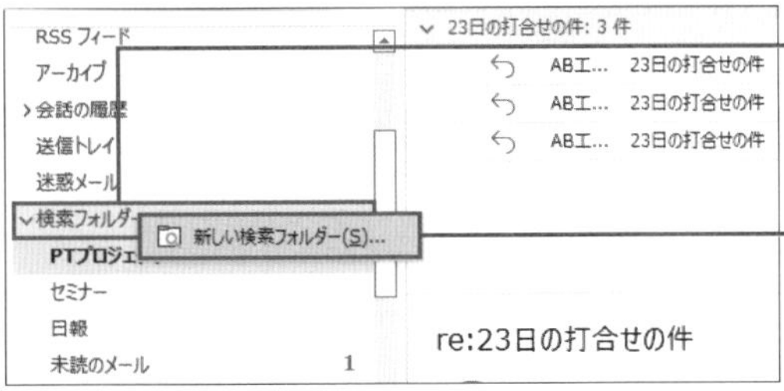

❶「受信トレイ」の下にある「検索フォルダー」を右クリックする。

❷「新しい検索フォルダー」をクリックする（Ctrl＋Shift＋Pでも可）。

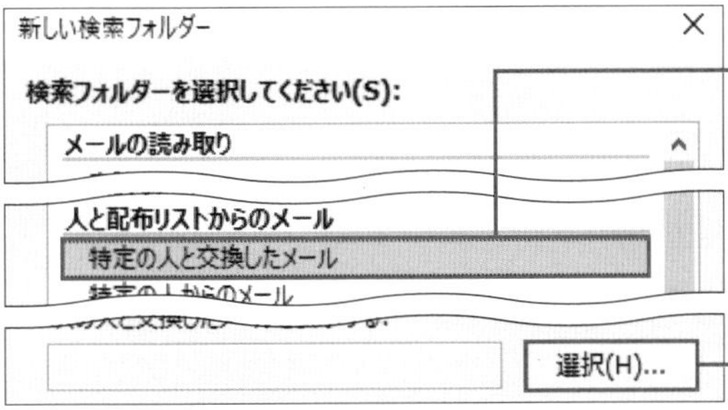

❸「特定の人と交換したメール」をクリックする。

❹「選択」をクリックする。

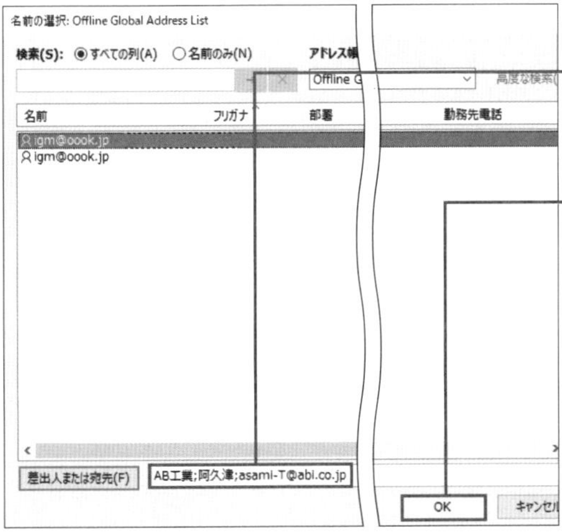

❺「差出人または宛先」に、特定の人のメールアドレス、もしくは名前（日本語で可）を入力する。

❻「OK」をクリックする。

❼「OK」をクリックする。

MEMO

複数の人を検索したい場合は、メールアドレスを「;（セミコロン）」でつなげてください。

なお、「検索フォルダー」には「特定の人からのメール」という設定も存在します。「特定の人からのメール」では、「特定の人」が差出人となっているメールのみが検索対象になります。一方の「特定の人と交換したメール」では、差出人に加え、宛先も検索対象に含まれます。こちらの方が汎用性が高いため、基本は「特定の人と交換したメール」を使用しましょう。

Check! 「検索フォルダー」の並び順を変更する

「検索フォルダー」の並び順は、初期設定で「名前順」になっています。これを使いやすい順番で表示したい場合は、フォルダー名の頭に数字の連番を振ることで対応します。以下の例では、使用頻度の高い「未読のメール」の先頭に「1_」をつけることで、一番上に表示されるようにしています。

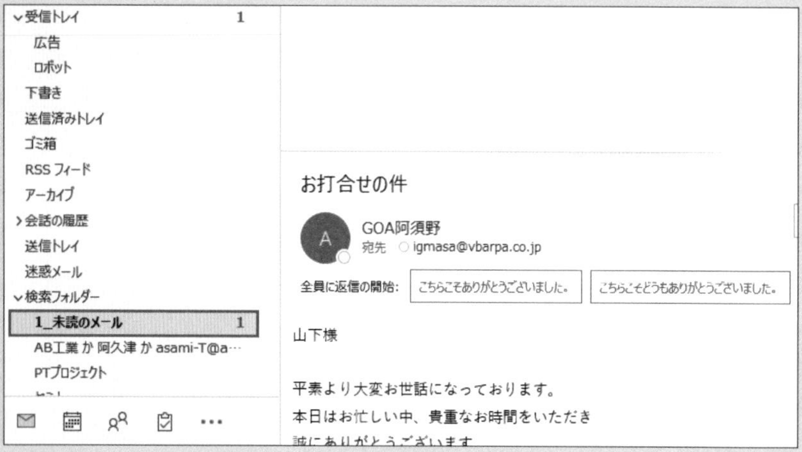

「検索フォルダー」の名前を変更する場合は、フォルダー名を右クリックし、「フォルダー名の変更」をクリックします。名前を変更できるようになるので、先頭に「1_」を追加します。

続いて、「未読のメール」フォルダーを「お気に入り」に登録して、使いやすくします。「1_未読のメール」のフォルダーを右クリックして、「お気に入りに追加」をクリックします。

すると、「未読のメール」フォルダーがナビゲーションバー一番上の「お気に入り」のエリアに表示されます。他にも使用頻度の高いフォルダーがあれば、「お気に入り」に追加しておきましょう。

ポイント

- 「未読のメール」の検索フォルダーは、未読メールがどのフォルダーに入っていても一覧で表示できる
- 「未読のメール」の検索フォルダーは、初期設定で迷惑メールや広告メールも表示されてしまうので変更が必要
- よく検索する人は「特定の人とやり取りしたメール」のフォルダーを作成する

06 広告・ロボットメールを「自動仕分け」で移動する

》「読まなくてもよいメール」は自動仕分けでフォルダーに送る

この章の最後に、「自動仕分け」の機能を使って広告・ロボットメールを移動する方法をご紹介します。メールを読む速度を上げるためには、「読む必要がないメールを読まない」ことも重要です。送られてくるメールの半数以上は、読む必要がないメールであるともいわれています。こうしたメールを読まないようにするだけで、メールを読むのに必要な時間が減り、作業が効率化します。そこで、広告メールやロボットメールといった「読まなくてもよいメール」は、P.64で紹介した「自動仕分け」の機能を使って専用のフォルダーに自動で移動されるように設定します。

以下の画面は、筆者が実際に使用しているフォルダーです。「広告」は、情報収集のためのメールマガジンを入れるためのフォルダーです。「ロボット」は、何らかのシステムによって自動で送られてくるメールを入れるためのフォルダーです。筆者は業務自動化用のロボット開発を仕事の1つとしており、ほぼすべてのロボットに、稼働状態をメールで自動で報告する機能をつけています。こうした広告メールやロボットメールは「読まなくてもよいもの」ですので、専用のフォルダーを作り、自動で移動する設定にしています。

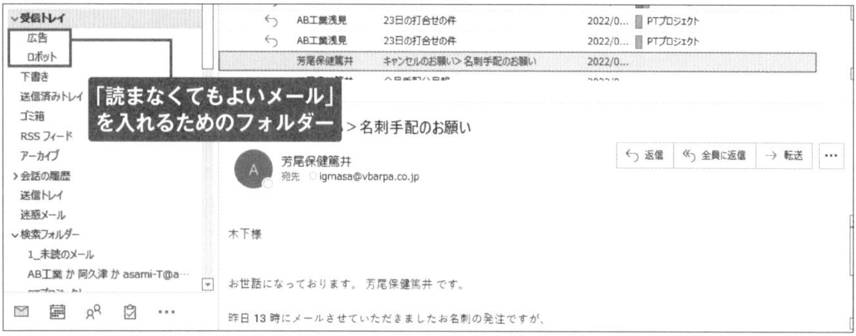

不要なメールをフォルダーに自動移動する

広告メールやロボットメールを仕分けるためのもっとも確実な方法は、「差出人」を用いる方法です。これらのメールは、毎回同じメールアドレスから送られてくるはずです。「差出人」が複数人の場合もありますが、その場合はすべてのアドレスを同じ方法で登録します。

❶条件を設定したいメールをクリックする。

❷「ホーム」タブの「ルール」をクリックする。

❸「次の差出人からのメッセージを常に移動する」をクリックする。

MEMO

Outlookのバージョンによっては「移動」→「ルール」の場合があります。

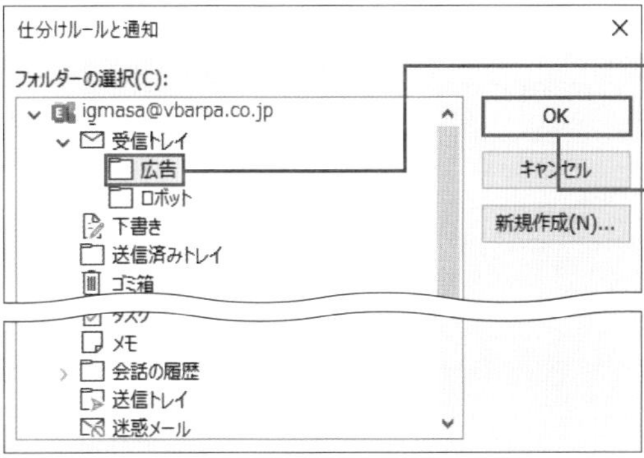

❹移動先のフォルダー（この場合は「広告」）をクリックする。

❺「OK」をクリックする。

MEMO

移動先のフォルダーがない場合は、「新規作成」をクリックして作成してください。

ポイント

- 普段読む必要がないメールは、自動仕分けを使い「受信トレイ」以外のフォルダーに移動する
- 広告やロボットメールは、「差出人」で仕分けるとかんたんに設定できる

「分類」を使って予定表を見やすくする

「分類」のもう1つの使い方として、予定表を色分けして見やすくするというものがあります。以下の画面が、その例です。例えば外出や絶対に出なくてはいけない会議はオレンジ色、オンライン会議は青というように、自分の見やすい色を決めて整理します。予定表に色を塗るには、色を塗りたい予定を右クリックして「分類」を設定するか、予定を選択した状態で割り当てられたショートカットキーを押すことで行います。

「メール用の分類」と「予定表用の分類」は、混ざらないようにする必要があります。「メール用の分類」は「2処理中」というように小さい番号を、「予定表用の分類」は「99オンライン会議」というように大きい番号を使用すると、「メール用の分類」と「予定表用の分類」が上下に分かれます。

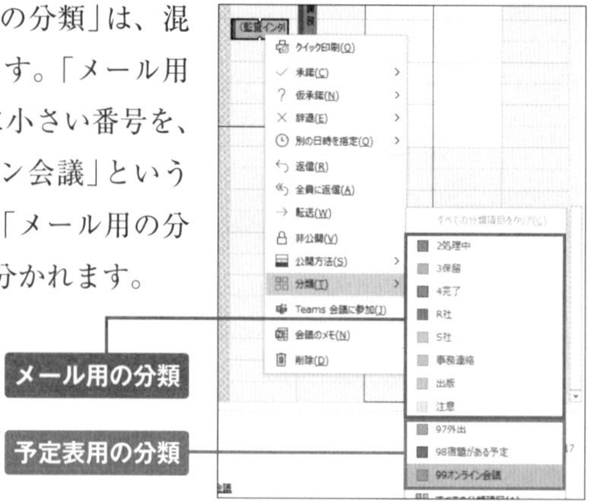

第3章

メールを「読む」時の効率化テクニック

01 新着メールは「メッセージウィンドウ」で読む

》「メッセージウィンドウ」と「閲覧ウィンドウ」を正しく使い分ける

メールを効率的に読むためには、「メッセージウィンドウ」と「閲覧ウィンドウ」の使い分けが重要です。Outlookを起動すると、「ビュー」で選択しているメールの本文が「閲覧ウィンドウ」に表示されます。「ビュー」でメールをダブルクリックするか、メールが選択されている状態で Enter キーを押すと、「メッセージウィンドウ」が開きます。本書では、それぞれ次のような使い方を推奨しています。

閲覧ウィンドウ

「閲覧ウィンドウ」はサイズが小さく、メール全文を読むには適していません。メールの本文を読んだあと、メールを移動したり、その際に誤ったメールを移動していないかを確認したり、検索と組み合わせてメールを探したりする際に利用します。

閲覧ウィンドウ
今月手配分月報
芳尾保健篤井
木下様
お世話になっております。芳尾保健篤井 です。
昨日 13 時にメールさせていただきましたお名刺の発注ですが、
可能ならキャンセルをお願いできませんでしょうか？

メッセージウィンドウ

「メッセージウィンドウ」は「閲覧ウィンドウ」の数倍以上の広さがあり、メール本文を効率的に読むのに適しています。ただし、別のフォルダーにメールを移動すると「メッセージウィンドウ」が閉じてしまうため、メールの整理には適していません。

》「メッセージウィンドウ」で新着メールを読む

このように、「メッセージウィンドウ」と「閲覧ウィンドウ」では、その使い方が明確に異なります。それぞれの特性を考えることで、メールを効率的に読む方法が見えてきます。それが、次のような「メールを読むためのフロー」です。④までの作業が完了したら、いよいよ残ったメールに対して、返信や転送など、必要な処理を行っていきます。このメールを「書く」作業について、詳しくは4章で解説を行います。

①「メッセージウィンドウ」で新着メールの全文を読む
②対応が必要なメールがあった場合は、「メッセージウィンドウ」で進捗の「分類」を設定する（P.58）
③すべての新着メールを確認したら、「メッセージウィンドウ」を閉じる
④「閲覧ウィンドウ」で、「分類が設定されていないメール＝処理が不要なメール」と「処理完了の分類が設定されたメール」を「アーカイブ」に移動する（P.88）

》新着メールは「メッセージウィンドウ」で読む

新着メールを読む場合は、「閲覧ウィンドウ」ではなく、サイズが大きい「メッセージウィンドウ」を使用します。「閲覧ウィンドウ」でメールを読もうとしても本文はごく一部しか表示されず、全文を読むには画面をスクロールさせる必要があります。「メッセージウィンドウ」であれば、画面をほとんどスクロールさせずに全文を読むことができます。

「受信トレイを用いたタスク管理」では、1つのメールを平均6秒程度で読むことを1つの目標にしています。「メッセージウィンドウ」で新着メールを読む場合、最初にそれが「読む必要があるメール」であるかどうかを1件あたり3秒以内に判断し、次のメールに進みます。広告メールや定時報告、自分以外に担当者がいるメールなどは、「読む必要がないメール」になります。「読む必要があるメール」は、長さにもよるものの、1件あたり10秒以内に読み終わることを目標にします。1文字1文字、すべての文言を読む必要はありません。メールの内容を判断し、自分に関わりのある部分だけを把握するようにします。反対にメールを書く場合も、相手が10秒以内に内容を把握できるよう、簡潔に、わかりやすく書くとよいでしょう。

「メッセージウィンドウ」では、次のような操作でメールを読み進めます。

❶「受信トレイ」の中で、「ビュー」の一番上にあるメールをダブルクリックする。

❷「メッセージウィンドウ」が開くので、右上の□（最大化）ボタンをクリックする。

MEMO

ウィンドウズキー＋⇧を使って画面を最大化することもできます。

❸画面が最大化される。

❹メールを読み終わったら、Ctrl＋>キーを押す。

MEMO

マウスを使用する場合は、左上の「次のアイテム」をクリックする。

❺次のメールが表示される。

❻対応が必要なメールは、進捗の「分類」をショートカットキーで設定する（P.58）。

❼新着メールをすべて読み終えたら、Escキーを押す。

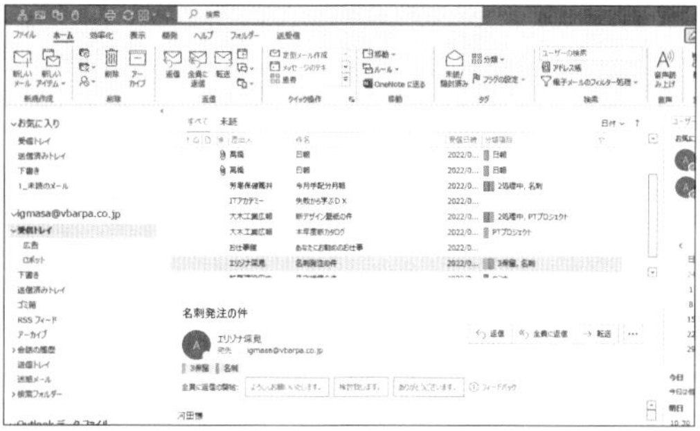

❽「メッセージウィンドウ」が閉じ、「閲覧ウィンドウ」が表示される。

これで、すべての新着メールの内容を確認し、進捗の「分類」を設定することができました。ここでは、返信等、何らかの対応が必要なメールに「2処理中」、現時点では結論が出せないメールに「3保留」、処理が終わったメールに「4完了」の分類を設定しています。このあと、「閲覧ウィンドウ」が表示された状態で、メールの整理や返信の作業を行います。進捗による「分類」について、詳しくはP.58を参照してください。

Check!　**効率化のカギは右手と左手の役割分担！**

筆者は、マウスを一切使わずショートカットキーのみで操作することが必ずしも効率的とは考えていません。それでも、マウスで複数回クリックする必要がある操作で、かつ1日に何度も行う操作に関しては、ショートカットキーを使うのが望ましいと考えています。

ショートカットキーを使う場合、メールを読む際の手の位置は、右手はCtrl＋>キー（次のメールに進む）の位置に常時固定します。必要に応じて指をわずかに動かし、Ctrl＋<キー（前のメールに戻る）を押します。筆者のキーボードの形状では、右手小指でCtrlキーを押し、右手人差し指で<と>のキーを押します。右手は基本的にこの2つのショートカットキーを押すことにしか使いませんが、1画面に収まらない長いメールの場合は↓（Page Down）キーや↑（Page Up）キーを押して、画面をスクロールさせます。

左手は、「2処理中」「3保留」「4完了」などの「分類」をショートカットキーで設定する際に使用します。P.58の方法で、Ctrl＋F2～F12キーのいずれかを設定しておいてください。筆者は、以下のようにショートカットキーを設定しています。

Ctrl＋F2キー　→メールに「2処理中」の分類を設定する
Ctrl＋F3キー　→メールに「3保留」の分類を設定する
Ctrl＋F4キー　→メールに「4完了」の分類を設定する

ここでのポイントは、左手で押しやすいF2からF4キーによく使う機能を登録しているということです。筆者はF2からF4キーを左手中指で押し、Ctrlキーを左手小指の付け根で押すという方法を用いています。行っていただくとわかりますが、左手のポジションが若干苦しいため、Ctrlキーは右手で押すか、6章で紹介する「クイック操作」を活用して別のショートカットキーを割り振ることもおすすめです。

なお「分類」をマウス操作で設定しようとすると、複数のクリックが必要となり、とても時間がかかります。必ずショートカットキーを使用しましょう。

どの指でどのキーを押すかは、キーボードの形状と指の長さによって変わってきます。重要なのは、右手と左手で最適な作業の分担を行い、指の動きを極力最小限にすることです。指の動きが少ないほど作業が高速化しますし、別のキーを誤って押す事故も少なくなります。以下の図は、筆者が用いている手の配置になります。ご自分の手やキーボードの大きさに合わせて、随時変更しながら利用してみてください。

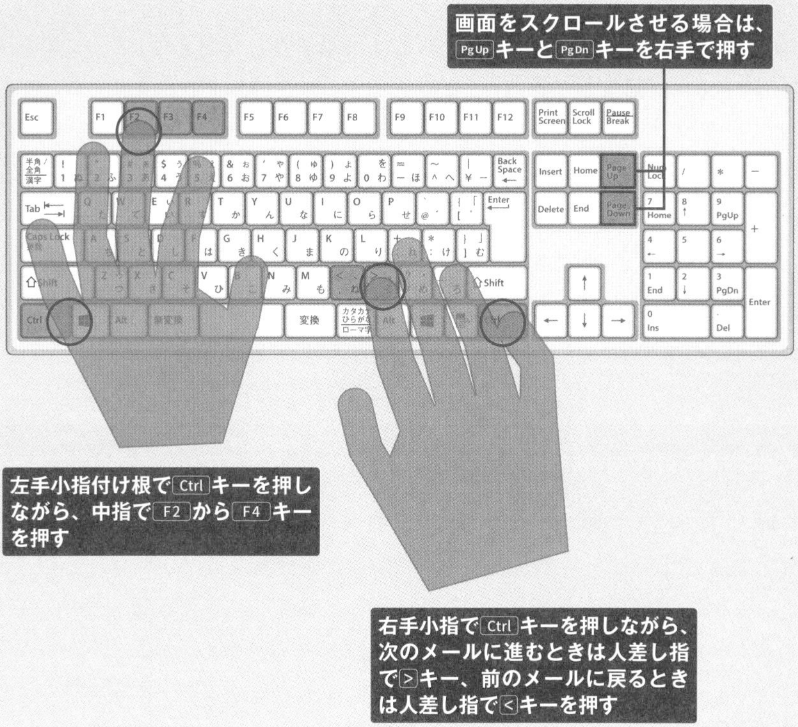
画面をスクロールさせる場合は、PgUpキーとPgDnキーを右手で押す
左手小指付け根でCtrlキーを押しながら、中指でF2からF4キーを押す
右手小指でCtrlキーを押しながら、次のメールに進むときは人差し指で>キー、前のメールに戻るときは人差し指で<キーを押す

⊕ポイント

- メールを読む際は「メッセージウィンドウ」を使う
- 「メッセージウィンドウ」では、Ctrl+>キーを押して次のメールに進む
- 返信などが必要なメールは、ショートカットキーで「2処理中」や「3保留」の分類を設定する

02 読み終わったメールは「アーカイブ」に送る

》メールの整理は「閲覧ウィンドウ」で行う

「メッセージウィンドウ」を使った新着メールを読む作業と「分類」の設定が完了したら、次は「閲覧ウィンドウ」を使ったメールの整理を行います。「受信トレイ」をTo Doリストとして使用する場合、対応が不要と判断したメールや対応が完了したメールは、「アーカイブ」に移動します。それによって、「受信トレイ」の中のメールが対応が必要なメールだけになります。

以下の画面は、メールを整理する前の状態の画面です。対応が必要なメールには、「2処理中」もしくは「3保留」の分類が設定されています。反対にその2つの分類が設定されていないメールが、「アーカイブ」に移動するべきメールとなります。

不要なメールを「アーカイブ」へ送る

読み終わったメールの中で、対応が不要なメール、対応が完了したメールを選択します。Ctrlキーを押しながらクリックすると、複数のメールを同時に選択できます。メールを選択したあとでBack spaceキーを押すと、選択したすべてのメールが「アーカイブ」に送られます。これで、対応が必要なメールだけが「受信トレイ」に残った状態になります。

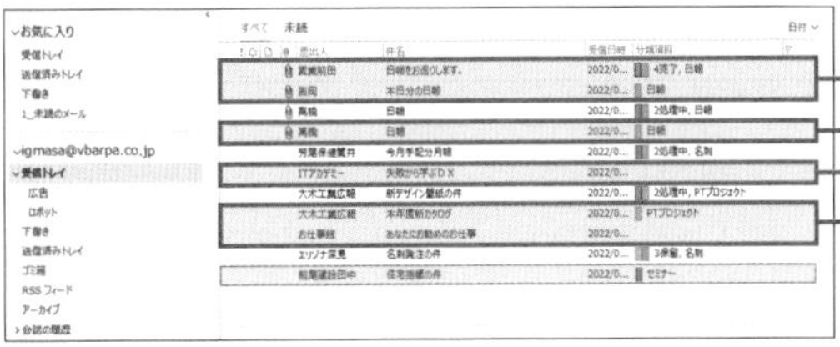

❶「アーカイブ」に送るメールをCtrlキーを押しながらクリックして、すべて選択する。

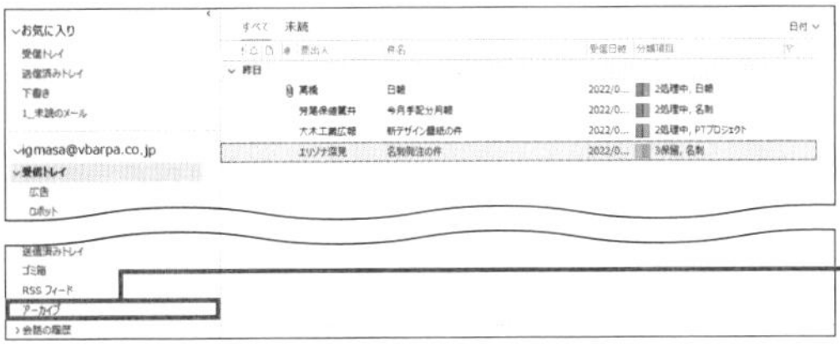

❷Back spaceキーを押す。

❸選択したメールが、「アーカイブ」に移動する。

この方法の欠点としては、「アーカイブ」に送るメールを1件1件クリックする必要があり、ある程度の時間がかかるということがあります。また、誤って処理が必要なメールを「アーカイブ」に送ってしまう可能性もあります。処理が必要なメールを「アーカイブ」に送ってしまうトラブルを避ける方法として、次の節でご紹介する「演算子を使った検索」が存在します。これを用いると、アーカイブに送るべきメールだけが表示されるので、そこに表示されているすべてのメールを選択して「アーカイブ」に送るだけで操作が完了します。

ポイント

- 不要なメールは「アーカイブ」に送る
- 複数のメールを選択する場合、Ctrlキーを押しながらメールをクリックする
- 右手と左手で役割を分担し、ほとんど指を動かさずに操作する

03 「検索」で目的のメールを効率的に探す

》フォルダー分けに時間を割くのは非効率

ここまでで、メールの内容を確認し、必要に応じた「分類」の設定や「アーカイブ」への移動を行うことができました。しかし、こうした処理が完了したあとで、メールに書かれていた内容を再度確認する必要が出てきたり、返信、転送を行う必要が出てくることがよくあります。そのような時に目的のメールを探し出すための方法が、「検索」です。

あとからメールを探しやすいようフォルダーに分けて管理を行う方法もありますが、いつ必要になるかわからないメールのフォルダー分けに時間を割くよりも、検索テクニックを磨く方が効率的です。

メールを検索するには、Outlookの上部にある「検索」ボックスをクリックし、検索したいキーワードを入力します。ショートカットキーを用いる場合は、Ctrl+Eキーもしくは Alt+Qキーを押すと、「検索」ボックスにカーソルが移動します。「検索」ボックスは以前は「ビュー」の一番上にありましたが、最新のOutlookではより上の方、タイトルバーの中央に移動しています。

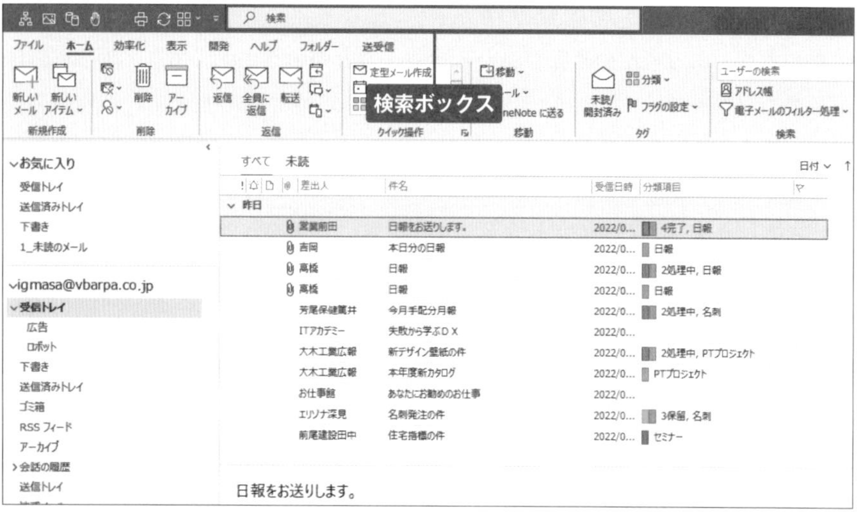

》Outlookでの検索の基本

Outlookを使ったメールの検索では、次のような点を知っておく必要があります。Outlookの検索機能には固有の癖があり、最適な方法で利用しないと、発見に思わぬ時間を浪費することになります。

- **検索の範囲**
  「検索」ボックスにキーワードを入力すると、「差出人の名前、件名、本文、添付ファイルの名前や内部のデータ」にその文言が含まれるすべてのメールが表示されます。
- **句読点は無視される**
  「検索」ボックスに句読点（「、」および「。」）を入力しても無視されます。例えば「今月の売り上げ。」で検索した場合と「今月の売り上げ」で検索した場合とでは、同じ検索結果が表示されます。
- **大文字と小文字、全角と半角は無視される**
  「１２３４ABC」、「12334abc」、「1234Abc」などで検索しても、すべて同じものとして処理されます。

》演算子を用いた検索方法

次に、演算子を使った検索の方法をご説明します。演算子とは、数学やプログラミングで式を記述する際に使用する記号のことで、それぞれの記号に割り当てられた機能が実行されます。Outlookの検索では、次ページの表の演算子を利用することができます。

検索を行う上で重要な演算子は、「AND」「OR」「NOT」の3つです。これらはすべて、大文字で入力する必要があります。小文字で入力した場合は動作しません。また、「subject:」「to:」「from:」も知っておくとよいでしょう。これらは、小文字で入力しても正しく機能します。

よく使う演算子は、P.130の方法で辞書に登録しておくとよいでしょう。また、特によく使うものについては、P.68の方法で「検索フォルダー」を作って管理するのもよいでしょう。

入力例	検索対象
月報 今月	「月報」と「今月」を両方含むメール。順番は関係ない
月報 AND 今月	「月報　今月」と同じ
月報 OR 今月	「月報」か「今月」のどちらかを含むメール
月報 NOT 今月	「月報」を含み「今月」を含まないメール
“3 月分月報”	「月報」と完全一致する文字を含むメール。「4 月分月報」など、一部でも異なる場合は検索されない
subject: 月報	件名に「月報」を含むメール。「件名 : 月報」と入力しても同じ
to: 伊藤	宛先に「伊藤」を含むメール。「宛先 : 伊藤」と入力しても同じ
from: 伊藤	差出人に「伊藤」を含むメール。「差出人 : 伊藤」と入力しても同じ
cc: 伊藤	CC に「伊藤」を含むメール
hasattachment:yes	添付ファイルがついたメール。hasattachment:no で添付ファイルがないメール

以下に、使用頻度の高い演算子を使った検索パターンをご紹介します。

①「アーカイブ」に送るべきメール

```
NOT 分類項目:2処理中 AND NOT 分類項目:3保留
```

P.88で解説した、「アーカイブに送るべきメール」を抽出するため構文です。これを用いると、メールを1件1件、マウスでクリックして選択する必要がなくなります。複数の演算子を組み合わせた難しい構文ですが、使用頻度が高いため単語として登録しておくとよいでしょう（P.130）。

意味は、部分ごとに分解すると理解できます。「NOT 分類項目:2処理中」は、分類項目が「2処理中」ではないという意味。「NOT 分類項目:3保留」は、分類項目が「3保留」ではないという意味。この2つを「AND」でつなげていますので、全体としては『分類項目が「2処理中」でなく、かつ「3保留」でもない』メール、すなわち「アーカイブに送るべきメール」ということになります。

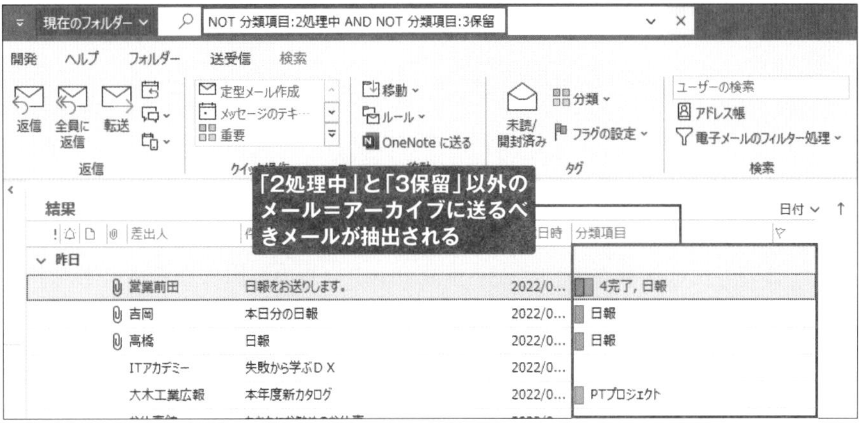

この構文を使う場合は、「受信トレイ」を選択している状態で「高度な検索」ボタンをクリックし、「探す場所」で「現在のフォルダー」を指定します。これを行わないと、広告など、無関係なフォルダーの中も検索されてしまいます。

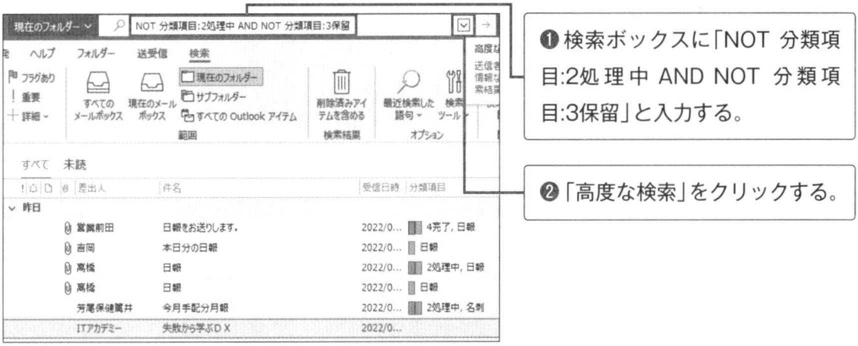

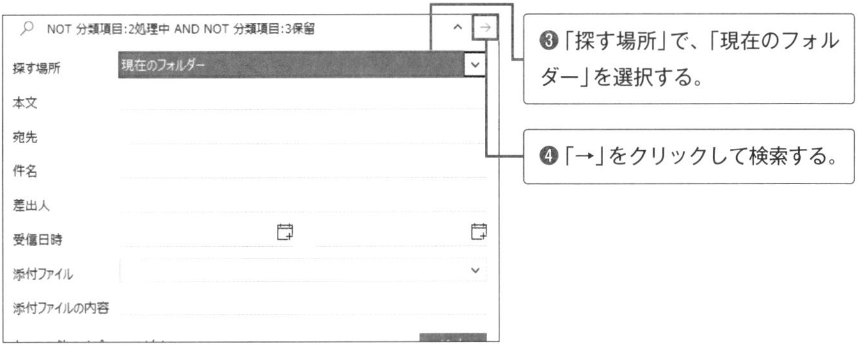

②完全一致による検索

> “検索したい文字列”

Outlookの検索機能は、「あいまい検索」と呼ばれる方法を用いています。これは、検索した文言と完全には一致しない場合でも、似た文言を含むメールを返す機能です。この方法は便利なのですが、事故やトラブルの原因になる場合もあります。例えば「GGA業務1月分月報」で検索した場合、他の月のメールも表示されてしまいます。名前やメールアドレスで検索した場合に、似た名前の人、似たアドレスの人もヒットしてしまいます。記憶があいまいな場合でも検索を行えるというメリットがあるものの、誤送信の原因になることもあります。

そこで検索したい文字列を「”（ダブルクォーテーション）」で囲うと、「完全一致」での検索が可能となります。「完全一致」では、入力した文字列と完全に一致する場合にのみ、検索結果として表示されます。検索した際に大量のメールがヒットしてしまい、探しているメールがどれかわからないといった場合は、「”（ダブルクォーテーション）」での完全一致検索を使用してください。

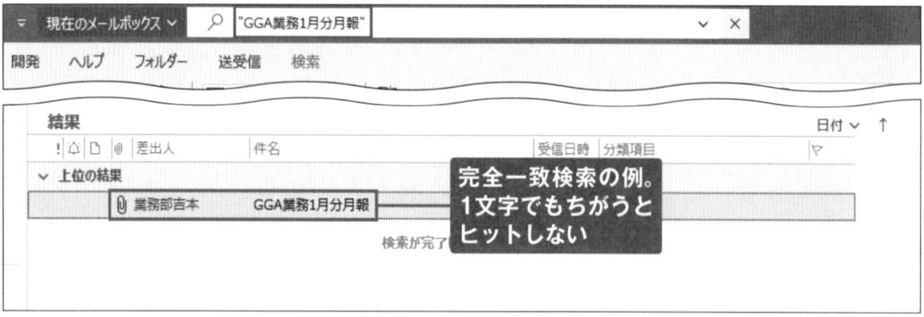

③添付ファイルがあるメール

```
hasattachment:yes
```

「hasattachment:yes」とは、「添付ファイルを持っている」の略です。暗記は難しいので、そのまま辞書に登録しましょう（P.130）。これで検索すると、添付ファイルのついたメールだけが表示されるので、添付ファイルをダウンロードする作業を効率化できます。また、2重ダウンロード、ダウンロード漏れなどの事故を減らす効果が期待できます。

反対に「hasattachment:no」で検索すると、添付ファイルがついていないメールを検索することができます。また、否定の演算子「NOT」と組み合わせて「NOT hasattachment:yes」で検索すると、「添付ファイルがあるメール」の否定となり「添付ファイルがないメール」の意味になります。「hasattachment:no」=「NOT hasattachment:yes」です。このように、演算子は複数を組み合わせて使うことも可能です。

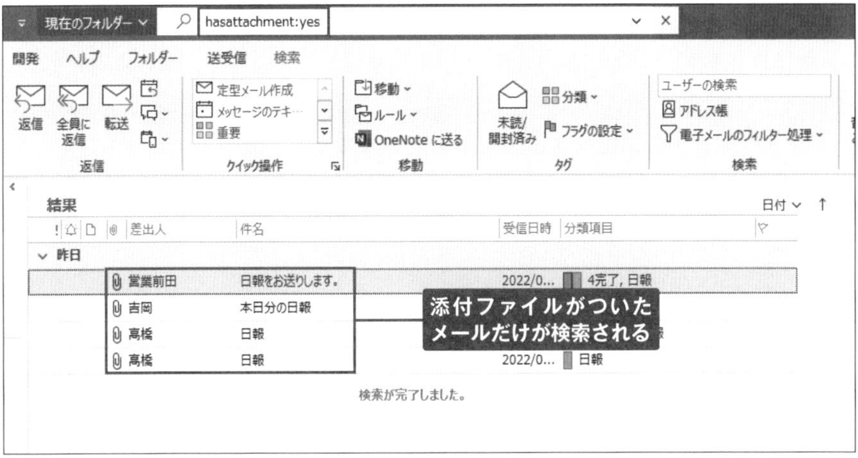

ポイント

- 「AND」「OR」「NOT」は必ず大文字で入力する
- 「"（ダブルクォーテーション）」で文字を囲うと「完全一致検索」になる
- よく使う演算子は単語登録を行っておく

04 「条件付き書式」で重要なメールを強調表示する

》対応が必要なメールを発見しやすくする

Excelに、「条件付き書式」という機能があることをご存じでしょうか。指定した条件を満たすセルに色を塗る、文字の色を変えるなどして、重要なデータを目立たせる機能です。以下の画面では、在庫数が「0」になると、セルにオレンジ色を塗るようにしています。業務の効率化と作業ミスの低減に有効な機能です。

商品名	在庫数
鉛筆	25
消しゴム	0
定規	21

「条件付き書式」の機能は、Outlookにも搭載されています。Outlookの「条件付き書式」では、以下のようなメールに対して「ビュー」上の文字の色を変更することができます。大量の広告メールにまぎれて重要なメールを見逃してしまう、というのは誰でも行いかねない事故ですが、「条件付き書式」を使うことで、その大半を防ぐことができます。

- 特定の人から届いたメール
- 「分類」が設定されたメール
- 件名や本文に特定の文字を含むメール

》「条件付き書式」を設定する

「条件付き書式」の設定は、「表示」タブから行います。「表示」タブは、効率化を行うためのキーになるタブです。

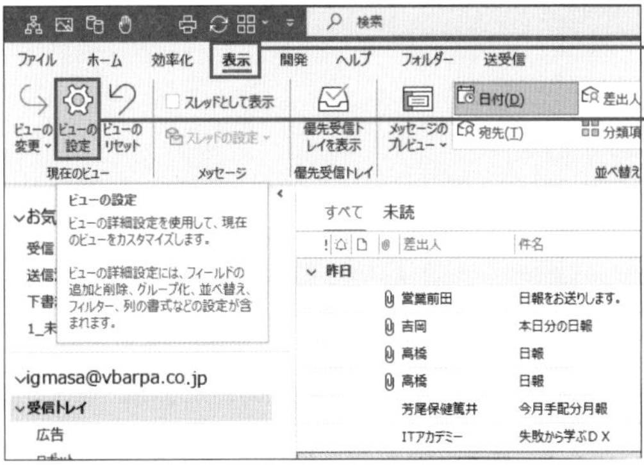

❶「表示」タブをクリックする。

❷「ビューの設定」をクリックする。

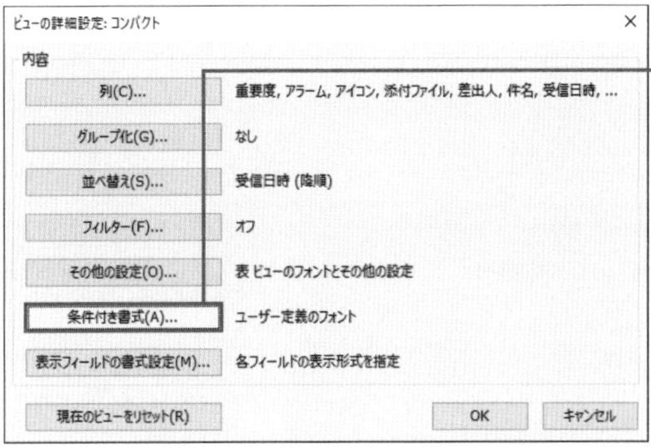

❸「条件付き書式」をクリックする。

❹「追加」をクリックする。

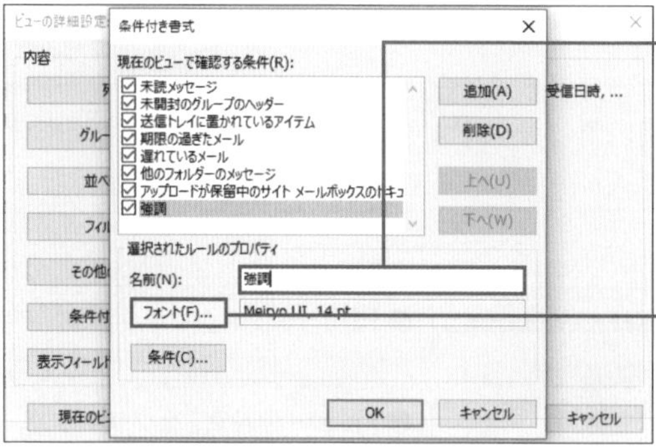

❺「名前」に、条件の名前を入力する。

❻「フォント」をクリックする。

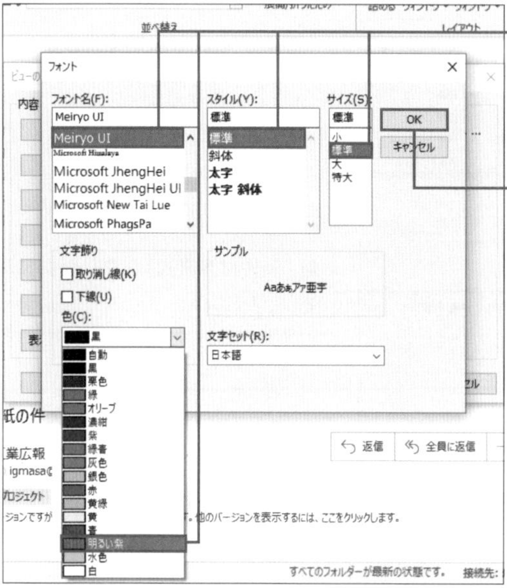

❼指定する条件が満たされた場合の「ビュー」のフォントや色、スタイル、サイズを指定する。

❽「OK」をクリックする。

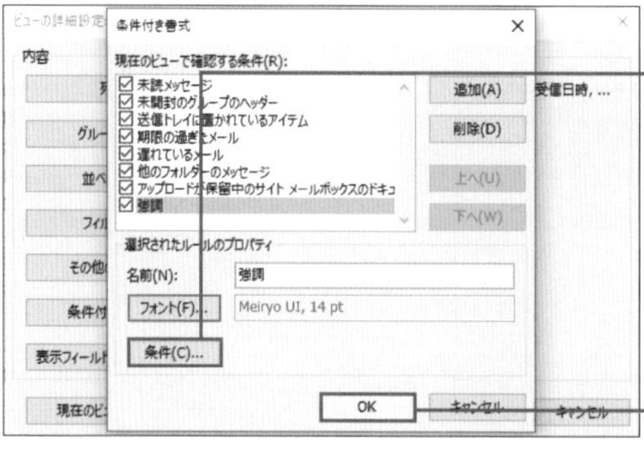

❾「条件」をクリックし、条件を設定する（詳しくは次ページ参照）。

❿設定が完了したら、「OK」をクリックする。

》「条件(フィルター)」の設定方法

ここでは、前ページの手順❾で行う「条件付き書式」を作動させるための「条件(フィルター)」の設定について、代表的な3つのパターンを紹介します。

パターン①特定の人から届いたメールを強調する

上長や重要な得意先から届いたメールを強調したい場合に使用します。使用頻度の高い設定です。

❶「差出人」の欄に対象者のメールアドレス、もしくは名前を入力する(複数の場合は「;(セミコロン)」でつなげる)。

❷「OK」をクリックする。

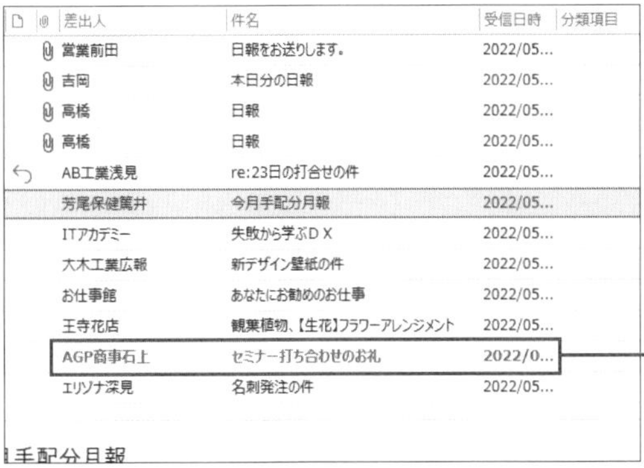

❸入力した相手から届いたメールだけが強調表示される。

パターン②「分類」が設定されたメールを強調する

特定の「分類」が設定されたメールを強調したい場合に使用します。特に「2処理中」「3保留」の分類が設定されたメールを強調すると、「強調されていないメール」=「アーカイブに送るべきメール」となり、「アーカイブ」に送る作業を大幅に効率化することができます。

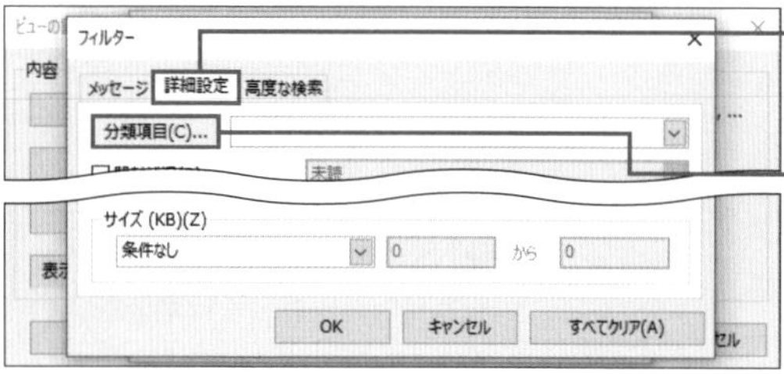

❶「詳細設定」をクリックする。

❷「分類項目」をクリックする。

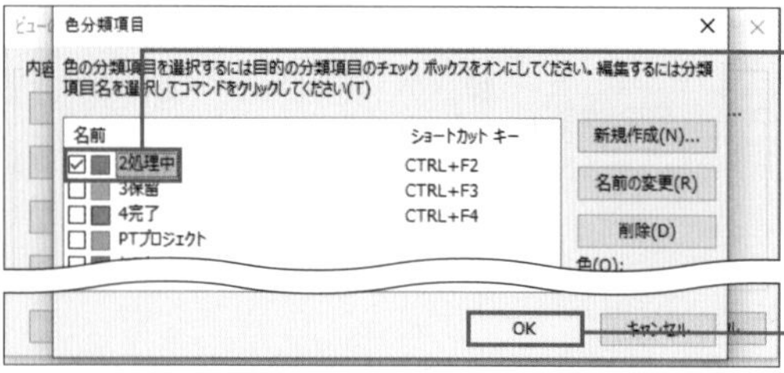

❸対象とする「分類」をクリックし、チェックを入れる。

❹「OK」をクリックする。

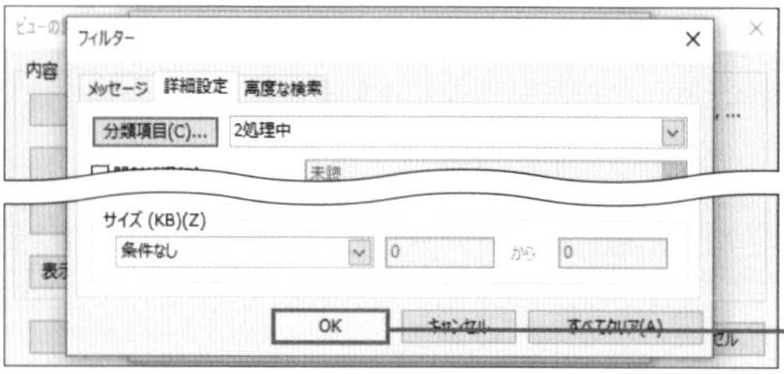

❺「OK」をクリックする。

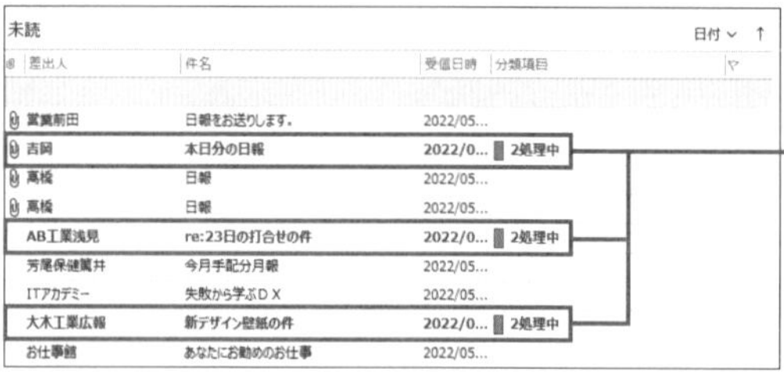

❻チェックを入れた「分類」(ここでは「2処理中」)のメールだけが強調表示される。

パターン③件名や本文に特定の文字を含むメールを強調する

特定の業務に関わるメールを強調したい場合に使用します。業務に関するキーワードのほか、「急ぎ」「至急」などの言葉を含むメールを強調してもよいでしょう。P.68で解説した「検索フォルダー」は「前方一致検索」だったため、キーワードの前に別の文字がつくと検索対象外になりました。しかし「条件付き書式」は「部分一致検索」のため、件名か本文のどこに登録した文言があっても、検索対象になります。

❶「検索する文字列」に、検索する文字を入れる（複数の文言で検索したい場合は「;（セミコロン）」でつなぐ）。

❷「OK」をクリックする。

❸件名や本文に入力した文字（ここでは「日報」）を含むメールだけが強調表示される。

ポイント

- Outlookでは、「条件付き書式」を使って特定のメールを強調できる
- 「条件付き書式」は、見逃してはいけないメールを強調するのに使用する
- 「アーカイブ」に送るべきメールと、そうでないメールを見分けるのにも有効

05 受信メールから「予定表」に登録する

》15秒で予定表に登録する2つの方法

メールで打ち合わせ等の依頼を受け、予定表の登録が必要になることはたびたび発生します。メールを読みながらその場で予定表への登録を行うことで、作業効率が上がるのと同時に、誤った日時に登録し打ち合わせを忘れてしまうといったリスクを減らすことが可能です。Outlookには、受信したメールから予定表に登録する機能が2種類搭載されています。これらの機能を用いると、通常1～2分かかる予定表への登録作業を15秒程度で行うことが可能になります。

予定表への登録方法①メールを予定表にドラッグする

1つ目は、「ビュー」にあるメールを「予定表」のマークまでドラッグする方法です。マウスのみで作業を完結できるのが特徴です。反対の手で手帳を開くなど、別の動作を行っている場合にも便利です。

❶予定表に登録したいメールを選択し、「予定表」のアイコンにマウスでドラッグする。

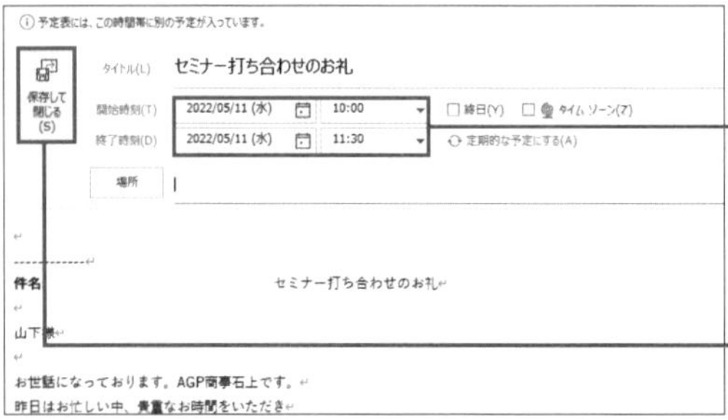

❷予定表を登録する画面が開くので、メール本文に書かれた打ち合わせの日時を見ながら日時を設定する。

❸「保存して閉じる」をクリックする。

予定表への登録方法②メールをコピー＆ペーストで登録する

もう1つは、「ビュー」でメールをコピーし、予定表の指定した時間に貼り付ける方法です。予定表に貼り付ける操作はマウスでは行えないため、Ctrl+Vキーを用いる必要があります。出先などでマウスが使えない場合は、こちらが適しています。

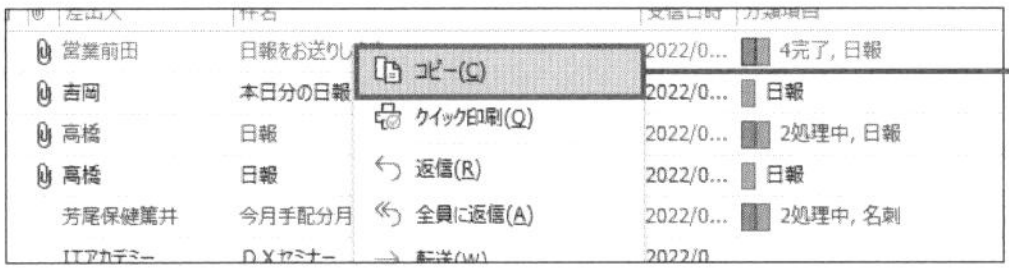

❶予定表に登録したいメールを右クリック、もしくはCtrl+Cキーでコピーする。

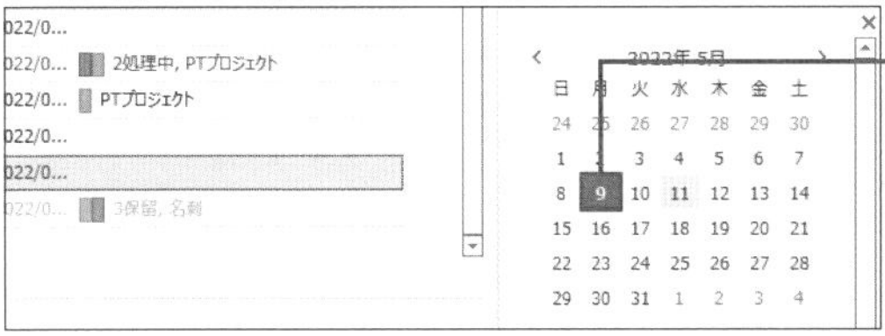

❷左下の「予定表」ボタンもしくはTo Doバーで、予定を登録したい日付をクリックする。

❸予定表の画面に切り替わるので、予定を登録したい日時を選択し、Ctrl+Vキーを押す。

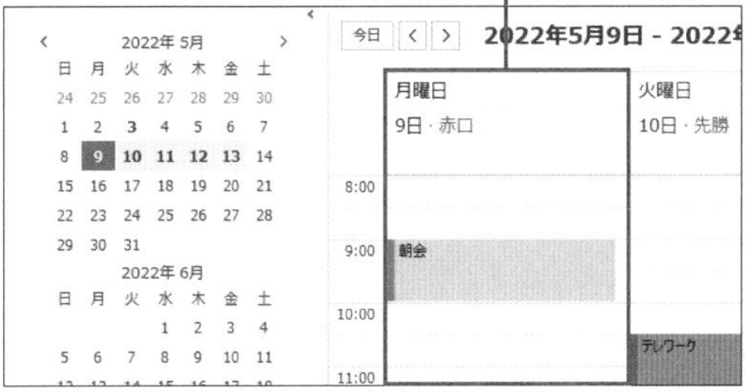

MEMO

この操作は、マウスの右クリックでは行えません。必ずショートカットキーを使用する必要があります。

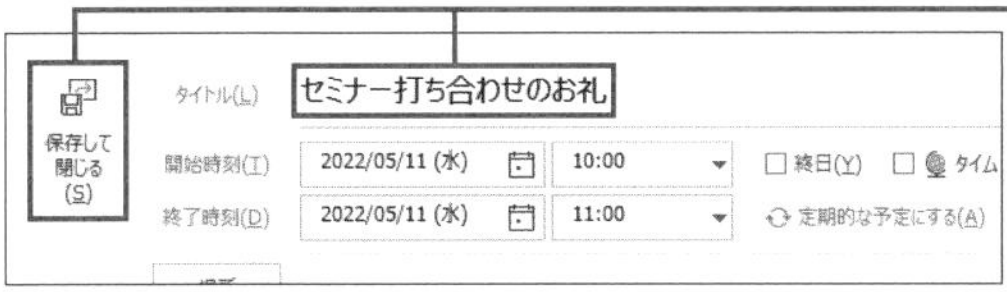

❹予定表を登録する画面が開くので、必要に応じて「タイトル」などを変更し、「保存して閉じる」をクリックする。

ポイント

- メールを予定表のマークまでドラッグするか、メールをコピーして予定表に貼り付けて登録する
- その後、タイトルや時間を調整して保存する

集中モードの活用～ビル・ゲイツも実践する生産性向上のテクニック

» ディープワークとシャローワーク

コンピューターサイエンスの科学者、カル・ニューポートによる著書「Deep Work: Rules for Focused Success in a Distracted World（邦題：大事なことに集中する―気が散るものだらけの世界で生産性を最大化する科学的方法）」によると、仕事は「ディープワーク」と「シャローワーク」の2つに分類されるそうです。本書の内容に当てはめると、メールを読み書きしている時間は「シャローワーク」、業務効率改善や業務自動化の方法を1人で集中して考える時間は「ディープワーク」に相当します。

- ディープワーク：認知能力を限界まで高める、注意散漫のない集中した状態での職業上の活動。新たな価値を生み、スキルを向上させ、容易にまねできない
- シャローワーク：知的思考を必要としない補助的な仕事。注意散漫な状態が多い。新しい価値を生み出さず、誰にでも容易に再現できる

かつての日本企業では「出社をしている時間」が評価の重要な要素でしたが、今はいかに新しいものを生み出したか、いわゆる「ディープワーク」が重視される形に変わりつつあります。「ディープワーク」は最大でも1日3～4時間が限界とされており、この3～4時間を確保すること、その間は極限まで集中することが、生産性向上のためには必要不可欠です。そのため、「ディープワーク」の時間にメールを読み書きするのは厳禁です。

「インボックス・ゼロ」の考え方でも、メールを1日数回程度集中して処理し、それ以外の時間は他の仕事に集中することが推奨されています。最近は「月曜日の午前中は一切メールや電話を受けない」というように、「ディープワーク」を実践している人や企業が増えてきています。狭く仕切りのない日本のオフィスに「ディープワーク」は不向きでしたが、テレワークの浸透によって容易になった面もあるでしょう。筆者も、プログラムを組むときやプレゼン資料を作るときはテレワークを活用し、「ディープワーク」の状態を作るよう心掛けています。

》「集中モード」の設定

2018年、Windowsに「集中モード」の機能が追加されました。「集中モード」はOutlookやTeamsなどの通知を行わないようにするもので、まさに「ディープワーク」を実現するために追加された機能といえます。筆者は、メールは少しでも早く返信した方がよいと考えています。しかし「ディープワーク」を行っている最中にメールを読み書きする必要はありません。Christine Rosen が発表した論文「The Myth of Multitasking（マルチタスクの神話）」によると、人間がメールや電話で集中力が途切れた場合、元の集中力を回復するのに平均25分を要するとのことです。「ディープワーク」を行う際は必ず「集中モード」をオンにし、メールやチャットのことはいったん忘れましょう。

以下で、Windows 10とWindows 11それぞれの「集中モード」の設定方法について解説します。

Windows 10の場合

❶右下のアイコンをクリックする。

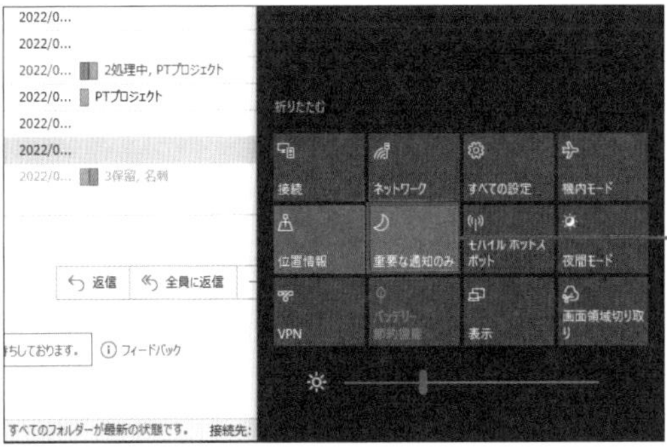

❷「集中モード」を何回かクリックし、「重要な通知のみ」に変更する。

Windows 11の場合

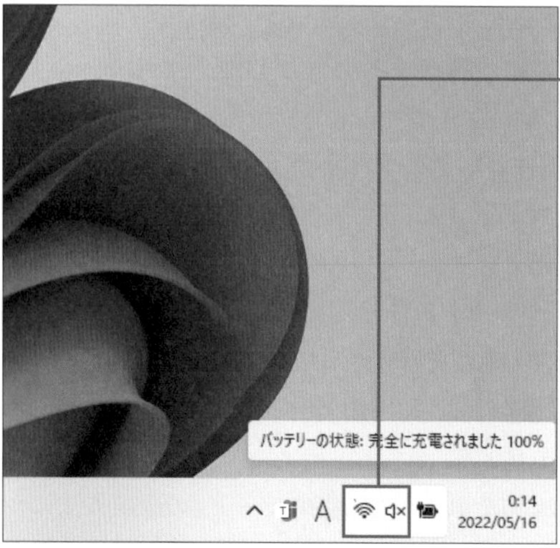

❶「クイック設定」をクリックする（ネットワークとスピーカーのマーク）。

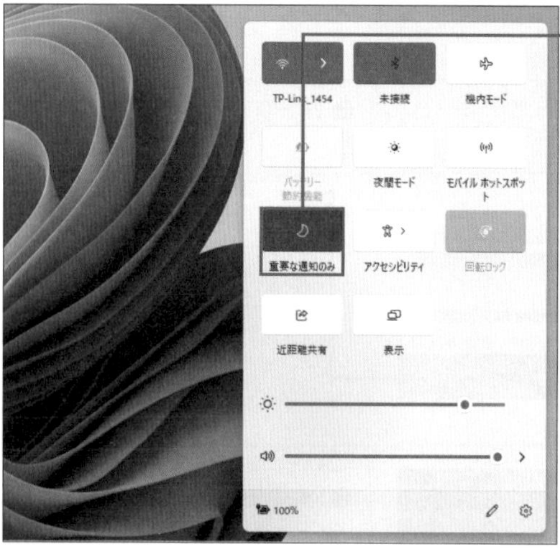

❷何回かクリックして、「重要な通知のみ」にする。

なお、集中モードはプレゼン時にも使用します。オンライン会議等で説明している際に「今夜飲みに行きましょう」といった無関係な通知が表示されると、その場の雰囲気が台無しになります。また、相手が得意先であれば「情報管理が甘い会社」と判断されても仕方がありません。得意先とのオンラインミーティングでは、相手が録画を行っている可能性を考慮する必要もあります。

第4章

メールを「書く」時の効率化テクニック

01 メールを「書く」時は極力マウスレスで行う

》メール作成時のおすすめショートカットキー

Outlookでメールを「書く」時は、極力マウスを使わないことをおすすめしています。理由は、メールを「書く」にはキーボードをフル活用する必要があり、その中でマウスを使用すると時間のロスが大きいからです。キーボードからマウスに持ち替えるには、1回2秒、往復で4秒程度かかります。これを1日に200回繰り返すとすると、毎日800秒＝約13分を消費することになります。これが1週間、1ヶ月と続くと、無視できない時間になります。極力、マウスとキーボードの往復は少なくなるようにしましょう。

Outlookは200を超えるショートカットキーを持っており、それらすべてを暗記するのは現実味がありません。しかし、メールを「書く」ことに限定すれば、覚えなくていけないショートカットキーは8種類だけです。しかもその内の4種類は、Excelなど他のOffice系アプリでも使うものです。Outlookで新しく覚える必要があるのは、「返信」「全員に返信」「転送」「送信」の4種類のみです。

No	ショートカットキー	操作
①	Ctrl ＋ R キー	送信
②	Shift ＋ Ctrl ＋ R キー	全員に返信
③	Ctrl ＋ F キー	転送
④	Ctrl ＋ Enter キー	送信
⑤	Ctrl ＋ N キー	新規メール作成
⑥	Tab キー	次の項目に進む
⑦	Shift ＋ Tab キー	前の項目に戻る
⑧	← キー、↑ キー、↓ キー、→ キー	カーソルの移動

》8種類のショートカットキーの使い方を知る

①Ctrl＋Rキー「返信」

②Shift＋Ctrl＋Rキー「全員に返信」

「R」は、「Reply（返信）」の略です。使用頻度が高いので、ぜひ覚えましょう。Rキーはキーボードの左側にあるため、極力すべてのキーを左手のみで押すようにします。OutlookのショートカットキーはCtrlキーとShiftキーを押す頻度が高いのですが、この2つのキーは左手の小指と中指で押し、残りの3本の指のいずれかでRなどのキーを押すように、片手で入力する練習をしましょう。

③Ctrl＋Fキー「転送」

「F」は、「Forword（転送）」の略です。主に、添付ファイルを転送したい時に使用します。こちらも、左手だけで入力する練習をしましょう。

④Ctrl＋Enterキー「送信」

「おすすめショートカットキー」として紹介しているものの、誤送信の原因になる可能性が高く、使用に注意を要するショートカットキーです。Enterキーはサイズも大きいですし、他の作業をする時にもよく押すキーです。そしてCtrlキーは、Outlookのショートカットキーの中でもっともよく使うキーです。これら高頻度で使用するキーを2つ組み合わせたショートカットキーであるため、「メールが完成する前に送信してしまう」という、典型的な誤送信の原因になりがちです。このことはMicrosoftも認識しているようで、Ctrl＋Enterキーの初回使用時には、警告のメッセージが表示されるようになっています。

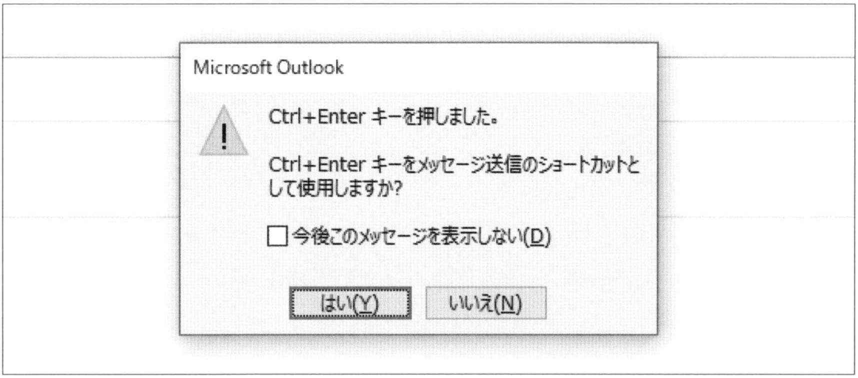
Microsoft Outlook
Ctrl+Enter キーを押しました。
Ctrl+Enter キーをメッセージ送信のショートカットとして使用しますか?
今後このメッセージを表示しない(D)
はい(Y)
いいえ(N)

このようにCtrl+Enterキーは危険性が高いショートカットキーですが、他にも誤送信を防ぐための対策があります。その1つが、5章で紹介する「送信遅延設定」です（P.174）。メールを送信する際に指定した時間だけ送信を保留する設定で、その間に送信をキャンセルすることができます。もう1つが、12章で紹介する本書オリジナルの「誤送信防止プログラム」です（P.396）。こちらは送信前に確認のためのメッセージボックスを表示するもので、そこで「OK」をクリックしない限り、メールが送信されることはありません。
この2つの方法のどちらか、もしくは両方を使うことで、「メールを完成前に送ってしまう」という事故を防ぐことができます。反対に、これらを使用せずにCtrl+Enterキーのショートカットキーを使用することは大きなリスクがあります。Ctrl+Enterキーのショートカットキーを使用するかしないか、十分検討し、どちらの場合も、何らかの誤送信防止対策は講じるようにしてください。

⑤Ctrl+Nキー「新規メール作成」

ここからは、Microsoft Office共通のショートカットキーになります。Ctrl+Nキーは「新規ファイル作成」のショートカットキーで、Excelの場合はExcelファイルを、Wordの場合はWordファイルを新規作成します。Outlookの場合は、新規メールが作成されます。ただしこの方法で作成した新規メールはメールアドレスをゼロから入力する必要があるため、宛先まちがいの事故が発生しやすくなります。使用する際は、送信前に宛先にまちがいがないかを確認するようにしてください。

⑥Tabキー「次の項目に進む」

⑦Shift+Tabキー「前の項目に戻る」

この2つは、ブラウザやExcel、Accessでも使用するショートカットキーです。Tabキーは、カーソルを次の入力項目に進める機能。Shift+Tabキーは、1つ前の入力項目に戻る機能があります。これをマウスで行う場合、キーボードから手を離し、マウスを動かし、再びキーボードに戻るのに4秒程度かかります。これがTabキーを使えば、1秒足らずで完了します。Tabキーの使い方を覚えると、マウスに頼った入力がいかに非効率的だったかを実感することができます。

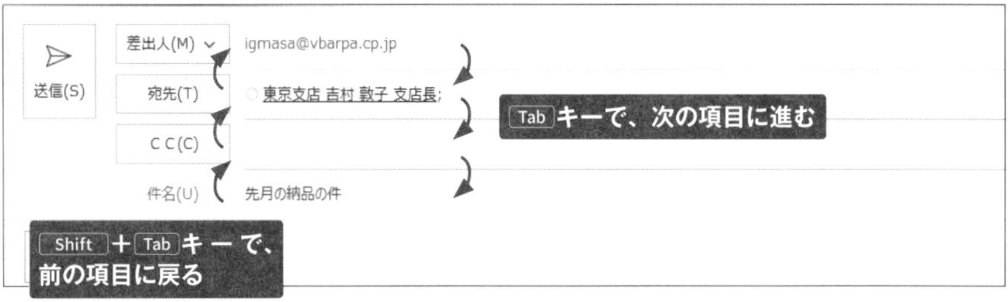

⑧←キー、↑キー、↓キー、→キー「カーソルの移動」

先ほどご説明したTabキーもしくはShift＋Tabキーで目的の入力項目に移動したあと、←キー、↑キー、↓キー、→キーでカーソルを動かし、入力します。慣れると、マウスよりも効率的にカーソルを移動させることができます。これらの矢印キーを用いる場合は、人差し指を←キーの上に置き、中指を↑キーか↓キー、薬指を→キーの上に置いて操作します。OutlookとWordでは、カーソルの移動はマウスより方向キーを使った方が効率的です。使ったことがない方は、これを機会にチャレンジしてください。

カーソルを動かす際のホームポジション

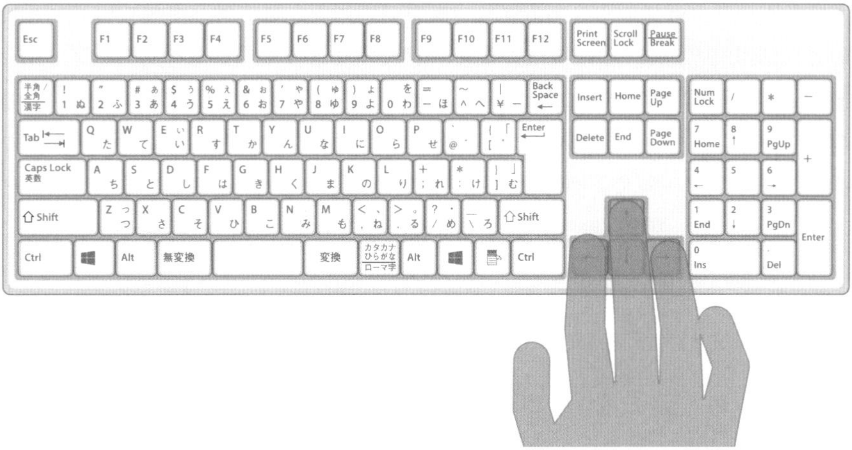

ポイント

- 新しく覚えるべきショートカットキーは4つだけ（返信、全員に返信、転送、送信）
- Ctrl＋Enterキー（送信）は誤送信の原因になりやすい
- カーソルの移動は、Tabキーと矢印キーを用いて行う

02 メールにすばやく返信する

≫ メールの返信は1日数回まとめて行う

ここでは、メールを返信する際の手順をご紹介します。本書が推奨する「受信トレイを用いたタスク管理」の考え方では、1日に数回程度、受信したメールをチェックし、その際に返信が必要なものに対しては全件返信を行います。中には即答が難しいメールもありますが、その場合は「明日午後までに調整しご連絡します。」といった短いメールを返信します。一般的にメールは24時間以内に返信するのが礼儀とされていますが、「受信トレイを用いたタスク管理」では、1日に数回メールまとめてメールをチェックする＝数時間以内には第一報を入れることを目標にしています。そうすることで相手の方が安心しますし、皆さんに対する評価も上がります。

筆者が存じ上げている、あるフリーランスのエンジニアは、すべてのメールに対して5分以内に返信を行っています。移動中などで連絡が難しい場合も「10分後に連絡させていただきます。」という短いメールを必ず返していただけます。極端な例で、真似ることは難しいですが、返信の速さはビジネスにおいて大きな武器になります。同じ文面のメールを返信いただく場合も、1時間後に返信されるのと、3日後に返信されるのとでは、相手が受ける印象はまったく異なるものになります。

「あの人は暇なのではないか？」「あの人は何も調整しないでメールをしているのではないか？」と思われることを嫌い、意図的に返信する時間を調整する人もいますが、「受信トレイを用いたタスク管理」ではそういった調整は行いません。1日数回のメールチェック時に返信すべきすべてのメールに返信することで、「いつ返信するか」を考える必要がなくなりますし、返信忘れなどの事故も減ります。

》メールに返信する際の手順

受信したメールへの返信は、「メッセージウィンドウ」もしくは「閲覧ウィンドウ」で対象のメールが開いている状態で、以下のいずれかのショートカットを押すことで行います。

- Ctrl + R キー　送信
- Shift + Ctrl + R キー　全員に返信

この時、返信のメールを書く作業は「閲覧ウィンドウ」ではなく、「メッセージウィンドウ」で行うようにします。理由は、画面の広さと、「メッセージウィンドウ」のリボンです。「メッセージウィンドウ」のリボンでは、フォントや署名の変更など、メールを書く際のさまざまな操作を行うことができます。

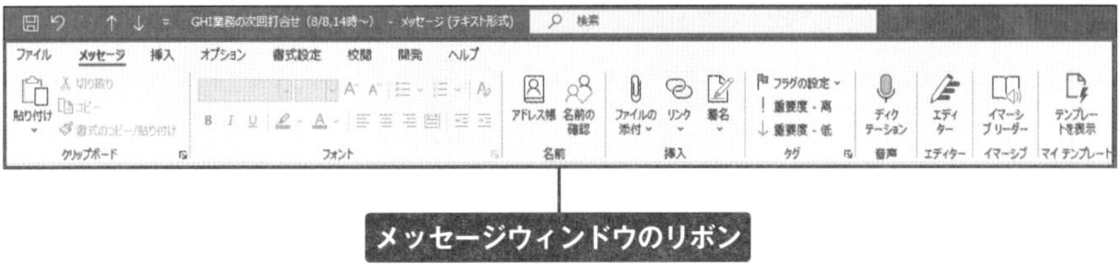

「メッセージウィンドウ」が自動で開かない場合は、Outlookの設定を変更します。「ファイル」タブ→「オプション」→「メール」とクリックし、「返信と転送を新しいウィンドウで開く」にチェックを入れ、「OK」をクリックします。すると、次回から返信する際は「メッセージウィンドウ」が自動で開くようになります。また、「メッセージウィンドウ」が全画面表示でない場合は、⊞ + ↑ キーを押し、全画面表示にします。一度行うと、次回から開く際は自動で全画面化されます。

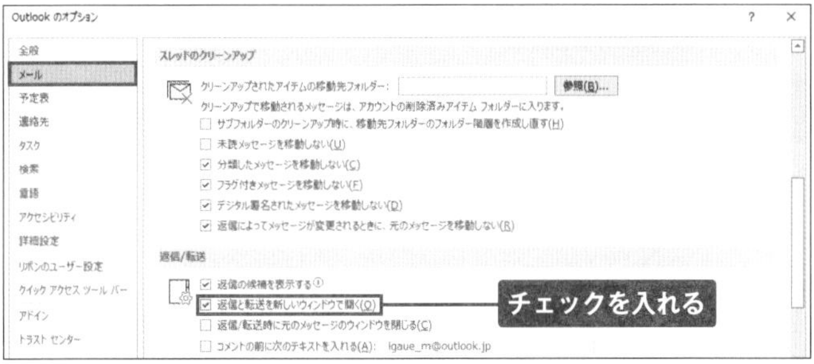

》返信時はメールアドレスと件名を手動で変更しない

メールに返信する際は、宛先のメールアドレスや件名を修正しないのが基本です。「返信」と「全員に返信」の操作を行うと、「本文」の一番上にカーソルがある状態で「メッセージウィンドウ」が開きます。その状態で、メールアドレスや件名は変更せず、本文のみを変更して返信を行います。

宛先のメールアドレスを変更するべきでない理由は、相手が混乱するのを防ぐためです。「社内の人とメールをやり取りしていたのに、いつの間にか社外の人が宛先に入っていた」「Aさんには内容を知られたくなかったのに、いつの間にか宛先に入っていた」といったトラブルを避けるためにも、やり取りの途中で宛先を変更することは避けましょう。宛先を変更する必要がある場合は、本文の冒頭で「宛先にAさんを追加させていただきました」「宛先を社内に絞り返信させていただきました」と一言加えることで、無用なトラブルを防げます。

件名を変更すべきでない理由は、主に「スレッド表示」(P.28)との関係です。Outlookには、同じ件名のメールをひとまとめに表示する「スレッド表示」の機能があります。件名を途中で修正すると、受信した側のメールソフトが同じスレッドであると判断できず、異なるスレッドにまとめてしてしまうリスクが発生します。反対に、メールの内容が大きく変化する場合は、意図的に件名を変更する必要があります。古い件名を流用し続けるのはよくありません。

宛先や件名を修正する必要がある場合は、Shift + Tab キーのショートカットキーを使うことでカーソルを上の項目に移動することができます。元の項目に戻すには、Tab キーを押します。

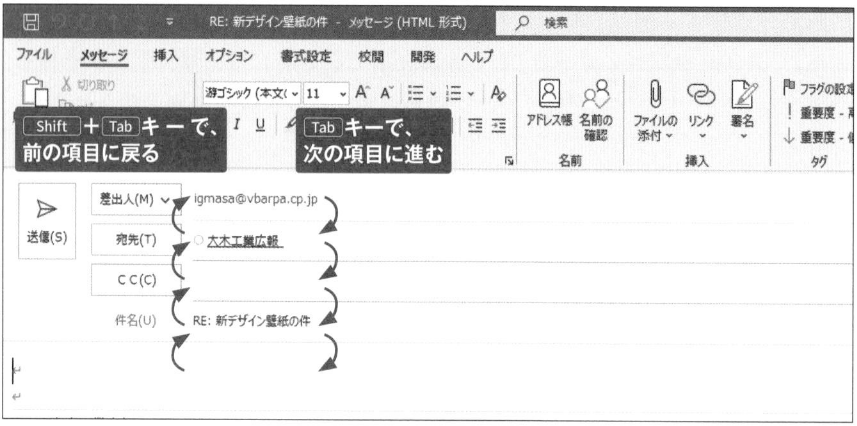

》最初に行うのはファイルの添付

それでは、カーソルが本文の一番上にある状態で、返信の操作を開始します。ただし、最初に行うのは本文の入力ではありません。メールに添付するべきファイルがある場合は、一番最初に添付の操作を行います。

ファイルの添付を一番最初に行う理由は、ダブルチェックの効果の向上です。ファイルを添付した時に1回目のチェック、送信前に2回目のチェックを行うことで、チェックとチェックの間隔が空き、ダブルチェックの効果を最大化することができます。

もう1つの理由は、「添付忘れ」を防ぐことです。ファイルを一番最後に添付する場合、「添付忘れ」の発生率が高くなります。最初に添付の操作を行うことで、「添付忘れ」を未然に防ぐことができます。ファイルの添付に関して、詳しくはP.157でご説明します。

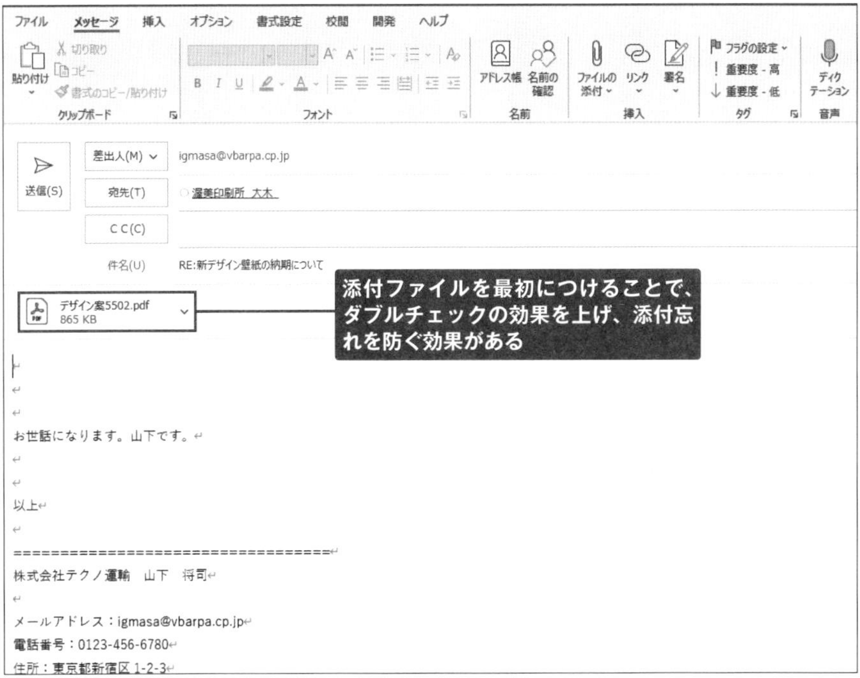

》2番目に行うのは署名の変更

次に行うのが、「署名」の変更です。「署名」は自分の名前や連絡先を記載するためのものですが、下の画面のように、共通して使えるメールの本文を「署名」に含めておくことで、入力の効率が上がります。「署名」は、「メッセージ」タブの「署名」からプルダウンで選択します。「署名」の設定方法について、詳しくはP.132でご説明します。

署名の代わりに、「クイックパーツ（定型句）」を使う方法も存在します。「クイックパーツ（定型句）」は、「単語の登録」のようにキー入力で呼び出すことができます。「署名」をプルダウンから選択する場合よりもすばやく操作できます。「クイックパーツ（定型句）」の設定方法について、詳しくはP.136でご説明します。

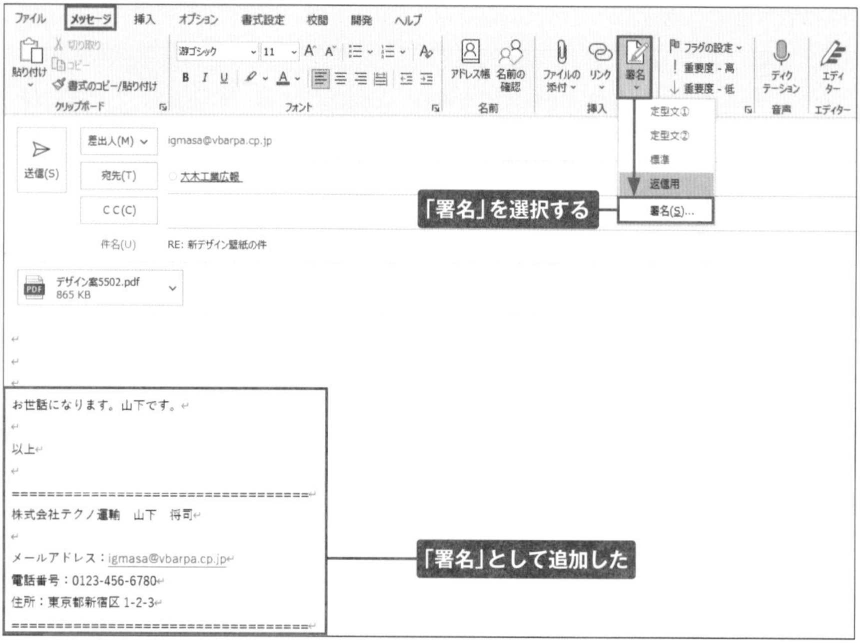

》本文を効率的に入力する

「添付ファイル」を添付し、「署名」を挿入したら、ようやく本文の入力です。本文の入力を効率化する上で重要なのは、カーソルの移動をマウスやタッチパッドではなく、矢印キー（↑↓←→）を用いて行うことです。モニターのサイズにもよっては文字サイズが小さく、マウスやタッチパッドを使って目的の位置にカーソルを移動することが困難な場合もあります。矢印キーを使えば、目的の位置まで確実にカーソルを移動させることができます。

本文の入力の効率化テクニックとしては、「単語の登録」(P.130) と「クイックパーツ」(P.136) も有効です。「単語の登録」では、「おせ」と入力すれば「お世話になります」と変換されるといったように、よく使うフレーズや会社名、専門用語を登録しておきます。「クイックパーツ」はあまり知られていないOutlook独自の機能ですが、「単語の登録」と比較しても半分程度の時間で入力が可能です。

メールの本文を入力する場合は、以下の画面のような長さにすると、相手が読みやすくなります。ポイントは、画面をスクロールさせず、視線をほとんど動かさずに読める長さです。

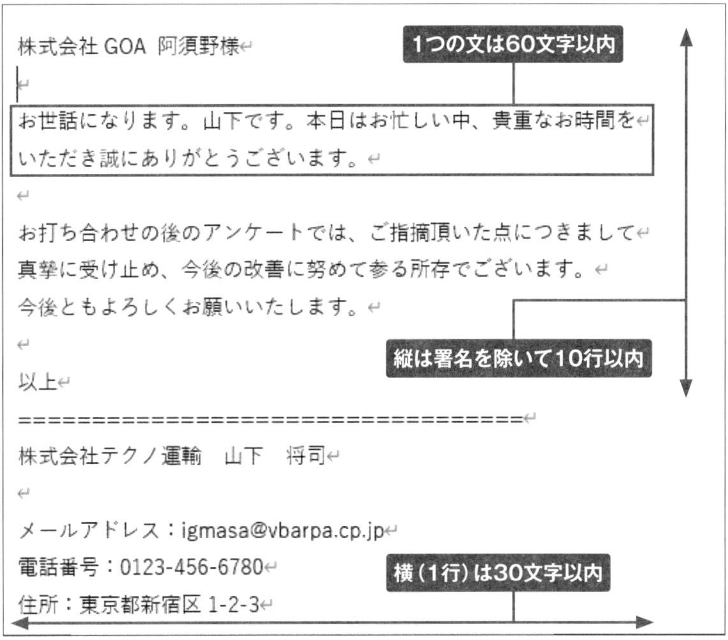
株式会社 GOA 阿須野様
1つの文は60文字以内
お世話になります。山下です。本日はお忙しい中、貴重なお時間を
いただき誠にありがとうございます。
お打ち合わせの後のアンケートでは、ご指摘頂いた点につきまして
真摯に受け止め、今後の改善に努めて参る所存でございます。
今後ともよろしくお願いいたします。
縦は署名を除いて10行以内
以上
===================================
株式会社テクノ運輸　山下　将司
メールアドレス：igmasa@vbarpa.cp.jp
電話番号：0123-456-6780
横（1行）は30文字以内
住所：東京都新宿区 1-2-3

本文の文字数、行数の目安をまとめると、下記のようになります。メールは極力シンプルに、短く書きましょう。その方が、書く時間も相手が読む時間も短くなります。

- 1行30文字以内
- 1文60文字以内
- 署名を除いて10行以内

なお、上の条件の「署名を除いて10行以内」はあくまでも目安です。必要な場合は、これより長くなっても構いません。メールを短くすることにこだわり、伝えるべきことが伝わらなくなってはいけません。とはいえ、長いメールは読む方の負担になりますし、下の方まで読んでいただけないことも多いです。メールが長くなる場合は、

- 箇条書きを用いる
- 重要な内容は上の方にまとめる

といった方法で、相手の方が読みやすくなる工夫をしましょう。

》送信前にチェックする

メールを書き終わったら、送信前にチェックを行います。30秒程度かけ、ゆっくりとチェックしましょう。相手の名前や数字など、わずかなまちがいでも大問題になる可能性があります。時間をかけてチェックを行いましょう。また、P.160で紹介するダブルチェックも有効です。

返信メールのチェック時のポイントは、以下の通りです。

- 送信先メールアドレスと件名は軽くチェックする
- 相手のお名前、会社名、役職などにまちがい、失礼がないかチェックする
- 相手が依頼してきた内容に、すべて答えられているかチェックする
- 添付ファイルをつける場合は、中身を入念にチェックする

通常、返信メールの場合、宛先のメールアドレスと件名を手作業で変更することは行いません。そのため、新規メールのときほど入念なチェックを行う必要はありません。しかし、それらを手作業で変更する場合は、入念なチェックを行いましょう。

Check! 「1行だけ」メールという考え方

「インボックス・ゼロ」の考え方では、「1行だけ」といった短いメールを用いることも推奨されています。「1行だけ」のメールでは、挨拶や自分の名前も省略することがあります。とはいえこのようなメールを送る場合は、相手との間にすでに信頼関係ができていることが前提になります。

また、「1行だけ」のメールを用いる場合は、返信を極力速く行うことが重要になります。メールを送って1週間後に1行だけのメールが返信されてきたら、相手は「1行だけならもう少し速く返信してほしい」と考えるでしょう。「1行だけ」のメールを送る場合は、あえて「1行だけ」にする理由、つまりスピード感が要求されるのです。同じ内容のメールを受け取る場合も、返信までの時間によって、相手の方が受ける印象は大きく変わるということを知っておいてください。

ポイント

- メールは1日数回行うメールチェック時にすべて返信する
- 回答に時間がかかる場合は、その旨をメールするだけで相手は安心する
- 「署名」にメール本文の共通部分を含めるようにする
- 返信時、宛先のメールアドレスと件名は基本的に変更しない

03 メールをすばやく作成する

》誤送信のリスクが高く、入念な確認が必要

次に、新規メールを書く際の手順についてご説明します。返信メールと新規メールのちがいは、宛先のメールアドレスと件名の入力です。これにより、返信メールにはなかった「宛先のまちがい」「件名と本文の不一致」といったミスが発生する可能性があります。特に「宛先のまちがい」は、メールの重大事故として扱われることも多いミスです。そのため、返信メール以上に注意して確認を行う必要があります。

新規メールを作成する方法は、主に3つあります。1つがCtrl+Nキーのショートカットを使う方法。2つ目が「テンプレートファイル」を使う方法（P.144）、3つ目が「クイック操作」（P.184）を使う方法です。さらに本書では、7章以降でVBAを用いたメールの自動作成の方法をご紹介しています。「テンプレートファイル」や「クイック操作」、VBAは後ほどご紹介しますので、ここではCtrl+Nキーのショートカットを使う方法をご説明します。

方法	説明
ショートカット（Ctrl + N キー）	「メール」ビューで使用することで新規メールを作成できる。「予定表」ビューの場合は「新規予定」、Excel の場合は「新規 Excel」ファイルと、開いている画面に応じて機能が変化する
テンプレートファイル	宛先、件名、本文、添付ファイルなど、メールのすべての要素を1つのファイルとして保存できる。ダブルクリックして開くだけで使用できる。P.144 以降で解説
クイック操作	宛先、件名、本文など、メールのほとんどの要素を登録し、ショートカットキーで呼び出して使える。P.184 以降で解説
VBA	Excel の表の内容を元に大量のメールを送る、自動で返信するなど、複雑な処理を自動で行うことができる。7 章以降で解説

》Ctrl+Nキーで新規メールを作成する

Ctrl+NキーはMicrosoft Office共通のショートカットキーで、「新規ファイルの作成」を行うことができます。Outlookでは、メール画面で使った場合は「新規メール作成」、予定表画面では「新規予定作成」、連絡先画面では「新規連絡先作成」が行われます。ここではメール画面でCtrl+Nキーを押し、新規メール画面を立ち上げてみましょう。P.114の返信画面とは異なり、「宛先」の欄にカーソルがあることがわかります。

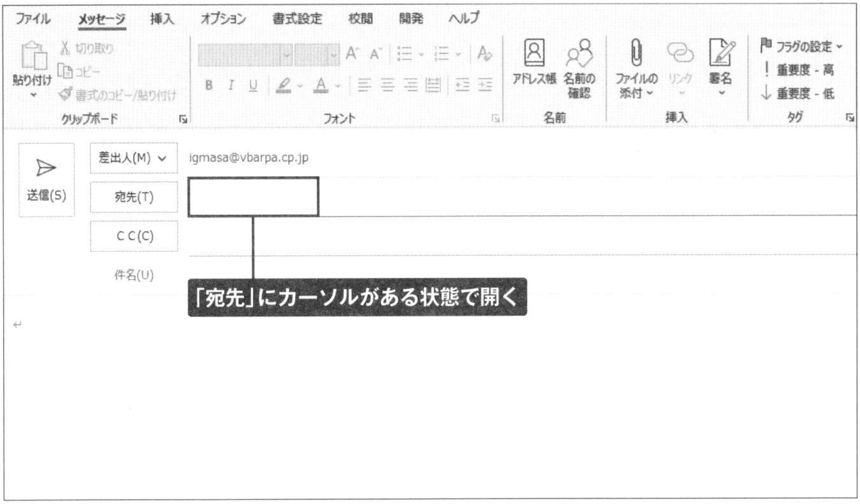

新規メールを作成するときは、返信メールと同様、最初に「ファイルの添付」と「署名」の変更を行います。この2つが主にマウスで行う作業であるのに対し、そのあとに行う宛先、件名、本文の入力はキーボードで行う作業です。マウスとキーボード間での手の移動を少なくするため、マウスを使う作業を先にすべて行ってしまい、そのあとにキーボードを使った作業を行うことで、手の移動が1回ですみ、時間のロスが最小になります。

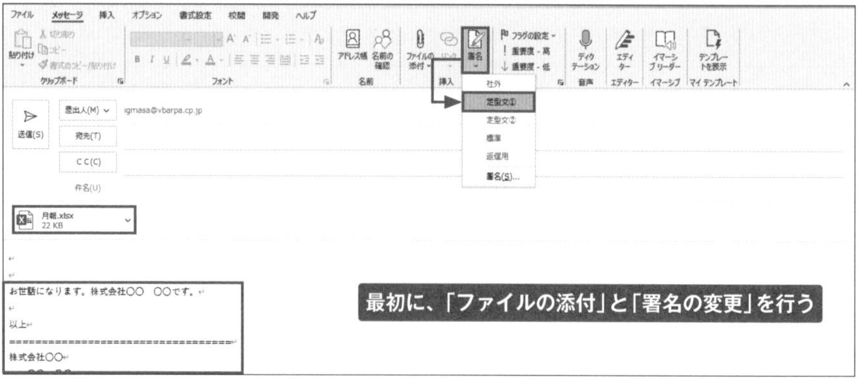

》「宛先」メールアドレスを入力する

「ファイルの添付」と「署名」の変更が終わったら、「宛先」メールアドレスの入力を行います。メールアドレスはすべて暗記している、という方は稀だと思われます。そのためほとんどの方は、メールアドレスか名前の一部を入力すると候補が表示される「オートコンプリート」の機能を用いて入力しているはずです。

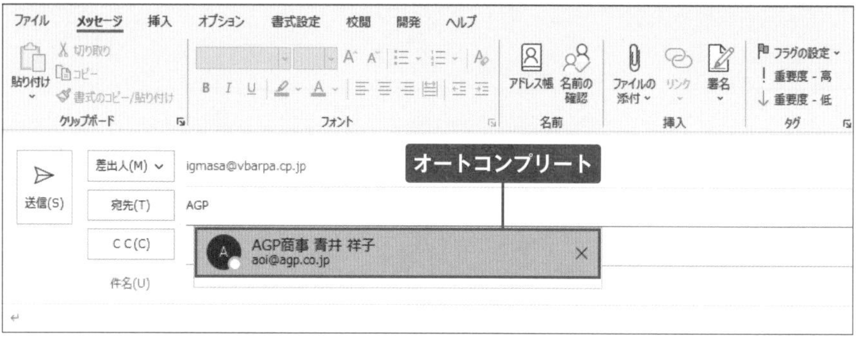

「オートコンプリート」でメールアドレスを入力する場合に重要になるのが、「連絡先」の「表示名」です。次ページの画面のように「連絡先」を「会社名+氏名」といった形で登録しておくと、「オートコンプリート」でメールアドレスを入力する際、会社名や氏名、メールアドレスのどれを入力しても候補が表示されるようになります。「宛先」を探す手間が減りますし、「他社のよく似た名前の人にメールを送ってしまった」という事故もなくなります。「連絡先」の効率的な登録方法について、詳しくはP.162でご紹介します。

》「件名」は短く、具体的に書く

「宛先」の入力が終わったら、「件名」の入力に移ります。この時、Tabキーを使って「宛先」から「件名」の項目に移動するようにします。この作業をマウスやタッチパッドで行っている方はとても多いのですが、そのたびにキーボードとマウスの間で手の往復が必要になります。これをTabキーで行えば、キーを数回押すだけですんでしまいます。

「件名」は、「宛先」に次いで重要な項目です。「件名」が不適切だと、相手に読んでもらえないことや、対応してもらえないことがあります。下記のポイントに注意して入力しましょう。

- 簡潔に、何をしてほしいかを書く
- 納期などの日付を具体的に書く
- 「～の件」「～について」は使わない

例えば、次のような件名があるとします。

「活動報告入力の件」
「ご注文品の納期について」

これを、以下のように変更してはいかがでしょうか？

「活動報告入力の件」→「先月の活動報告入力のお願い（本日期限）」
「ご注文品の納期について」→「ご注文品の納期が22日に前倒しされます」

かなりわかりやすくなったのではないでしょうか。「件名」は短く簡潔に書くことが基本ですが、省略しすぎると相手に内容が伝わらなくなるので注意が必要です。

》本文の入力は返信時と同じ

最後に、本文の入力を行います。新規メールの本文で重要なのは、冒頭に「相手に行ってほしいこと」をわかりやすく記載するということです。行ってほしいことが複数ある場合は、箇条書きを使いましょう。

その他は、返信メールと変わりません。返信メールの場合、1行30文字以内、1文60文字以内、署名を除いて10行以内が目安でしたが、新規メールの場合も同じです。とはいえ、新規メールは返信メールに比べて行数が長めになる傾向があります。無理に本文を短くする必要はないので、必要なことを的確に記載するようにしましょう。

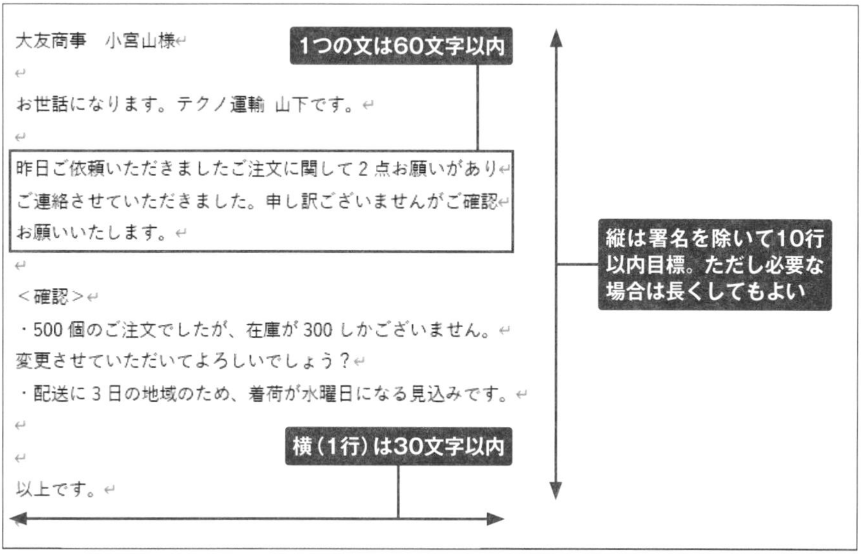
大友商事　小宮山様
お世話になります。テクノ運輸 山下です。
昨日ご依頼いただきましたご注文に関して２点お願いがあり
ご連絡させていただきました。申し訳ございませんがご確認
お願いいたします。
＜確認＞
・500 個のご注文でしたが、在庫が 300 しかございません。
変更させていただいてよろしいでしょう？
・配送に 3 日の地域のため、着荷が水曜日になる見込みです。
以上です。
1つの文は60文字以内
縦は署名を除いて10行以内目標。ただし必要な場合は長くしてもよい
横（1行）は30文字以内

》新規メールの送信前チェックは時間をかけてゆっくり行う

P.118で、返信メールのチェックは「30秒程度」とお伝えしました。これは返信メールの場合は宛先を修正することが少なく、誤送信のリスクが小さいためです。宛先を入力する必要がある新規メールに関しては、より入念に確認を行う必要があります。そのため、チェックする時間に基準は設けず、時間をかけてゆっくりとチェックを行いましょう。

個人情報や企業秘密など、重要な情報を扱う職場では、新規メールを送る際に紙でプリントアウトして蛍光ペンでチェックしたり、２名で読み上げてダブルチェックを行ったりすることもあります。そういった職場では、社外へのメール送信を行えないように制限をかけることもあります。業務の性質や、誤送信が起こった時の影響を考え、どのようなチェック体制が必要か考えましょう。

ポイント

- 新規メール作成のショートカットは Ctrl + N キー
- ファイルの添付と署名の変更を最初に行う
- 「連絡先」に登録することでメールアドレスの入力が速くなり、誤送信も減る
- 入力欄の移動は Tab キーと Shift + Tab キーで行う

04 定型文を効率的に入力する4つのテクニック

》4種類の方法を用途に応じて使い分ける

　ここからは、メールの本文を書く際に、定型文を使って効率的に入力する方法をご紹介します。メールを1通書くのに必要な平均時間は約5分とされていますが、筆者はこれを1分半程度で行っています。それを実現するため、P.108で紹介した各種ショートカットキーに加え、「単語の登録」「署名」「クイックパーツ（定型句）」「テンプレートファイル」を駆使しています。いずれも、たびたび入力することになる定型文を登録し、入力の手間を省くことを可能にするものです。それぞれ使い勝手が異なりますので、ひと通り試してみた上で、使いやすいものを選んでください。以下で、4種類の方法についてかんたんに解説を行います。

①単語の登録（P.130）

「単語の登録」は、Outlookではなく、Windowsが持っている機能です。IME（Input Method Editor）の辞書に、よく使う単語を短縮した形で登録することで入力を効率化します。60字以内で、改行を含めることができないという制限があります。WordやExcelなどとも辞書を共有しているため、Outlookだけで使用する単語ではなく、それらと共有して使用する単語（会社名、専門用語、人名、挨拶）を登録するのがおすすめです。

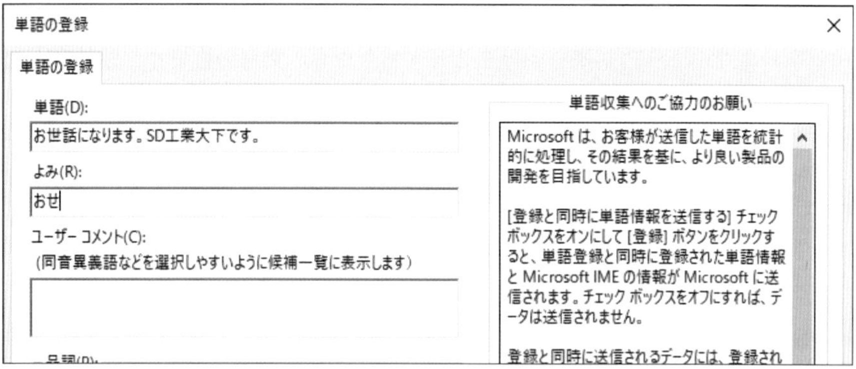
単語の登録
単語の登録
単語(D):
お世話になります。SD工業大下です。
よみ(R):
おせ
ユーザー コメント(C):
(同音異義語などを選択しやすいように候補一覧に表示します)
単語収集へのご協力のお願い
Microsoft は、お客様が送信した単語を統計的に処理し、その結果を基に、より良い製品の開発を目指しています。
[登録と同時に単語情報を送信する] チェック ボックスをオンにして [登録] ボタンをクリックすると、単語登録と同時に登録された単語情報と Microsoft IME の情報が Microsoft に送信されます。チェック ボックスをオフにすれば、データは送信されません。
登録と同時に送信されるデータには、登録され

②署名（P.132）

Outlookには、メールの「署名」を自動、もしくはプルダウン選択で挿入する機能があります。この「署名」には、実際の「署名」の内容だけでなく、定型メールの本文を含めて登録することが可能です。例えば「お世話になります。株式会社マルトミ　田中です。　　以上」といった本文の一部を埋め込むことで、入力の手間を省くことができます。

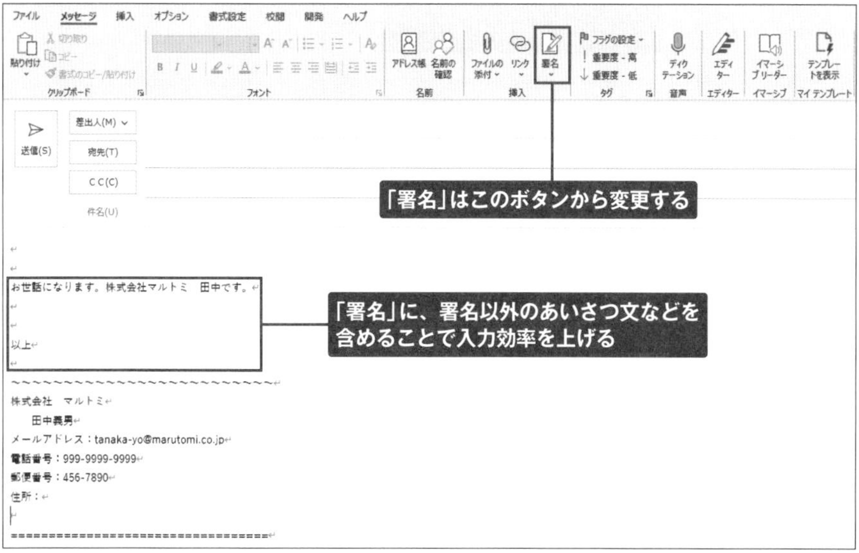
ファイル
メッセージ
挿入
オプション
書式設定
校閲
開発
ヘルプ
署名
送信(S)
差出人(M)
宛先(T)
C C(C)
件名(U)
「署名」はこのボタンから変更する
お世話になります。株式会社マルトミ　田中です。
以上
「署名」に、署名以外のあいさつ文などを含めることで入力効率を上げる
株式会社　マルトミ
田中義男
メールアドレス：tanaka-yo@marutomi.co.jp
電話番号：999-9999-9999
郵便番号：456-7890
住所：

③クイックパーツ（定型句）（P.136）

「クイックパーツ」と「定型句」は、クライアント版Outlookとクライアント版Wordに搭載された、文章の登録機能です。①の「単語の登録」と異なり、OutlookとWordの間で登録内容を共有していません。また「単語の登録」には60文字以内で改行を含めないという制限がありますが、こちらはその制限がありません。そのため、単語ではなく文章の登録を行うことが可能です。改行を含められるため「署名」の代わりとしても使用可能で、「単語の登録」と「署名」を併せた、上位互換とも呼べる強力な機能になっています。

「クイックパーツ」と「定型句」はそれぞれ異なる機能ですが、登録方法や使い方がほぼ共通のため、本書では「クイックパーツ（定型句）」という形で2つまとめて解説を行います。

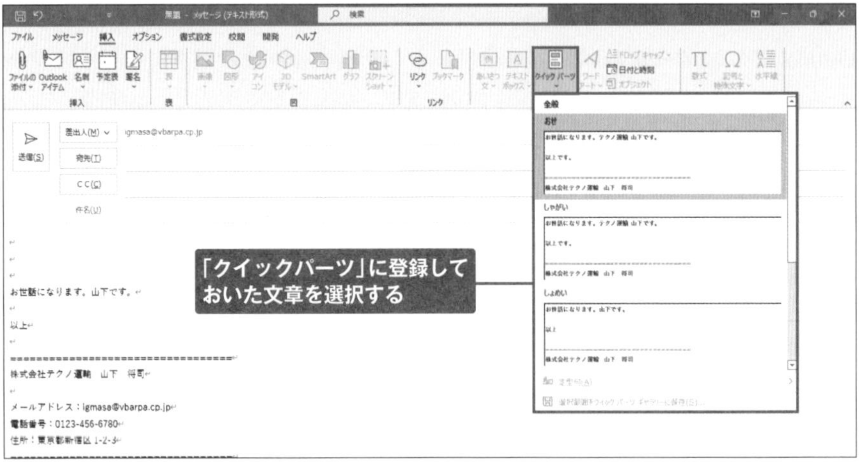
「クイックパーツ」に登録して
おいた文章を選択する
お世話になります。山下です。
以上
株式会社テクノ運輸　山下　将司
メールアドレス：igmasa@vbarpa.cp.jp
電話番号：0123-456-6780

④テンプレートファイル（P.144）

「テンプレートファイル」は、本文だけではなく宛先や件名などを含めたメールの全情報を1つにまとめたファイルです。1ファイルが1メールに相当し、ファイルをダブルクリックして中身を開き、送信します。
「テンプレートファイル」のメリットは、メールアドレスを含むことができるため、毎回同じ相手にメールをする場合に誤送信の心配がなくなることがあります。またファイルであるため、他の人や他のパソコンとの間で共有することが可能です。

月報 - メッセージ (テキスト形式)
月報.oft
関係各位
お世話になります。株式会社相羽　石本です。
今月分の月報を添付にてお送りさせていただきます。
ご確認よろしくお願いいたします。
以上
ダブルクリックすると
メールが作成される

定型文の入力方法としては、これらの他に6章で紹介している「クイック操作」と、7章以降で紹介するVBAがあります。「クイック操作」はVBAほど複雑な自動化はできませんが、プルダウンで選択する程度の簡単な操作で、ある程度の自動処理が可能になります。一方のVBAは、これらの中で唯一、「○○の場合は本文に○○と書く」といった条件分岐が可能なことと、エクセルの表を元に大量のメールを連続で送信するなど、繰り返し処理を行える点で優れています。

No	名前	主な機能と適した使い方
①	単語の登録	60文字以内で改行を含めない。会社名、専門用語、人名、短い挨拶の入力を効率化できる
②	署名	署名にメール本文の一部を入れることで、挨拶や自分の名前の入力を省略できる
③	クイックパーツ（定型句）	改行を含む長い文章を登録できる。「単語の登録」や「署名」の上位互換とも呼べる強力な機能だが、何を登録したか覚えておく必要がある
④	テンプレートファイル	1件のメールを1ファイルとして保存し、ダブルクリックすることで何度でもメールの下書きとして使用できる。宛先のメールアドレスや件名も保存可能で、毎回同じ宛先にメールを送る場合に適している
⑤	クイック操作	6章で紹介する簡易的な自動化機能。テンプレートファイルと同様、宛先や件名を含むことができる。テンプレートファイルと異なり、持ち運びができない
⑥	VBA	7章以降で紹介する、Microsoft Officeシリーズに共通して搭載されたプログラミング言語。条件分岐、繰り返し、自動送信など、複雑な処理を行える

ポイント

- 会社名、専門用語、人名、短い挨拶は「単語の登録」を使う
- 「署名」にメール本文を含めることで、手入力を減らすことができる
- 「クイックパーツ（定型句）」なら、長い文章も登録できる
- 「テンプレートファイル」は、ダブルクリックするだけでメールを作成できる
- 6章で紹介する簡易自動化機能「クイック操作」と7章以降で紹介する自動化機能VBAでも、定型文の入力ができる

05 「単語の登録」で挨拶文やよく使う文言を登録する

》「単語の登録」で入力の効率化と誤入力の低減を実現する

Outlookに限らず、「単語の登録」は入力作業を効率化するためによく利用されている方法です。頻繁に使う会社名、部署名、専門用語、名前などを辞書に登録しておくことで、入力の効率化と誤入力の低減を実現します。Outlookの効率化の場合、以下の例のように、挨拶文やよく使う文言を短い単語として登録しておくのがおすすめです。メールアドレスは1文字まちがえただけで届かなくなりますし、自分の会社の住所をいちいち入力するのは面倒です。こういった文言は、できるだけ単語として登録しておきましょう。

例

「おせ」 →（変換）→ 「お世話になります。株式会社〇〇　〇〇です。」
「よろ」 →（変換）→ 「よろしくお願いいたします。」
「なまえ」 →（変換）→ 「宮下雄二です。」（自分の名前）
「あどれす」 →（変換）→ 「miyasita-y@tateya.co.jp」（自分のメールアドレス）
「じゅうしょ」 →（変換）→ 「東京都新宿区葛城２－３－１」（会社の住所）

「単語の登録」で登録した内容は、Outlookだけでなく、ExcelやWordを含めたWindows全体で共有されます。そのためOutlookでしか使わない文言をたくさん登録すると、その他のアプリで文字を変換する際、余計な文言が表示されることになり、作業効率が低下します。Outlookでしか使わない文言は「単語の登録」ではなく、このあとご紹介する「クイックパーツ（定型句）」を用いるのがおすすめです（P.136）。

》「単語の登録」の3つの方法

「単語の登録」には、3種類の方法が存在します。

①「メッセージウィンドウ」で登録したい文言を選択している状態でCtrl+F7キーのショートカットを使う
②「メッセージウィンドウ」の「校閲」タブで「日本語入力辞書への単語登録」をクリックする
③IMEから直接登録する

①と②の方法は、2020年ごろに行われたWindowsのバージョンアップの影響により使用できない事例が発生しています。使用できない場合は、バージョンアップを試すか、次に紹介する③の方法で登録してください。

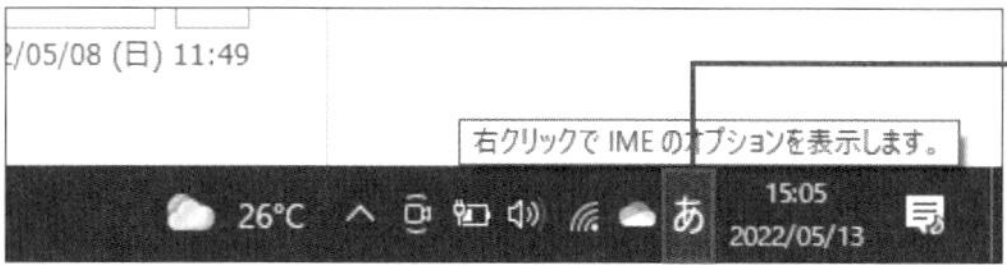

❶Windowsの「タスクバー」にある「IME」のアイコンを右クリックする。

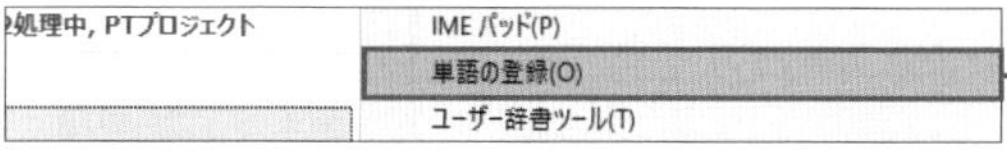

❷「単語の登録」をクリックする。

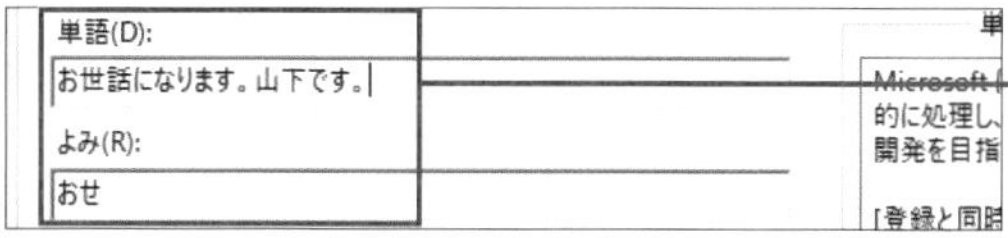

❸「単語」と「よみ」を入力し、「登録」をクリックする。

「単語」は変換後の文字、「よみ」は変換前の文字をかなで入力します。メールでよく利用する文言を単語登録する場合は、いったん入力したものをコピーし、「単語」に貼り付けます。「コメント」と「品詞」は、入力する必要はありません。

ポイント

・登録した単語はWordやExcelでも共通して使われるため、Outlookだけでしか使わない文言は「クイックパーツ（定型句）」を用いて登録するのが望ましい

06 「署名」を使って定型メールを作成する

》「署名」に本文の情報を入れておく

「署名」とは、メールの本文の下に自分が所属する会社名や部署名と、その連絡先を書いた部分のことです。この部分の内容は、Outlookの「署名」機能を使って登録することができます。「署名」を活用した効率化の手段として、「署名」に定型メールの本文の情報を入れる方法があります。以下の例では、通常の署名の上によく使う挨拶文や注文状況を登録することで、入力の手間を省いています。「発注金額」や「着荷予定日」は「※」となっており、その都度手入力する必要があることを示しています。

ご発注者様

お世話になります。株式会社エバー注文受付担当松浦です。
ご注文ありがとうございました。以下の

＜注文状況＞
発注金額：※※※円
着荷予定日：※月※日
特記事項

以上

※はその都度手入力する必要がある部分。入力を忘れないよう、目立つ文字で登録する

定型メールの本文の情報

株式会社エバー
　　松浦　義男
メールアドレス：matsuura@ever.co.jp
電話番号：080-1111-2222
郵便番号012-3456
住所：新潟県前潟市富好町6-5

通常の署名

なお「署名」を使う方法では、「宛先」や「件名」を自動で入れることはできません。「件名」はともかく、「宛先」のメールアドレスをその都度手入力していると、メール誤送信の原因になります。毎回同じ相手に送る場合、「署名」を使った方法は適しませんので、P.144の「テンプレートファイル」か、6章で紹介する「クイック操作」を使用してください。

》新規署名の登録方法

「署名」を登録する場合、「メッセージウィンドウ」から登録する方法と「Outlookのオプション」（「ファイル」タブ→「オプション」→「メール」で表示）から登録する方法の2種類があります。ここではより簡単な、「メッセージウィンドウ」から登録する方法をご紹介します。

❶「ビュー」で、任意のメールに対して「返信」（Ctrl＋Rキー）を行う。

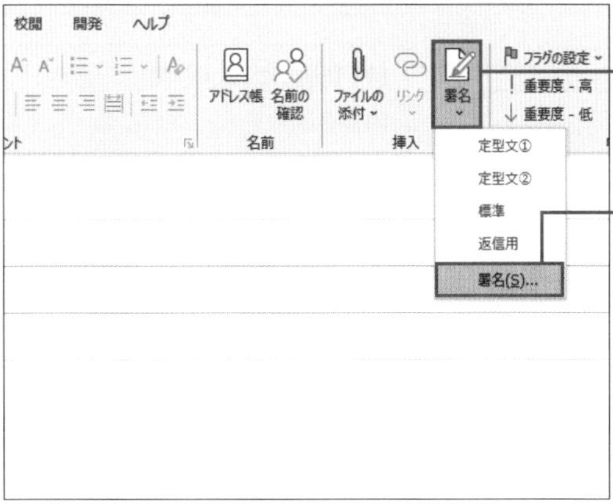

❷「メッセージ」タブの「署名」をクリックする。

❸プルダウンメニューから「署名」をクリックする。

❹「新規作成」をクリックする。

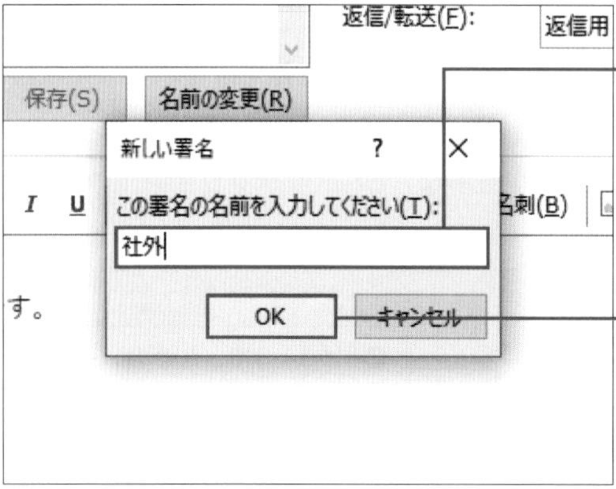

❺「新しい署名」のウィンドウが開くので、任意の名前を入力する。

❻「OK」をクリックする。

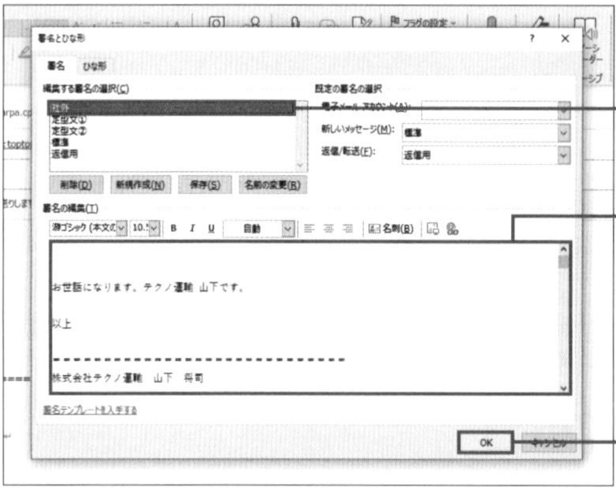

❼「編集する署名の選択」の欄に先程登録した署名が表示されるので、クリックする。

❽「署名の編集」の欄に、署名の内容を入力する。

❾「OK」をクリックする。

以上で、新規署名の登録が完了しました。なお、手順❼の画面で「新しいメッセージ」「返信／転送」の項目を選択すると、新規メールを書く場合と返信／転送を行う場合とで、表示される標準の署名を変更することができます。便利な機能なので、必ず設定しておきましょう。

≫ メールへの署名の挿入

定型メールを書く目的で「署名」の機能を使う場合は、複数の署名を切り替えて使う必要が生じます。署名の切り替えは、マウスでプルダウンを選択することで行います。ショートカットキーを用いて行うことも可能ですが、手順が複雑でマウスで行うより手間がかかります。

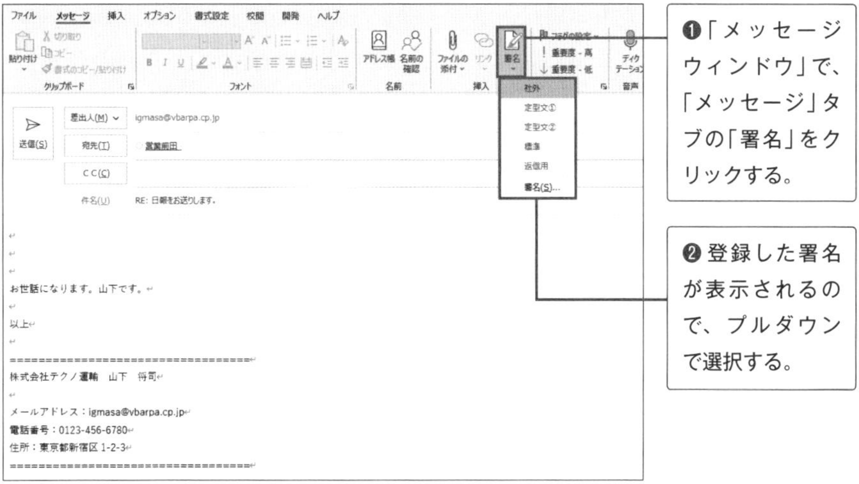

署名の代わりとなる機能としては、次ページでご説明する「クイックパーツ（定型句）」も有効です。プルダウンで署名を選択するよりも高速で入力できますので、頻繁に署名を切り替えて使用する方は、そちらをメインに使われると効率が上がります。

ポイント

- 「署名」は複数登録し、プルダウンで切り替えて使える
- 「署名」にメール本文を含めることで、効率化ができる
- 「署名」を使った定型メールの作成では、宛先のメールアドレスを含めることができない
- 宛先が決まっている定型メールは、「署名」ではなく「テンプレートファイル」か「クイック操作」を用いる
- 頻繁に署名を切り替える場合は、「クイックパーツ（定型句）」の方が効率的

07 長い定型文は「クイックパーツ（定型句）」に登録する

》「クイックパーツ（定型句）」は「単語の登録」と「署名」の上位互換

「クイックパーツ（定型句）」は、クライアント版のOutlookとWordのみが持つ、長い定型文を登録して簡単に入力することのできる機能です。「単語の登録」と似ていますが、60文字を超える文章を登録できる点、改行を含めることができる点が大きく異なります。また「単語の登録」と異なり、「クイックパーツ（定型句）」はOutlookとWordで登録した内容を共有していません。同じ内容を登録したい場合は、それぞれに対して設定を行う必要があります。また、ブラウザ版のOutlookとWordでは使用することができません。

「クイックパーツ」と「定型句」は厳密には異なる機能ですが、登録方法や使い方が共通しているため、ここでは2つをまとめてご紹介します。以下は、筆者が実際に登録している「クイックパーツ（定型句）」の例です。筆者はこれを、「おせ」という「名前」の「定型句」として登録しています。登録した「名前」の入力後、「クイックパーツ」は F3 キーを押して、「定型句」は F3 キー1回、もしくは Enter キー2回のどちらかを押して呼び出します。

```
お世話になります。株式会社浅倉　田中です。

以上

--------------------------------------------------
株式会社浅倉
　　田中　次郎
メールアドレス：tanaka-j23@asakura.co.jp
電話番号：080-1234-5678
郵便番号：123-4567
住所：北海道西市青葉台5-458-87
--------------------------------------------------
```

「おせ」という「名前」の「定型句」として登録した文面

なお Enter キーは、日本語入力時に変換の確定に使用するため、誤って押してしまう可能性が高いキーです。「クイックパーツ」は、Enter キーを使えなくすることで誤入力の可能性を下げているともいえます。とはいえ、「クイックパーツ」も「定型句」も、仮に誤入力しても「戻る」ボタンを1回(Ctrl + Z キー)クリックすればすぐに解消できる問題でもあります。即、誤送信につながるリスクもありませんから、使いやすい方を選択してください。

》「クイックパーツ」と「定型句」の使い分け

「クイックパーツ」と「定型句」は、それぞれ以下のような仕様になっています。先ほど説明した呼び出しに使用するキーと、プルダウン選択の可否のちがいがあります。

機能名	呼び出し方法	備考
クイックパーツ	「名前」+ F3 キー	プルダウンで選択できる
定型句	「名前」+ F3 キーもしくは 「名前」+ Enter キー×2回	本文がテキスト形式の場合、プルダウンでの選択ができない

「クイックパーツ」と「定型句」を使い分けるのは難しいですが、おおまかに

- プルダウンで選びたい場合は「クイックパーツ」
- キーボードで入力する場合は「定型句」

と覚えていただければ大丈夫です。

ここでの注意点が、「定型句」では、メール本文がテキスト形式の場合にプルダウンでの選択ができないということです。メール本文にテキスト形式を使っている方がプルダウンで使いたい場合は、「クイックパーツ」として登録しましょう。

テキスト形式を使用している方で「名前」→ Enter キー×2回で入力したい、かつプルダウンでも入力したい、という場合、同じ内容を「クイックパーツ」と「定型句」両方に登録することも可能です。以下の画面がその例です。「おせ」という名前に対して、「クイックパーツ」と「定型句」で同じ内容を登録しています。

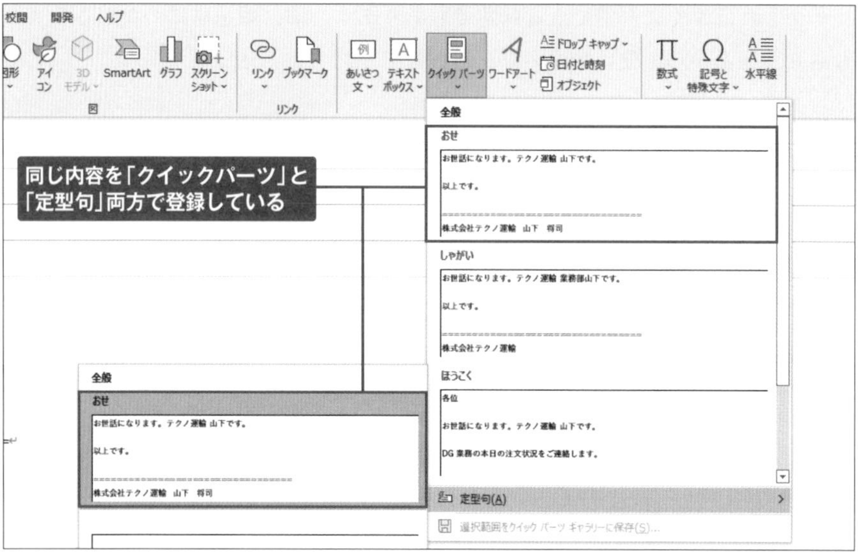

「クイックパーツ」と「定型句」の両方に同じ「名前」を登録した場合、「定型句」の内容が優先して使われるというルールがあります。この場合、「おせ」→ F3 キーと入力した場合、「定型句」として登録した方が表示されます。

「クイックパーツ」と「定型句」の「名前」はユニーク（唯一）である必要があり、同じ「名前」を2回登録すると古いものは削除されます。ただし、このように同じ「名前」を「クイックパーツ」と「定型句」の両方で登録することは可能です。

》「クイックパーツ（定型句）」の登録

「クイックパーツ」と「定型句」の登録方法は、基本的に同じです。登録したい文言を「メッセージウィンドウ」のメール本文の欄に入力し、次ページの操作を行います。手順❺で、「クイックパーツ」か「定型句」のどちらかを選択します。「閲覧ウィンドウ」から登録することもできますが、その場合は登録したい文言を入力し、選択している状態で alt + F3 キーを押してください。

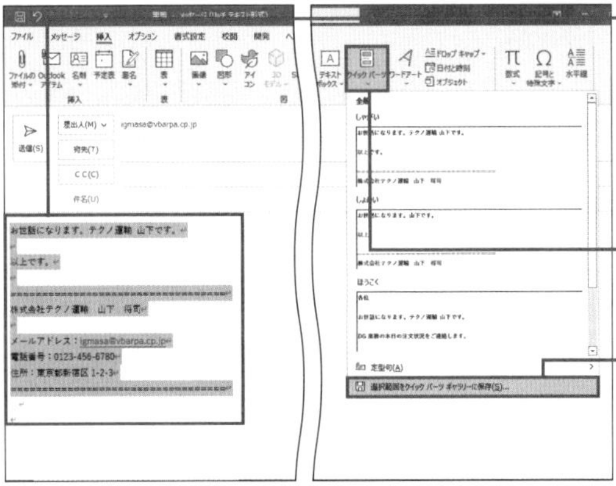

❶「メッセージウィンドウ」で、登録したい文章を本文の欄に入力し、選択する。

❷「挿入」タブの、「クイックパーツ」をクリックする。

❸「選択範囲をクイックパーツギャラリーに保存」をクリックする（Alt＋F3キーでも可）。

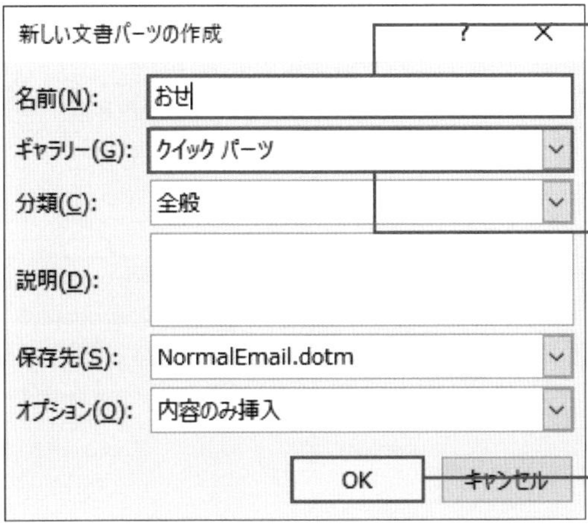

❹「名前」に、クイックパーツを呼び出す際に入力する文言（ここでは「おせ」）を入力する。

❺「ギャラリー」で、「クイックパーツ」もしくは「定型句」を選択する。

❻「OK」をクリックする。

ここでの「名前」は、「単語の登録」の「よみ」に相当します。この文言を入力したあとに「クイックパーツ」ならF3キーを1回、「定型句」ならF3キーを1回、もしくはEnterキーを2回押すと、登録した文章が呼び出されます。「名前」には「単語の登録」の「よみ」と異なり、英語や漢字を登録することも可能です。しかし、入力する手間を考えると、ひらがなを使用するのが望ましいでしょう。

なお「クイックパーツ（定型句）」は、メールの本文の入力にしか使えません。宛先や件名の入力を効率化したい場合は、「連絡先の登録」(P.162)や「単語の登録」(P.130)を使用してください。

》「クイックパーツ（定型句）」の呼び出し

それでは、登録した「クイックパーツ」もしくは「定型句」を呼び出して使用しましょう。

差出人(M)
igmasa@vbarpa.cp.jp
送信(S)
宛先(T)
CC(C)
お世話になります。テクノ運輸 山下です。
以上です。（Enter を押すと挿入します）
おせ

❶登録した「名前」を、メール本文に入力する（ここでは「おせ」）。

❷ F3 キーを1回、もしくは Enter キーを2回押す。

MEMO

Enter キーの場合、Enter キーを1回押すと候補が表示され、もう1回押すと確定します。

お世話になります。テクノ運輸 山下です。
以上です。
==================================
株式会社テクノ運輸　山下　将司
メールアドレス：igmasa@vbarpa.cp.jp
電話番号：0123-456-6780
住所：東京都新宿区 1-2-3
==================================

❸入力が確定しました。

》「クイックパーツ（定型句）」をプルダウンで呼び出す

「クイックパーツ（定型句）」が持つ弱点の1つとして、「名前」を暗記しておかなくては呼び出せないということがあります。使用頻度が高いものは自然に覚えますが、使用頻度が低いものは忘れてしまいます。「クイックパーツ（定型句）」は「署名」のようにプルダウンで呼び出すことも可能ですので、使用頻度が少ないものはプルダウンから選択するようにしてください。

なお、「クイックパーツ」と「定型句」はプルダウンで呼び出す際の手順が少し異なっており、「クイックパーツ」の方がマウス1クリック分だけ手順が少なくなっています。またメールの書式がテキスト形式の場合、「定型句」をプルダウンで呼び出すことはできません（P.137）。

テキスト形式を使っていてプルダウンでも呼び出したい場合は、「クイックパーツ」として登録する必要があります。「クイックパーツ(定型句)」をプルダウンから呼び出す方法は、次の通りです。

「クイックパーツ」をプルダウンで呼び出す

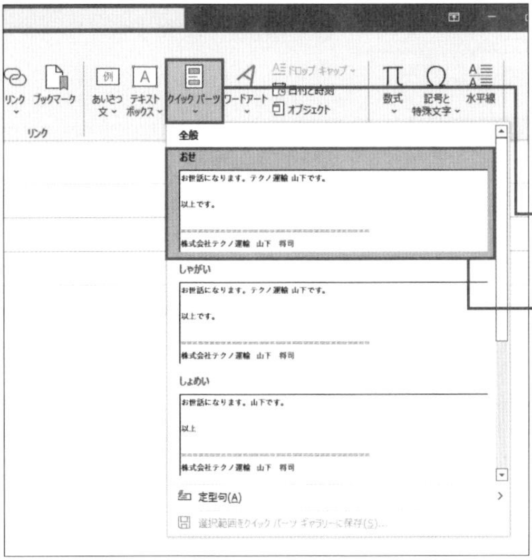

❶「メッセージウィンドウ」で、「クイックパーツ」を挿入したい位置にカーソルを置く。

❷「挿入」タブの「クイックパーツ」をクリックする。

❸挿入したい「クイックパーツ」をクリックする。

「定型句」をプルダウンで呼び出す

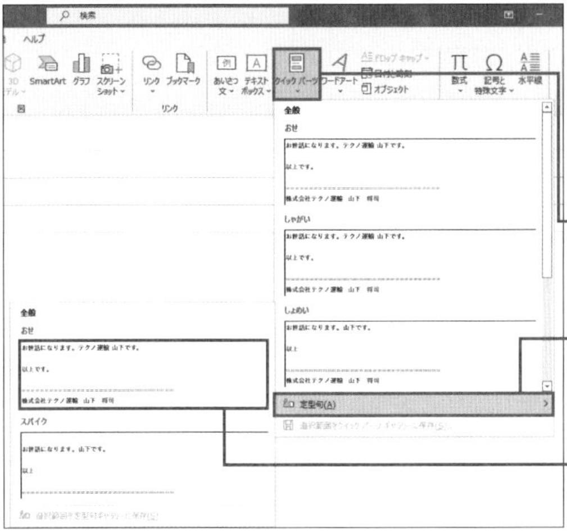

❶「メッセージウィンドウ」で、「定型句」を挿入したい位置にカーソルを置く。

❷「挿入」タブの「クイックパーツ」をクリックする。

❸「定型句」をクリックする。

❹挿入したい「定型句」をクリックする。

》登録した「クイックパーツ(定型句)」を削除する

登録した「クイックパーツ」「定型句」は、先ほどのプルダウン選択画面で対象となる設定を右クリックし、「整理と削除」をクリックすることで削除できます。

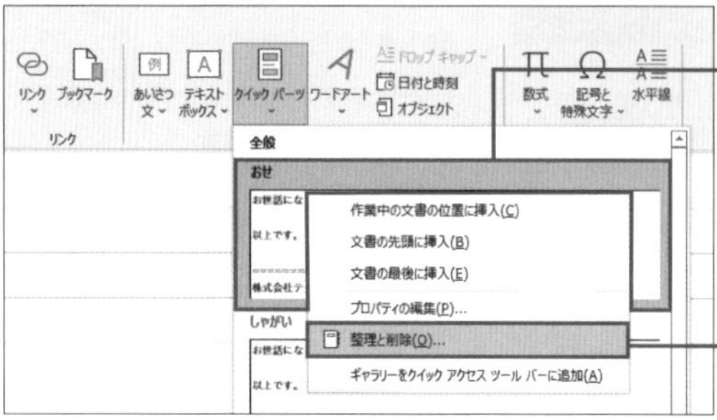

❶削除したい設定を右クリックする。

❷「整理と削除」をクリックする。

❸削除したい「クイックパーツ」「定型句」を選択し、「削除」をクリックする。

ただしメール本文がテキスト形式の場合、右クリックメニューが表示されないように制限がかかっているため、削除を行うことができません。その場合は、一時的にメール本文の形式をHTML形式かリッチテキスト形式に切り替えてください。メール本文の形式は、「メッセージウィンドウ」の「書式設定」タブから変更できます。

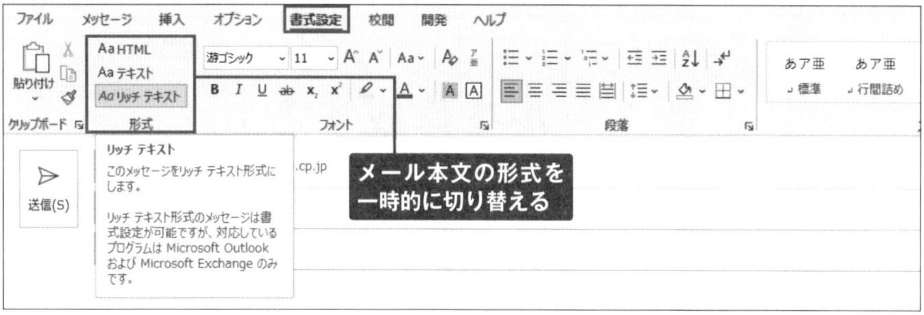

Check! 「クイックパーツ（定型句）」と「署名」「単語の登録」とのちがい

P.136の定型文を見た時、「あれ、署名じゃないの？」と思われた方もいるかもしれません。その通り、「クイックパーツ（定型句）」は「署名」の代替としても使われる機能です。「署名」はショートカットキーで入力することが困難でマウス操作に頼る必要がありますが、「クイックパーツ（定型句）」はキーボード操作のみで入力可能です。ショートカットキーが存在しない「署名」に対して、ショートカットキーを使える「クイックパーツ（定型句）」は、高速で入力可能な署名としても使用することができます。

また「単語の登録」の場合、「よみ」を入力したあとにSpaceキー、もしくは**変換**キーを押すと変換の候補がプルダウンで表示され、その中から選択する形になります。一方、「クイックパーツ（定型句）」の場合、「名前」を入力したあとにF3キー1回、もしくはEnterキー2回を押すと、その瞬間に変換まで完了します。1つの「名前」に対して1つの「クイックパーツ（定型句）」しか登録できないという制限はあるものの、「単語の登録」の半分以下の時間で行うことが可能です。

「クイックパーツ（定型句）」が「単語の登録」や「署名」より劣っているのは、Outlookクライアント版にしか搭載されておらず、存在を知っている方がほとんどいないということです。習得すると便利な機能ですので、ぜひご活用ください。

ポイント

- 「クイックパーツ（定型句）」は、「単語の登録」と「署名」を合わせた強力な効率化機能
- 「定型句」は本文がテキスト形式の場合、プルダウンでの選択ができない
- 「定型句」は「名前」＋Enterキーで呼び出せるメリットがあり、利用頻度が高い文言の場合におすすめ

08 「テンプレートファイル」で定型メールを作成する

》「テンプレートファイル」をフォルダーに入れて管理する

「テンプレートファイル」(oftファイル)は、Microsoftが開発したOutlook専用のメール作成用ファイルです。1つの「テンプレートファイル」=1つのメールとなっており、例えば10種類のメールを作成する場合は、10個の「テンプレートファイル」を使い分けることになります。ファイルとしてフォルダーに入れて管理できるので、他の人との間で共有することもできます。

作成した「テンプレートファイル」をダブルクリックして開くと、あらかじめ登録しておいた内容で、Outlookの「メッセージウィンドウ」が立ち上がります。そこに内容を追記したり、ファイルを添付したりして送信します。

「テンプレートファイル」は扱い方が簡単ですし、パソコンを変更した場合も移行が容易で、使い勝手がよい手法です。1つの業務を複数名で行っている場合や、複数のパソコンを使い分けている方が定型メールを作成する場合に有効です。特に、毎月数十か所ある得意先に請求書のメールを送るといった業務を行う場合、毎回すべてのメールを手書きしていると、手間と誤送信のリスクがあります。事前にすべての得意先ごとの「テンプレートファイル」を作っておくことで、送り漏れや2重送信を防ぐことができます。

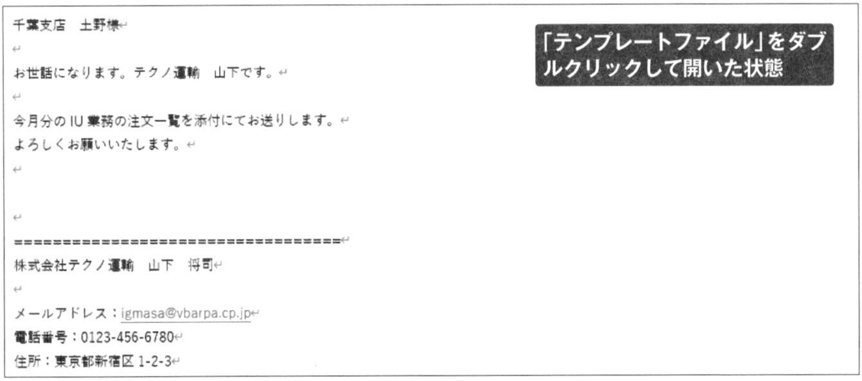

》「テンプレートファイル」の作成方法

「テンプレートファイル」は、通常通りメールを作成し、「テンプレートファイル」として保存する、という簡単な操作で作成できます。

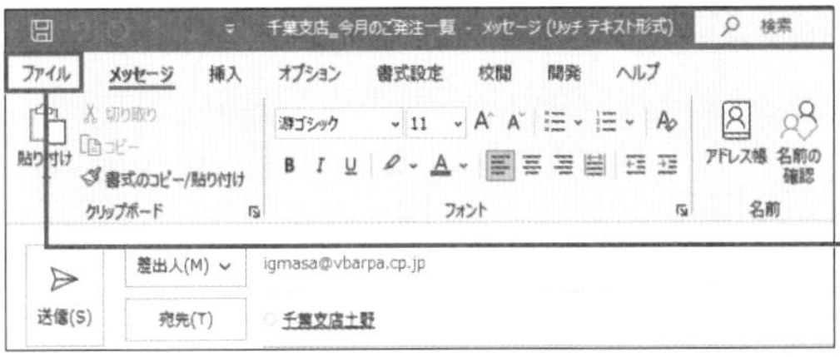

❶「メッセージウィンドウ」を開き、メールを作成する。

❷「ファイル」タブをクリックする。

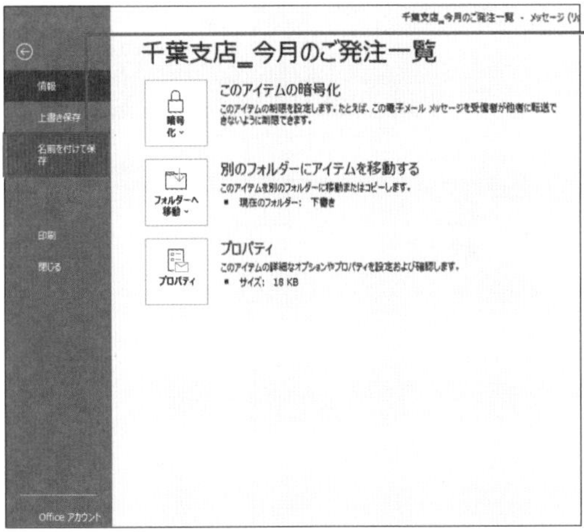

❸「名前を付けて保存」をクリックする。

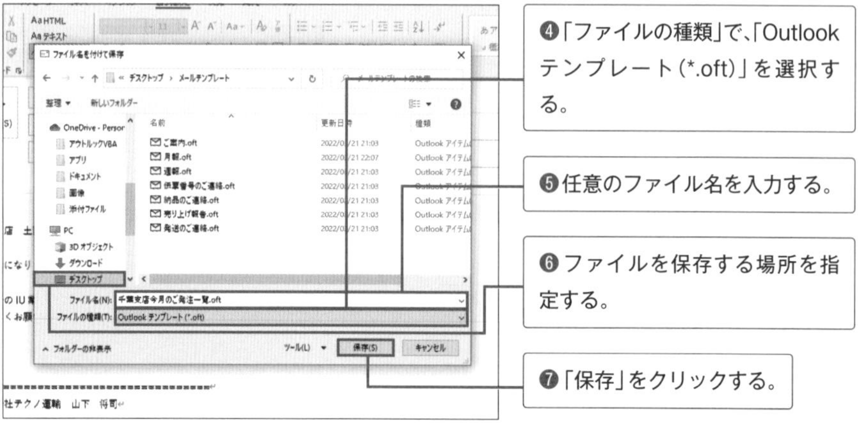
❹「ファイルの種類」で、「Outlookテンプレート(*.oft)」を選択する。
❺任意のファイル名を入力する。
❻ファイルを保存する場所を指定する。
❼「保存」をクリックする。

「テンプレートファイル」には、本文だけでなく、宛先(To、CC、BCC)、件名、添付ファイル、重要度など、すべての情報を保存することができます。必要な項目をすべて入力し、保存してください。毎回同じ添付ファイルをつけたメールを送っている場合は、「テンプレートファイル」にそのファイルをつけておくことで、次回から添付の作業を省略できます。

》「テンプレートファイル」の利用方法

作成した「テンプレートファイル」は、ファイルをダブルクリックするか、Outlookの「下書きトレイ」にファイルをドラッグすることで使用できます。

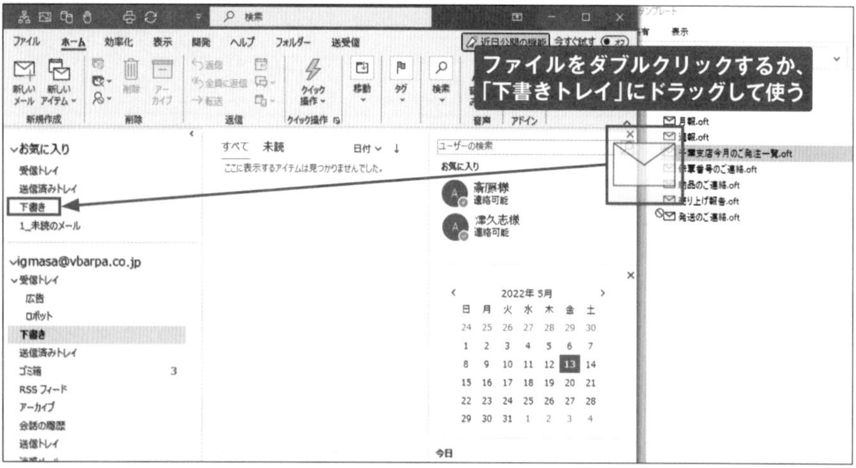
ファイルをダブルクリックするか、
「下書きトレイ」にドラッグして使う

「下書きトレイ」に「テンプレートファイル」をドラッグすると、以下の画面のように収納されます。これをダブルクリックして開き、送ることが可能です。

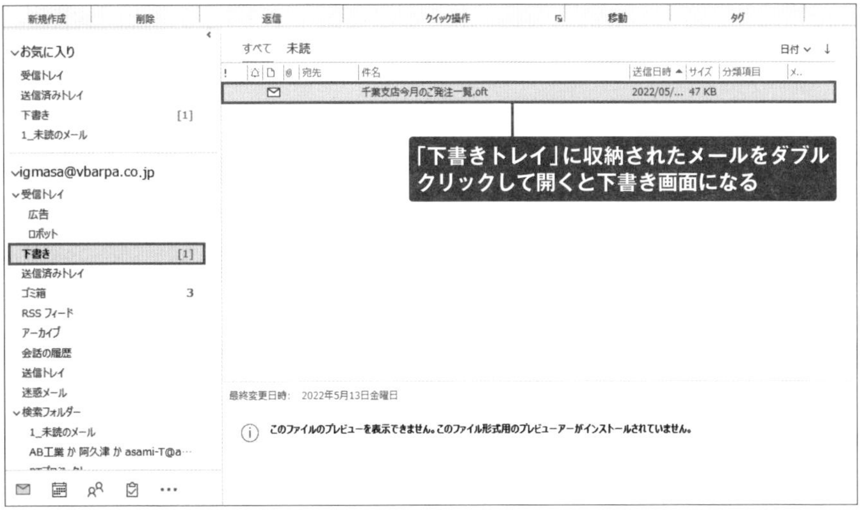

1件だけメールを送る場合は、「テンプレートファイル」をダブルクリックする方法が適しています。一方、複数ある「テンプレートファイル」をまとめて送る場合は、送信するすべてのファイルを「下書きトレイ」にドラッグすると、「下書きトレイ」にあるメールがなくなった時点ですべて送り終わったことを確認でき、送り漏れや2重送信が発生する可能性が低くなります。

ポイント

- 「テンプレートファイル」はメールの下書きに使用するファイルで、1ファイルが1メールになる
- ファイルをダブルクリックするか、「下書きトレイ」にドラッグして使う
- ファイルとして管理できるため、他の人との共有が容易で、複数名で行う業務に適している
- 宛先や添付ファイルも保存できるため、毎回同じ宛先に送る定型メールで使用すると便利

「テンプレートファイル」と「メッセージファイル」のちがい

P.144で紹介した「テンプレートファイル」に類似したものとして、「メッセージファイル」(msgファイル)が存在します。「メッセージファイル」はMicrosoftが開発したOutlook専用のファイル形式の1つで、受信したメールを保存する時に使用します。例えばOutlookの「受信トレイ」内にあるメールを1件選択し、右クリックしてコピーしてください。Ctrl+Cキーでコピーしても構いません。

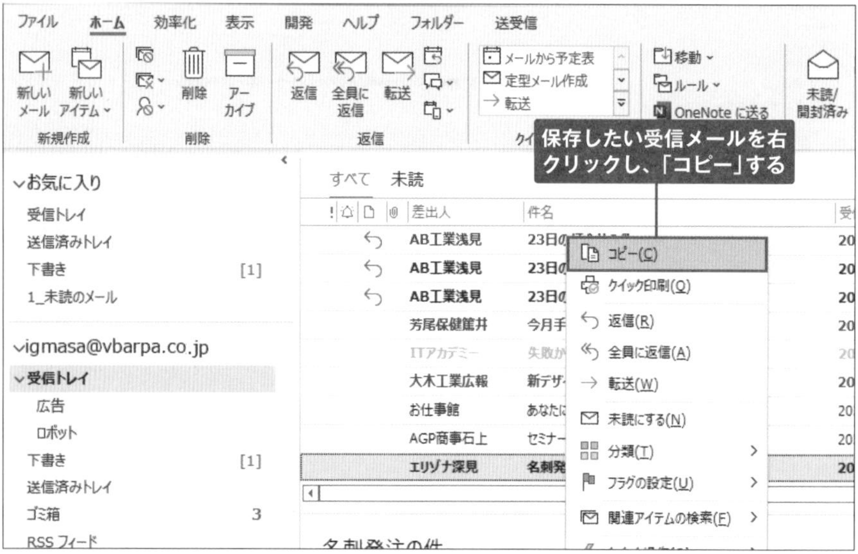
保存したい受信メールを右クリックし、「コピー」する
コピー(C)

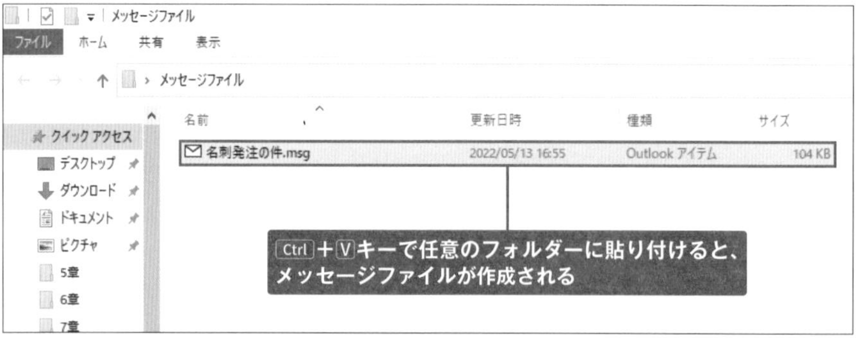
メッセージファイル
名刺発注の件.msg
Ctrl+Vキーで任意のフォルダーに貼り付けると、メッセージファイルが作成される

左ページの画面では1つのメールをコピーしましたが、複数のメールをコピーすることも可能です。コピーしたのち、保存場所を選択してペーストの操作を行うと、「メッセージファイル」として保存することができます。「テンプレートファイル」と同様、「メッセージファイル」もダブルクリックするとOutlookが立ち上がり、内容を読むことができます。

「メッセージファイル」と「テンプレートファイル」のちがいは拡張子のみで、中身のフォーマットは完全に同一です。この2つのファイルのちがいは、使用目的にあります。「メッセージファイル」は受信したメールを保管するため、「テンプレートファイル」はメールの下書きのために使用します。

「メッセージファイル」を「下書きトレイ」にドラッグすると、「テンプレートファイル」と同様にメールを送信することができます。ただしこの方法でメールを送信した場合、添付ファイルが自動で削除される、送ったはずのメールが検索しても発見できないなど、さまざまな不具合が発生します。これは、Outlookが各メールごとに1つずつ割り当てる検索キーが、保存した「メッセージファイル」と送信用の下書きファイルとで重複してしまうことが原因です。「メッセージファイル」は、あくまでも受信したメールを管理するためのものです。「テンプレートファイル」のように、メールの下書きとして使用しないようにしてください。メールをバックアップしたい場合や、業務を他の方に引き継ぐ際、メールを「メッセージファイル」として残すと、「大量のメールを転送する」といったことを行わずにすみます。

「メッセージファイル」と「テンプレートファイル」は、7章以降でご説明する「VBA」のプログラミングでも使用します。その際に、もう一度ご説明させていただきます。

仕事ができる人だけが使っている英語流メール術

皆さんは、ビジネスメールの書き方として日本語流と英語流の2つが存在することをご存知でしょうか。近年は管理職や経営者、コンサルタント、ベンチャー企業を中心に、英語流の書き方をされる人が増えています。筆者の経験では、役員級はほぼ全員が英語流、部長級で半数以上の人が英語流を用いています。

本書でご説明した方法を用いれば、長文メールを短時間で書くことも可能です。しかし皆さんに考えていただきたいのが、「受け取った人がメールを読むのに要する時間」も短くする必要があるという点です。業務の効率化を行うには自分の時間だけでなく、受け取った相手の時間も効率化する必要があります。

英語流の書き方を用いている人の特徴は、内容が簡潔であること。そしてもう1つ、返信が速いことが挙げられます。早い人だと、数分以内に返信が届くこともあります。経営者は、自分の判断が遅れることで商機を失う可能性があることを知っています。ベンチャー企業などの場合、「1時間後に返信したらすでに他社が受注することが決まっていた」ということもあります。得意先からの信頼を得るための手段として、すばやい返信を心掛ける必要があるのです。

例えばメールが届いた24時間後に、あなたが「わかりました。そのまま進めてください。」とだけ書かれた短いメールを送ったとします。相手は「それならもっと早く送ってほしかった」と考えるかもしれません。反対に、メールを送った数分後に同じ文面のメールが届いた場合、相手は返信の速さに驚き、あなたへの評価が上がることになるかもしれません。同じ文面のメールでも、返信する速度によって相手の受け取り方が変わります。返信を速くすることによって、「あなたのメールとあなたの仕事を大切に思っています」という気持ちを相手に伝えることができるのです。諸事情により返信が遅くなった場合は、「返信が遅くなり申し訳ありません。」と一言添えるだけでも、相手の受け取り方は変わります。

また返信を速くするといっても、打ち合わせの途中やディープワーク（P.104）をしている途中にメールをチェックし、返信する必要はありません。メールのチェックと返信は人の集中力を落とす行為であり、ディープワークの天敵とされています。ディープワークは1日数時間が限界という研究結果もあります。ディープワーク中はメールを遮断し、ディープワークが終わってからゆっくり返信しましょう。

以下に、日本語流と英語流2つの文面を掲載します。メッセージの内容はほぼ同じですが、簡潔さが異なります。

日本語流メール術

> 株式会社進藤工業　秋吉様
>
> いつもお世話になります。株式会社イープロダクション 須田沼です。
> 先日の打ち合わせ議事録を添付にてお送りさせていただきます。
>
> ご不明点等その他ございましたらご連絡ください。
> どうぞよろしくお願いいたします。
>
> 以上

英語流メール術

> 株式会社進藤工業　秋吉様
>
> 先日の議事録を添付にてお送りします。
>
> 株式会社イープロダクション 須田沼

英語流メール術の特徴は、以下の通りです。

- 内容は極力簡潔に書く
- 挨拶は極力省略する
- 感情を表現する言葉を含めない
- 自分の名前は下に書く（署名で自分の名前を省略する場合もある）
- 返信は極力速く行う

筆者は英語流のメール術をおすすめしますが、周りに使っている人がおらず恥ずかしいというということもあるでしょう。その場合は、両者の中間として日英折衷流メール術をおすすめします。日本語流の書き方を守りつつ、極力文章を簡潔にする方法です。日英折衷流メール術では、初回のメール送信時にはある程度挨拶を書きますが、返信を繰り返す内に、少しずつ挨拶を省略し、最終的には自分の名前すら省略する場合があります。その場合も、メールアドレスと署名によって誰が送信したかがわかるので問題ありません。

日英折衷流メール術

株式会社進藤工業　秋吉様

お世話になります。株式会社イープロダクション 須田沼です。
先日の議事録を添付にてお送りします。

以上

皆さんが効率的なメール術を使い始めると、返信する方も自然と同じメール術を使うようになります。気がつくと、社内や取引先のほとんどの人が皆さんと同じ方法を用いていた、という話もよく聞きます。皆さんも皆さんなりのメール術を模索し、社内や取引先の業務効率化にチャレンジしてみましょう。「メール本文を簡略化すること」と「すばやく返信すること」の２つを行うだけでも、周囲の皆さんに対する評価が大きく上がるはずです。

第5章

メールの「誤送信と誤操作」を減らすテクニック

01 メール誤送信の原因と対策

》メールの誤送信を防ぐ方法

この章では、メールの誤送信と、その原因となる誤操作を減らす方法についてご説明します。多くの企業にとって、メールの誤送信はメールの効率化と同等か、それ以上に重大な課題です。サイバーソリューションズ株式会社が行った「メール誤送信の実態調査2021」（https://download.cybersolutions.co.jp/wp/missend_2022）によると、メールの誤送信を経験したことがある人が57.3%、自分が誤送信をした経験がある人が48.3%に達しています。この調査では、実際に発生した誤送信の内容が以下のように分析されています。ここではこの内容を元に、Outlookの機能をどのように使えばメールの誤送信を防ぐことができるかについて解説を行います。

経験した誤送信（複数回答可）

単位：%

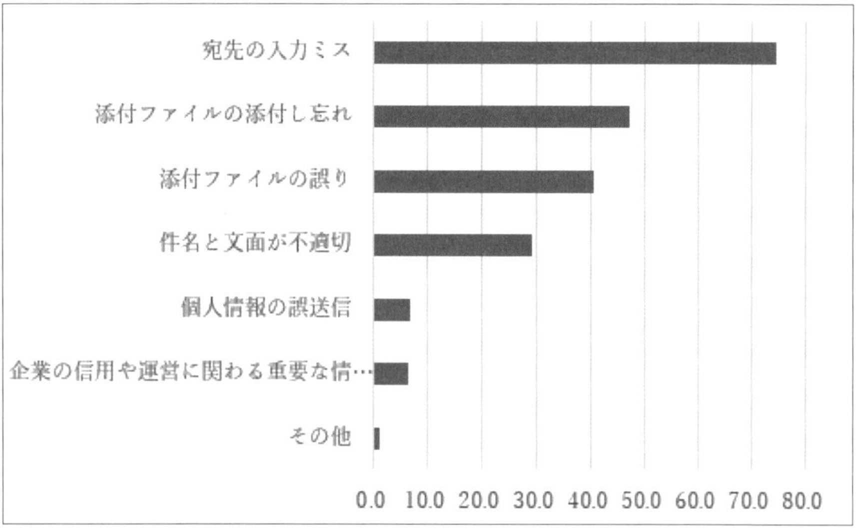

出典：メール誤送信の実態調査（サイバーソリューションズ株式会社）

》宛先の入力ミスの対策

最初にご紹介するのが、宛先の入力ミスです。宛先の入力ミスは、もっとも多い誤送信の1つです。宛先の入力ミスの対策としては、以下のようなものが考えられます。

対策①よく使う宛先は「連絡先の登録」を行う

宛先の入力ミスでもっとも危険なのは、「他社のよく似た名前の人に送った」というパターンです。これに関しては、「連絡先の登録」で大半を防ぐことが可能です。P.162で説明している方法で連絡先への登録を行うと、メールの宛先が下記のように会社名込みで表示されます。

このように表示されることで、「他社に送ってしまった」という事故のほとんどを防ぐことができるはずです。人はキーボードで100文字入力すると、数文字程度はミスをするものです。宛先を入力する際も、絶対に入力ミスをしないように練習するより、入力ミスをした場合にかんたんに気がつき、修正できるようにすることの方が重要です。

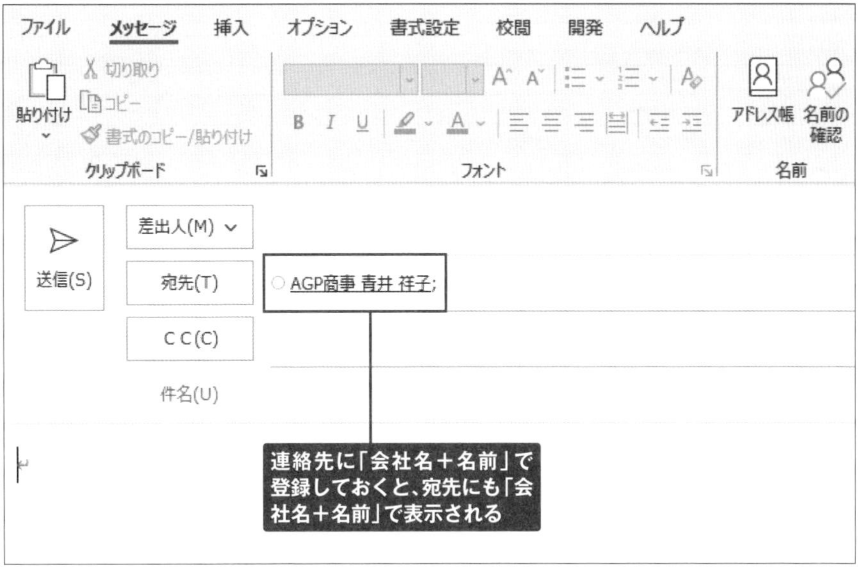

対策②一斉大量メールは「AutoMailerDraft」を使う

宛先の入力ミスで多いのが、「BCCで多人数にメールを送ろうとしてToやCCにメールアドレスを貼って送り、メールドレスを流出させしまった」というパターンです。これに関しては、13章で紹介する一斉メール自動下書き／送信アプリ「AutoMailerDraft」を使用すると防ぐことができます。「AutoMailerDraft」について、詳しくはP.416で解説を行います。

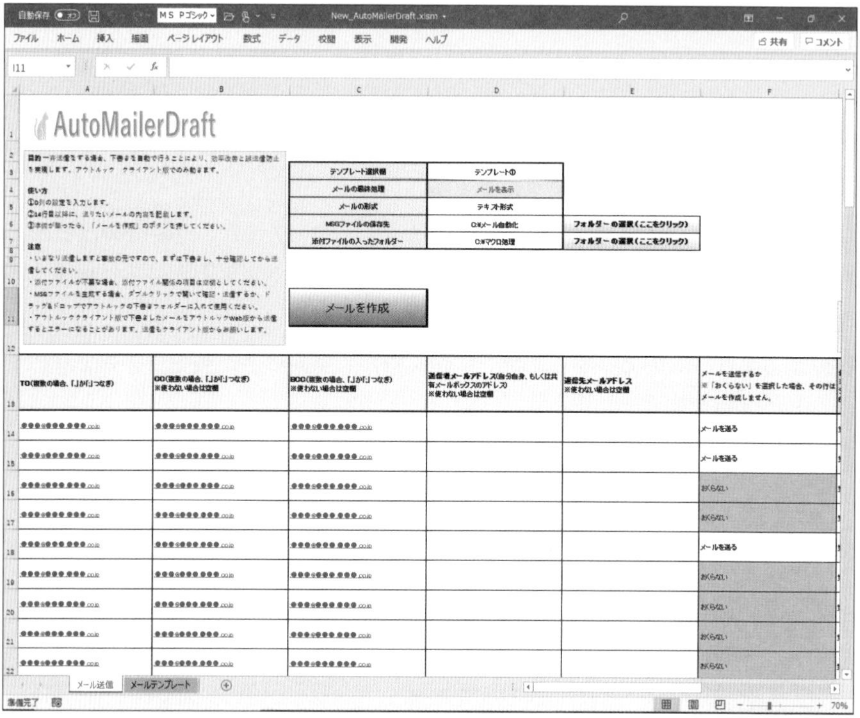

対策③部署やプロジェクトのメンバーは「連絡先グループ」に登録する

部署の全員、もしくはプロジェクトの全員に一斉メールを送ろうとして無関係な人がまぎれてしまうことも、よくあるミスです。先ほどの「連絡先の登録」によってかなりの割合で防ぐことが可能ですが、人数が多くなると確認の負荷が高くなりますし、見逃すリスクも増えます。部署の全員、プロジェクトの全員に一斉メールを送る場合は、「連絡先グループ」に登録することで、確認の負荷や誤送信のリスクを軽減させることができます。連絡先グループへの登録について、詳しくはP.170で解説を行います。

≫ファイルの添付ミスの対策

　次にご紹介するのが、添付ファイルに関するトラブル対策です。添付ファイルの内容は、メール本文と比べて量、質ともに重要なものを多く含む傾向があります。そのため、メールが流出した場合の影響も、それだけ大きなものになります。ファイルの添付ミスへの対策としては、以下のようなものがあります。

対策①添付ファイルは一番最初につける

メールを書く際、添付ファイルは一番最後につける人が多いです。しかし、メール添付の事故を防ぐには、もう少し早い段階、できればメール作成時の一番最初につけるのが望ましいでしょう。添付ファイルを一番最初につける方がよい理由は、ダブルチェック（P.160）の効果を最大化するためです。ダブルチェックを行う際、連続で2回チェックするより、少し時間をおいて2回チェックした方が、問題を発見できる確率が上がります。添付ファイルを最後につけた場合、ダブルチェックをするといっても2回連続でチェックする形となり、効果が薄れます。また、省略して1回しか確認しない人も増えてしまいます。

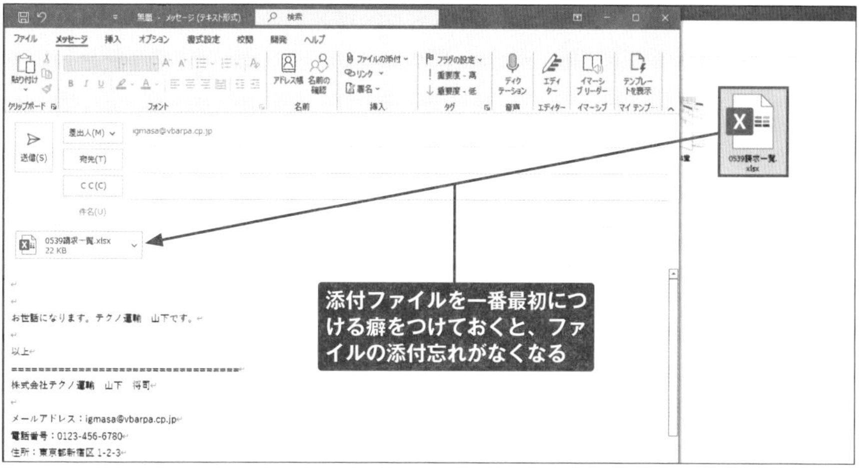
0539請求一覧.xlsx
0539請求一覧.xlsx
22 KB
お世話になります。テクノ運輸　山下です。
以上
株式会社テクノ運輸　山下　将司
メールアドレス：igmasa@vbarpa.cp.jp
電話番号：0123-456-6780
住所：東京都新宿区1-2-3
添付ファイルを一番最初につける癖をつけておくと、ファイルの添付忘れがなくなる

新規メールの作成画面では、「宛先」「件名」「本文」の順に項目が並んでいます。最初は「宛先（To、CC）」の項目にカーソルがあり、Tab キーを押しながら「宛先（To、CC）」→「件名」→「本文」の順に1つ1つの項目を入力していきます。

添付ファイルをつける作業はマウスが中心となるのに対し、「宛先」「件名」「本文」はキーボード中心の作業になります。キーボードとマウスの手の往復は極力少なくしたいため、ファイルを添付する作業は一番最初か一番最後の、どちらかがよいことがわかります。また、添付ファイルのミスでもっとも多いのは「ファイルの添付し忘れ」です。先ほどの調査では、実に47.1%の方が回答しています。添付ファイルを最後につける習慣になっていると、添付を忘れてそのまま送信してしまうというミスが発生しがちです。これを防ぐためにも、メールの作成時、一番最初に添付する方法は有効です。

対策②宛先ごとに異なるファイルを送る場合は「AutoMailerDrfat」を使う

添付ファイルのミスで多いのが、数十から数千の得意先にそれぞれ異なるファイルを送る業務で、まちがったファイルを添付してしまった、というパターンです。近年のペーパーレス化の動きにより、それまで紙で送っていた請求書、納品書、発注書などをメール添付に切り替える動きが進んでいます。こうしたファイルに関して、「別の会社に送った」「送るのを忘れた」「2重に送った」といったミスが発生しがちです。このような場合は、本書13章のサンプルプログラム「AutoMailerDrfat」が有効です。宛先ごとに異なる添付ファイルを自動で添付する機能を持っています。「AutoMailerDrfat」について、詳しくはP.416で解説を行います。

対策③得意先ごとに異なるパスワードを使う

添付ファイルのミスを減らすためには、得意先ごとに異なるパスワードを設定する方法も有効です。仮にA社にB社のファイルを送ったとしても、相手はパスワードがわからないため、開くことができません。そのため、結果として添付ファイルの送付ミスによる情報流出を防止することができます。

この方法を使う場合の注意点は、パスワードの文字数です。Zipファイルの解凍ソフトの中には総当たり方式で自動でパスワードを解除する機能を持っているものもあり、パスワードをかけるだけでは安全とはいえません。パソコンの性能も上がっているため「何文字以上のパスワードなら安全」とは断定できませんが、筆者の業務用パソコンでも、6桁のパスワードなら30分程度で自動解除できてしまいます。もはやパスワードは安全なセキュリティ対策とは呼べなくなっていますが、行わないよりは行った方がよい対策であるといえるでしょう。

》件名や本文に関するミスの対策

最後に、件名や本文に関するミスの対策をご説明します。先ほどの調査では「件名と文面が不適切29.1%」「個人情報の誤送信7.0%」「企業の信用や運営に関わる重要な情報を誤送信6.4%」がこれに相当します。件名や本文に関するミスを防ぐには最終的にはダブルチェック（P.160）が有効ですが、ここではそれ以外の対策をお伝えします。

件名や本文のミスでもっとも問題となるのは、個人情報や、企業の信用や運営に関わる重要な情報の流出です。これを防ぐには、極力こうした情報をメールに書かない、書く場合も社内だけで使われるコードネーム等に置き換え、他の人が読んでも詳細がわからないようにするなどの対策が必要です。具体的には、以下のような方法が考えられます。

- 名前はフルネームは書かず、名字だけにする
- 部署名、業務名、プロジェクト名などは略称かコードネームにし、社外の人が見てもわからないようにする
- 重要な個人情報はメールでは送らない（マイナンバー、病症の履歴、カード番号、パスワードなど）

件名や本文の基準としては、仮に社外の人がそのメールを読んだとしても、何のことが書かれているのかわからないという状態が望ましいでしょう。とはいえ、名前を名字だけにしても、会社名や部署名と組み合わせることで個人を特定できてしまいます。この方法は流出した際のダメージを小さくするだけで、流出させてもよい、流出しても安全というわけではありませんのでご注意ください。

こうした「誤送信した際のダメージを小さくする対策」は誤送信することが前提になっているため、議論することすら行われていない会社も多いです。しかし、普段からこうした対策を行っておくことで、相手に対して「情報管理がしっかりしている会社」という印象を与えることができるため、ビジネス上でもプラスに働きます。

件名や本文に関するミスの対策例として、以下のメールで考えてみましょう。

```
株式会社エーテル　近藤　義男様
CC 横山　敦子様

お世話になります。株式会社良前運輸　通販事業課　秋元　庄司です。
今月の自社サイトでの注文・出荷実績をご報告します。

発注数　531件
発注金額　7,294,932円

補足事項
・梱包担当の石井　良治が昨日からインフルエンザで欠勤しております。21日から
復帰予定です。それまでの間、検査の山本　茜が業務を代行します。

以上です。
```

これを、以下のように書き直します。すると内容がぼやけて、無関係な人が見た時に意味がわからなくなります。なお、インフルエンザなどの病症の情報は機微ですので、メール以外の手段を用いて伝達するようにしましょう。

```
株式会社エーテル　近藤様
CC 横山様

お世話になります。株式会社良前運輸　秋元です。
今月のFM業務の出荷実績をご報告します。

発注数　531件
発注金額　7,294,932円

以上です。
```

》ダブルチェックの重要性

最後に重要になるのが、ダブルチェックです。基本は1名で2回チェックを行いますが、個人情報や企業秘密、金銭に関わる内容を扱う場合は、2名でのダブルチェックを行う場合もあります。

チェックの方法は目視確認(目で見て確認)が一般的ですが、指差し確認や声で読み上げて確認したりすると、さらに見逃しが減ります。扱うデータの重要度によっては、メールを印刷、もしくはPDFで保存し、蛍光ペンなどを用いて宛先や添付ファイルに線を引きながら確認する場合もあります。

Check! 定型メールは件名、添付ファイル名、本文を工夫する

メールの誤送信で多いのが、月末などに請求書等を大量に発信する際に、メールアドレスや件名、本文や添付ファイルが入れ替わって送信されてしまうケースです。こういった業務は「AutoMailerDrfat」を使っていただくのがもっとも確実ですが、それと同時に、まちがいが起きにくい件名や宛先、添付ファイル名を心掛けることも重要です。以下が、その例です。宛先、件名、添付ファイル名、メール本文のすべてに「福井支店」と入り、入れ替わってしまった場合の確認が容易になっています。このような方法を用いるとミスが発生しづらく、発生したとしても発見が容易になります。

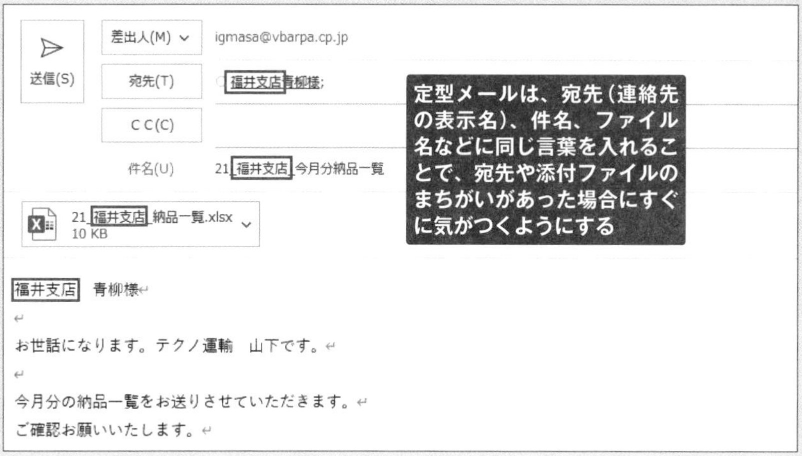
送信(S)
差出人(M)
igmasa@vbarpa.cp.jp
宛先(T)
福井支店青柳様;
CC(C)
件名(U)
21_福井支店_今月分納品一覧
21_福井支店_納品一覧.xlsx
10 KB
定型メールは、宛先(連絡先の表示名)、件名、ファイル名などに同じ言葉を入れることで、宛先や添付ファイルのまちがいがあった場合にすぐに気がつくようにする
福井支店 青柳様
お世話になります。テクノ運輸　山下です。
今月分の納品一覧をお送りさせていただきます。
ご確認お願いいたします。

ポイント

- 宛先のミスは「連絡先の登録」によって大半を防げる
- 大量のメール送信は13章で紹介する「AutoMailerDraft」を使う
- 外部に見られて困る文言は普段から書かない
- 外部から見られて意味がわからないコードネームをつける

02 「連絡先の登録」で誤送信を防ぐ

》効率化と誤送信防止のため連絡先は必ず登録する

メールの事故としてもっとも多いのが、宛先のミスです。もっとも頻繁に起こるのが、「他社の似た名前の方に連絡をしてしまった」という誤送信の事故です。連絡先に登録しておけば、そういった事故の大半を防ぐことができます。メールアドレスを連絡先に登録すると、以下のようなメリットが得られます。複数回やり取りする宛先は、必ず登録しておくようにしましょう。

- 誤って他社や他部署の人にメールを送ってしまう事故を減らせる
- 連絡を取りたい場合に名刺を探す必要がなくなる
- メールアドレスを検索する際に部署名などで検索できる
- 「メンション（@）」を用いて入力の負荷を減らせる（P.169）

Outlookで連絡先を登録するには、以下の3種類の方法があります。

①受信したメールを利用して登録する
②ゼロから手作業で登録する
③ファイルを読み込むことで登録する

この内、③はシステム部門の担当者が組織全員を一括で追加するような場合に使用します。そのため、個人が追加する場合は①もしくは②の方法を用いることになります。①の「受信したメールを利用して登録する」方法は、②の「ゼロから手作業で登録する」方法と比較して作業負荷が少ないため、こちらの方法を用いるのがおすすめです。

》受信メールから連絡先に登録する2つの方法

それでは、受信したメールから連絡先を登録する方法を紹介します。受信したメールを元に連絡先を登録するには、以下の2種類の方法があります。

方法①メールを連絡先までドラッグする

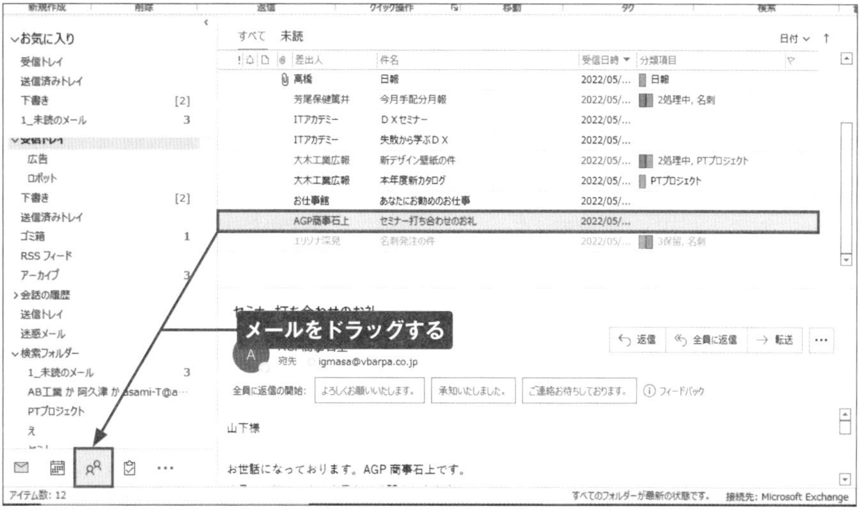
メールをドラッグする

方法②「Outlookの連絡先に追加」から登録する

登録したいメールアドレスを右クリックし、「Outlookの連絡先に追加」を選択する

方法①は、差出人のメールアドレスしか登録することができません。CC等に入っている複数のアドレスを登録したい場合は、方法②を用いてください。いずれの方法でも連絡先の登録画面が開くので、内容を入力することで連絡先の登録が完了します。連絡先の登録画面では自動で多くの項目が埋まりますが、「電話番号」「住所」などは空欄になります。メールの署名などからコピーして、入力してください。

連絡先の登録画面で注意が必要なのが、名前を入力する箇所が「姓／名」「表題」「フリガナ」「表示名」の4か所あるという点です。以下で、それぞれの特徴と使い分けについて解説します。

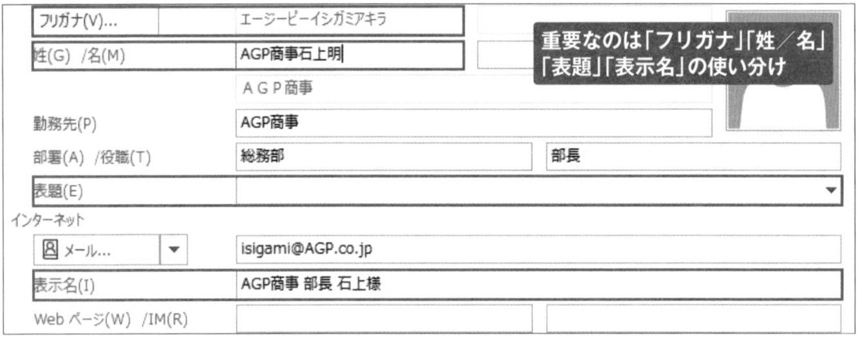

》「姓」は「会社名＋部署名＋氏名＋役職名」、「名」は空欄にする

連絡先の「姓／名」に入力した内容は、Outlook上では2つの箇所で使用されます。1つは「メッセージウィンドウ」での宛先の表示、もう1つは連絡先画面での表示です。

「メッセージウィンドウ」での宛先表示

連絡先画面での表示

連絡先の登録画面では、「姓」には「会社名＋部署名＋氏名＋役職名」を入れ、「名」は空欄とするのがおすすめです。「姓」に会社名や部署名まで入れた方がよい理由は、他社、他部署の人にまちがってメールを送ってしまうリスクを避けるためです。送り先の表示名に会社名や部署名が入っていれば、誤って無関係な人にメールを送ってしまう事故を未然に防ぐことができます。また、社内の人の場合は会社名を、社外の人の場合は部署名を省略して入力します。それによって見やすくなりますし、社外と社内の区別がつきやすくなります。

また、「姓」にすべての情報を入れ「名」を空欄とするのは、日本語特有の理由からです。日本語では、姓が先で名が後に表示されますが、他の言語では名前が先になるのが一般的です。Outlookではどちらを先に表示するかを設定で選ぶことができますが、そもそも「名」を空欄にして「姓」にすべての情報を入れれば、どちらを前にするかを考える必要がなくなります。本書では「姓」の欄にすべての情報を入力し「名」の欄を空欄にしていますが、反対に「姓」を空欄にして「名」にすべての情報を入力しても構いません。

連絡先の設定画面

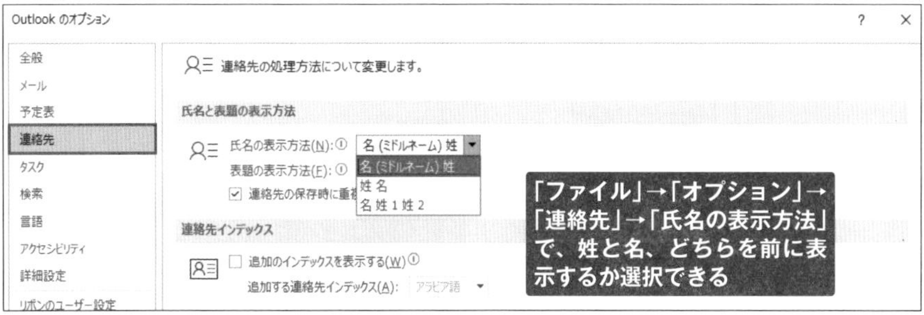

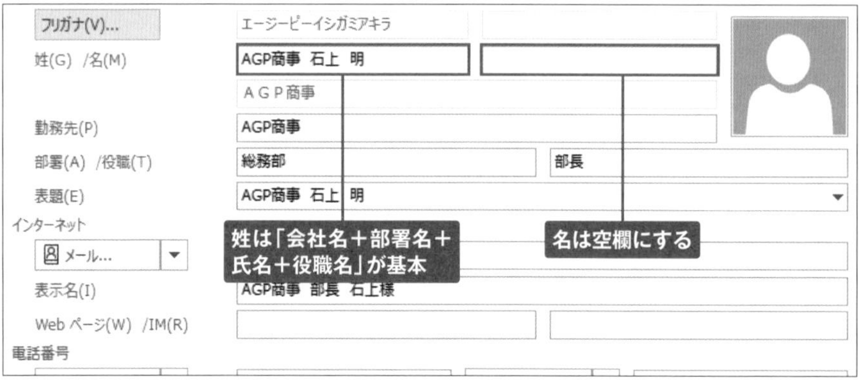

なお連絡先の「姓」と「名」の項目は、自分のOutlook画面上だけで表示される項目です。メールを送った際、相手に伝わることはありません。そのため「様」などの敬称をつける必要性はありませんが、今後のバージョンアップで仕様が変わる可能性もありますし、オンラインミーティング時に他の人に見えてしまうことも考えられます。ニックネームなど、見られて困るような内容での登録は絶対に行わないでください。

》「表題」は自動ですませ「フリガナ」を正しく設定する

連絡先の「表題」に入力した内容は、連絡先画面での並び順に影響します。連絡先の並び順は「あいうえお順」となっており、中央部分にある「123、ア、イ…」の部分をクリックすると、クリックした文字から始まる連絡先に切り替わります。

連絡先画面での表示

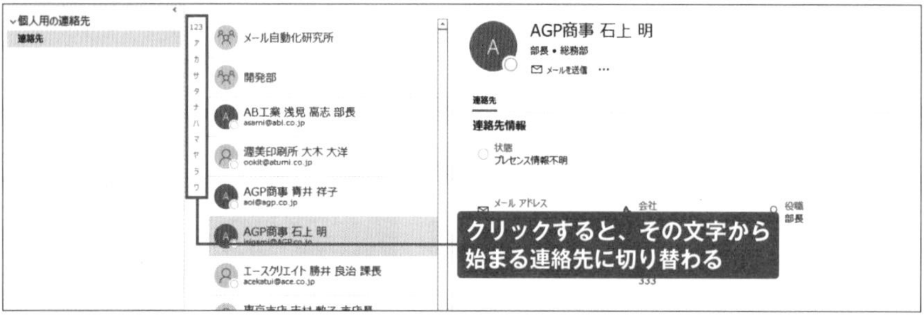

「表題」は自動で入力されますので、そのまま変更しないでおきましょう。「表題」は連絡先の並び順に影響するとお伝えしたものの、実際の並び順は「表題よりもフリガナが優先される」というルールが存在します。そのため、「表題」には何を入力しても影響がありません。「表題」は空欄としても問題ありませんが、その場合、連絡先を登録する際に「この連絡先の"表題"フィールドは空白です」という確認のメッセージが表示されてしまいます。「表題」は空欄とはせず、自動で入力される文字をそのまま入れておくのがよいでしょう。

一方の「フリガナ」に関しては、「姓／名」と同様、「姓」の部分だけ入力し、「名」は空欄とするのがよいでしょう。「フリガナ」は社外の相手は「会社名＋氏名」とし、社内の相手は「部署名＋氏名」とするのがおすすめです。「フリガナ」の入力は、「フリガナ」と書かれたボタンをクリックすることで行えます。

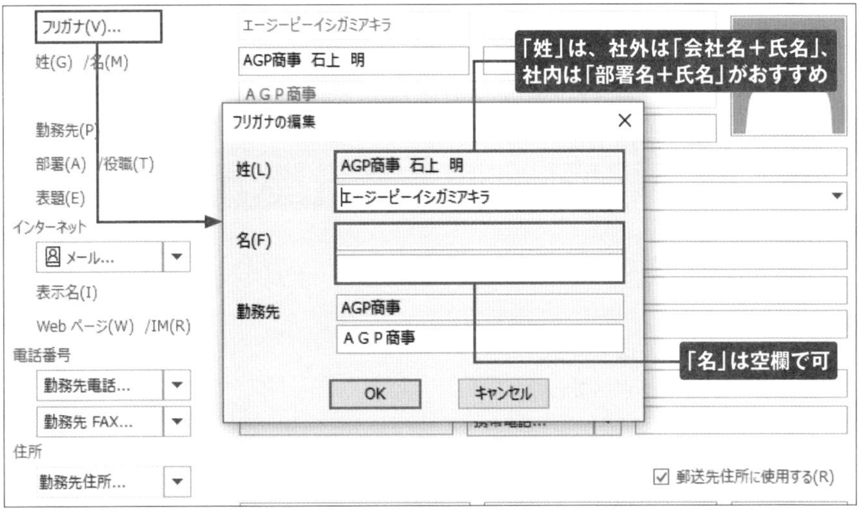

》「表示名」は「会社名＋部署名＋役職＋姓＋敬称」にする

最後の「表示名」に入力した内容は、以下の3つの目的で使用されます。

①メールを検索する際
②メールを送信した際、相手に表示される
③「メンション」（P.169）した際、メール本文に表示される

②③からわかるように、「表示名」は相手から直接見えてしまう項目になります。失礼にならないよう、入力する内容には注意が必要です。「会社名＋部署名＋役職＋姓＋敬称」で構成するのがよいでしょう。「姓／名」と同じく、社内の人の場合は会社名を、社外の人の場合は部署名を省略して入力すると、区別がつきやすくなります。

「表示名」は、メールを書いているときには基本的に見えないのですが、受信者からはここしか見えない、特殊な性質を持った項目です。失礼のない内容に設定しておく必要があるため、「表示名」には「様」などの敬称も入れるようにしましょう。以下の画面は、「表示名」にニックネームを使ったメールです。このようなメールを送ってしまった場合、受け取られた方はとても悲しい気持ちになりますし、そもそもビジネスマナーとして容認されません。

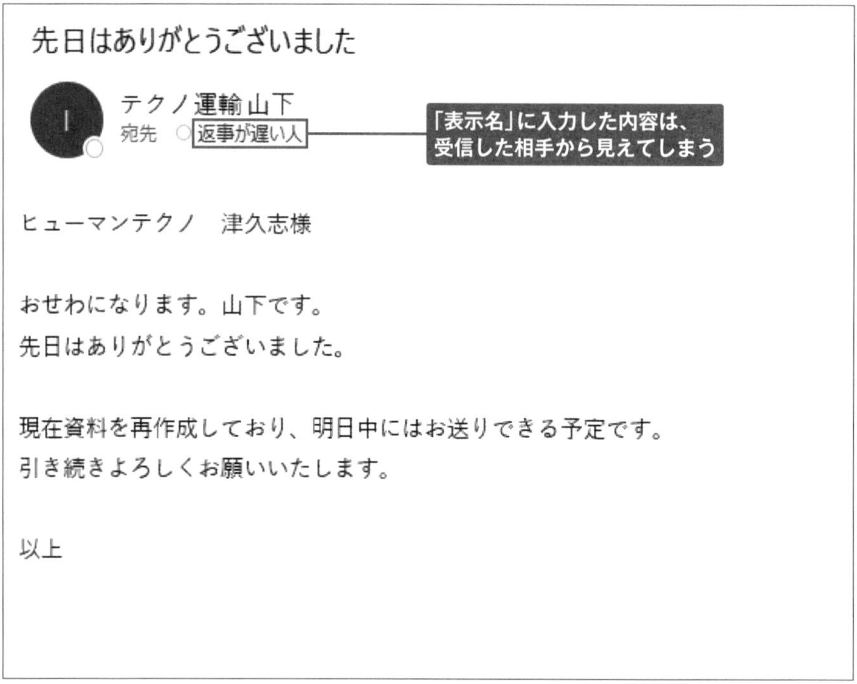
先日はありがとうございました
I
テクノ運輸山下
宛先
返事が遅い人
「表示名」に入力した内容は、受信した相手から見えてしまう
ヒューマンテクノ　津久志様
おせわになります。山下です。
先日はありがとうございました。
現在資料を再作成しており、明日中にはお送りできる予定です。
引き続きよろしくお願いいたします。
以上

Check! メールアドレスの入力を省ける「メンション」

「メンション」は、本文に「@(アットマーク)」を入力し、その後に相手の名前を入れることで宛先のメールアドレスが自動で入力されるOutlookの機能です。メールアドレスを入力する必要がなく、効率アップが可能ですし、相手の名前や役職名をまちがえるといった事故を減らす効果も期待できます。Teamsをお使いの方には、おなじみの機能でしょう。

ただし「メンション」には、Outlook以外のメールソフトを使っている方には馴染みがないという問題があります。そのためOutlookを使っていない人に「メンション」を使ってメールを送ると、失礼と判断される可能性があります。また名前の前に「@(アットマーク)」が入ってしまうため、意味を理解できず驚かれる方がいるかもしれません。システムが統一されている社内のやり取りに限定して使うのが望ましいでしょう。

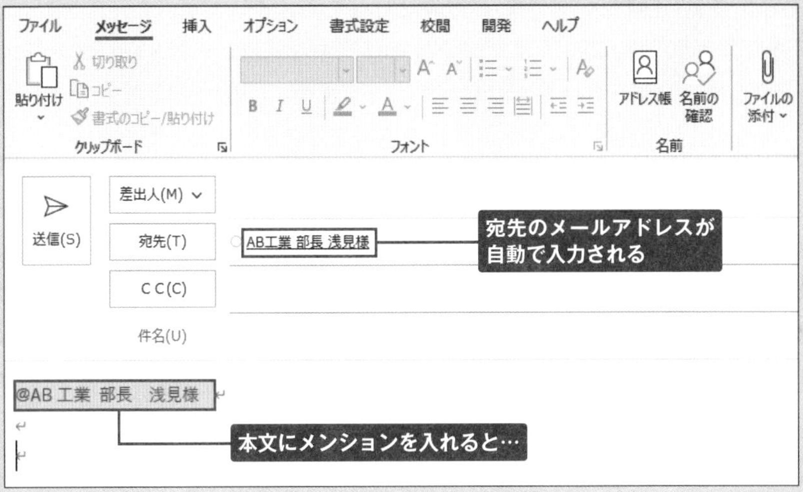

ポイント

- 「姓」は「会社名＋部署名＋氏名＋役職名」とし、「名」は空欄にする。受信者からは見えない項目のため、誤送信防止の意味合いが強い
- 「表題」は何にも影響しない
- 「フリガナ」で連絡先の並び順が決まる
- 「表示名」は「会社名＋部署名＋役職名＋姓＋敬称」とする。受信者から見えるため、失礼がないようにする

03 「連絡先グループ」でチーム全員に連絡する

》「連絡先グループ」を作成する

「連絡先グループ」は、あらかじめ登録しておいたすべてのメールアドレスに対して、まとめてメールを送るための機能です。部署の全員、プロジェクトの全員にメールを送りたいという場合に使用します。部署やプロジェクトの全員にメールを送る場合、その都度全員のメールアドレスを入力していては時間がかかりますし、誤って別の人に送ってしまうリスクも存在します。頻繁に連絡する人たちは、必ず「連絡先グループ」に登録を行っておきましょう。

「連絡先グループ」にメールアドレスを登録する場合、そのメールアドレスが「連絡先」に登録されていると設定が楽になります。P.162で紹介した方法を用いて、あらかじめ全員のメールアドレスを連絡先に登録しておいてください。

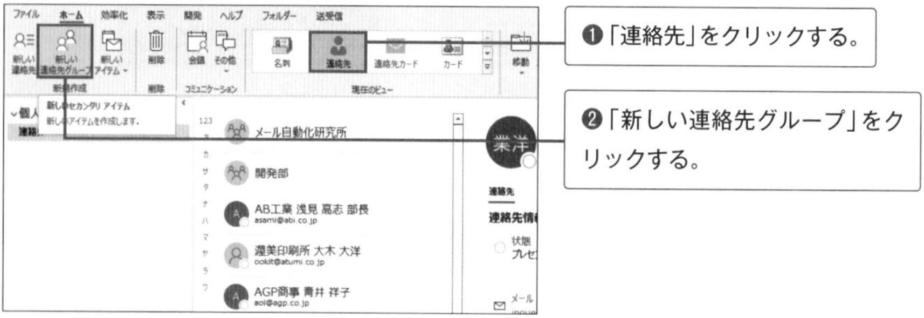
❶「連絡先」をクリックする。
❷「新しい連絡先グループ」をクリックする。

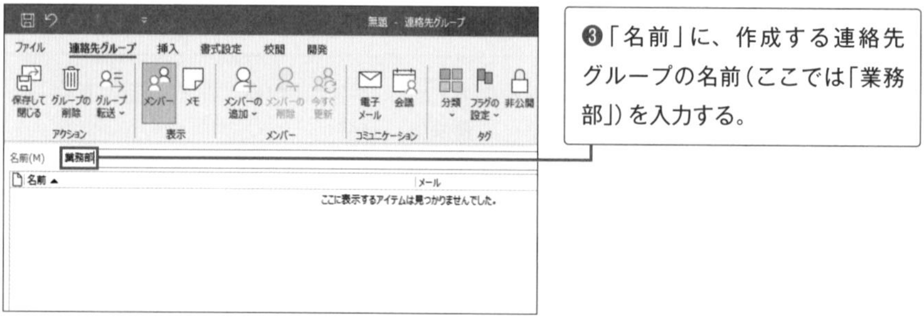
❸「名前」に、作成する連絡先グループの名前(ここでは「業務部」)を入力する。

❹「メンバーの追加」をクリックする。

❺「Outlookの連絡先から」をクリックする。

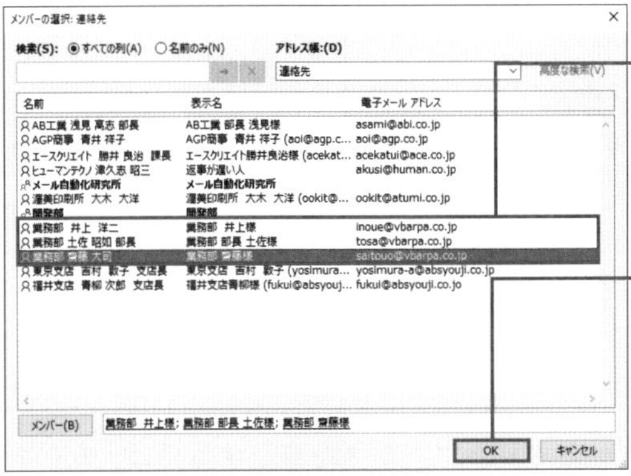

❻登録したい人全員を順番にダブルクリックする。

❼全員を登録したら、「OK」をクリックする。

MEMO

ダブルクリックした人は、「メンバー」の欄に表示されます。

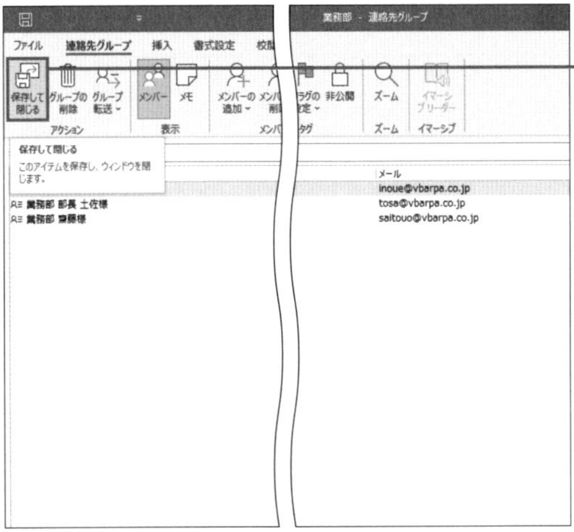

❽「保存して閉じる」をクリックする。

》「連絡先グループ」を使ってメールを送る

「連絡先グループ」に対してメールを送信する場合、メールの宛先に「連絡先グループ」の名前の一部を入力すると候補として表示されるので、これを選択します。「連絡先グループ」は単一のメールアドレスを持っていないため、メールアドレスで検索することはできません。

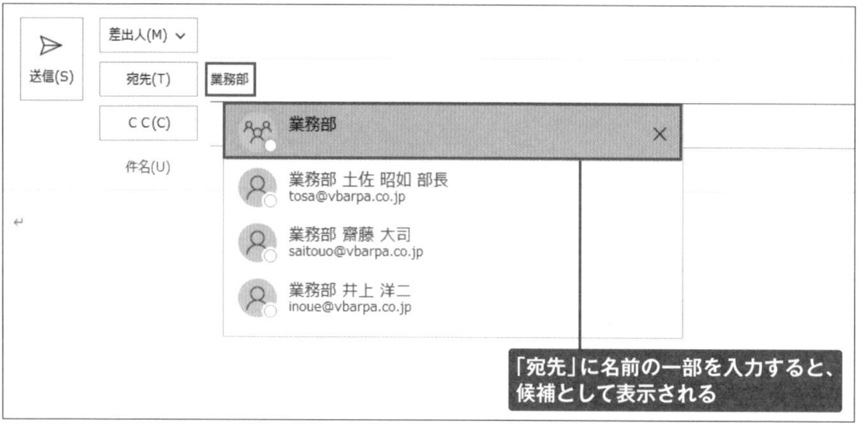

》「連絡先グループ」のメールアドレスを確認する

「連絡先グループ」に登録されているメールアドレスを確認するには、左にある「+(プラス)」マークをクリックして「リストの展開」ウィンドウを開き、「OK」をクリックします。

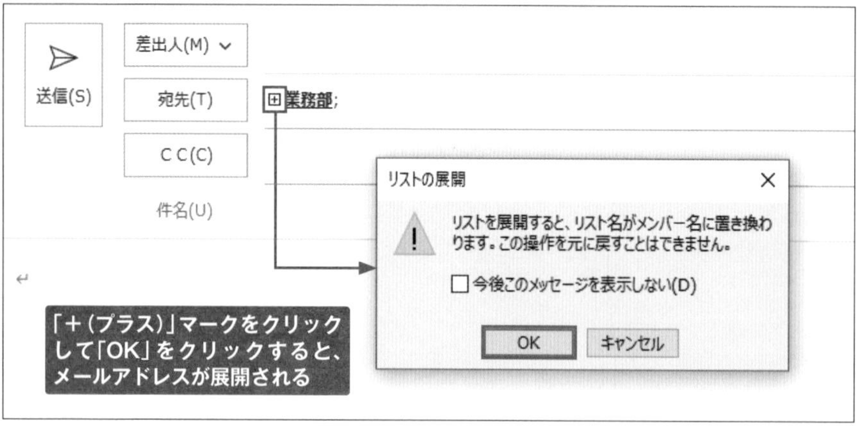

以下の画面が、「連絡先グループ」のメールアドレスを展開した状態です。作成して間もない「連絡先グループ」では、登録したメールアドレスにまちがいがある可能性があります。また、別の「連絡先グループ」を誤って選択している可能性もあります。「連絡先グループ」を使用する際は、なるべく毎回メールアドレスを展開し、宛先にまちがいがないか確認を行いましょう。

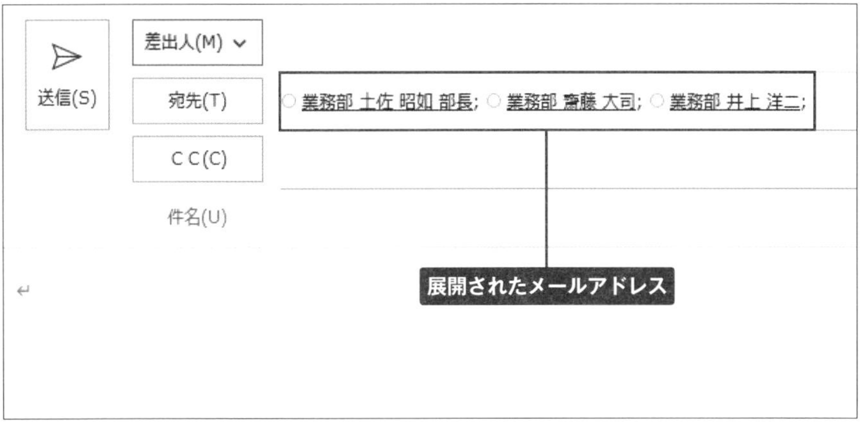

「連絡先グループ」は、この機能が好きでOutlookを使い続けているという方もいるほど、便利な機能です。ぜひ一度、お試しください。Outlookには、「連絡先グループ」と類似した機能として「共有メールボックス」「グループメールボックス」「配布リスト」があります。ただし、これらは「Microsoft 365」の契約が必要で、管理者アカウントでの設定も必要なため、使用できない場合も多いです。これらは「連絡先グループ」と異なり、専用のメールアドレスが発行されます。そのため、送信時だけではなく受信時にも使用できるというメリットがあります。本書ではこれらの機能は解説しませんが、便利な機能ですので、活用を検討してみてもよいでしょう。

ポイント

- 部署やプロジェクトなど頻繁にやり取りする相手は必ず「連絡先グループ」に登録する
- 「連絡先グループ」に登録する際、メールアドレスを事前に連絡先に登録しておくと手順が簡略化される
- 送信前にはメールアドレスを毎回展開し、宛先にまちがいがないか確認する

04 「送信遅延設定」で誤送信をキャンセルする

》メールの送信を保留する誤送信対策の決定打

Outlookは、メールの送信ボタンをクリックすると確認のメッセージなどもなく、直ちに送信される仕様になっています。そのため、メールが完成する前に誤って送信ボタンをクリックしてしまった、という事故は頻繁に発生しています。こうした事故は、「送信遅延設定」で防ぐことができます。「送信遅延設定」は、メールの送信ボタンをクリックした際、すぐにメールを送信するのではなく、一定期間保留する機能です。保留する時間は最短1分で、1分単位で設定することが可能です。間隔が空きすぎても支障が出る場合があるため、1分から3分の間で設定するのがおすすめです。

会社が他に誤送信防止のソフトを導入していたり、VBAで誤送信防止機能(P.396)を追加していたりするなど、「送信遅延設定」が不要な場合もあります。しかし、こうした対策を講じていない場合は、必ず送信遅延設定を行うようにしてください。

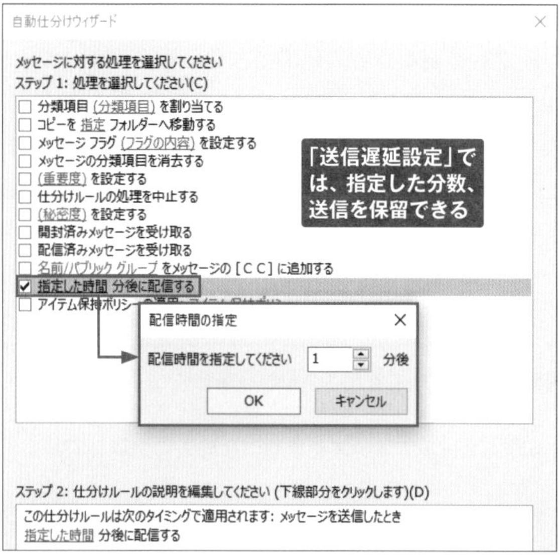

》「送信遅延設定」の設定方法

「送信遅延設定」は、2章で紹介した「自動仕分け」を用いて設定を行います。「自動仕分け」は、受信したメールだけでなく、送信するメールに対しても適用できます。

❶「ファイル」タブをクリックする。

❷「仕分けルールと通知の管理」をクリックする。

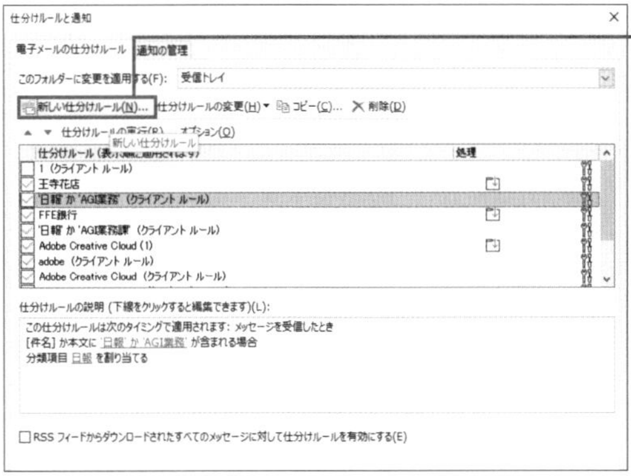

❸「新しい仕分けルール」をクリックする。

❹「送信メッセージにルールを適用する」をクリックする。

❺「次へ」をクリックする。

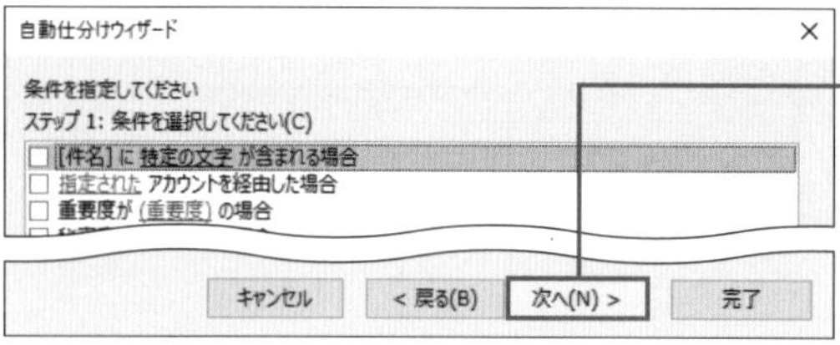

❻何も選択せず「次へ」をクリックする。

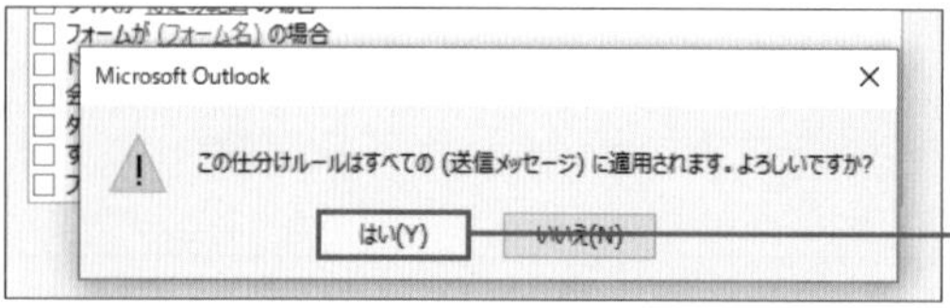

❼「はい」をクリックする。

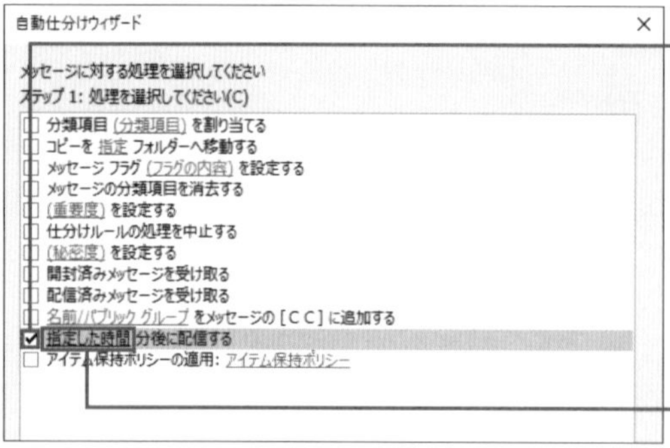

❽「指定した時間分後に送信する」のチェックボックスをクリックし、チェックを入れる。

❾「指定した時間」をクリックする。

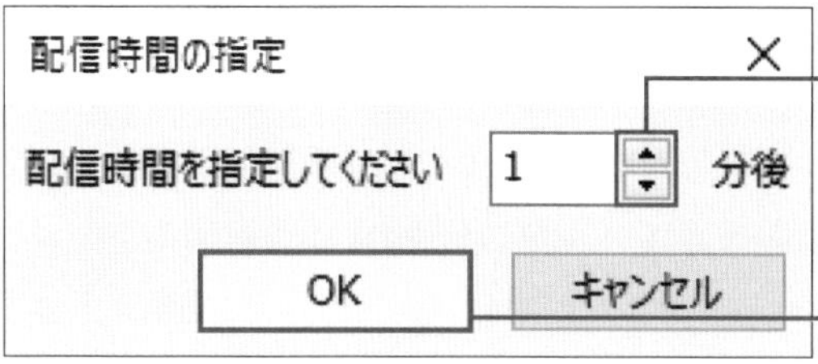

❿「▲」「▼」をクリックして、保留する時間を設定する。

⓫「OK」をクリックする。

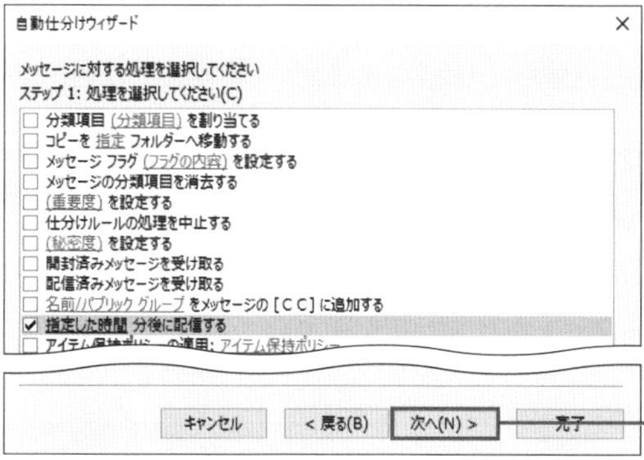

⓬「次へ」をクリックする。

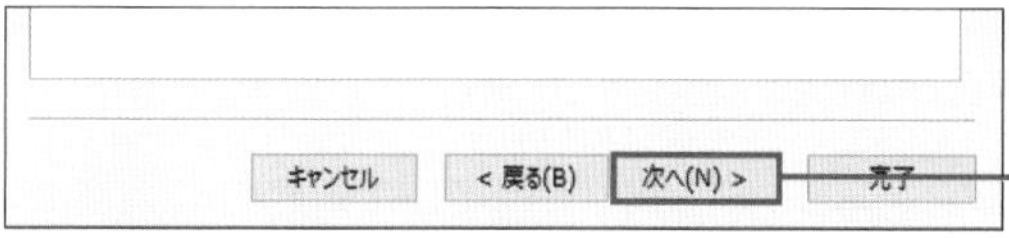

⓭「次へ」をクリックする。

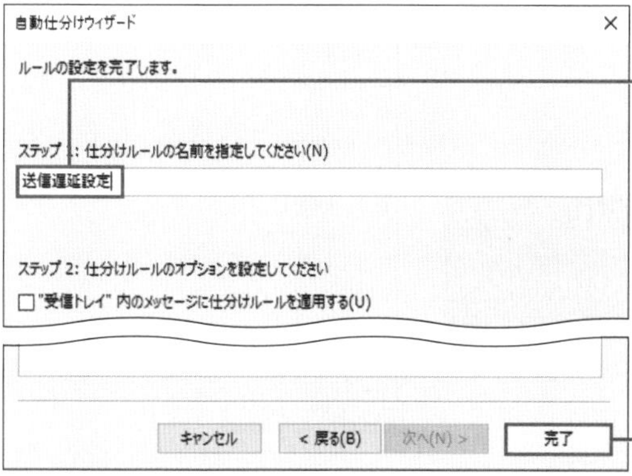

⓮「ステップ1」に、任意の名前（ここでは「送信遅延設定」）を入力する。

⓯「完了」をクリックする。

以上で、設定は完了です。自分のメールアドレスに対してテストメールを送り、届くまでに設定した分数がかかるかどうか、確認してください。

》送信をキャンセルする方法

「送信遅延設定」を行った場合、送信したメールはいったん「送信トレイ」に収納され、指定した分数が経過したあと、メールが送信され、「送信済みトレイ」にメールが移動します。送信をキャンセルしたい場合は、メールが「送信トレイ」に入っている間に削除の操作を行う必要があります。「送信済みトレイ」に入ってしまったメールはすでに相手に届いていますので、送信をキャンセルすることはできません。

「送信トレイ」に入ったメールを削除するには、メールを右クリックして「削除」を選択します。焦って操作をまちがえると、時間が経過し、メールが送られてしまうこともあり得ます。ゆっくり落ち着いて作業してください。心配な方は、配信時間を1分ではなく、少し長めに設定するとよいでしょう。

また、メールのゴミ箱ボタンをクリックすることでも、削除できます。

なお、ここで用いたゴミ箱ボタンですが、これは「必要なメールを誤って削除してしまう」トラブルの原因になりうる危険なボタンです。次節では、ゴミ箱ボタンを非表示にする方法を紹介します。

送信遅延設定を行うと、メールを即時送信することができなくなり、わずらわしいと感じるかもしれません。そういった方は、VBAを用いて、ご自分の業務の実態にあった、専用の誤送信防止プログラムを開発するとよいでしょう。Outlookはその仕様上、「メールが完成する前に誤って送信してしまった」という誤送信がとても多いです。誤送信防止の有料のサービスも含め、何らかのしくみを導入してください。

ポイント

- 「送信遅延設定」は、指定した時間メールの送信を保留する誤送信防止の決定打
- 他に誤送信防止機能を導入していない場合は、必ず設定するようにする
- 「送信遅延設定」の保留時間は1～3分がおすすめ

05 「ゴミ箱ボタン」を隠して誤削除を防ぐ

≫ゴミ箱のしくみを知れば事故も防げる

Outlook関連の事故で比較的多いのが、メールのゴミ箱ボタンをまちがって押してしまうというものです。メールに対して「フラグ」や「分類」を付与しようとして、誤ってゴミ箱ボタンをクリックしてしまうのです。他のアプリケーションの場合、「本当に削除してもよろしいですか？」といった確認メッセージが表示されることが多いのですが、Outlookのゴミ箱ボタンに関してはこういったものはなく、クリックした瞬間に即削除されてしまいます。

「戻る」ボタンやCtrl+Zキーのショートカットキーを用いて元に戻すことはできるものの、意図せずゴミ箱ボタンを押してしまい、削除したことに気がついていないといったこともありえます。「受信トレイを用いたタスク管理」の手法では、メールをゴミ箱に送るという操作を行いません。ゴミ箱ボタンを使うこともないので、トラブルを避けるためにゴミ箱ボタンを非表示にしておきましょう。

「ごみ箱」ボタンに誤って触ると
メールが削除されるので見えない
ようにする

》ゴミ箱ボタンを非表示にする

Outlookでは、初期状態でゴミ箱ボタンを隠すことができないようになっています。この制限を解除し、ゴミ箱ボタンを非表示にしましょう。

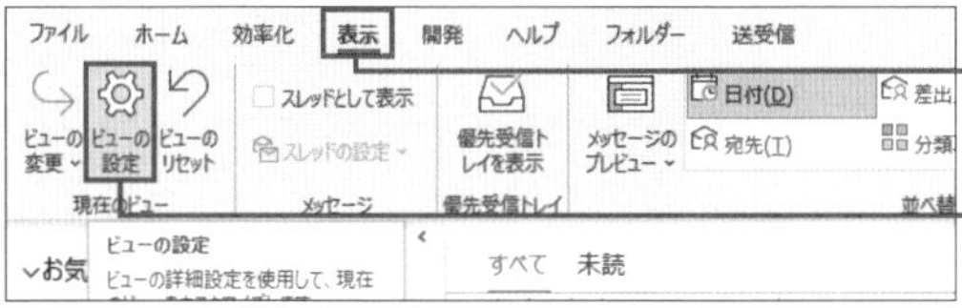

❶「表示」タブをクリックする。

❷「ビューの設定」をクリックする。

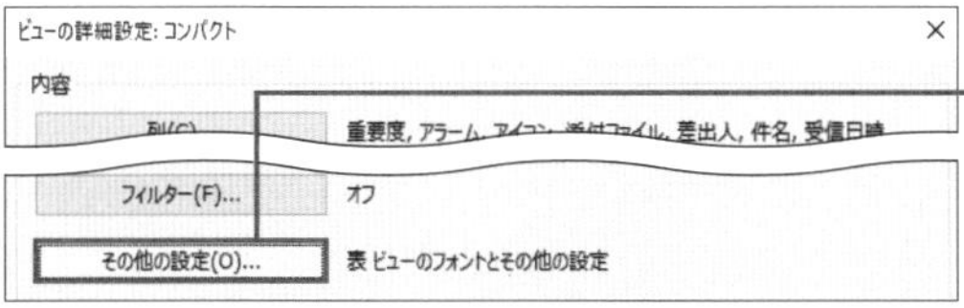

❸「その他の設定」をクリックする。

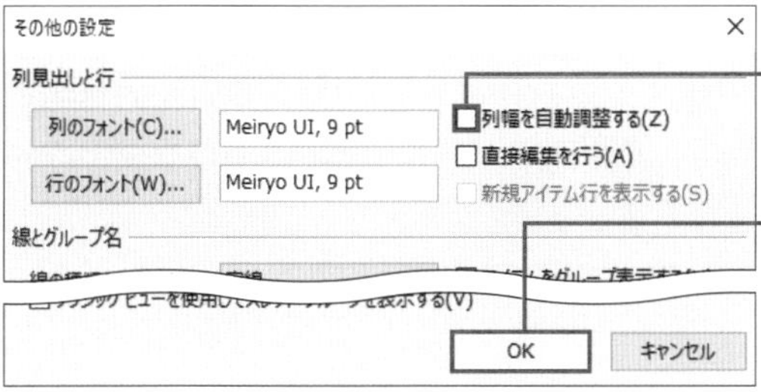

❹「列幅を自動調整する」のチェックを外す。

❺「OK」をクリックする。

❻「OK」をクリックする。

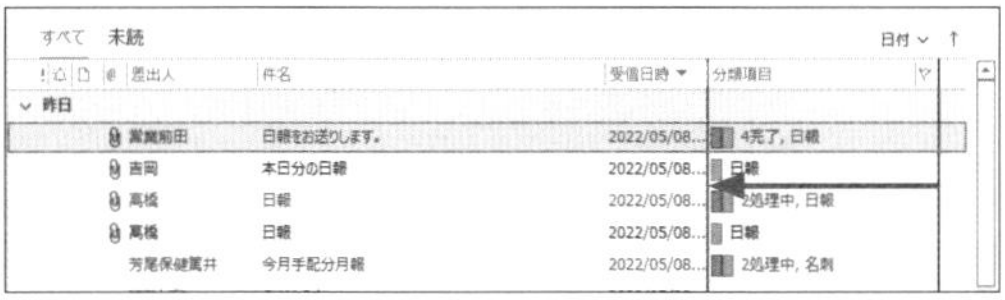

❼「ビュー」で列の幅を調整し、ゴミ箱ボタンが表示されないようにする。

ポイント

- Outlookではゴミ箱ボタンをクリックした瞬間にメールが削除されるため、メールの処理洩れの原因になる
- 「列幅を自動調整する」をオフにすることで、ゴミ箱ボタンを見えない位置に移動することができる

送信前に自動でスペルチェックを行う

ここでは、Outlookが持つ自動スペルチェック機能について説明します。メールを送る際にスペルミスがあると、重大事故と呼ぶほどではないものの、能力が低いのではないか、他にも重大なミスをしているのではないかと疑われる可能性があります。こうした事態を未然に防ぐため、必ず設定を行うようにしましょう。自動スペルチェックの設定は、「ファイル」タブ→「オプション」をクリックして表示される画面の「メール」で、「送信前にスペルチェックする」にチェックを入れます。

この設定を行うと、メールを送信する際に自動でスペルチェックが行われます。スペルチェックによって修正候補が表示された場合は、「修正候補の一覧」から修正したい単語を選択し、「修正」をクリックします。その単語が専門用語などで新規に登録が必要な場合は、「辞書に追加」をクリックします。

単語のチェックと同時に日本語の校正も行われますが、Wordの日本語校正機能と比べると機能が限定的です。一方、英単語のスペルチェック機能は強力ですので、そちらの目的で使用するようにしましょう。

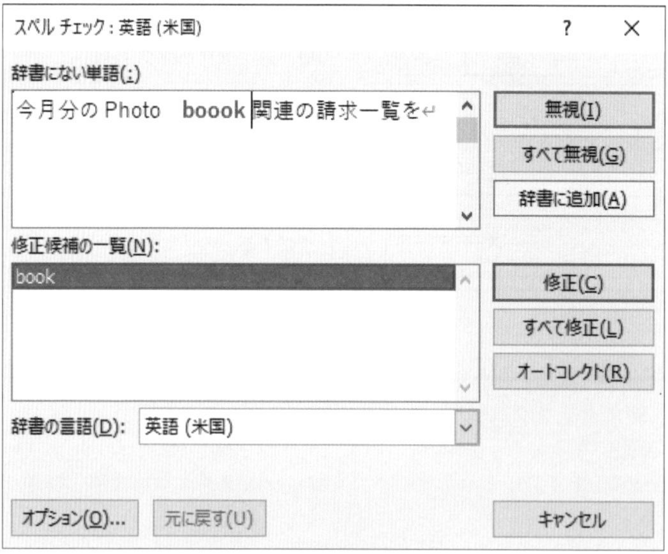

第6章

「クイック操作」を使った自動化テクニック

01 「クイック操作」でメールを「アーカイブ」に送る

》誰でも使える自動化機能「クイック操作」

「クイック操作」は、事前に登録した操作をワンクリック、もしくはショートカットキーで実行することができる、Outlookの自動化機能です。Microsoft Officeが持つ自動化の機能としてはVBAが一般的ですが、「クイック操作」ではプルダウンで選択するだけでOutlookの操作を自動化することができます。Outlookで自動化を行う場合は第一に「クイック操作」の使用を考え、「クイック操作」では自動化できない処理の場合にVBAの使用を検討するようにしてください。

「クイック操作」は、ショートカットキーが存在しない操作をショートカットキー化したい場合や、ショートカットキーは存在するもののキーの位置が使いにくいといった場合にも使用できます。ただし、「クイック操作」に割り振ることのできるショートカットキーは Ctrl + Shift + 1 ～ 9 キーとなっています。9個を超える「クイック操作」を登録する場合は、ボタンのクリックで実行することになります。また、「メールの転送」のようにショートカットキーを押しまちがえると危険な「クイック操作」については、ショートカットキーではなく、ボタンのクリックで実行する方法を選択した方がよい場合もあります。

「クイック操作」の設定画面

〉メールを「アーカイブ」に送る「クイック操作」を作成する

それでは、実際に「クイック操作」を作成してみましょう。まずは、もっとも使用頻度の高い作業である「選択したメールをアーカイブに送る」操作を登録します。この操作にはBack spaceキーというショートカットキーがすでに存在していますが、このキーはキーボードの右側にあり、右手で操作する必要があります(P.86)。Outlookでメールを読んだり整理をしたりする際、右手はCtrl+<>キーかマウスを触っていることが多く、Back spaceキーを押すには時間がかかります。そこで「クイック操作」を利用して、左手だけで操作しやすいCtrl+Shift+1キーに「選択したメールをアーカイブに送る」操作を登録することにします。

❶「ホーム」タブをクリックする。

❷いずれかの「クイック操作」を右クリックする。

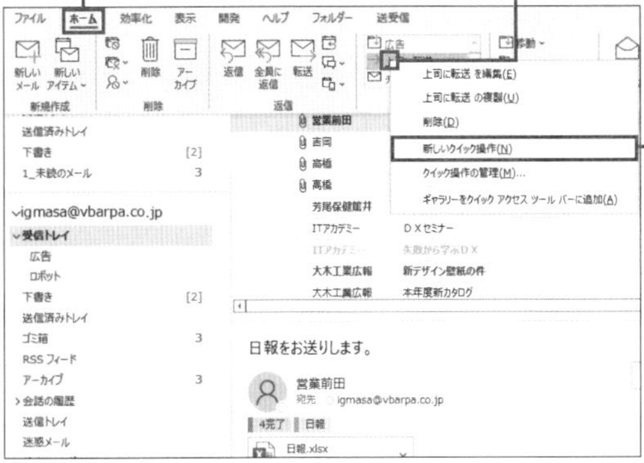

❸「新しいクイック操作」をクリックする。

> **MEMO**
> Outlookのバージョンによっては、「ホーム」→「クイック操作」→「新規作成」の順にクリックします。

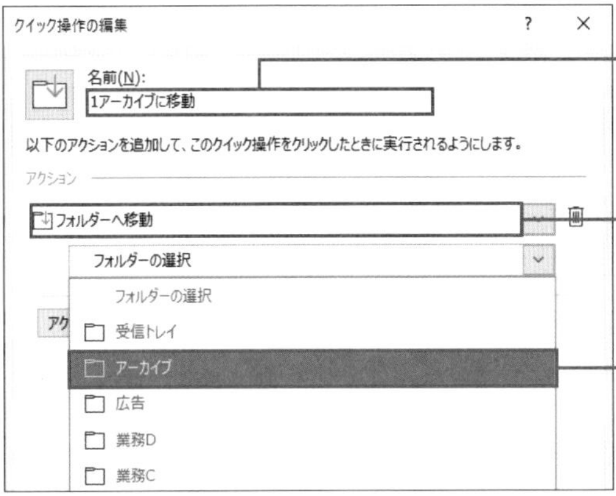

❹「名前」に、任意の名前(ここでは「1アーカイブに移動」)を入力する。

❺「アクションの選択」で、「フォルダーへ移動」をクリックする。

❻「フォルダーの選択」で、「アーカイブ」をクリックする。

❼「ショートカットキー」で、Ctrl＋Shift＋1をクリックする。

❽「完了」をクリックする。

以上で、「クイック操作」の登録が完了しました。実際に使用してみましょう。「ビュー」でメールを1件、もしくは複数選択している状態で、先ほど設定したショートカットキー（例ではCtrl＋Shift＋1キー）を押します。これで、選択していたメールが「アーカイブ」に移動されます。また、「ホーム」タブの「クイック操作」で「アーカイブに移動」をクリックしても同じです。

❶Ctrlキーを押しながら、「アーカイブ」に送るメールを複数選択する。

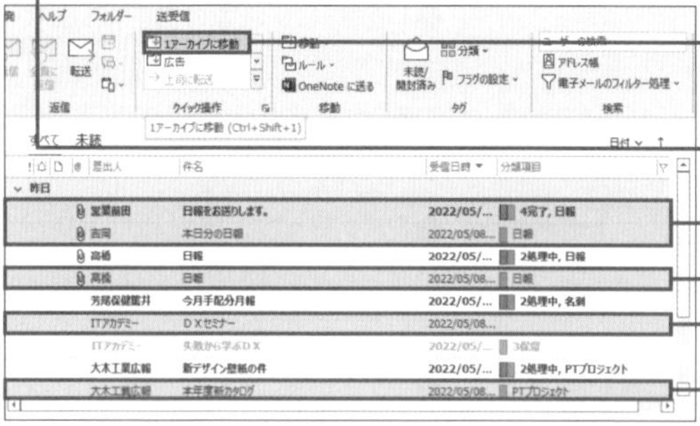

❷Ctrl＋Shift＋1キーを押すか、「ホーム」タブの「アーカイブに移動」をクリックする。

キーボードの配置にもよりますが、筆者は左手の親指でCtrlキーとShiftキーの2つのキーを押し、左手の中指で1のキーを押すことで、左手だけでこの操作を行っています。この時、左手の小指の側は机かキーボードの上に置き、固定します。これにより左手が疲れにくくなりますが、手の位置が固定されているため、キーボードの右側にあるキーが押しにくいという問題が発生します。筆者が、よく使う「クイック操作」をCtrl+Shift+1～4キーに集中させているのは、それが理由です。この手法は指をほとんど動かさないため、キーを押す速度を最大化できますし、他のショートカットを押してしまう確率を最小化できます。

Check! 「クイック操作」の注意点

「クイック操作」の利用には、注意点があります。「クイック操作」を使って行った操作は、Outlookの戻るボタンやCtrl+Zキー（操作を戻す）を押しても取り消すことができないのです。メールをまちがえて「アーカイブ」に移動した場合、操作を取り消すには「アーカイブ」を開いて移動したメールを探し、そのメールを元のフォルダーにドラッグする必要があります。

「戻る」の操作ができなくなるのは、次の章から紹介するVBAでも共通です。「クイック操作」とVBAには、「ユーザーが作成したプログラムの実行である」という共通点があります。「ユーザーが作成したプログラムを実行した場合、その操作は元に戻せない」ということは、Microsoft Office共通の仕様です。

ポイント

- 「クイック操作」は、Outlookが持つ自動化機能
- 「クイック操作」には、ショートカットキーを割り当てることができる
- 「アーカイブに送る」操作を「クイック操作」として登録する
- 「クイック操作」とVBAは元に戻す操作が行えないので注意が必要

02 「クイック操作」でメールに「分類」を設定する

》進捗ごとの「分類」を「クイック操作」で設定する

次に、選択したメールに対して「分類」を設定する操作を「クイック操作」に登録します。「受信トレイを用いたタスク管理」では、メールの進捗を「分類」によって管理します。メールに「分類」を設定する場合、マウスを使うと少なくとも2回以上のクリックが必要になり、2秒程度かかってしまいます。一方、「クイック操作」であればショートカットキーを1回押すだけなので、1秒ほどですみます。

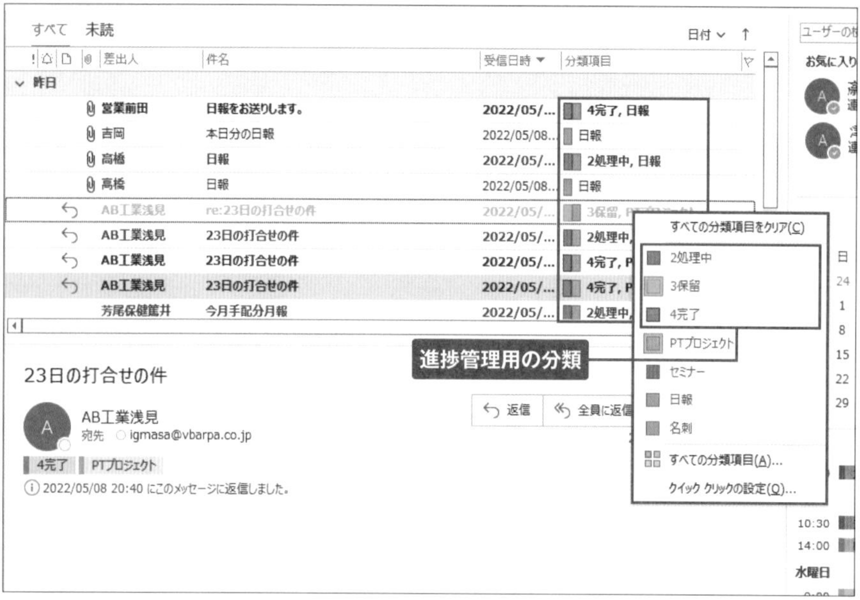

本書をしっかり読んでいただいた方は気づかれたかもしれませんが、「分類」の設定には最初からショートカットキーが用意されています。それが、Ctrl＋F2～F12キーです(P.58)。これを「クイック操作」を用いて別のショートカットキーを割り当てる目的は、P.185と同様、ショートカットキーのキーを使いやすい位置にするためです。

「受信トレイを用いたタスク管理」では、メールを読んだり、整理したりする際、右手でCtrl+>キーのキーを押してメールを送りつつ、左手で「分類を設定」と「アーカイブに送る」という2つの操作を行います。P.185で「アーカイブに送る」をCtrl+Shift+1キーに設定しましたが、続けて「分類を設定」をCtrl+Shift+2キーに設定することで、左手はほとんど指を動かすことなく作業が可能となります。複数の「分類」を設定する場合は、Ctrl+Shift+3キーや4キーに設定するとよいでしょう。作業速度の向上と指の疲れを少なくするためには、指の動きを極力少なくすることが大切です。また、指の動きを最小限にすることで、異なるキーを押してしまうリスクも最小化することができます。

〉「分類」を設定する「クイック操作」を作成する

それでは、「分類」を設定する「クイック操作」を作成します。基本的な方法は、先ほどの「アーカイブに送る」と同じです。

❶「ホーム」タブをクリックする。

❷いずれかの「クイック操作」を右クリックする。

❸「新しいクイック操作」をクリックする。

MEMO

Outlookのバージョンによっては、「ホーム」→「クイック操作」→「新規作成」の順にクリックします。

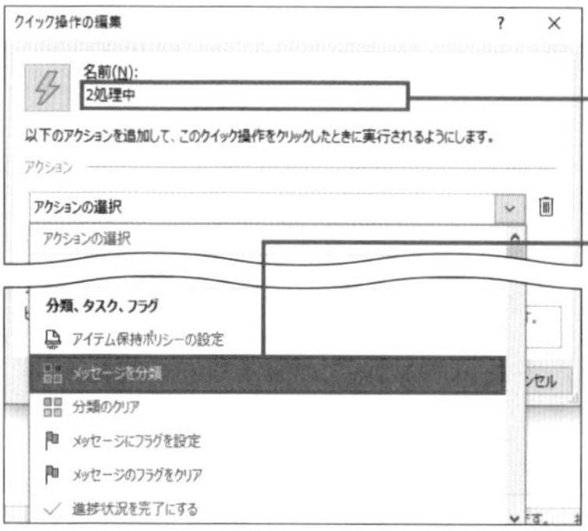

❹「名前」に、任意の名前（ここでは「2処理中」）を入力する。

❺「アクションの選択」で、「メッセージを分類」をクリックする。

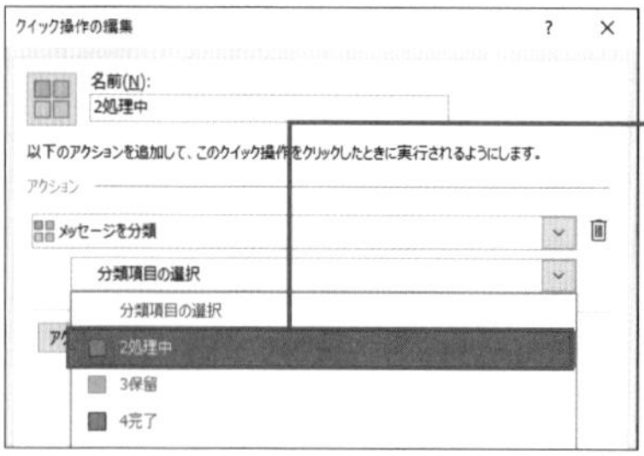

❻「分類項目の選択」で、指定したい「分類」（ここでは「2処理中」）を選択する。

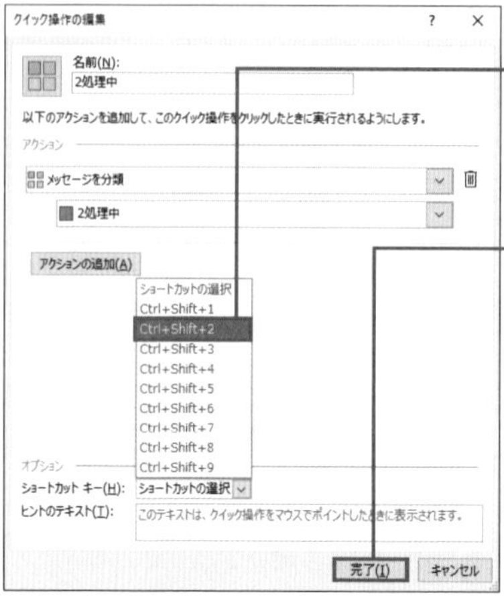

❼「ショートカットキー」で、Ctrl＋Shift＋2をクリックする。

❽「完了」をクリックする。

以上で、「クイック操作」の登録が完了しました。「ビュー」でメールを選択している状態でCtrl＋Shift＋2キーのショートカットキーを押し、「2処理中」の分類が設定されるかどうか確認してください。また、「ホーム」タブの「クイック操作」から「2処理中」をクリックしても同じです。

これで、「2処理中」はCtrl+Shift+2とCtrl+F2キーの2つのショートカットが使えるようになりました。「2処理中」の「2」は、2キーとF2キー、2つの意味を持つことになります。このように関連づけることで、ショートカットキーを覚えやすくなります。

なお、筆者は「分類」の「クイック操作」として、「2処理中」だけを使用しています。処理が終わったものはすぐに「アーカイブ」に送るので、他の分類は使用していません。人によっては「3保留」「4完了」などの「分類」をCtrl+Shift+3キーやCtrl+Shift+4キーに登録してもよいでしょう。注文受付など、わずかなミスも許されない業務では「3保留」「4完了」などの分類も使い、メールの進捗を厳密に管理しましょう。

Check! メールを読む際の指のポジション

以下の図は、普段筆者がメールを読む際の指のポジションです。左手は親指でCtrlキーとShiftキーの2つのキーを押し、薬指で1キーを、中指で2キーを押します。小指は机に置いて、手首の負荷を減らしています。右手は小指でCtrlキーを押し、人差し指で<キー、中指で>キーを押します。この指の配置は、キーボードの形状や指の長さなど、人によってベストのポジションが変わります。作業しやすいポジションを探してください。

ポイント

- 「分類」を設定する操作を「クイック操作」として登録する
- 「分類」の「クイック操作」は、左手で操作しやすいCtrl+Shift+1〜4キーにショートカットキーを設定するとよい
- 「分類」の「クイック操作」は、「2処理中」を基本に「3保留」「4処理完了」を登録してもよい

03 「クイック操作」でメールを転送する

特定のアドレス宛にメールを転送する

ここでは、特定のアドレス宛にメールを転送する操作を「クイック操作」に登録します。上司や同僚に報告を行ったり、総務部から届いた通達を部署の全員に転送したりといった用途に使用できます。「クイック操作」に登録すれば、社内に転送しようとしたメールを社外に送ってしまった、といった事故も防ぐことができます。頻繁に転送する宛先がある方は、ぜひ登録しておいてください。

メールを転送する「クイック操作」の注意点は、転送先のメールアドレスをまちがえないようにすることです。最初に使用する際はダミーのメールでテストを行い、アドレスが正しいかどうかを確認するようにしてください。また、メールの転送ではショートカットキーは設定せず、その都度「クイック操作」に登録されたボタンから実行した方が誤送信のリスクは低くなります。

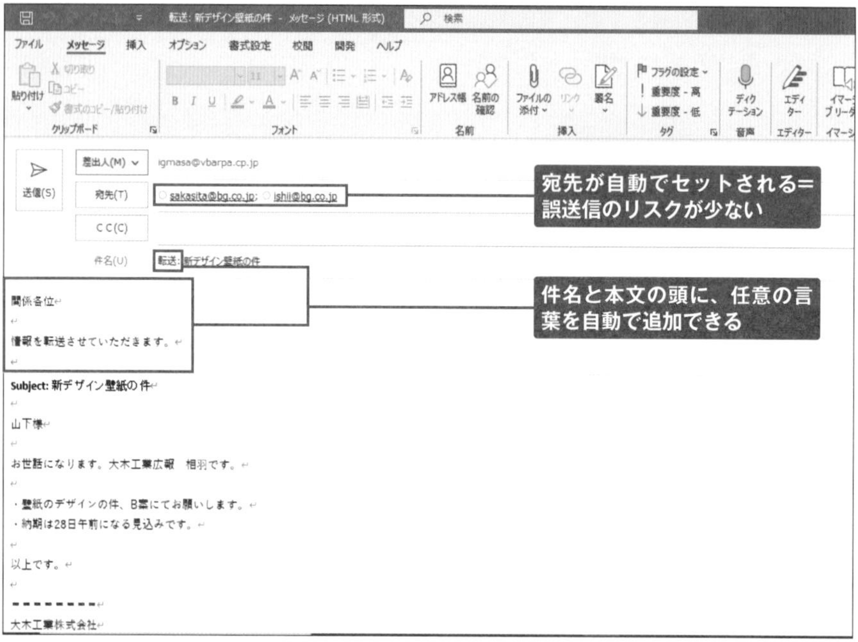

転送: 新デザイン壁紙の件 - メッセージ (HTML 形式)
ファイル
メッセージ
挿入
オプション
書式設定
校閲
開発
ヘルプ
送信(S)
差出人(M)
igmasa@vbarpa.cp.jp
宛先(T)
sakasita@bg.co.jp; ishii@bg.co.jp
CC(C)
件名(U)
転送: 新デザイン壁紙の件
宛先が自動でセットされる=誤送信のリスクが少ない
関係各位
情報を転送させていただきます。
件名と本文の頭に、任意の言葉を自動で追加できる
Subject: 新デザイン壁紙の件
山下様
お世話になります。大木工業広報 相羽です。
・壁紙のデザインの件、B案にてお願いします。
・納期は28日午前になる見込みです。
以上です。
大木工業株式会社

メールを転送する「クイック操作」を作成する

それでは、特定のアドレス宛にメールを転送する「クイック操作」を作成します。

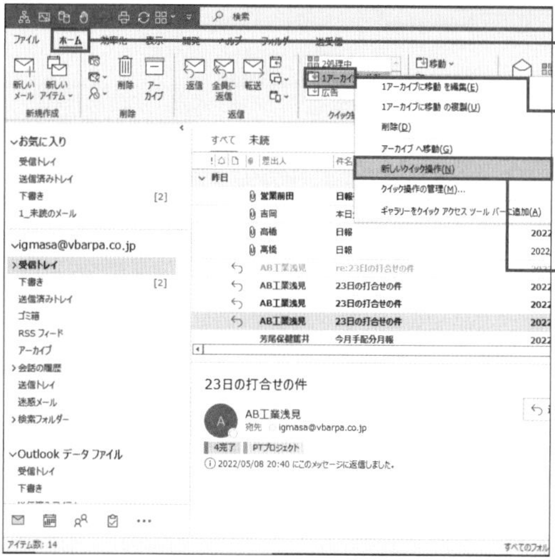

❶「ホーム」タブをクリックする。

❷いずれかの「クイック操作」を右クリックする。

❸「新しいクイック操作」をクリックする。

MEMO

Outlookのバージョンによっては、「ホーム」→「クイック操作」→「新規作成」の順にクリックします。

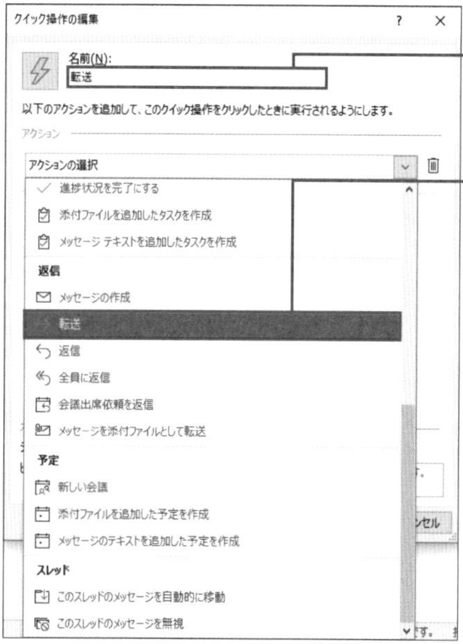

❹「名前」に、任意の名前（ここでは「転送」）を入力する。

❺「アクションの選択」で、「転送」をクリックする。

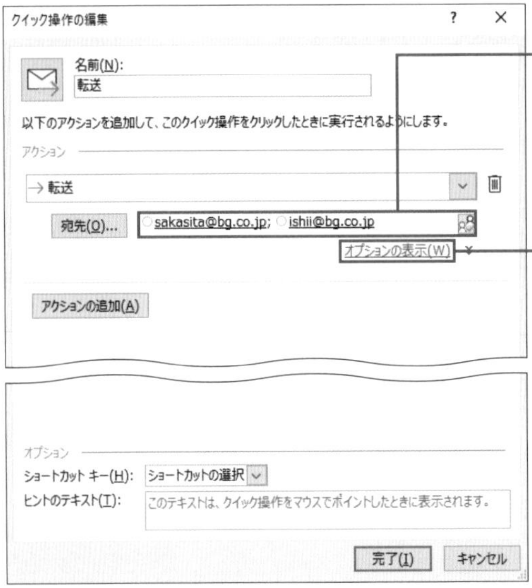

❻「宛先」に、転送したい相手のメールアドレスを入力する。

❼「オプションの表示」をクリックする。

MEMO

複数の相手に送りたい場合は、メールアドレスを「;(セミコロン)」でつなげてください。「連絡先グループ」も使えますので、部署の全員に転送するような場合はあらかじめ「連絡先グループ」(P.170)に登録しておくと便利です。

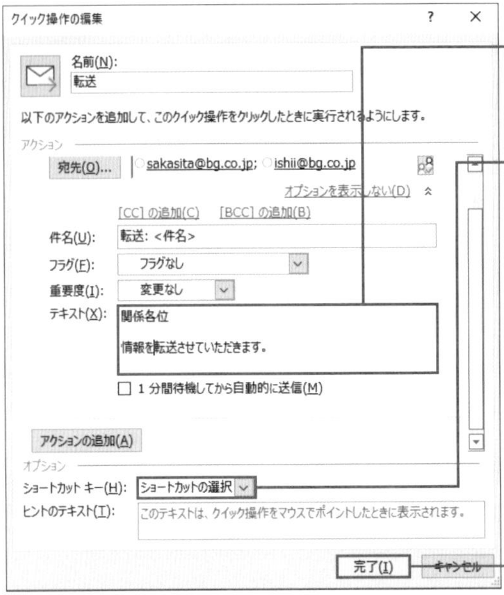

❽「テキスト」と「件名」に、追記したい文言を入力する。

❾必要に応じて、ショートカットキーをプルダウンで登録する。

❿「完了」をクリックする。

以上で、登録が完了しました。「ビュー」でメールを選択している状態で登録したショートカットキーを押すか、「ホーム」タブの「クイック操作」から「転送」をクリックして、メールが転送されるかどうか確認してください。

》「1分待機してから自動で送信」はOFFがおすすめ

前ページ手順❽の画面で「1分間待機してから自動的に送信」にチェックを入れた場合、「クイック操作」を実行すると転送メールはいったん「送信トレイ」に入り、1分間保留されたのち、自動で送信されます。操作をまちがえた場合は、この間に「送信トレイ」からメールを削除することで、転送の操作をキャンセルできます。

「1分間待機してから自動的に送信」にチェックを入れない場合は、メールが下書きの状態で保留されます。この場合は、自分で送信ボタンをクリックするまで、転送の操作は行われません。そのため、ショートカットキーの押しまちがえによる誤送信を防ぐことができます。また、送信前に本文に追記ができるというメリットもあります。「クイック操作」ですべてすませるのではなく、自分なりの言葉を添えた方がよい場合などに便利です。

こうした条件を考えると、「1分間待機してから自動的に送信」にはチェックを入れないことをおすすめします。大量のメールを連続して転送するような場合にチェックを入れざるを得ないこともありますが、メールアドレスが誤っていた時に情報の大量流出事故になりかねませんので、十分にご注意ください。

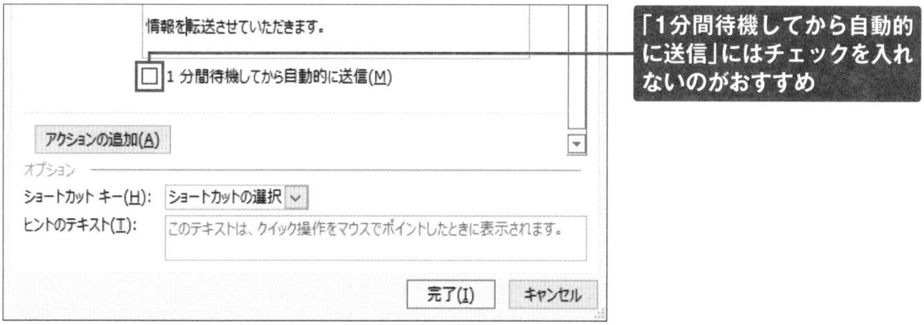

ポイント

- 「メールを転送する」操作を「クイック操作」として登録する
- メールの転送は誤送信に注意が必要。初回使用時はメールアドレスを確認する
- 誤送信のリスクを減らすためショートカットキーを設定せず、「クイック操作」のボタンから実行する方法もおすすめ
- 「1分間待機してから自動的に送信」のチェックは基本はOFFにする

04 「クイック操作」で定型メールを作成する

》宛先も件名も自動で入力される

定型メールを作成する操作を、「クイック操作」に登録します。「クイック操作」を使用した定型メールには、テンプレートファイル (P.144) を用いた場合と同様、宛先のメールアドレスや件名を含めることが可能です。

「クイック操作」による定型メールでは、テンプレートファイルのように他の人と共有したり他のパソコンで作業したりすることはできません。その代わり、アイコンをクリックするだけ、ショートカットキーを押すだけでメールを作成することができます。頻繁に利用する定型メールの場合は、「クイック操作」として登録するようにしましょう。

なお、定型メールを自動作成する方法は4章でもご紹介しましたが、宛先のメールアドレスと件名も自動で入力できるのはテンプレートファイルを使う方法だけでした。「クイック操作」も、テンプレートファイルと同様、宛先と件名を自動で入力できるので、他人にメールを送ってしまう誤送信への対策として利用できます。以下は、メールを自動作成する3つの方法を比較した表になります。

名前	特徴	適したメール
テンプレートファイル	1つのメールのすべての内容を1つのファイルとして保存でき、ファイルをダブルクリックするだけでメールを作成できる	複数名で分担し行う、複雑な自動処理が不要なメールの作成
VBA	エクセルの表を元に大量のメールを作成したり（繰り返し処理）、送る相手によってメールの内容を変更したり（条件分岐）することが唯一可能	複雑な自動処理を行いたいメールの作成
クイック操作	ボタンをクリック、もしくはショートカットキーを押すだけで、一瞬でメールを作成できる	1人で行う、複雑な自動処理が不要なメールの作成

定型メールを作成する「クイック操作」を作成する

それでは、定型メールを作成する「クイック操作」を作成します。メールアドレスのまちがいには、十分ご注意ください。

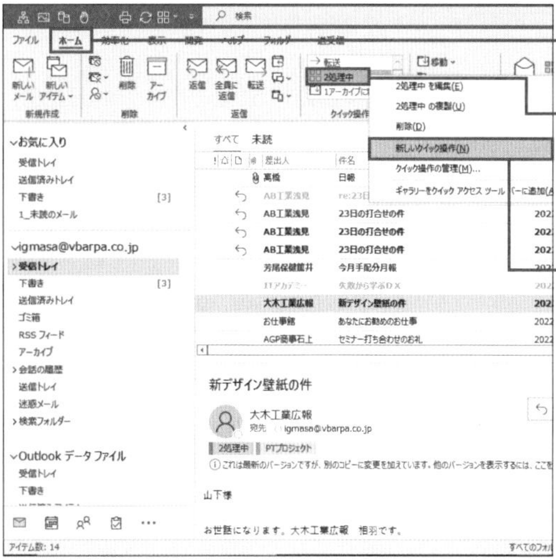

❶「ホーム」タブをクリックする。

❷いずれかの「クイック操作」を右クリックする。

❸「新しいクイック操作」をクリックする。

MEMO

Outlookのバージョンによっては、「ホーム」→「クイック操作」→「新規作成」の順にクリックします。

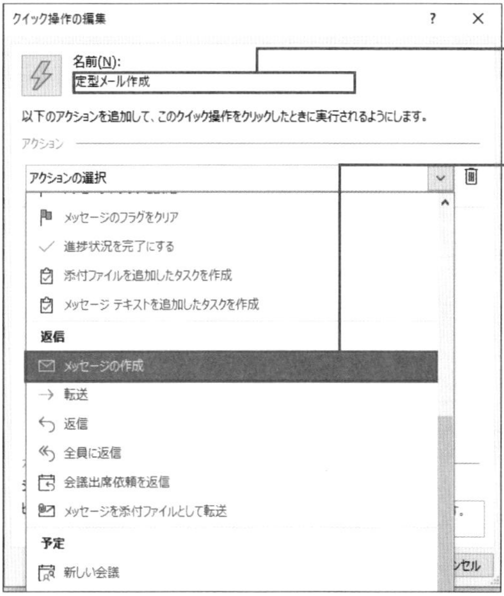

❹「名前」に任意の名前（ここでは「定型メール作成」）を入力する。

❺「アクションの選択」で、「メッセージの作成」をクリックする。

❻「宛先」に、宛先のメールアドレスを入力する。

❼「オプションの表示」をクリックする。

MEMO

複数名に送る場合は、メールアドレスを「;(セミコロン)」でつなげてください。

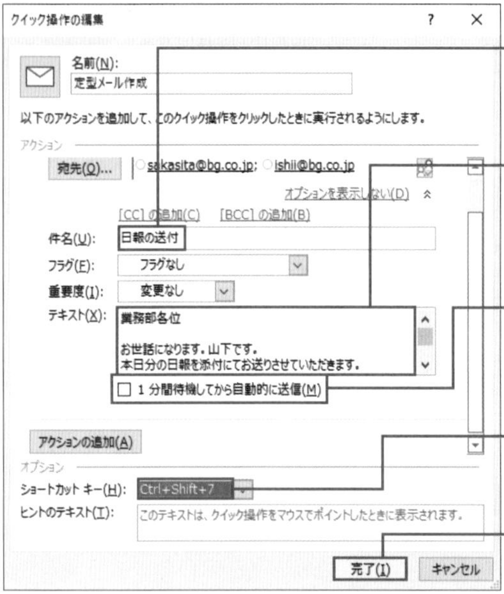

❽「件名」にメールの件名を入力する。

❾「テキスト」にメールの本文(署名も含む)を入力する。

❿必要に応じて、「1分間待機してから自動的に送信」にチェックを入れる。

⓫必要に応じて、ショートカットキーをプルダウンで登録する。

⓬「完了」をクリックする。

以上で、登録が完了しました。登録したショートカットキーを押し、定型メールが作成されるかどうか確認してください。また、「ホーム」タブの「クイック操作」から「定型メール作成」をクリックしても同じです。

Check!

「1分間待機してから自動的に送信」はOFFが基本

メールの転送の場合と同様、「1分間待機してから自動的に送信」にチェックを入れた場合、メールは「送信トレイ」に入ったのち、1分後に自動送信されます。チェックを入れない場合は下書きが表示され、内容を確認・修正の上、送信ボタンをクリックしてメールを送信します。チェックを入れない方が内容を修正することができ、誤送信のリスクも少ないため、おすすめです。

ポイント

- 「定型メールを作成する」操作を「クイック操作」として登録する
- 複数のメールアドレスに転送する場合、間に「; (セミコロン)」を挟む
- 「1分間待機してから自動的に送信」のチェックは基本はOFFにする

05 「クイック操作」でメールから予定を登録する

》マウスレスで予定表に登録できる

メールを元に予定表を作成する方法は、3章でもご紹介した通りです(P.102)。この操作は、「クイック操作」を活用することでショートカットキー化することが可能です。使用頻度は多くても1日数回程度かと思いますが、便利ですので登録を行っておくとよいでしょう。使用頻度の低さを考えると、Ctrl+Shift+5～9キーを使うのがおすすめです。

3章でご紹介した2つの方法(「メールを予定表マークにドラッグする」「メールをコピーし予定表に貼る」)も便利でしたが、操作に2～8秒程度かかります。「クイック操作」を使えば、この操作を1秒程度で行えますし、マウスをほぼ使わずに作業できます。出先など、マウスを使用しにくい環境で特に適しています。

》予定を登録する「クイック操作」を作成する

それでは、予定を登録する「クイック操作」を作成しましょう。

❶「ホーム」タブをクリックする。

❷いずれかの「クイック操作」を右クリックする。

❸「新しいクイック操作」をクリックする。

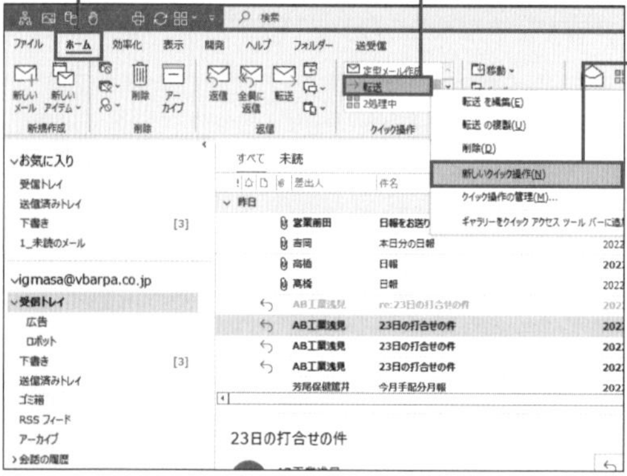

MEMO

Outlookのバージョンによっては、「ホーム」→「クイック操作」→「新規作成」の順にクリックします。

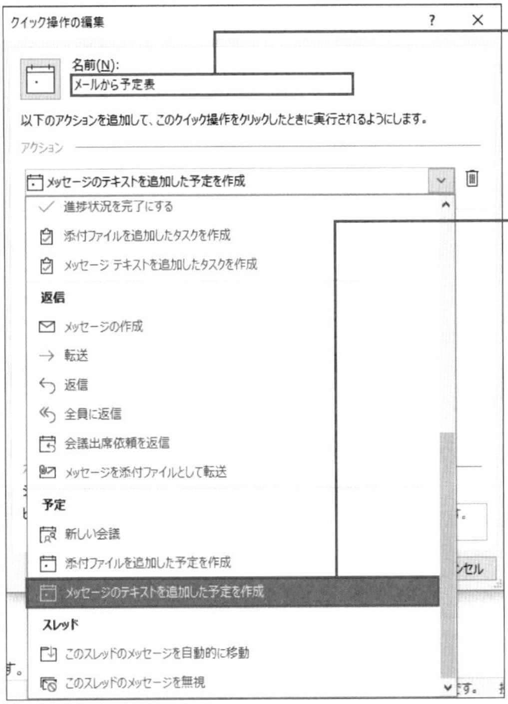

❹「名前」に、任意の名前（ここでは「メールから予定表」）を入力する。

❺「アクションの選択」で、「メッセージのテキストを追加した予定を作成」をクリックする。

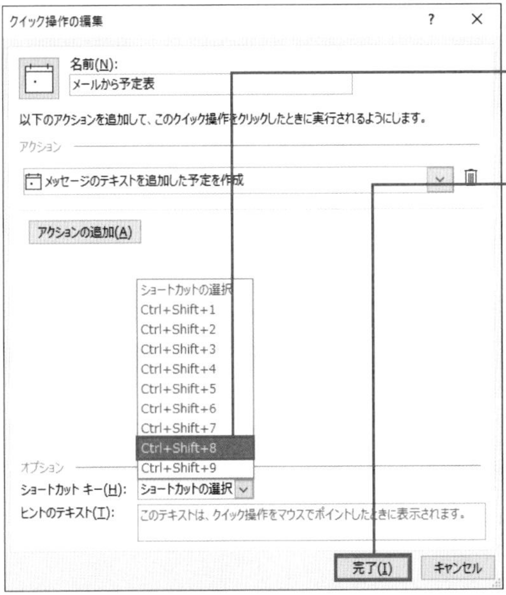

❻「ショートカットキー」で、任意のショートカットキーを選択する。

❼「完了」をクリックする。

以上で、登録が完了しました。「ビュー」でメールを選択している状態で、設定したショートカットキーを押します。メールの画面が開くので、「タイトル」を調整し、「開始時刻」と「終了時刻」を設定して「保存して閉じる」をクリックします。必要に応じて、Teams会議や会議出席依頼などの設定を行ってください。

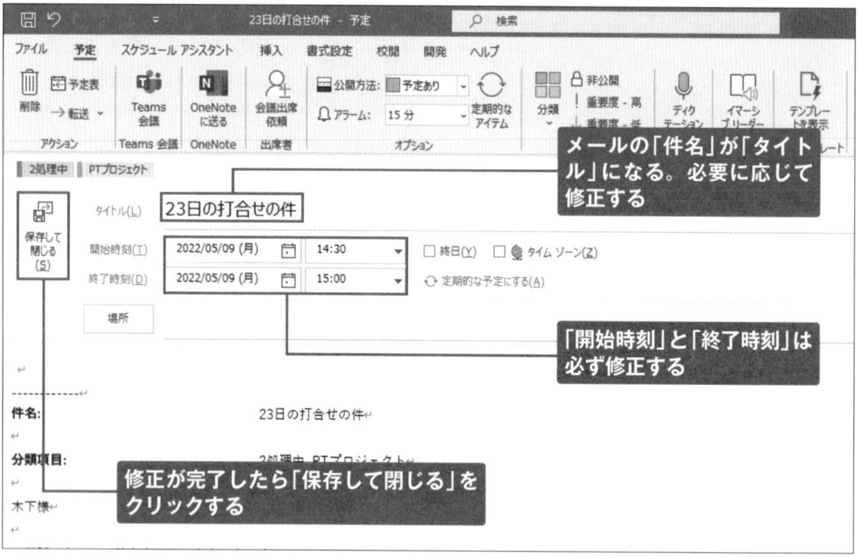

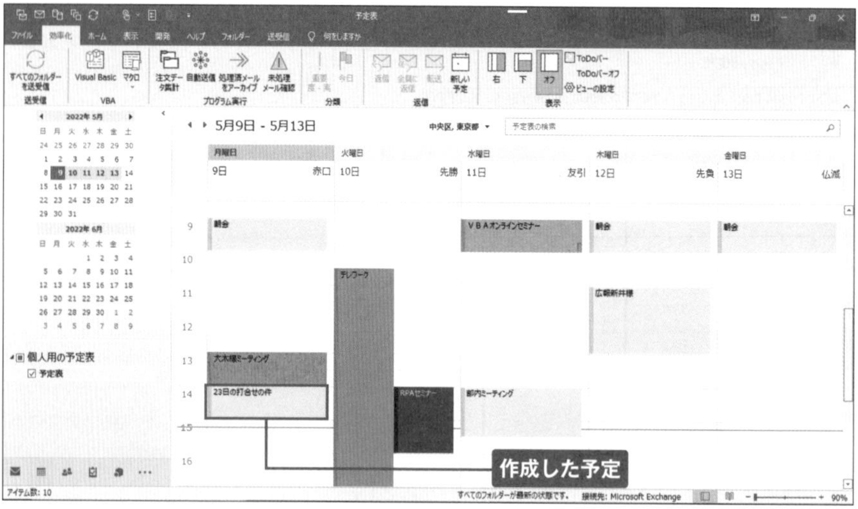

Check! その日の予定を確認したい場合

前ページで登録する日時を検討する際、その日の他の予定と見比べたい場合は、「開始時刻」と「終了時刻」を設定したあとに左上の「予定表」をクリックします。すると、先ほど設定した「開始時刻」と「終了時刻」の予定が開いた状態で、Outlookがもう1つ立ち上がります。これを見ながら空いている時間を探し、「開始時刻」と「終了時刻」を調整してください。調整が完了したら、新しく開いたもう1つのOutlookは、右上の「×」ボタンをクリックして閉じてください。

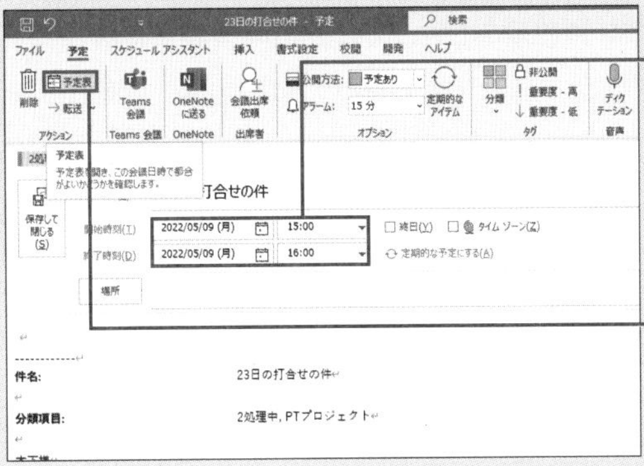

❶仮の「開始時刻」と「終了時刻」を設定する。

❷「予定表」をクリックする。

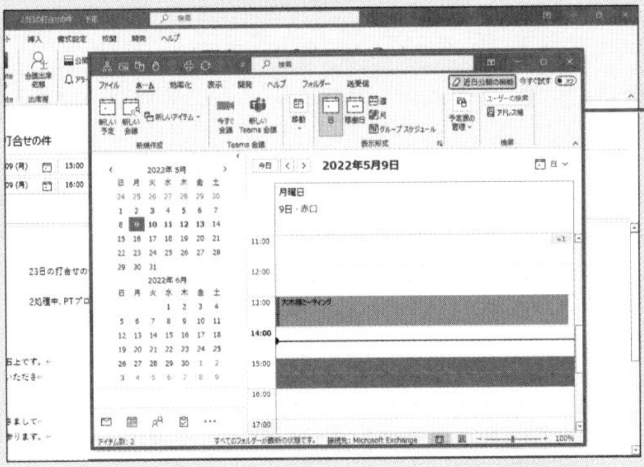

❸Outlookが「予定表」ビューでもう1つ立ち上がり、「仮で指定した時刻」前後の、他の予定を確認できる。

⊙ポイント

- 「予定表に登録する」操作を「クイック操作」として登録する
- ほぼマウスレスで作業できるため、出先などマウスを使いにくい環境で利用するのがおすすめ

他のMicrosoft Officeシリーズが持つ簡易自動化機能

本章で紹介した「クイック操作」が搭載されているのはOutlookだけですが、他のMicrosoft Officeシリーズにも、別の簡易的な自動化機能が搭載されています。これらの機能は、どれも最短30分程度の勉強で使いこなせるようになる、かんたんなものです。特にExcelのマクロ機能は、Excel関数と組み合わせることで高度な自動化を行うことができます。唯一、PowerPointのみ簡易的な自動化機能を搭載していませんが、プレゼン資料の作成が主目的のアプリですので、自動化のニーズが高くないためと推定されます。

もしかすると、皆さんが普段行っている仕事の中にもかんたんに自動化できるものがあるかもしれません。ぜひ一度試してみてください。筆者は事務職からスタートし、現在はITエンジニアやコンサルタントを名乗っていますが、当初はこれらの簡易的な機能を用いて自分の仕事を自動化するところから勉強を始めました。その内に、他の人の仕事を自動化してほしいという依頼を受けるようになり、今の仕事にシフトしました。プログラミングやITエンジニアの仕事に興味がある場合、こういったところからチャレンジするのもよい方法だと思います。

アプリ名	簡易自動化機能名	特徴
Outlook	クイック操作	プルダウンでかんたんに作成できる。VBA への変換はできない
Excel	マクロの記録	マウスとキーボードの操作を記録して VBA のプログラムを自動生成する
Word	マクロの記録	マウスとキーボードの操作を記録して VBA のプログラムを自動生成する
Access	マクロ	プルダウンでかんたんに作成できる。VBA のプログラムに自動で変換できる
PowerPoint	搭載されていない	–

第 7 章

Outlook VBAの「準備」をする

01 VBAについて

》VBAとは

VBA（Visual Basic for Applications）は、Microsoftが開発した「Visual Basic」を元に開発されたプログラミング言語です。Excel、Word、Access、PowerPoint、そしてOutlookの自動化、および機能の拡張に使用されます。最近（2022年7月現在）では、クラウドサービスMicrosoft 365に含まれる「Microsoft 365 Apps for enterprise」にも搭載されています。

VBAには、以下のような特徴があります。

- Excel、Word、Access、PowerPoint、Outlook以外に、パソコン全体、Microsoft以外のアプリケーションの自動化も一部可能
- クライアント版Officeのみで使用できる。Web版Officeでは使用できない
- クライアント版Officeがインストールされていれば、他のソフトをインストールすることなく使用できる
- ExcelとWordには、人が行う操作をレコーディングし、VBAのコードを自動で生成する機能がある
- 1990年代に作られて以来、文法に関する大きな変更が行われておらず、20年前のコードで現時点でも動く場合がある

VBAは、業務自動化・効率化に用いるプログラミング言語としてはもっとも一般的な言語です。近年はRPA（Robotic Process Automation）と呼ばれるアプリケーションや、AIの開発にも使用するプログラミング言語「Python」を用いることも増えていますが、初心者向けのかんたんなプログラミング言語として、VBAは今後も使用され続けると予想されます。

〉VBAとマクロのちがい

「マクロ」という言葉を聞いたことはあるでしょうか？　この言葉をVBAと同一の意味と考えている方も多いのですが、厳密には異なります。「VBA」は先ほどご説明した通り、主にMicrosoft Officeシリーズに含まれるプログラミング言語のことです。それに対して「マクロ」というのは、「コンピューターのアプリケーションに関する複数の操作を登録し、まとめて呼び出す機能」全般のことを指しています。

ExcelやOutlookなどのOfficeアプリケーションを自動化する方法は、VBA以外にも、近年はプログラミング言語の「Python」を使う方法や、業務自動化アプリ「RPA」を使う方法など、多様化しています。広い意味では、「Python」や「RPA」で作られた「複数の操作を登録し、まとめて呼び出すプログラム」も「マクロ」であると考えられます。

ですが、Officeアプリケーションの操作の自動化はVBAを使うことがまだ一般的です。またOfficeアプリケーションの中でもExcelやWordには、「マクロの記録」と呼ばれる、人間が行うマウスとキーボードの操作を記録し、VBAのプログラムを自動で生成する機能が搭載されています。特に初心者の方は、「マクロの記録」の機能を利用して「マクロ」を作ることが多いと考えられます。

こういった状況から、ExcelやWordに関しては、「マクロ」≒「VBAで作られたプログラム」と認識されることが多くなっています。

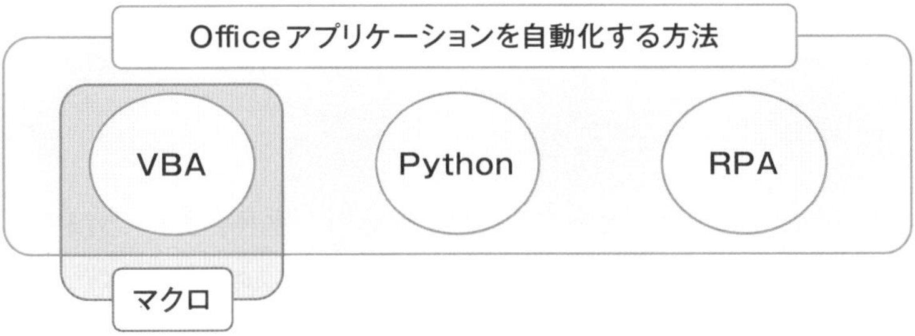

ポイント

- 「VBA」とは、Microsoft Officeシリーズに含まれるプログラミング言語のこと
- 「マクロ」とは、コンピューターの操作を自動化する機能のこと
- 「マクロ」は、プログラミング言語によって構成される

02 Outlook VBAについて

》Outlook VBAとは

Outlook VBAの解説を行う前に、VBAについてもう少しご説明します。前述した通り、VBAとはMicrosoftのアプリケーション向けに開発されたプログラミング言語のことです。具体的に、次のようなVBAがあります。

- Access VBA
- Excel VBA
- Outlook VBA
- PowerPoint VBA
- Word VBA

便宜上、Excel VBA、Outlook VBAなどと呼び分けていますが、実際には同じプログラミング言語です。文法や使い方は同一ですし、これら5つを1つのプログラムの中で混ぜて使うこともあります。その中でOutlook VBAとは、VBAの中でも主にOutlookに関する処理を行う部分のことを指します。Outlook VBAという1つの言語が存在するわけではなく、VBAという言語の一部をOutlook VBAと呼んでいます。

VBAは、主にそのアプリケーションに組み込んで使用します。例えばExcelを操作するVBAはExcelに組み込んで使用しますし、Outlookを操作するVBAはOutlookに組み込んで使用します。しかし、VBAを使って別のアプリケーションを操作することも可能です。例えばExcelからOutlookを操作することができますし、その逆も可能です。本書では、最初にVBAを使ってExcelからOutlookを操作する方法をご説明します。その後、VBAをOutlookに組み込んで使用する方法をご説明します。

Outlook VBAは、毎年たくさんの本が出版されているExcel VBAと比較して、詳しくご存じの方は少ないという印象です。VBAを得意とする方でも、Outlook VBAを使ったことは一度もない、という方も多いのではないでしょうか。筆者がOutlook VBAを使い始めたきっかけは、業務でBPO（ビジネス・プロセス・アウトソーシング）を請け負うことになり、大量のメールを処理する必要に迫られたからでした。

毎日、大量のメールを処理する中で、作業負荷と作業ミスの問題が深刻化し、改善する手段がないかと考える中で、この方法にたどり着きました。同じように、大量の定型メールの処理に苦労されている方にとって、VBAは有効な手段になるはずです。

〉Outlook VBAでできること

それでは、実際にOutlook VBAでどのような効率化が行えるのでしょうか？VBAは、Microsoft Officeの操作を自動化する、もしくはMicrosoft Officeに機能を追加することを目的としたプログラミング言語です。Outlook VBAも同様に、Outlookで人が行っている操作を自動化することが可能ですし、さまざまな機能を追加することができます。Outlook VBAによる機能の追加は、ボタンをクリックして動かす方式と、メールの受信・送信などの際に自動で実行される方式の2つが存在します。

Outlook VBAのもう1つの大きな特徴は、他のMicrosoft Office系アプリとの連携が得意な点です。Excelの表を元に大量のメールを下書きすることも可能ですし、受信したメールをExcelやAccessに取り込み、管理や処理を行うことも可能です。

Outlook VBAに限りませんが、プログラミングで業務を自動化する場合、その作業を人が行った場合の10から1,000倍程度の時間が開発に必要になるという想定が必要です。例えば、人が行った場合に10分で終わる作業をプログラミングで自動化する場合、100分から10,000分（167時間）程度はかかると想定する必要があります。そのため、1回しか行わない作業をプログラムで自動化してもメリットはありません。一方、毎日10回行う作業を自動化した場合は、数日で開発工数の元が取れるかもしれません。

Outlook VBAは、Outlook内で人が行う、ほぼすべての操作を自動化することができます。本書はメールの自動化に絞って解説していますが、予定表、タスク、連絡先を自動化する機能も搭載しています。Outlook VBAによって自動化可能な処理としては、例えば以下のようなものがあります。

- Excelもしくは Accessで作成されたデータベースを元に、大量のメールを下書き、もしくは自動送信する
- 受信したメールの本文と添付ファイルを自動で処理する
- メール送信時に、誤送信防止の機能を追加する
- 頻繁に行う操作をボタンとして登録し、すぐに呼び出せるようにする
- ウェルカムメッセージ(業務に関する連絡事項等)を表示する

大量のメールの送信や誤送信防止機能の追加は、外部のサービスを使用されるケースも多いかと思います。しかしOutlook VBAを習得すれば、比較的かんたんにほぼ同じことを実現できるかもしれません。

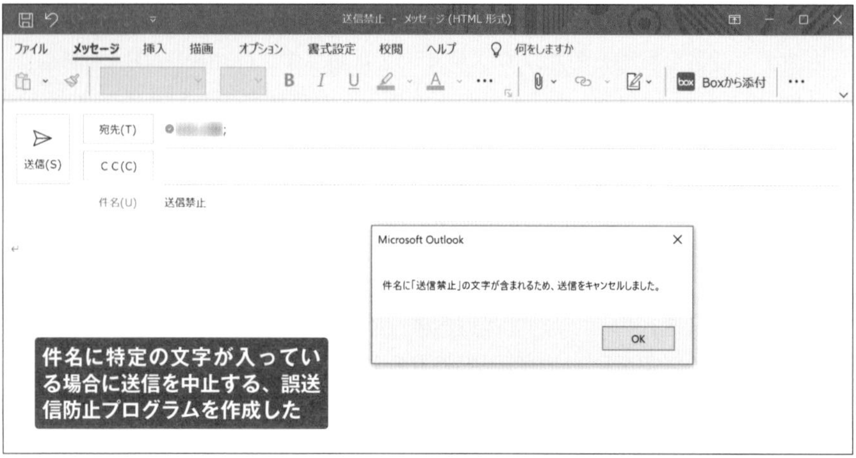

》Outlook VBAでできないこと

Outlook VBAでは対応ができないこともあります。1つが、AIに代表されるようなあいまいな処理です。VBAはPythonなどと異なり、過去の実績を元に予測を行うAIを開発することはできません。VBAはPythonを実行する機能を持っていますので、VBAとPythonを両方使える方ならある程度のAI機能を搭載するこ

とはできるかもしれません。PythonはVBAほどOutlookをうまく操作できないので、VBAからPythonを起動するということは選択肢としてはあり得ます。

またOutlook VBAができないこととして、Outlook Web版とスマホ版の操作があります。Outlook VBAはOutlookクライアント版の自動化にしか対応していないため、Outlook VBAを用いて機能を作成しても、Outlook Web版を使っている方には意味がありません。

https://outlook.office.com/mail/
Outlook Web版では、
Outlook VBAを利用
することができない

またOutlook VBAは、各個人が自分の業務を効率化することを想定して開発されています。そのため、メンバーを組織的に管理するための機能は搭載されていません。例えば誤送信防止の機能を開発し、それを組織の全員に使用させたいという場合、すべてのパソコンを個別に手作業で設定し、Outlook Web版を使用禁止にすることが必要になります。

ポイント

- Outlook VBAとは、VBAの中で主にOutlookに関する処理を行う部分のこと
- Outlook VBAによって、Outlookで人が行うほぼすべての操作を自動化することができる
- Outlook VBAでは、人の判断が必要なあいまいな処理を行うことはできない

03 Outlook VBAはExcel VBAよりかんたんに習得できる

》Excel VBAとの比較

Excel VBAと比較して、Outlook VBAはその存在があまり知られていませんし、習得している方も少ない印象があります。しかし、Outlook VBAがExcel VBAに比べて習得が難しいかというと、そのようなことはありません。むしろかんたんです。

Outlook VBAがExcel VBAよりかんたんな理由は、Excelと比較して自動化が必要な内容のバリエーションが少なく、覚えなくてはいけないことが少ないということがあります。大きくは、メールの送信と受信したメールの処理の2つの処理しか存在しません。また、VBAで編集するべき項目が固定されており、その数も少ないということがあります。メールの処理を自動化する場合、以下のような項目が対象になります。

- 宛先（To、CC、BCC）
- 件名
- 本文
- 添付ファイル

場合によっては重要度、送信者、返信先などを処理することもありますが、それらを加えても、項目数は10個程度しかありません。項目が固定されているため、本書に載っているサンプルマクロをそのまま、もしくは少し改造した程度で、皆さんの業務で使用することができます。

これに対してExcelの場合、例えばセルの配置等は各業務ごとに異なっており、規則性がありません。サンプルマクロが存在したとしても、皆さんが行っている業務とはセルの配置や使い方が異なると思います。そのため、プログラムに対してかなりの改造を行わなければなりません。

〉Outlook VBAの2つの置き場所

Excel VBAを勉強された方は、作成したプログラムをExcelファイル内（xlsもしくはxlsm形式）に保存されたと思います。Outlookファイルというものは存在しませんが、Outlook VBAの保存場所は、大きく2つあります。Outlookクライアント版の内部と外部です。

①Outlookクライアント版の内部に組み込むタイプのVBA

Excel VBAを学習された方ですと、VBAのプログラムをExcelクライアント版の内部に保存できるのをご存じの方もいらっしゃるかと思います。同様にOutlook VBAも、Outlookクライアント版の内部にプログラムを保存することが可能です。

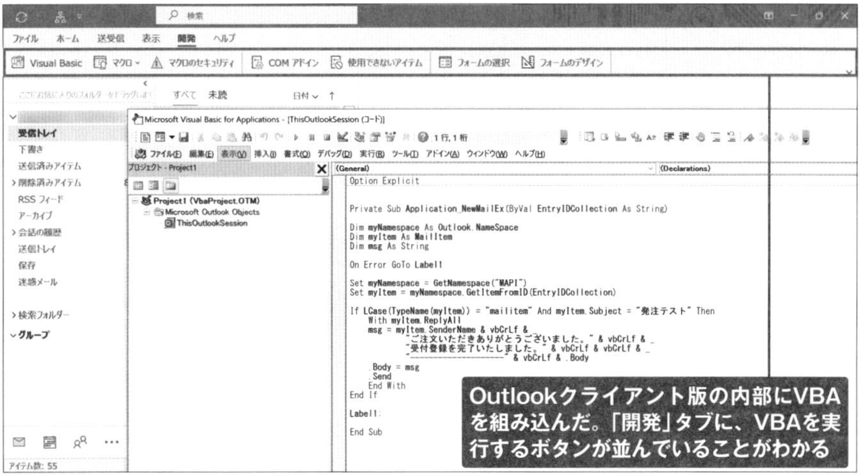
Microsoft Visual Basic for Applications - [ThisOutlookSession (コード)]
Project1 (VbaProject.OTM)
Microsoft Outlook Objects
ThisOutlookSession
Option Explicit
Private Sub Application_NewMailEx(ByVal EntryIDCollection As String)
Dim myNamespace As Outlook.NameSpace
Dim myItem As MailItem
Dim msg As String
On Error GoTo Label1
Set myNamespace = GetNamespace("MAPI")
Set myItem = myNamespace.GetItemFromID(EntryIDCollection)
If LCase(TypeName(myItem)) = "mailitem" And myItem.Subject = "発注テスト" Then
With myItem.ReplyAll
msg = myItem.SenderName & vbCrLf & _
"ご注文いただきありがとうございました。" & vbCrLf & _
"受付登録を完了いたしました。" & vbCrLf & vbCrLf & _
"----------------------" & vbCrLf & .Body
.Body = msg
.Send
End With
End If
Label1:
End Sub
Outlookクライアント版の内部にVBAを組み込んだ。「開発」タブに、VBAを実行するボタンが並んでいることがわかる

この方法は、以下のような特徴を持っています。

- メールの受信や送信時、もしくは予定表のアラートによって、自動でプログラムを実行することができる
- Outlookクライアント版に、そのプログラムを実行するボタンを設置することができる
- デメリットとして、ファイルとして配布することができず、それぞれのパソコンに個別に設定する必要がある。多人数で多数のパソコンを利用する場合に不便

②Outlookクライアント版の外部に置くタイプのVBA

Excelファイル、もしくはAccessファイルなど、Outlookクライアント版の外部にあるファイルにOutlook VBAのプログラムを組み込むことが可能です。Excel VBAもOutlook VBAもどちらも同じVBAですので、VBAを組み込める場所であれば、どこにでもOutlook VBAを組み込むことができるのです。

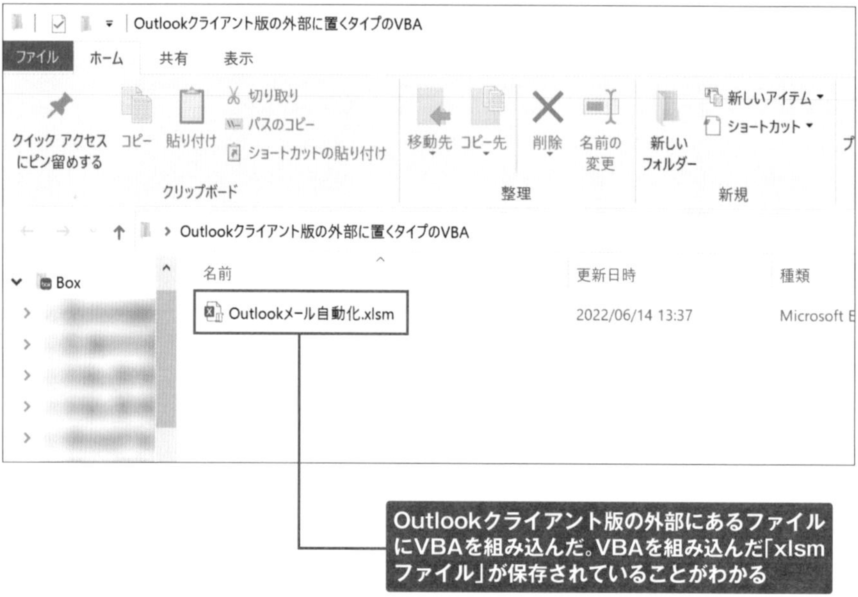

この方法は、以下のような特徴を持っています。

- 多人数に配布し、使用するのが容易
- メール受信や予定表のアラートによって、自動でプログラムを実行することができない
- タスクスケジューラ等を活用した、時間をトリガーとする自動起動が可能
- Excelもしくは Access内のデータベースを元に大量のメールを下書き、送信するなど、アプリ間でデータをやり取りし自動化する場合に向いている

例えば以下の画面は、Outlookを操作するためのVBAをExcelファイルに組み込み、Excel上のボタンをクリックすることで定形の新規メールを作成することができるプログラムです。

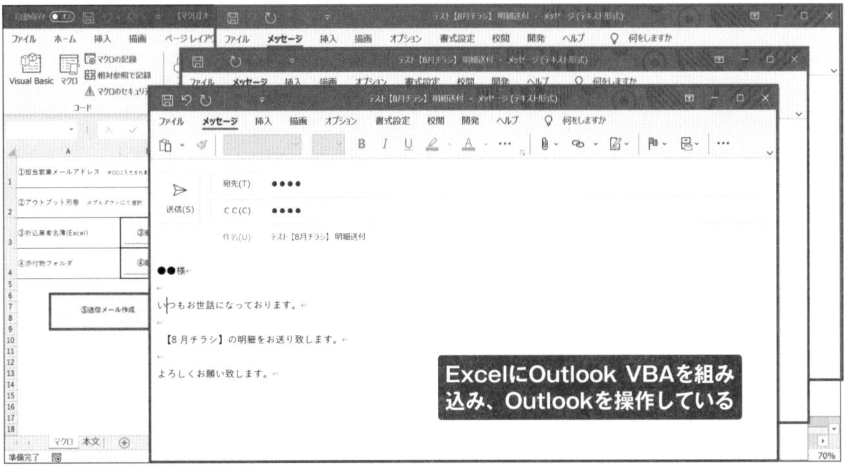

本書では、これら2つの方法の両方を取り扱います。この2つの方法は、作成するプログラムの用途によって、より適切な方を選択することになります。どちらを選んでよいかわからない場合は、「Outlookクライアント版の外部にプログラムを置くタイプ」をおすすめします。理由は、プログラムの管理や配布が容易なためです。本書でも、この方法を中心に解説します。

VBAおよびOutlook VBAに関する概要の説明はここまでになります。ここからは、Outlook VBAを使用するための準備について説明します。

ポイント

- Outlook VBAは、Excel VBAと比較して覚えることが少なく習得が容易
- Outlook VBAは、Outlookクライアント版の内部と外部の2か所に保存できる
- 管理や配布が容易なOutlookクライアント版の外部に保存するのがおすすめ

04 「開発」タブとVisual Basic Editorを開く

Visual Basic Editorとは

Visual Basic Editor（以下、VBE）は、VBAのプログラムを開発するのに使用するさまざまなツールをまとめた、ツールの集合体です。このようなツールの集合体を、一般に「統合開発環境」と呼んでいます。VBEは、VBA専用の「統合開発環境」です。VBEは、Outlook、Excel、Word、PowerPoint、Accessの内部に搭載されています。本書では、下記のような理由から、Excelファイルの内部にOutlook VBAを組み込む方法を中心に解説を行います。

- Excelファイルを用いた方が、管理が容易である
- 事故が発生した場合のリスクを低く抑えられる

Excelはパソコン上にファイルとして保存できるのに対して、Outlookはファイルとして保存することはできません。そのため、ExcelがExcelファイルの中にVBAのプログラムを保存することが可能であるのに対し、Outlookにはファイルそのものが存在せず、VBAを保存することができません。そのためOutlookでは、Outlook本体の中にプログラムを保存する必要があります。

Excelファイルを用いてプログラムを開発する場合、何か事故が発生しても、その影響範囲は基本的にExcelファイルの中だけに限定されます。一方、Outlook本体にプログラムを保存した場合、業務に必要なメールが消えてしまうリスクがありますし、最悪の場合、Outlookが起動しなくなる可能性もあります。

プログラムを学習する過程ではさまざまなテストを行う必要がありますし、バグによる事故も発生します。本書ではExcelファイルを用いてOutlook VBAを学習することによって、こうしたリスクを低減しています。

「開発」タブの表示

VBAを使用する場合、初期設定を行う必要があります。まずは、Excelクライアント版を起動してください。なお、本書で用いるExcelは、Outlookと同様、すべて「クライアント版」です。VBAは、Web版Officeを操作することができないからです。筆者は、Microsoft 365の「Microsoft 365 Apps for enterprise」を使用しています。他バージョンのExcelをお使いの場合、若干画面が異なる可能性がありますが、操作は変わりません。

最初に、「開発」タブを表示しましょう。画面左上の「ファイル」タブをクリックします。

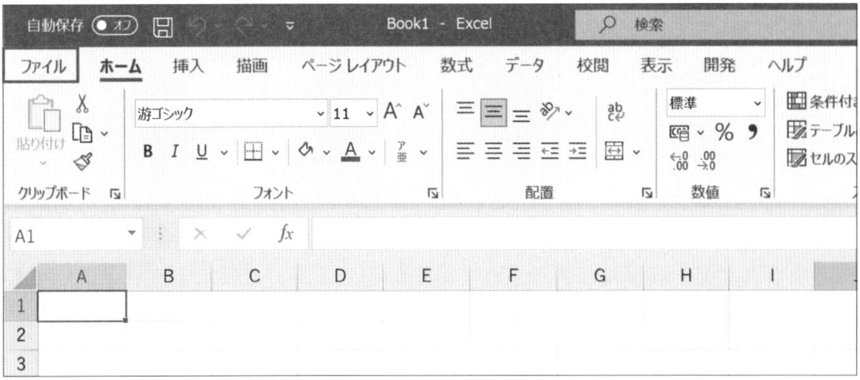

「その他」❶→「オプション」❷とクリックしてください。

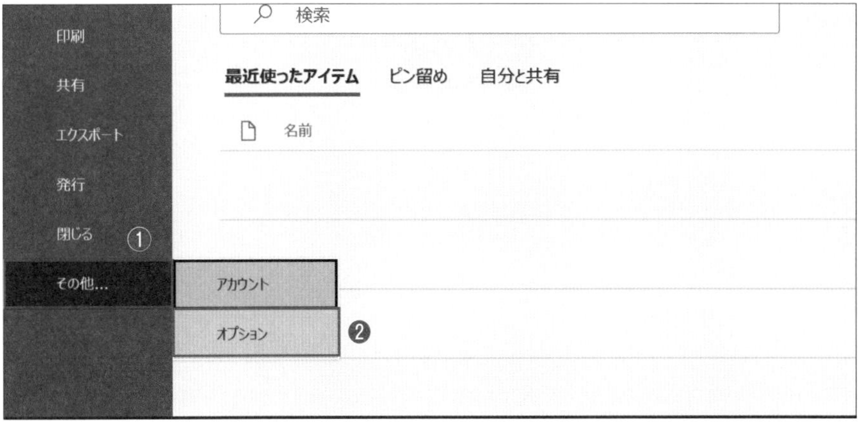

「Excelのオプション」画面が開いたら、「リボンのユーザー設定」をクリックします❶。「開発」にチェックを入れ❷、「OK」をクリックします❸。

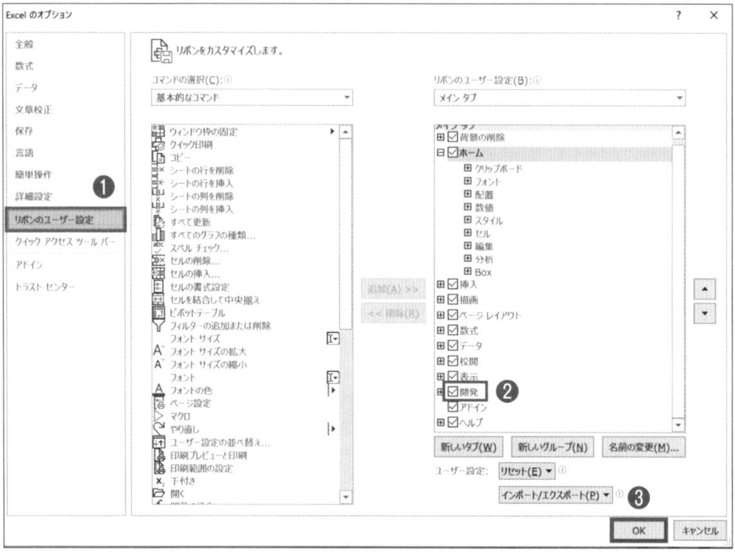

これで、「開発」タブが表示されました。「開発」タブは、VBAを開発するために必要なタブです。通常は表示されていないので、事前に表示する設定に変更します。OutlookやWordでVBAを使用する場合も、同様に「開発」タブを表示する作業が必要になります。

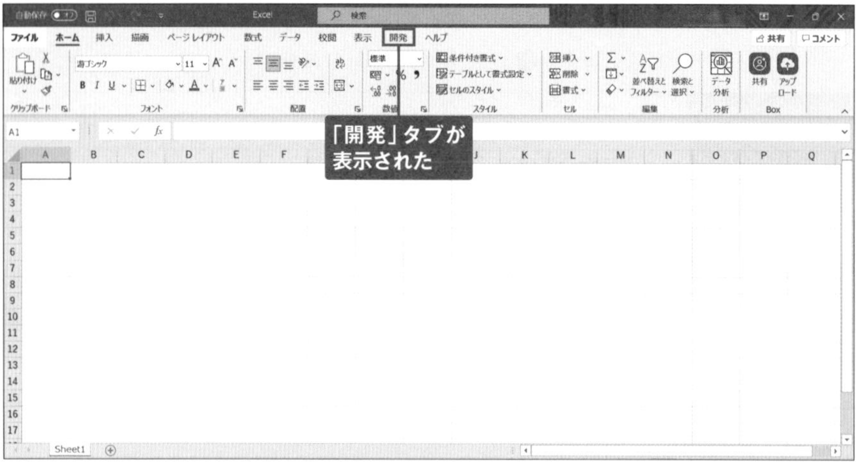

例えばイミディエイトウィンドウに「msgbox "hello World"」と半角文字で入力し、Enterキーを押してください。すると、画面がワークシートに切り替わり、「hello World」というメッセージボックスが表示されます。うまく動かない場合は、スペルミスがないか、また文字を半角で入力しているかを確認してください。

イミディエイトウィンドウのもう1つの使い方は、Debug.Printメソッドを使い、プログラムの途中経過を表示する方法です。コードウィンドウでDebug.Printメソッドのうしろに文字列や数値を入力し、実行するとイミディエイトウィンドウに書き出すことができます。

③プロパティウィンドウ

プロパティウィンドウは、プロジェクトエクスプローラーで選択しているプロジェクトやモジュールの設定値の確認や変更を行うことができるウィンドウです。モジュールとは、プロジェクトを構成しているプログラムの集合体のことです（P.222）。モジュールの名前は日本語を含め自由に決めることができますが、筆者の経験上、過去に日本語を使用した場合にエラーが発生したことがありますので、英語（半角文字）を用いた方が安全です。モジュールの名前を変更したい場合は、右の画面の囲みの位置に入力すると変更できます。

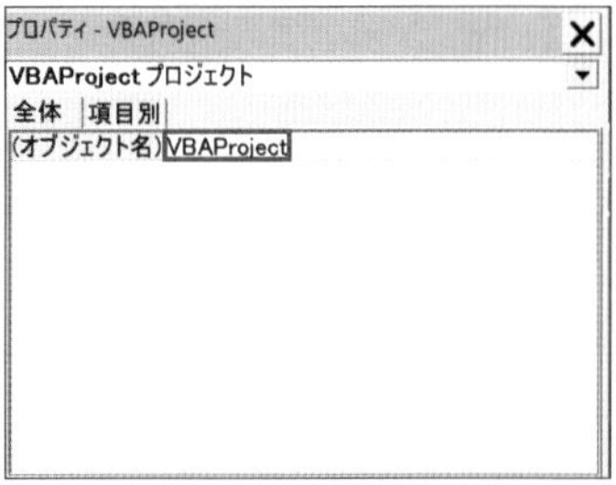

④コードウィンドウ

VBAのコードを入力するウィンドウです。VBE上での作業はほぼここで行う重要なウィンドウですので、サイズを調整し、可能な限り大きく表示しましょう。コードウィンドウがVBE上に表示されていない場合は、プロジェクトエクスプローラーでいずれかのモジュールを選択すると表示されます。

⑤ローカルウィンドウ

プログラムを実行している途中で、取り扱っているオブジェクトや変数の状態を確認できるウィンドウです。プログラムを一時停止しながら確認することができます。プログラムを実行していない状態では、空欄になっています。なお、オブジェクトとはVBAの操作対象となるもののことです。

》プロジェクト、モジュール、プロシージャの関係性

ここでは、今まで出てきた「プロジェクト」「モジュール」と、「プロシージャ」の関係性について詳しくご説明します。

- **プロジェクト**
  VBAのプログラムなど、実行単位のかたまりのことです。Excelの場合、Excel ファイルの1つ1つがプロジェクトに相当します。

- **モジュール**
  プロジェクトを構成しているプログラムの集合体のことです。1つのモジュールの中に、複数のプログラム（プロシージャ）を格納できます。モジュールは大きく２種類存在し、特定のオブジェクトに関連付けられていない標準モジュールと、特定のオブジェクトに関連付けられたシートモジュールやブックモジュール等があります。

- **プロシージャ**
  1つのプログラムの単位のことです。VBAのコードは命令文によって1行ずつ記述されますが、それらをまとめた単位がプロシージャになります。

それでは、具体的にVBEの画面を見ながら解説します。以下の画面の場合、「VBAProject」というプロジェクトが、3つのモジュールによって構成されています。これらのモジュールの中に、プロシージャと呼ばれるプログラムを入力していくことになります。

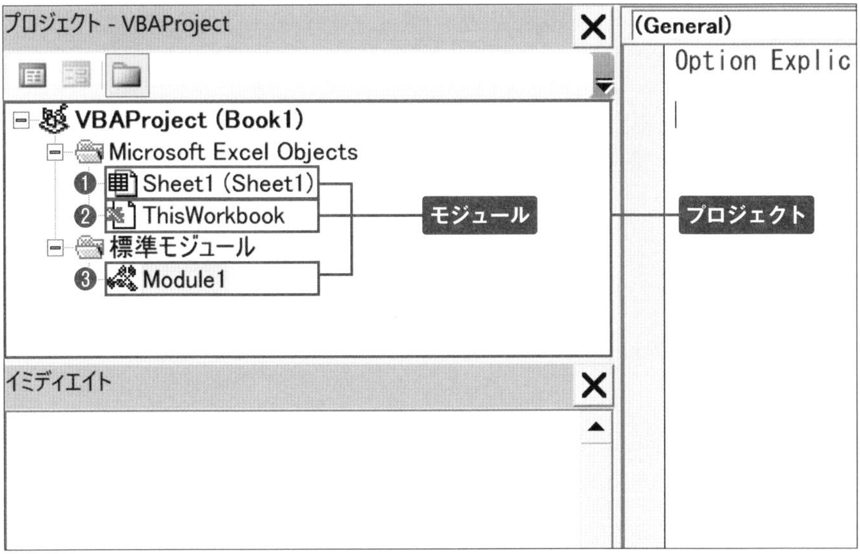

①Sheet1(Sheet1)

Sheet1というWorksheetオブジェクトに対して、主にイベントをトリガーとして起動するコードを記述する場合に使用します。ここでのイベントは、「セルに入力した場合」「セルをクリックした場合」など、対象のワークシートに何らかの変化があった場合のことを指します。

②ThisWorkbook

現在開いているExcelファイルに対して、主にイベントをトリガーとして起動するコードを記述する場合に使用します。ここでのイベントは、「このファイルを開いた時」「このファイルを閉じる時」など、Excelファイルに何らかの変化があった場合のことを指します。

③Module1（標準モジュール）

一般的なコードを記述する際に使用します。

》ウィンドウの位置の変更

VBEの各ウィンドウの位置は、自由に変更することができます。ウィンドウを移動させたい場合は、各ウィンドウの一番上、ウィンドウ名が書かれた青いバーをドラッグします。使用頻度の低いウィンドウは、右上の「×」をクリックして閉じることができます。

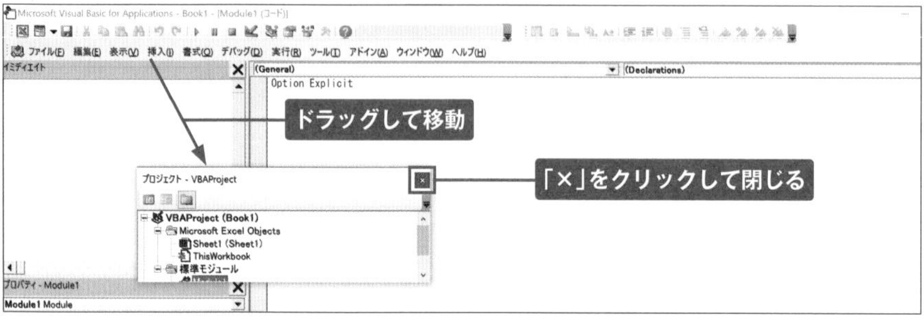

ウィンドウを再度表示させるには、「表示」をクリックし❶、表示したいウィンドウ名を選んでください❷。

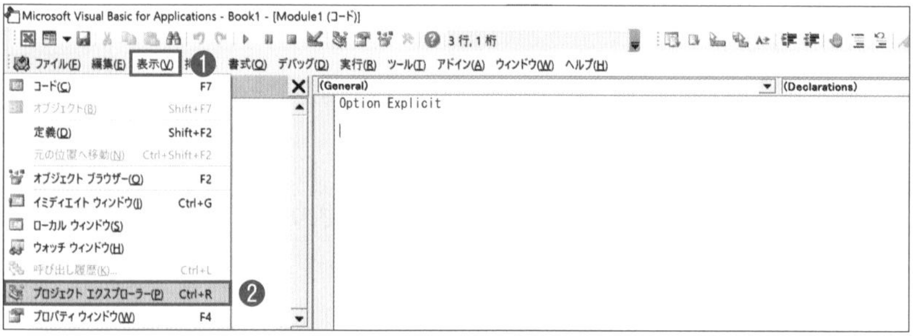

なおコードウィンドウのみ、表示や移動の方法が異なります。コードウィンドウを表示したい場合は、プロジェクトエクスプローラーで、表示したいモジュールを選択します。すると、そのモジュールに付随したコードウィンドウが表示されます。コードウィンドウを閉じてしまった場合も、モジュールを選択すれば再度表示することができます。

コードウィンドウを移動させたい場合は、右上の「ウィンドウを元のサイズに戻す」をクリックします。すると、他のウィンドウと同様、移動できるようになります。

》xlsmファイルの作成

ExcelでVBAを用いる場合は、「xlsm」ファイルを使用します。一般的な業務で使用するExcelのファイル形式には、主に以下の3種類があります。

xlsファイル

- Excel 2007以前のファイル
- VBAを格納することができる

xlsxファイル

- Excel 2007以降のファイル
- VBAを格納することができない

xlsmファイル

- Excel 2007以降のファイル
- VBAを格納することができる

この中で、Excel VBAを用いるのにもっとも適したファイル形式が「xlsmファイル」です。「xlsxファイル」は、そもそもVBAを格納できません。Excel 2007以前のファイル形式である「xlsファイル」にはVBAを格納することができますが、セキュリティの観点からおすすめできません。なぜなら、「xlsファイル」は拡張子からVBAを格納したファイルなのかどうか判断することができないため、知らずにファイルを開いた結果VBAが起動し、よからぬ動作をすることもあるからです。そのため、拡張子からVBAが格納されているかどうかを判別できる「xlsmファイル」を用いるのが適切です。

それでは、「xlsmファイル」の作り方をご説明します。Excelで、「ファイル」タブをクリックしてください。

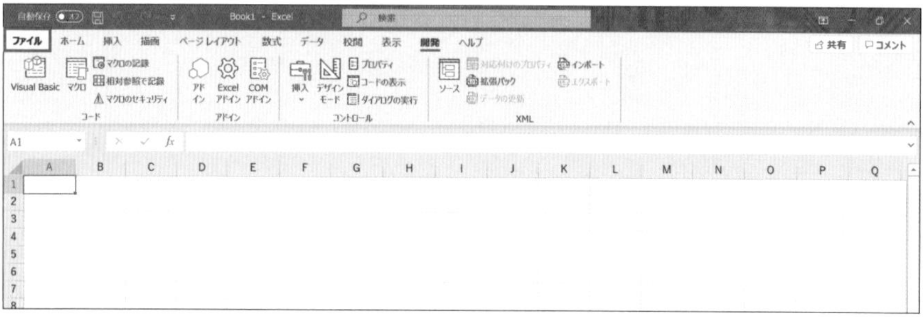

「新規」❶→「空白のブック」❷をクリックします。

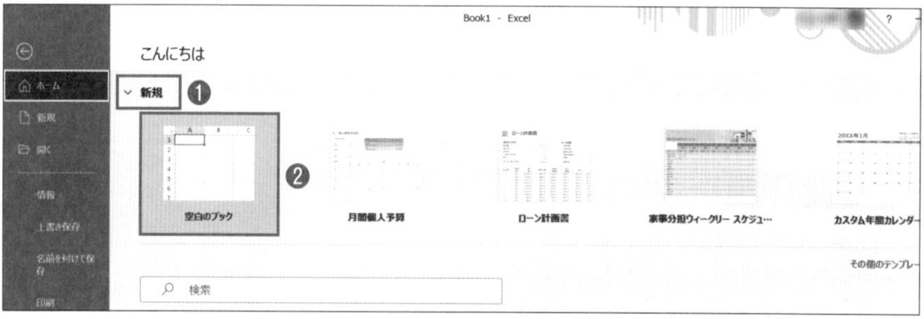

新しいファイルが作成されるので、「ファイル」タブをクリックします。

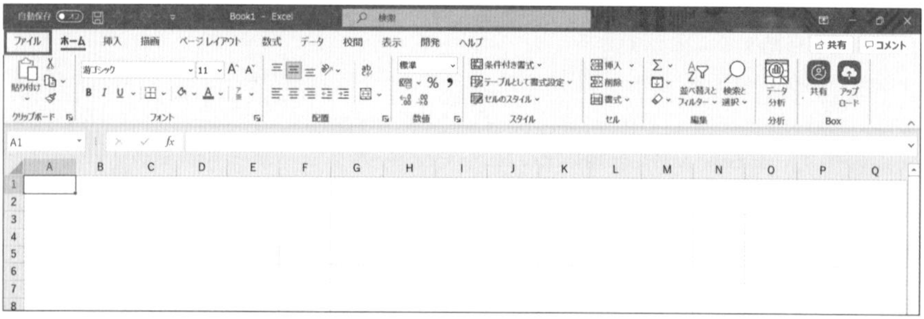

「名前を付けて保存」をクリックし❶、ファイルを保存する先を選択します。ここでは「OneDrive」を選択しています❷。その後、ファイル名を入力し❸、ファイル形式で「Excel マクロ有効ブック(*.xlsm)」を選択してください❹。

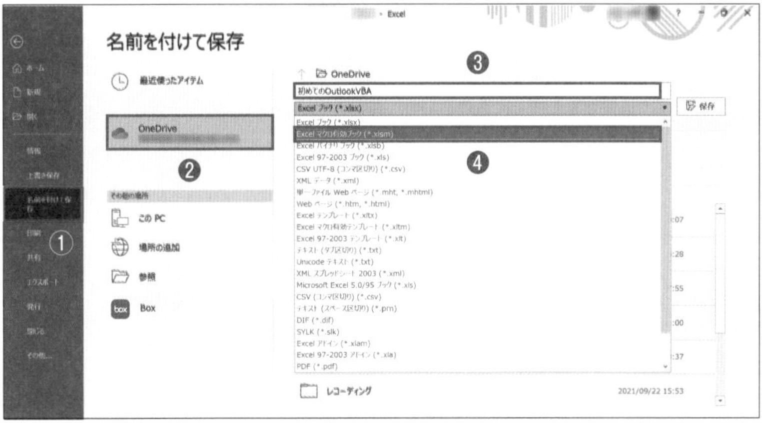

最後に「保存」をクリックして、完了です。これで、「xlsmファイル」が作成できました。

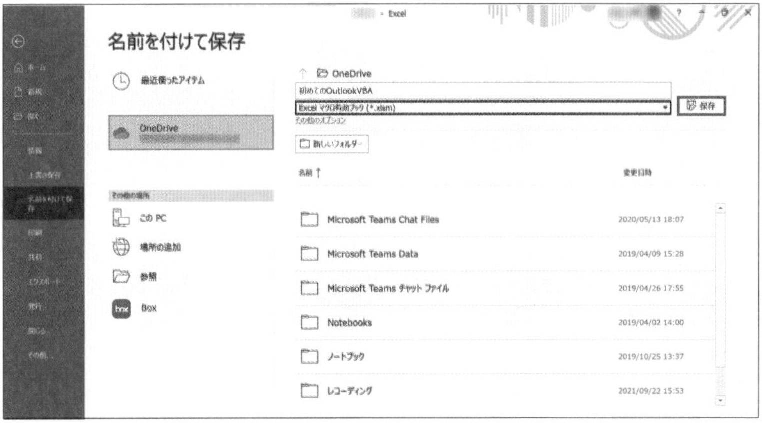

ポイント

- VBAはVisual Basic Editorに記述し、保存する
- VBAを使用するには、初期設定が必要
- ExcelでVBAを用いる場合は、「xlsm」ファイルを使用する

05 はじめてのVBAを実行する

》VBAの作成

それでは、いよいよVBAを作成してみましょう。いくつかの方法が存在しますが、今回はもっともかんたんな方法をご紹介します。P.217で表示させた、「開発」タブをクリックしてください❶。次に、「マクロの記録」をクリックします❷。「マクロの記録」は、人がワークシート上で行うマウスとキーボードの操作を記録し、それを元に自動でVBAのプログラムを生成する機能です。今回は特に操作は記録せず、VBAのプログラムを保存するモジュールを作成する目的で使用します。

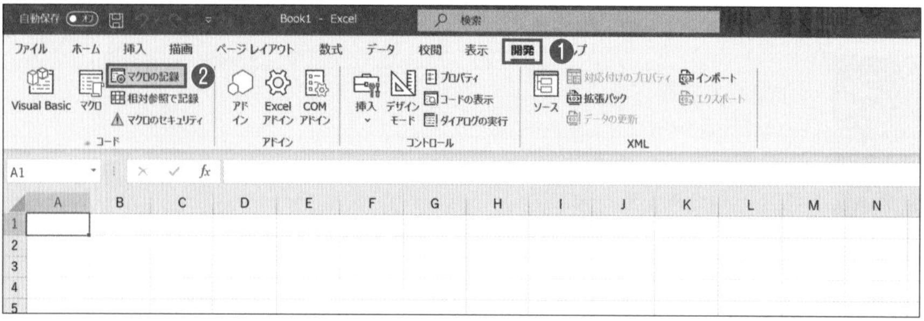

以下の画面が表示されたら、各項目の設定を行います。

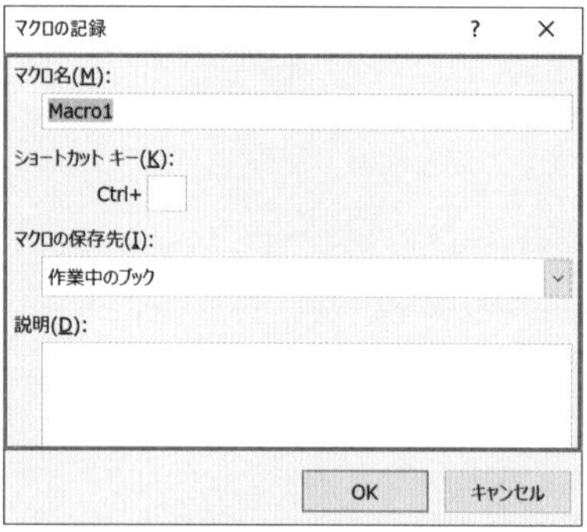

- **マクロ名**

これから作成するマクロの名前です。自由な名前を入力してください。

- **ショートカットキー**

作成したマクロを起動するためのショートカットキーを指定します。設定したショートカットキーを押すと、ワークシート上でマクロを実行できます。

- **マクロの保存先**

「作業中のブック」を選んでください。これで、生成されたコードが現在開いているブック内に格納されます。なお、「新しいブック」を選択した場合は新しいExcelファイルが作成され、その中にVBAが保存されます。「個人用マクロブック」を選択した場合はExcelクライアント版の内部にVBAが保存され、Excelが開いていれば常時そのマクロを使用できるようになります。基本的には、「作業中のブック」にVBAを保存するようにします。

- **説明**

そのマクロの機能、使い方を入力します。空欄で問題ありません。

設定が終わったら、「OK」をクリックしてください。

「マクロの記録」のウィンドウが閉じました。この状態でワークシート上で操作を行うと、VBAが自動で生成されます。ここでは何も操作せず、「開発」タブの「記録終了」をクリックしてください。

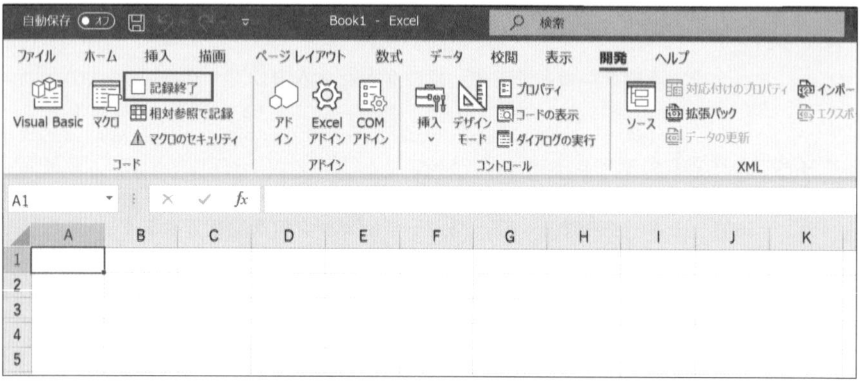

これで、VBAを書くためのモジュールが生成されました。今回は何も操作をしていないので、モジュールの中は空っぽです。

今度は、「開発」タブで「マクロ」をクリックしてください。

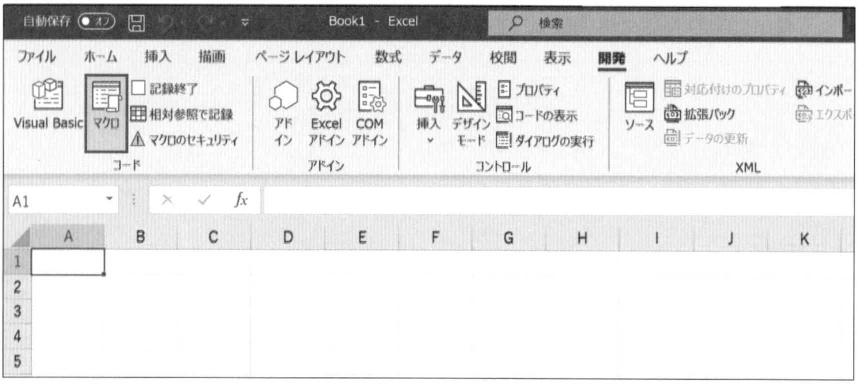

「マクロ」のウィンドウが開き、先ほど作成したマクロが表示されます。ここで「実行」をクリックするとマクロが実行されますが、まだプログラムの中身ができていないので、何も実行されません。「編集」をクリックしてください。

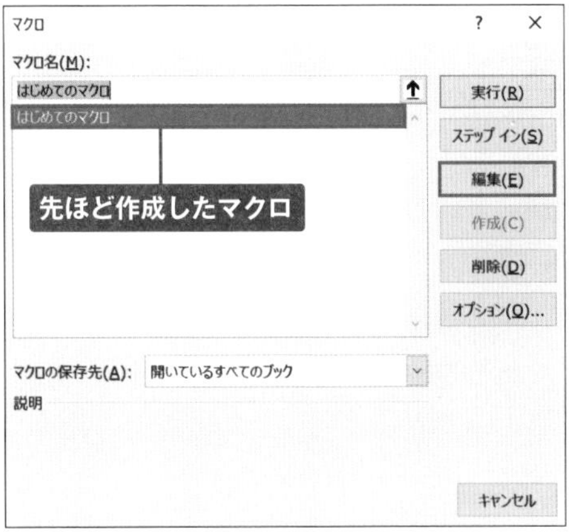

VBEの画面が開くので、「参照設定」を行います。参照設定を行うことで、Excel VBAに機能を追加することができます。今回は、ExcelからOutlookを操作するための機能を追加します。「ツール」❶→「参照設定」❷をクリックしてください。

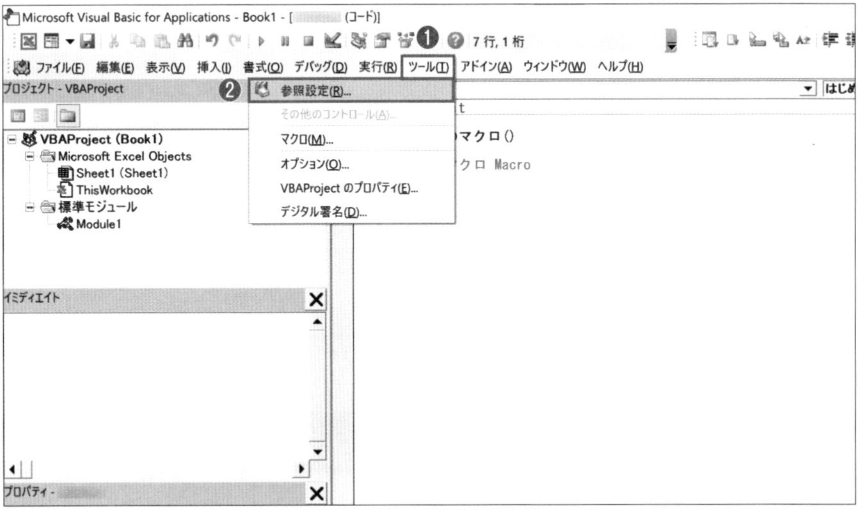

「参照設定-VBAProject」のウィンドウが開きます。「Microsoft Outlook 16.0 Object Library」にチェックを入れ❶、「OK」をクリックしてください❷。「16.0」の数字は、ご利用時には変更になっている場合があります。大きい数字が新しいものですので、もっとも大きな数字を選択してください。

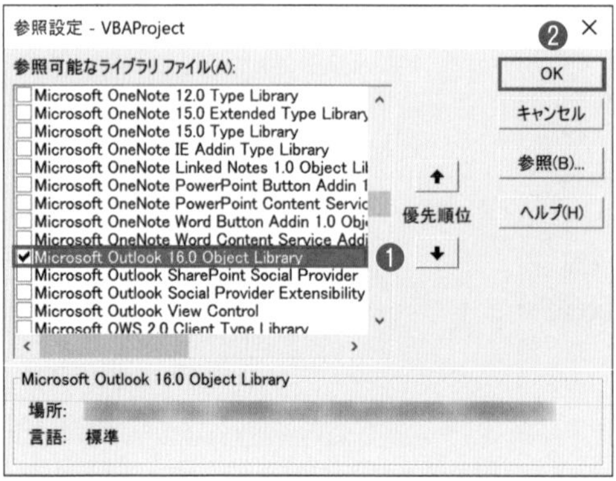

これで、ExcelからOutlookを操作する準備が整いました。なお、ここで行った「参照設定」は、このExcelファイルに対してのみ有効です。別のExcelファイルからOutlookを操作する場合は、もう一度同じ作業を行う必要があります。WordやAccess等の他のアプリケーションからOutlookを操作する場合も、同様の操作が必要になります。なお、Outlookクライアント版に組み込むタイプのVBAでは、「Microsoft Outlook 16.0 Object Library」の「参照設定」は必要ありません。

それでは、実際にVBAのプログラムを作っていきましょう。VBEのコードウィンドウに、プログラムを入力していきます。コードウィンドウには、先ほどマクロの記録機能を用いて作った、数行のVBAがすでに入っています。まずはこの内容について説明します。

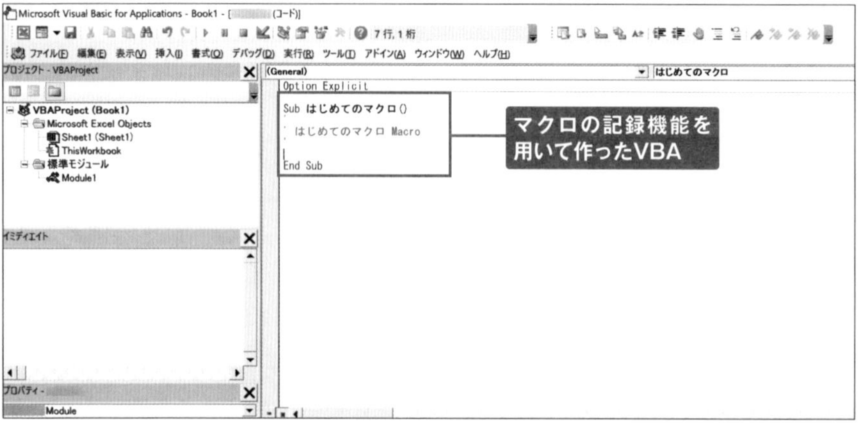

```
Sub はじめてのマクロ()
'
' はじめてのマクロ Macro
'

End Sub
```

1行目は、「これから、『はじめてのマクロ』というプログラムを開始します。」ということを意味しています。「はじめてのマクロ」という部分が、プログラムの名称になります。P.229で入力した「マクロ名」がここに入ります。この名前は、開発者が自由に変更することができます。

```
Sub はじめてのマクロ()
```

このプログラムの最後にある

```
End Sub
```

は、プログラムの終了を意味します。この「Sub~」と「End Sub」のことを、Subステートメントといいます。Subステートメントは、Subプロシージャの名前、引数、プログラム本文を形成するコードを宣言するためのものです。

Subステートメントの構文

```
Sub プロシージャ名(引数)
    処理内容
End Sub
```

Subステートメントのコードを書く時は、以下の点に注意してください。

- Subは半角文字で入力する
- Subのうしろに半角スペースを1つ入れる
- プロシージャ名(マクロ名)は自由に決めることができる。全角文字も使用できる
- End Subは半角文字で入力する。「End」と「Sub」の間に半角スペースを入れる

VBEには、入力内容を補正する機能があります。そのため、半角文字を入れるべきところで全角文字を入れた場合も、自動で半角に修正するか、アラートを出して教えてくれます。

この構文を参照しながら、先ほど作成したプログラムを見てみましょう。

```
Sub はじめてのマクロ()
'
' はじめてのマクロ Macro
'

End Sub
```

プロシージャ名は、「はじめてのマクロ」となっています。次の「（引数）」の部分は、マクロの記録で作ったプログラムでは「()」となっており、引数が空欄であることがわかります。引数とは、「あるプログラムから別のプログラムを呼び出し、起動する際に引き渡す値」を意味しています。今回は何も引き渡していませんので、空欄でよいことになります。引数がない場合も、「()」を省略することはできません。

それでは、残ったこの部分の意味は何でしょうか？

```
' はじめてのマクロ Macro
```

ここで重要なのは、「'（シングルクォーテーション）」です。この文字は引用符と呼ばれ、コードに対してコメントや説明を加える場合に使用します。自分があとからプログラムを見た時に意味がわかるようにしたり、他の人がプログラムをメンテナンスする場合に困らないようにしたりする目的で、コメントを残すことができます。

》はじめてのHello World

それでは、このプログラムにコードを追記してみましょう。プログラミングの学習は、多くの場合、お約束として「Hello World」という文字を表示することから行います。諸説ありますが、これはプログラムを開発する人がプログラムに生命を与え、プログラムがこの世界に生まれたということを意味しているようです。VBEで、以下のように記述してください。

```
Sub はじめてのマクロ()
'
' はじめてのマクロ Macro
MsgBox “Hello World”

End Sub
```

記述する

記述が終わったら、「上書き保存」ボタンをクリックして、保存してください。これで、最初のプログラムが完成しました。次は、このプログラムを動かしてみます。

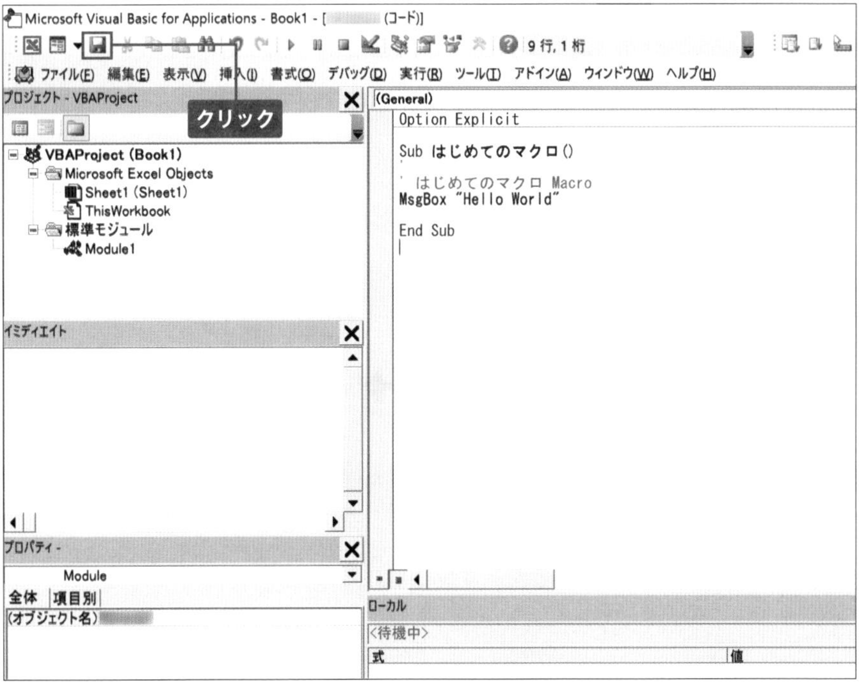

》VBAの実行

VBAの実行方法はいくつかありますが、ここではよく使用する方法を2つご紹介します。

①「開発」タブからの実行

Excelのワークシートを表示し、「開発」タブ❶→「マクロ」❷をクリックしてください。

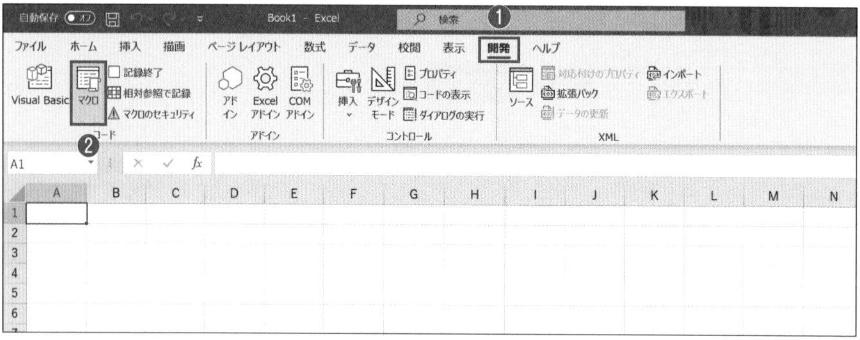

「マクロ」のウィンドウが開きました。ここで、先ほど作った「はじめてのマクロ」を選択し❶、「実行」をクリックしてください❷。次のようなメッセージボックスが表示されれば成功です。

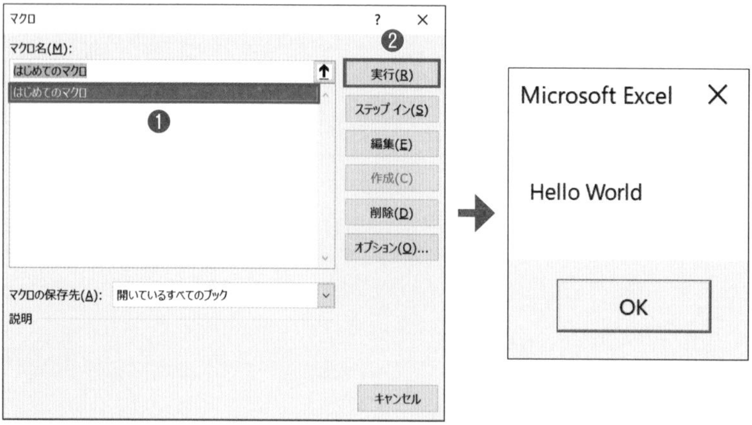

②ボタンからの実行

VBAは、Excel上に設置したボタンをクリックして実行することも可能です。その方法をご紹介します。「開発」タブ❶→「挿入」❷とクリックしたあと、メニュー左上の「ボタン」をクリックしてください❸。

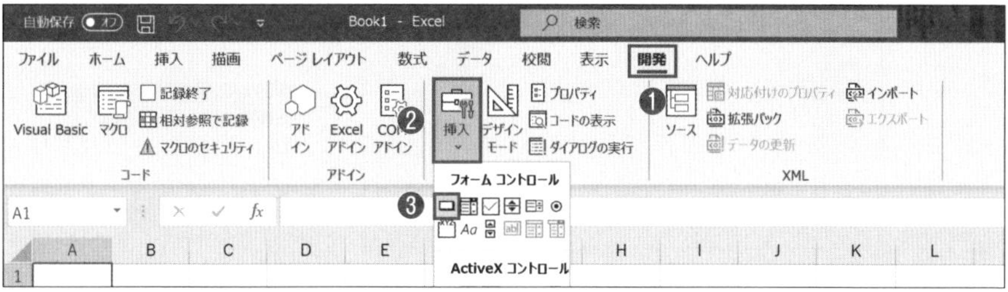

マウスカーソルが「+」マークに変化します。ボタンを設置する位置の左上から右下にマウスをドラッグします。

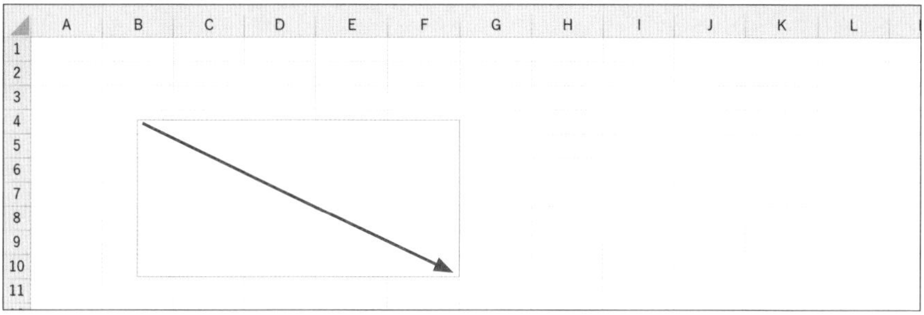

ボタンの位置を指定すると、「マクロの登録」ウィンドウが開きます。「はじめてのマクロ」を選択し❶、「OK」をクリックすれば完了です❷。

これで、ボタンを設置できました。

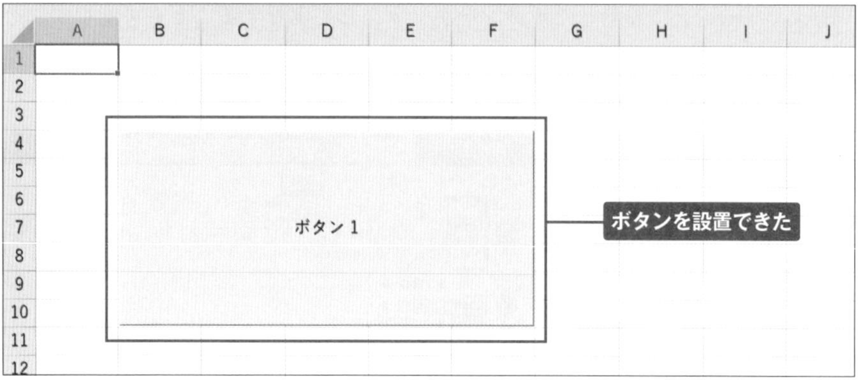

ボタンの位置、サイズ、文字などは自由に調整できます。文字を編集する場合はボタンを右クリックし、「テキストの編集」をクリックします。

実際にボタンをクリックして、メッセージボックスが表示されれば成功です。

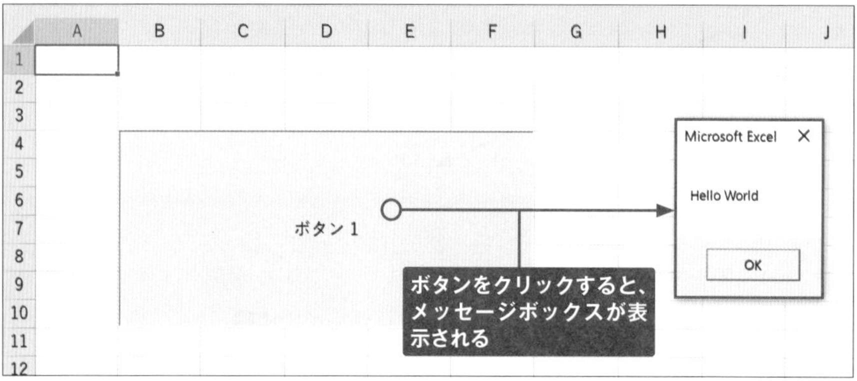

〉ExcelからOutlookの操作を行う

ここまでで、VBAの初期設定とかんたんな使い方に関してご説明しました。次は、ExcelからOutlookを操作するサンプルプログラムを作成しましょう。標準モジュールに、次ページのプロシージャを作成してください。少し難しくなりますが、ここでは動作を確認するだけです。P.231の参照設定を行い、サンプルファイル「P239_メール送信テスト」からコピー&ペーストするだけで構いません。

```
Sub メール送信テスト()

Dim アウトルックのアプリ As Outlook.Application
Dim メールアイテム As Outlook.MailItem
Dim 送付先To As String
Dim 送付先Cc As String
Dim 件名 As String
Dim 本文 As String


'Outlookのオブジェクトを生成する
Set アウトルックのアプリ = New Outlook.Application

'メール本体のオブジェクト作成
Set メールアイテム = アウトルックのアプリ.CreateItem(olMailItem)

送付先To = "●●●@●●●.com"      ' Toのアドレス
送付先Cc = "●●●@●●●.com"       'CCのアドレス
件名 = "Hello World!"
本文 = "○○様" & vbCrLf & vbCrLf & _
"お世話になります。メール自動化研究所です。" & vbCrLf & vbCrLf & _
"こちらはテストメールになります。" & vbCrLf & "以上"


' メールを作成する
With メールアイテム
    .To = 送付先To                ' Toのアドレス
    .CC = 送付先Cc                'CCのアドレス
    .Subject = 件名               ' 件名
    .Body = 本文                   ' 本文
    .BodyFormat = olFormatPlain    ' メールの形式
    .Display                        ' メールを表示
End With

Set アウトルックのアプリ = Nothing
Set メールアイテム = Nothing

End Sub
```

以下の画面のような状態になったでしょうか？

Microsoft Visual Basic for Applications - Book1 - [Module1 (コード)]
(General)
メール送信テスト
Option Explicit
Sub メール送信テスト()
Dim アウトルックのアプリ As Outlook.Application
Dim メールアイテム As Outlook.MailItem
Dim 送付先To As String
Dim 送付先Cc As String
Dim 件名 As String
Dim 本文 As String
'Outlookのオブジェクトを生成する
Set アウトルックのアプリ = New Outlook.Application
'メール本体のオブジェクト作成
Set メールアイテム = アウトルックのアプリ.CreateItem(olMailItem)
送付先To = "●●●@●●●.com" ' Toのアドレス
送付先Cc = "●●●@●●●.com" 'CCのアドレス
件名 = "Hello World!"
本文 = "〇〇様" & vbCrLf & vbCrLf & _
"お世話になります。メール自動化研究所です。" & vbCrLf & vbCrLf & _
"こちらはテストメールになります。" & vbCrLf & "以上"
' メールを作成する
With メールアイテム
.To = 送付先To ' Toのアドレス
.CC = 送付先Cc 'CCのアドレス
.Subject = 件名 ' 件名
.Body = 本文 ' 本文
.BodyFormat = olFormatPlain ' メールの形式
.Display ' メールを表示
End With
Set アウトルックのアプリ = Nothing
Set メールアイテム = Nothing
End Sub

「●●●@●●●.com」の部分は、ダミーのメールアドレスです。ご自分のメールアドレスに変更してください。入力できたら、マクロを実行します。先ほど説明したExcelのワークシート上から実行する方法でもよいのですが、ここではVBEからマクロを実行する方法を紹介します。

「メール送信テスト」プロシージャ内のコードに、カーソルを移動させます。場所はどこでも構いません。

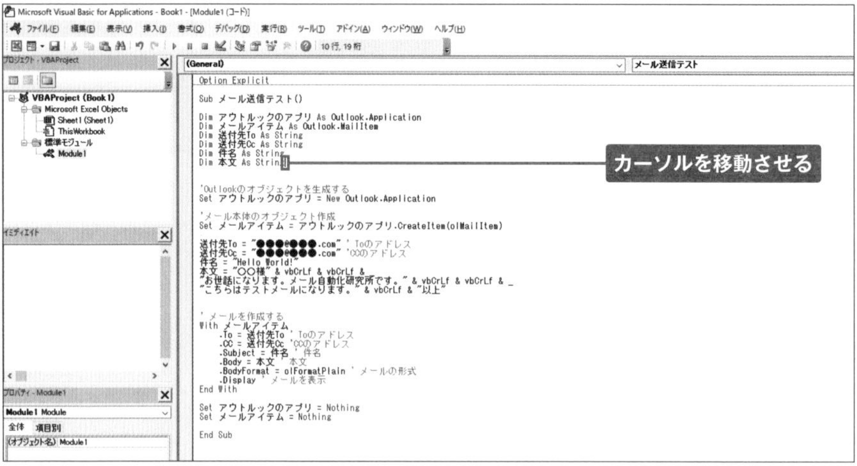
カーソルを移動させる

VBEで「実行」❶→「Sub/ユーザーフォームの実行」❷をクリックします。

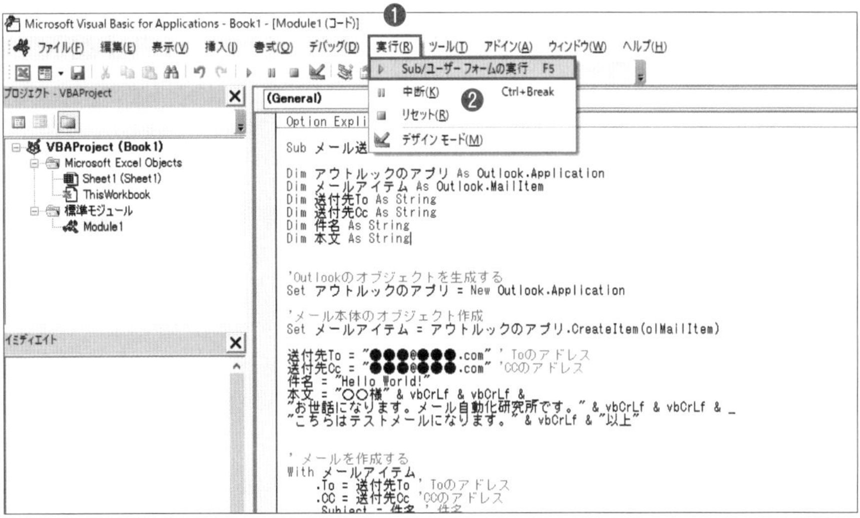
Microsoft Visual Basic for Applications - Book1 - [Module1 (コード)]
ファイル(F) 編集(E) 表示(V) 挿入(I) 書式(O) デバッグ(D) 実行(R) ツール(T) アドイン(A) ウィンドウ(W) ヘルプ(H)
❶
Sub/ユーザー フォームの実行 F5
中断(K) Ctrl+Break
❷
リセット(R)
デザイン モード(M)
プロジェクト - VBAProject
VBAProject (Book1)
Microsoft Excel Objects
Sheet1 (Sheet1)
ThisWorkbook
標準モジュール
Module1
イミディエイト
(General)
Option Expli
Sub メール送
Dim アウトルックのアプリ As Outlook.Application
Dim メールアイテム As Outlook.MailItem
Dim 送付先To As String
Dim 送付先Cc As String
Dim 件名 As String
Dim 本文 As String
'Outlookのオブジェクトを生成する
Set アウトルックのアプリ = New Outlook.Application
'メール本体のオブジェクト作成
Set メールアイテム = アウトルックのアプリ.CreateItem(olMailItem)
送付先To = "●●●@●●●.com" ' Toのアドレス
送付先Cc = "●●●@●●●.com" 'CCのアドレス
件名 = "Hello World!"
本文 = "○○様" & vbCrLf & vbCrLf &
"お世話になります。メール自動化研究所です。" & vbCrLf & vbCrLf & _
"こちらはテストメールになります。" & vbCrLf & "以上"
' メールを作成する
With メールアイテム
.To = 送付先To ' Toのアドレス
.CC = 送付先Cc 'CCのアドレス

マクロが実行され、以下のようなメールが作成されれば成功です。

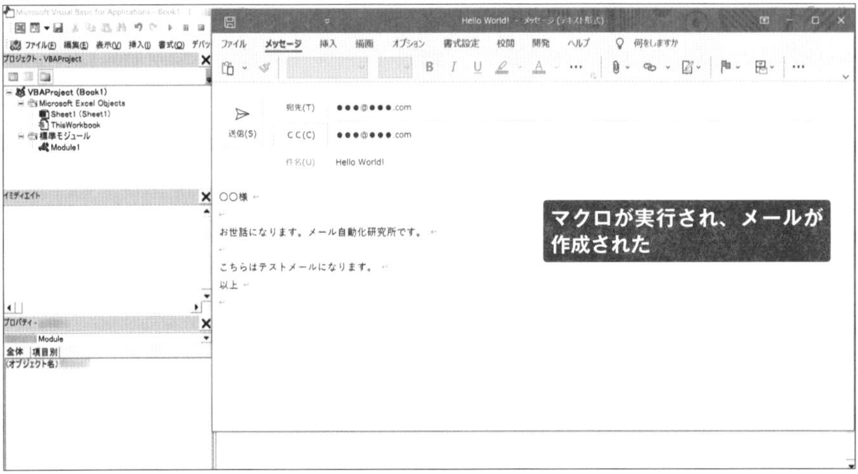
Hello World! - メッセージ (テキスト形式)
ファイル メッセージ 挿入 描画 オプション 書式設定 校閲 開発 ヘルプ 何をしますか
送信(S)
宛先(T) ●●●@●●●.com
CC(C) ●●●@●●●.com
件名(U) Hello World!
○○様
お世話になります。メール自動化研究所です。
こちらはテストメールになります。
以上
マクロが実行され、メールが作成された
プロジェクト - VBAProject
VBAProject (Book1)
Microsoft Excel Objects
Sheet1 (Sheet1)
ThisWorkbook
標準モジュール
Module1
イミディエイト
全体 項目別
(オブジェクト名)

ポイント

- VBAは、VBE内に標準モジュールを作成し記述する
- VBAでExcelからOutlookを操作するには「参照設定」が必要
- VBAの実行方法はいくつか種類があり、ケースによって使い分ける

06 開発のリスクと対応方法を知る

》Outlook VBAを開発する場合のリスク軽減策

Outlook VBAに限らず、プログラム開発には一定のリスクが存在します。ここでは、具体的なリスクの内容と、対応方法についてご説明します。まずOutlook VBAのリスクとしては、以下のようなものが考えられます。

①プログラムのバグによってメールを誤送信する
②開発中のトラブルによって業務のメールを破損する
③Outlookが起動できなくなる

①は、送るつもりはなかったのに意図せずメールを送ってしまうことです。開発の途中で発生することもあります。②は、メールを操作するマクロを開発する際にバックアップを作成せず、その結果メールが破損し、業務に支障が出てしまうリスクです。③はそれほど心配する必要はありませんが、例えば「無限ループ」と呼ばれる無限に同じことを繰り返す処理を入れてしまい、Outlookを強制終了せざるを得ない状況になる可能性があります。そのような場合は、Esc（エスケープ）キーを押すと実行中のVBAを強制終了することができます。

次に、上記のリスクに対する軽減策をご紹介します。

リスク軽減策①開発中はメールアドレスを自分のメールアドレスにする

プログラムの開発時は、誤送信のリスクを避けるため、すべてのメールアドレスをご自分のアドレスに設定してください。そうすれば、誤送信しても自分に届くだけですみます。プログラムの完成後、実際に使用するメールアドレスに切り替えます。

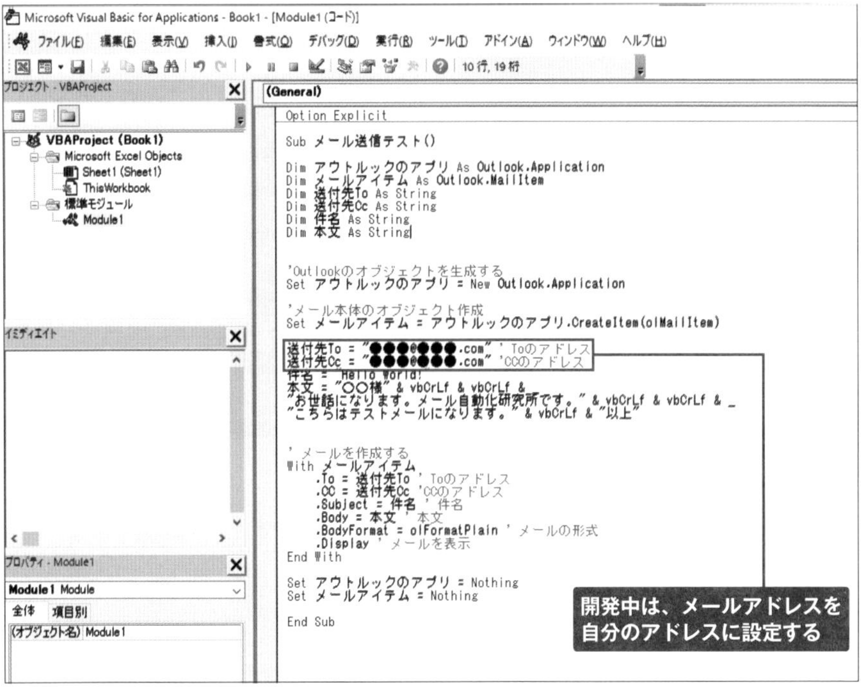

Microsoft Visual Basic for Applications - Book1 - [Module1 (コード)]
ファイル(F) 編集(E) 表示(V) 挿入(I) 書式(O) デバッグ(D) 実行(R) ツール(T) アドイン(A) ウィンドウ(W) ヘルプ(H)
10 行, 19 桁
プロジェクト - VBAProject
VBAProject (Book1)
Microsoft Excel Objects
Sheet1 (Sheet1)
ThisWorkbook
標準モジュール
Module1
イミディエイト
プロパティ - Module1
Module1 Module
全体 項目別
(オブジェクト名) Module1
(General)
Option Explicit
Sub メール送信テスト()
Dim アウトルックのアプリ As Outlook.Application
Dim メールアイテム As Outlook.MailItem
Dim 送付先To As String
Dim 送付先Cc As String
Dim 件名 As String
Dim 本文 As String
'Outlookのオブジェクトを生成する
Set アウトルックのアプリ = New Outlook.Application
'メール本体のオブジェクト作成
Set メールアイテム = アウトルックのアプリ.CreateItem(olMailItem)
送付先To = "●●●@●●●.com" ' Toのアドレス
送付先Cc = "●●●@●●●.com" 'CCのアドレス
件名 = "Hello World!"
本文 = "〇〇様" & vbCrLf & vbCrLf & _
"お世話になります。メール自動化研究所です。" & vbCrLf & vbCrLf & _
"こちらはテストメールになります。" & vbCrLf & "以上"
' メールを作成する
With メールアイテム
.To = 送付先To ' Toのアドレス
.CC = 送付先Cc 'CCのアドレス
.Subject = 件名 ' 件名
.Body = 本文 ' 本文
.BodyFormat = olFormatPlain ' メールの形式
.Display ' メールを表示
End With
Set アウトルックのアプリ = Nothing
Set メールアイテム = Nothing
End Sub
開発中は、メールアドレスを
自分のアドレスに設定する

リスク軽減策②業務に使用していないアカウントを用いる

できればMicrosoft 365の無料アカウントを新規に発行するなどして、業務に使用していないアカウントを用いて開発してください。

リスク軽減策③ 受信したメール原本を操作しない

受信したメールの原本を操作すると、何かあった場合に修復ができなくなる可能性があります。メール原本ではなく、メールのコピーを使用して開発した方が、安全性が高いです。

リスク軽減策④他の人と共有しているメールは操作しない

Outlookには、メールのフォルダーを他の人と共有する機能があります。そのような場所に格納されているメールを、VBAを用いて操作することは避けてください。例えば、他の人がメールを開いている際にOutlook VBAを用いてそのメールを使用すると、誤って破損する可能性があります。他の場所にメールを転送するなどして、そちらを使用するようにしてください。

リスク軽減策⑤ メールの自動送信ではなく自動下書きにする

VBAによるメールの自動送信は、プログラムのバグや設定ミスにより、誤送信を発生させるリスクがあります。そのため、自動送信ではなく、自動下書きにしておくのがおすすめです。プログラムの実行後すぐに送信するのではなく、下書きしたメールを複数人でチェックし、送信するという手順を踏めば、誤送信の心配もなくなります。プログラムの完成後、何回かは人が全メールをチェックして送り、安定性が確認されたら自動送信にする、もしくは一部抜き取りチェックを行う方式に切り替えるのもよいでしょう。

プログラミングは、人が作業する場合とは異なるリスクを抱えています。ここで紹介した軽減策を組み合わせて使用し、はじめて使うプログラムは慎重に確認しながら利用するようにしてください。

ポイント

- プログラム開発には一定のリスクが存在し、軽減策が必須
- 本書で紹介する5つの軽減策を駆使し、リスク軽減を図る
- それでもリスクは残るので、慎重に確認しながら開発を行う

第8章

VBAの「基本」を知る

01 変数を設定する

》変数の基礎知識

本章では、VBAの基礎知識について、引き続きExcelを用いて解説していきます。Excel VBAとOutlook VBAは、基本となる文法はほぼ同じです。Excel VBAをすでに使いこなしている方には、ご存じの内容が多いと思いますが、Excel VBAをより正確に理解することでOutlook VBAの理解も容易になります。ぜひご一読ください。

最初に、変数について解説します。変数は、実は中学校で数学を勉強した際にすでに使用しています。例えば2次関数で、XやYという文字を使用したかと思います。次のような数式です。この数式では、XとYにさまざまな数字を入れて完成させます。このXやYが、変数です。数学における変数は、「さまざまな数字を入れることが可能な箱」として機能しています。

$$Y=5X^2+3X+7$$

なお「2次関数」の「関数」は、英語でfunction（ファンクション）と呼ばれ、変数を用いて数字を入力した場合に、あらかじめ決められた規則に従って値を出力するためのものです。例えば「与えた値を足し算して値を出力する」という関数があるとして、この関数に変数として2と4という値を与えれば、6という値が出力されます。

数学における関数や変数では数字を扱っていましたが、プログラミングにおいては数字以外の値も変数に格納することが可能です。その場合は、変数に格納できるデータの種類を指定することで、その変数がどのような種類のデータを格納できる変数なのかを決定します。

例えば数字を格納する変数を作成する場合は、次のように記述します。

```
変数名 As Integer
```


これで、数字を格納する変数を作成することができます。逆に、この変数に数字以外のデータを格納することはできません。例えば文字列を格納する変数を作成するには、次のように記述を行います。

```
変数名 As String
```

次の表は、VBAで扱えるさまざまな変数のデータ型をまとめたものになります。実際には、これ以外にも多数のデータ型が存在しています。ここで特に紹介したいのが、オブジェクト型の変数です。例えばExcelであればブック、シート、セルといったものがオブジェクトになります。Outlookでは、メール、予定、連絡先やタスクがオブジェクトになります。データ型としてObjectを指定すれば、変数にオブジェクトを格納することができます。

データ型名	VBA内の表記	格納できる値
文字列型	String	文字列
オブジェクト型	Object	オブジェクトを参照するデータ型
バリアント型	Variant	あらゆる種類の値を保存できる型
整数型	Integer	-32,768 から 32,767 の整数
長整数型	Long	-2,147,483,648 から 2,147,483,647 の整数
単精度浮動小数点数型	Single	-3.402823 × E の 38 乗～ 3.402823 × E の 38 乗
倍精度浮動小数点数型	Double	-1.79769313486232 × E の 308 乗～ 1.79769313486232 × E の 308 乗
日付型	Date	西暦 100 年 1 月 1 日から西暦 9999 年 12 月 31 日
ブール型	Boolean	True または False

》変数の定義

VBAで変数を使用する場合、最初に変数を定義する必要があります。変数の定義によって、「これからこのプログラムで、このデータ型のこの変数を使用します」ということをプログラムに対して宣言することができます。VBAでは、以下のような構文を使用して変数の定義を行います。

```
Dim 変数名 As データ型
```

As以下を省略すると、Variant型の変数になります。Variant型で宣言した変数には、どんなデータでも格納することができます。ただし、Variant型を使用するとデバッグ作業（プログラムの欠陥箇所を特定する作業）を難しくしてしまう可能性があるため、データ型を指定して変数を定義することをおすすめします。

それでは、具体的な例を用いて変数の定義について解説していきます。最初に、プロジェクトエクスプローラーに新しいモジュールを挿入します。「開発」タブ❶の「Visual Basic」❷をクリックしてください。

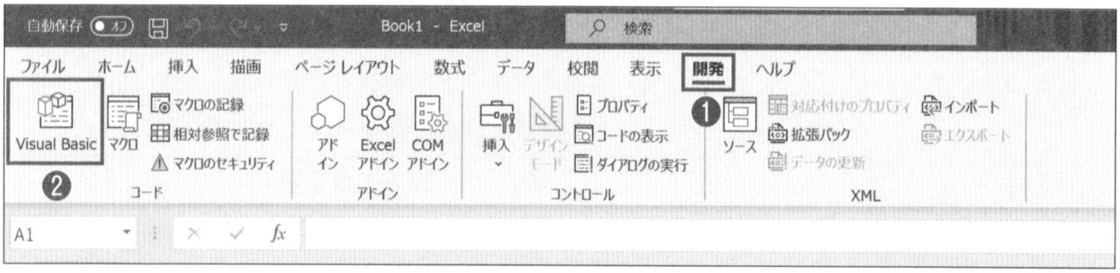

VBEが起動しました。

実際にコードを書き始める前に、変数の定義を行わないと変数を使用できないように設定を行います。VBEで「ツール」❶→「オプション」❷をクリックします。

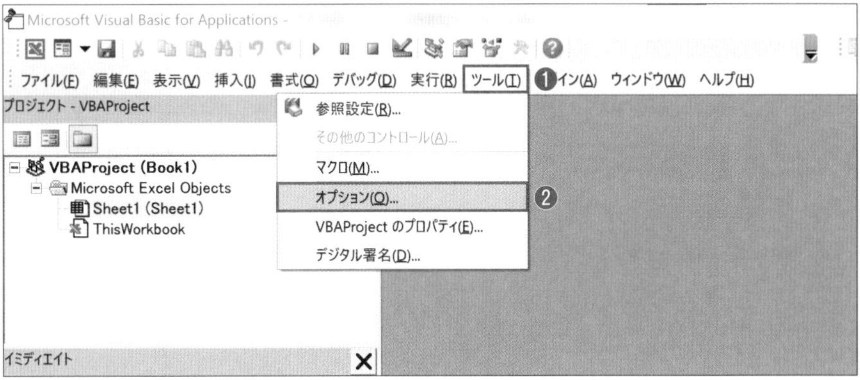

「変数の宣言を強制する」にチェックを入れて❶、「OK」をクリックします❷。

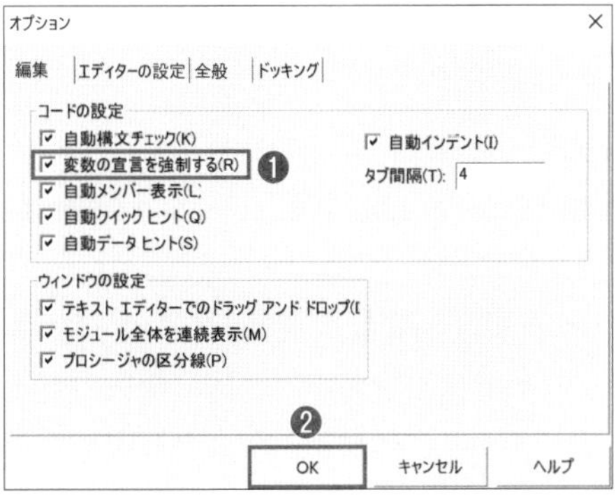

この状態で、「挿入」❶→「標準モジュール」❷をクリックします。

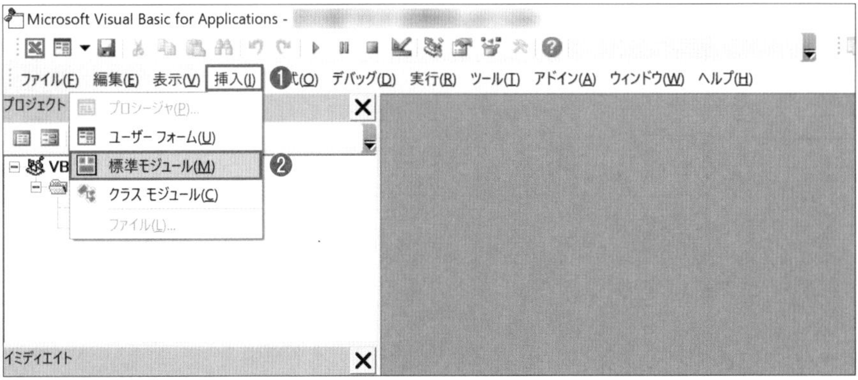

8 VBAの「基本」を知る

自動化

すると、先頭に「Option Explicit」というコードが挿入されたモジュールが作成されます。

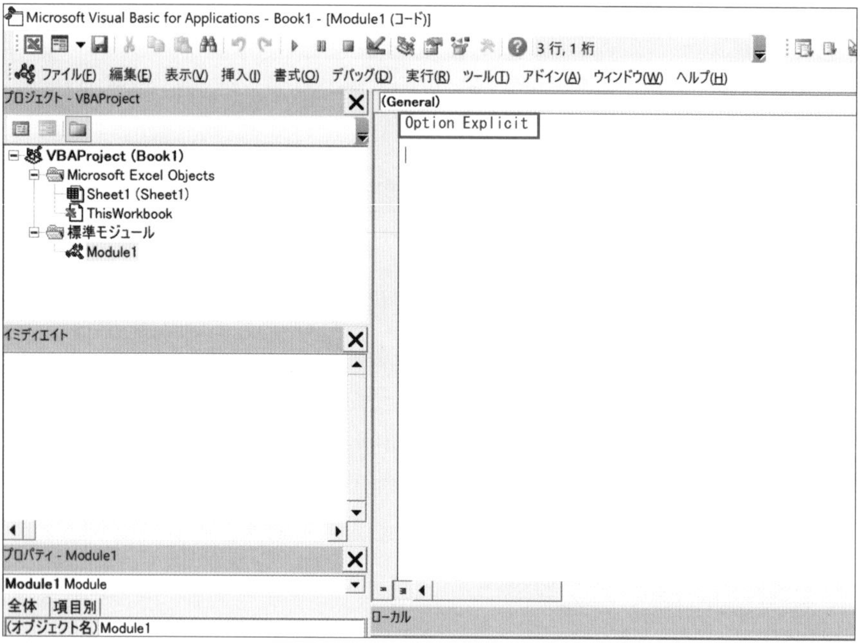

先頭に「Option Explicit」があるモジュールでは、変数の定義を行わずに変数を使用しようとするとエラーになります。この設定を行わなければ、変数の定義を行わずに変数を使用することができます。しかし、他の人がプログラムを見た場合にプログラム内でどのような変数が使われ、そのデータ型が何であるかを伝えるためには、変数の定義は必須です。またエラーの原因を突き止める際にも役立ちますので、必ず定義を行ってください。

それでは、作成されたモジュールの「Option Explicit」の下に、以下のコードを書いてください。

```
Sub 挨拶表示マクロ()

Dim あいさつ文 As String
あいさつ文 = "よろしくお願いします"
MsgBox あいさつ文

End Sub
```

すると、以下の画面のような状態になります。

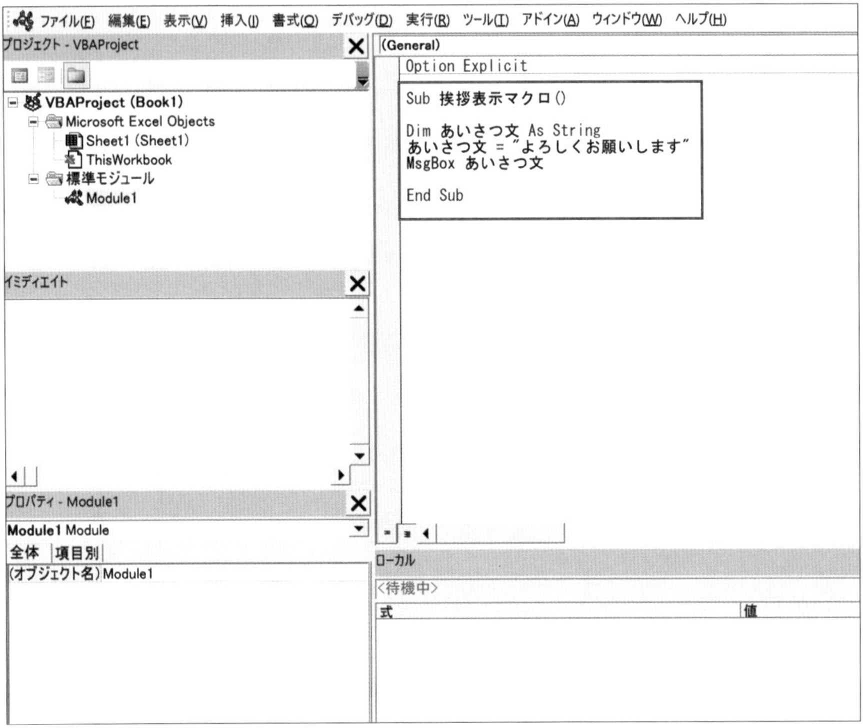

コードの内容について説明していきます。まずは最初の3行です。

```
Dim あいさつ文 As String
あいさつ文 = "よろしくお願いします。"
MsgBox あいさつ文
```

ここでは、文字列型の「あいさつ文」という変数を定義したあと、変数「あいさつ文」に「よろしくお願いします。」という文字列を格納しています。このように、変数にデータを格納することを「代入」といいます。

VBAを含め、ほとんどのプログラミング言語では、半角文字を用いてプログラムを入力します。このプログラムで全角文字を使用できるのは、変数名である「あいさつ文」と、文字列である「"よろしくお願いします。"」だけになります。

VBAで文字列を扱う場合は、「"(ダブルクォーテーション)」を前後につけて文字列を囲うのがルールです。今回のコードでは、以下の箇所がそれに該当します。

```
あいさつ文 = "よろしくお願いします。"
```

ここで、「あいさつ文」は「"(ダブルクォーテーション)」で囲んでいません。囲むとエラーになります。なぜなら、「あいさつ文」は文字列ではなく、変数名として定義されているからです。VBAで「"(ダブルクォーテーション)」を左右につける必要があるのは、あくまでも文字列を扱う場合のみで、それ以外では使用する必要はありません。

次の「MsgBox あいさつ文」は、「あいさつ文という変数の中身をメッセージボックスで表示しなさい」という意味になります。MsgBox関数は、指定した文字列や数字をメッセージボックスで表示することができる関数です。よく使うので、覚えておきましょう。

```
MsgBox あいさつ文
```

それでは、実際にこのVBAを動かしてみましょう。「実行」❶→「マクロの実行」❷とクリックしてください。

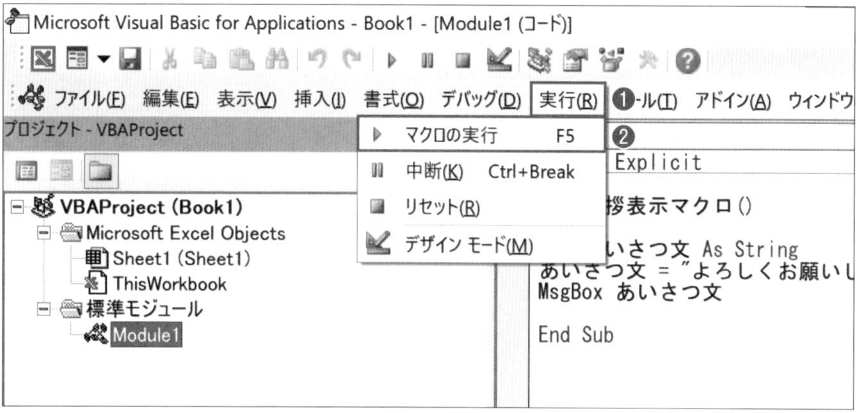

「マクロ」ウィンドウが開くので、「挨拶表示マクロ」をクリックし❶、「実行」をクリックしてください❷。

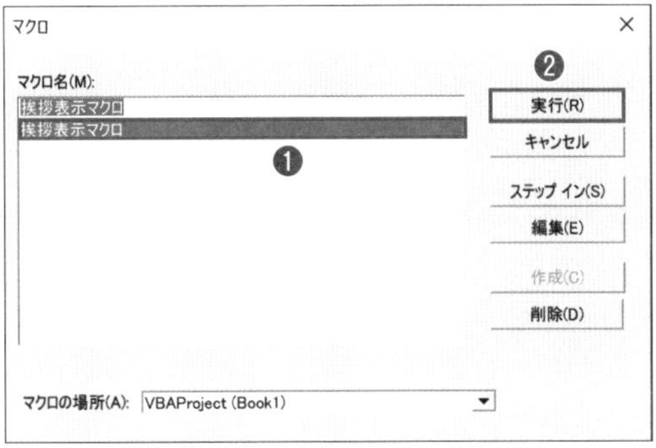

すると、ワークシート上に次のように表示されます。

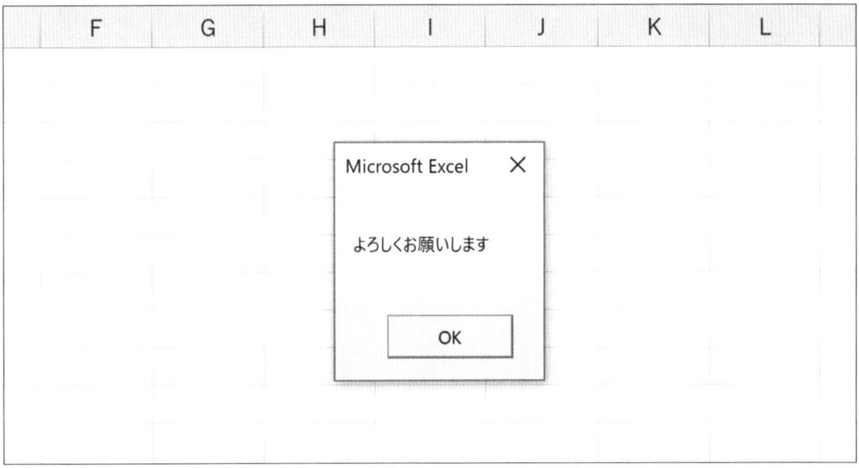

ここまでで、変数の定義、変数への代入、変数の活用までをひと通り解説しました。

ポイント

- 「変数」とは、さまざまなデータを格納することができる箱のこと
- データ型を指定することによって、「変数」に格納できるデータの種類を指定することができる
- 「変数」にデータを格納することを「代入」という

02 変数内のデータを編集する

》変数の計算（四則演算）

次に、変数を用いた四則演算について説明します。整数型（Integer）、単精度浮動小数点数型（Single）などの数値系のデータ型を扱う場合、以下のような演算子を使用できます。演算子は、すべて半角文字で入力します。

演算子	内容
+	加算
-	減算
*	乗算
/	実数の除算
¥	整数の除算（「\」と表示される場合あり）
Mod	整数の除算における余り

それでは、演算子を使って以下のようなプログラムを書いてみてください。

```
Sub 変数の四則演算()

Dim X As Integer
Dim Y As Integer
Dim Z As Integer

X = 3
Y = 7
Z = X + Y
MsgBox Z

End Sub
```

実行すると、次ページのようなメッセージボックスが表示されます。メッセージボックスに「10」と表示されたら成功です。

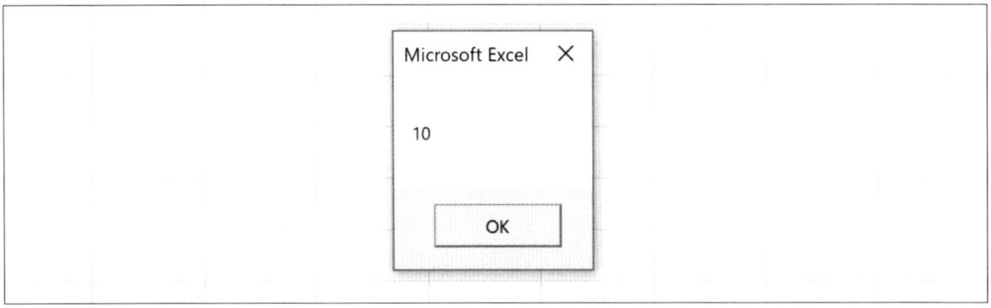

上記のプログラムでは、以下のような処理を行いました。

- X、Y、Zの3つの整数型（Integer）の変数を定義
- Xに3を、Yに7を代入
- ZにX + Yの値を代入
- Zの値をメッセージボックスで表示

ここで見ていただきたいのは、変数に値を代入する方法です。このように「=」を用い、Xに3という数値を代入します。

```
X = 3
```

VBAでは、「=」は右辺と左辺が等しいという意味の他に、このように右辺を左辺に代入するという意味でも用いられます。右辺と左辺が等しいという意味は、のちほどご紹介する条件分岐で使用します。それ以外は、多くの場合で代入を意味します。Xは変数、3は数字ですので、「"（ダブルクォーテーション）」で左右を囲む必要はありません。変数Xに3、変数Yに7を代入したあとで、X+Yという四則演算の計算結果を変数Zに代入しています。

```
Z = X + Y
```

VBAでは、値、変数、演算子の間に半角スペースを入れる必要があります。上記のコードでも、=の前後、+の前後には半角スペースが入っています。VBEには自動で半角スペースを挿入してくれる機能がありますが、必ずしも正確に入れてくれるわけではないので注意が必要です。

「&（アンパサンド）」で文字の結合を行う

次に、「&（アンパサンド）」による文字の結合について説明します。VBAでは、「&」を用いて値や文字列を1つにつなげることができます。次のようなプログラムを作成してみましょう。

```
Sub 挨拶表示マクロ2()

Dim お名前 As String
Dim あいさつ文 As String
Dim 今日の日付 As Integer

あいさつ文 = "様、よろしくお願いします。"
お名前 = "Outlook太郎"
今日の日付 = 5

MsgBox お名前 & あいさつ文 & vbCrLf & "本日は" & 今日の日付 & "日です"

End Sub
```

実行すると、以下のようなメッセージボックスが表示されます。

Microsoft Excel
Outlook太郎様、よろしくお願いします。
本日は5日です
OK

上記のプログラムでは、以下の処理を行っています。

- 文字列型の変数「お名前」「あいさつ文」と整数型の変数「今日の日付」を定義
- 変数「お名前」「あいさつ文」に文字列を、変数「今日の日付」に整数を代入
- それぞれの変数に代入されている値と文字列を連結させて、メッセージボックスを表示

このコードで注目してもらいたいのは、以下の部分です。「お名前」「あいさつ文」「今日の日付」という3つの変数に代入された値を「&」で連結し、メッセージボックスに表示しています。「本日は」「日です」は文字列のため、「"」で囲んでいます。また「vbCrLf」を入れると、その位置で改行することができます。「&」も、四則演算と同様、間に半角のスペースを挟む必要があります。

```
MsgBox お名前 & あいさつ文 & vbCrLf & "本日は" & 今日の日付 & "日です"
```

Check! 変数名について

通常、プログラミングでは変数名に日本語を使用しないのが一般的です。しかし、筆者は変数名として日本語を使うようにしていますし、この本でもそのようにしています。これは、自分以外の方がプログラムを見た場合に、その変数が何に使用するためのものなのか、よりわかりやすくするためです。例えば、こちらは筆者があるプログラムで行った変数の定義の例です。

```
Dim 本文の文字数 As Long
Dim メールフォルダ名 As String
Dim PW解除機能を使うか As String
Dim フォルダ内のファイルを全削除するか As String
Dim サンクスメール機能を使う As String
Dim PW解除 As String  '最終ポップアップで使用
Dim サンクス As String  '最終ポップアップで使用
Dim メール本文 As String  '最終ポップアップで使用
```

変数名を日本語にすることに加え、必要に応じて「'(シングルクォーテーション)」を使用して、その変数の使用目的や注意点を記載しています。他の方が見た場合だけでなく、自分があとで思い出す時にも便利です。これは各自のご判断になりますので、気に入った方は使ってみていただければと思います。

ポイント

- 「変数」にデータを代入するには、「=」を用いる
- 変数を用いた四則演算は、演算子を使って行う
- 値や文字列は、「&」を使って連結させることができる

03 フロー制御ステートメントについて

》フロー制御ステートメント

これまでは、VBAにおける基本的なステートメントについて説明してきました。ステートメントとは、VBAでプログラムを実行する際の構成単位のことを指します。ここからは、フロー制御ステートメントについて説明します。フロー制御ステートメントとは、プログラムを実行する順番を制御するためのプログラムのことです。具体的には、条件に応じてコードを実行するかどうかを分岐させたり、特定のコードを繰り返し処理したりすることを意味します。

VBAを含め、多くのプログラミング言語で、プログラムは上から下に順番に実行されます。しかし、時折順番を変えて実行する必要が生じることがあります。例えば、以下のような場合です。

- 条件に応じて処理を分岐させたい場合
- すべてのファイルに対して同じ処理を繰り返し実行したい場合
- エラーが発生したため、処理を強制終了したい場合
- プログラムの実行途中で、他のプログラムを呼び出して使用する場合

プログラミングによる業務効率化において、人が繰り返し行っている作業や判断の自動化は非常に重要です。また人の判断ミスも、業務では致命的な事態を発生させることがあります。その際に必要になるのが、フロー制御ステートメントです。

フロー制御ステートメントは、初心者の方が苦労するポイントの1つです。筆者も最初の頃は、プログラム内に1つか2つのフロー制御ステートメントを組み込むだけで半日悩んだりしていました。はじめはうまく動作しないことが多いと思いますが、試行錯誤しながらコードを書いて、徐々に使いこなしていただければと思います。

フロー制御ステートメントを図にすると、以下のようになります。

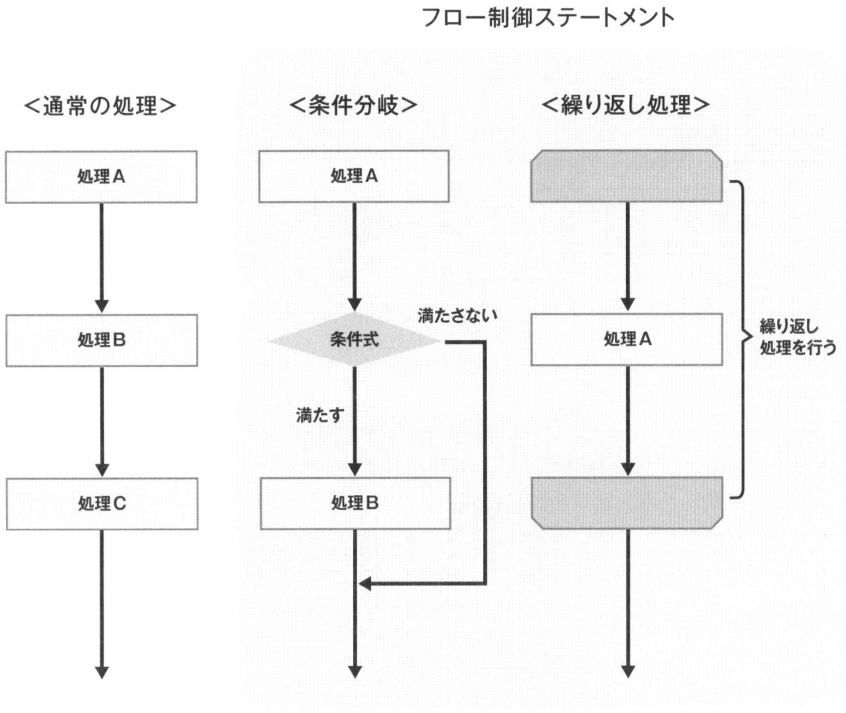

それでは、次節から具体的なコードの書き方を見ていきましょう。

ポイント

- 通常のプログラムは上から下にコードが実行されるが、「フロー制御ステートメント」を用いることで実行する順番を変更できる
- 「フロー制御ステートメント」には、大きく分けて「条件による分岐処理」と「繰り返し処理」がある
- 業務効率化において、フロー制御ステートメントの使用によって人が繰り返し行っている作業を自動化することができる

04 条件分岐を行う

》If...Then...Elseステートメント

フロー制御ステートメントの代表的なものに、If...Then...Elseステートメントがあります。If...Then...Elseステートメントを使うと、条件に応じて処理を分岐させることができます。条件Aを満たす場合は処理Bを行い、満たさない場合は処理Cを行うといった具合です。条件による分岐として、例えば以下のようなものがあります。

- 得点が●●点以上は「合格」、それ以下は「不合格」と表示する
- 件名に●●という文言を含む場合は返信する。含まない場合は返信しない
- 差出人が●●さんである場合は返信する。そうでない場合は返信しない

If...Then...Elseステートメントは、以下のような構文になります。

If...Then...Elseステートメントの構文

```
If 条件式 Then
    Trueの場合の処理
Else
    Falseの場合の処理
End If
```

「条件式」の部分に、分岐判定を行う場合の条件を入力します。そして、条件を満たす場合は「Trueの場合の処理」を行い、満たさない場合は「Falseの場合の処理」を行います。Trueは条件式が満たされた場合の値で、日本語では「真」と呼ばれます。Falseは条件式が満たされなかった場合の値で、「偽」と呼ばれます。P.247で紹介したブール型の変数は、このTrueとFalseの2つの値しか収納できない変数です。このように、Ifを使って処理を分岐させるコードのことをIf文と呼びます。

If文を図にすると、以下のようになります。まず「条件式」があり、それが満たされた場合（True）と、満たされなかった場合（False）の2つの処理のうち、どちらか片方が実行されます。それぞれの処理が終わると、End Ifの次の行に飛び、以降の処理を順次実行していきます。

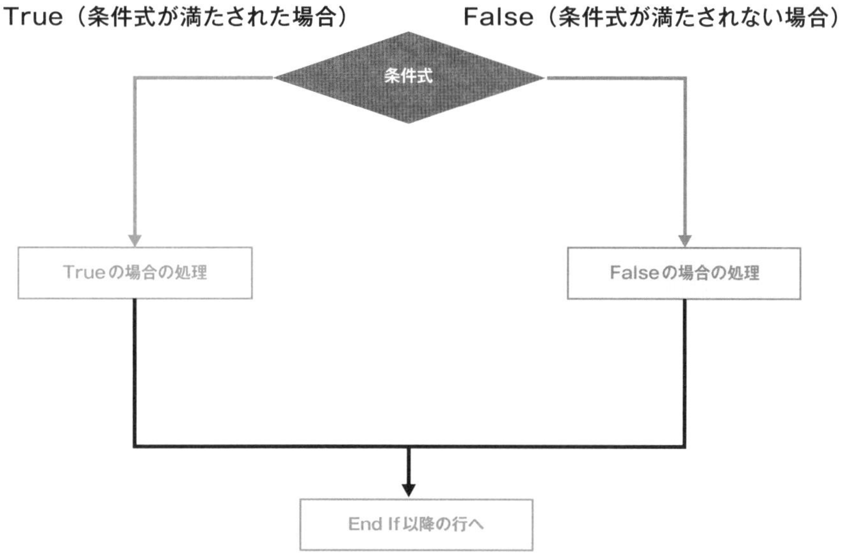

それでは、実際のプログラムを見てみましょう。次のプロシージャを作成してください。

```
Sub IF文テスト1()

Dim 得点 As Integer
得点 = 81

If 得点 > 74 Then
    MsgBox "75点以上、合格です"
Else
    MsgBox "74点以下、不合格です"
End If

End Sub
```

このコードを実行すると、次のようなメッセージボックスが表示されます。

Microsoft Excel
75点以上、合格です
OK

このプログラムでは、最初に「得点」という整数型の変数を定義し、81という数字を代入しています。

```
Dim 得点 As Integer
得点 = 81
```

その後、この「得点」変数を用いたIf文が始まります。

```
If 得点 > 74 Then
    MsgBox "75点以上、合格です"
Else
    MsgBox "74点以下、不合格です"
End If
```

基本は上から下に実行されるため、最初に条件式「If 得点 > 74 Then」が実行されます。ここで、「得点」に代入された数値が74より大きいかどうか判定されます。サンプルでは「得点」という変数に81を代入したので、条件が満たされ(True)、「75点以上、合格です」というメッセージボックスが表示されました。

Else以降は、条件が満たされなかった場合(False)の処理になります。「得点」が74点以下の場合、「74点以下、不合格です」というメッセージボックスが表示されます。「得点」に代入する数値を70に変更して実行すると、「74点以下、不合格です」というメッセージボックスが表示されます。

2つ以上の条件式を設定する

ここまでの例では、1つの条件式だけを用い、TrueとFalseの2つの処理に分岐させました。If文では、次の構文により、3つ以上の条件に分岐させることができます。

If...Then...Elseステートメントの構文（3つ以上に分岐させる場合）

```
If 条件式1 Then
    条件式1が満たされた場合の処理
ElseIf  条件式2 Then
    条件式2が満たされた場合の処理
Else
    すべての条件が満たされなかった場合に実行する処理
End If
```

ElseIfが、新しく出てきた部分になります。ElseIfは、何個でも、必要な回数使用することができます。実行順は以下のようになります。

- 条件式1の判定を行う
- 条件式1が満たされていれば、「条件式1が満たされた場合の処理」を実行し、End If以降の行へ進む
- 条件式1が満たされていなければ、条件式2の判定を行う
- 条件式2が満たされていれば、「条件式2が満たされた場合の処理」を実行し、End If以降の行へ進む
- 条件式2も満たされていなければ、「すべての条件式が満たされなかった場合に実行する処理」を実行し、End If以降の行へ進む

この場合のプログラムの実行順をフロー図にすると、以下のようになります。

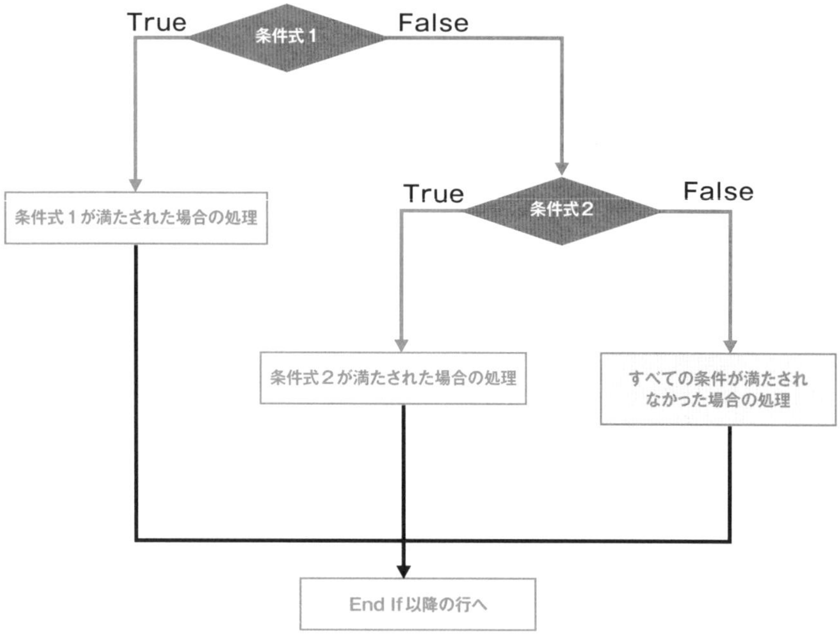

それでは、実際のプログラムを見てみましょう。次のプロシージャを作成してください。

```
Sub IF文テスト2()

Dim 得点 As Integer
得点 = 65

If 得点 > 79 Then
    MsgBox "80点以上、A評価です"
ElseIf 得点 > 69 Then
    MsgBox "70点以上、B評価です"
ElseIf 得点 > 49 Then
    MsgBox "50点以上、C評価です"
Else
    MsgBox "49点以下、D評価です"
End If

End Sub
```

このコードを実行すると、次のメッセージボックスが表示されます。

コードを上から順に見ていきましょう。次の2行で、「得点」という整数型の変数を定義し、65という値を代入しています。

```
Dim 得点 As Integer
得点 = 65
```

この次からがIf文です。このプログラムは、全部で4つの条件に分かれています。ElseIfの行を増やしていけば、条件はいくつでも追加することができます。

```
If 得点 > 79 Then
    MsgBox "80点以上、A評価です"
ElseIf 得点 > 69 Then
    MsgBox "70点以上、B評価です"
ElseIf 得点 > 49 Then
    MsgBox "50点以上、C評価です"
Else
    MsgBox "49点以下、D評価です"
End If
```

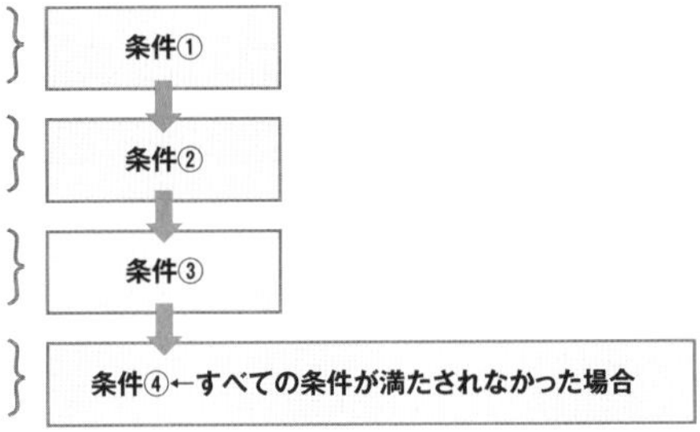

ここで覚えていただきたいのが、以下の点です。

- 条件は上から順に確認され、1つでも条件を満たすとその次の行から記載された処理を行い、それらの処理が終わると「End If」の次の行まで飛び、以降の処理を行う
- すべての条件が満たされなかった場合、「Else」以下に記載された処理が実行される
- 「ElseIf」の処理は、何回でも記載することができる

》Select Caseステートメント

もう1つ、条件分岐を行うステートメントをご紹介します。それがSelect Caseステートメントです。以下が、その構文です。

Select Caseステートメントの構文

```
Select Case 比較する値
    Case 条件1
             条件1がTrueの場合に実行するステートメント
    Case 条件2
             条件2がTrueの場合に実行するステートメント
    (その他、必要な条件を設定可能)
    Case Else
             すべての条件が満たされなかった場合に実行するステートメント
End Select
```

Select Caseステートメントでは、値を比較した結果によって、実行するステートメントが変わってきます。次のプロシージャを作成してください。

```
Sub SelectCaseステートメントテスト()

Dim 数値 As Integer
数値 = 5

Select Case 数値
    Case 1
        MsgBox "数値は1です。"
    Case 2
        MsgBox "数値は2です。"
    Case 3
        MsgBox "数値は3です。"
    Case 4
        MsgBox "数値は4です。"
    Case 5
        MsgBox "数値は5です。"
    Case Else
        MsgBox "数値は1～5以外です。"
End Select

End Sub
```

このコードを実行すると、次のメッセージボックスが表示されます。

Microsoft Excel
数値は5です。
OK

このプログラムでは、「数値」という変数を定義し、そこに5という数字を代入しています。その後、「Select Case 数値」で「数値」に代入された値についてケース分けしていきます。

「Case 1」は「「数値」に代入された値が1の場合は」という意味、「Case 2」は「「数値」に代入された値が2の場合は」という意味です。今回は「数値」に代入した値は5なので、「Case 5」が該当します。そのため、「数値は5です。」というメッセージボックスが表示されました。

これと同じ処理はIf文でも行えますが、Select Caseステートメントを使うことによって、よりシンプルで可読性のよい(読みやすい)コードになっています。今回のサンプルでは「数値」という1つの変数だけに着目し、条件を分岐させています。このような場合は、Select Caseステートメントを用いることで可読性の高い、きれいなプログラムになります。一方、複数の変数に関して条件分けするような場合は、If文を用いた方がきれいなプログラムになるはずです。プログラミングに慣れるまでは、この2つを的確に使い分けることは難しいと思います。自分が使えそうな方をお使いください。

ポイント

- 条件分岐によって、条件式が満たされた場合とそうでない場合で処理を分けることができる
- 条件分岐を行うには「If…Then…Elseステートメント」または「Select Caseステートメント」を用いる
- 条件式は1つだけではなく、2つ以上設定することもできる

05 演算子とインデント

》比較演算子

ここでは、If文の条件式で値を比較する場合に用いる比較演算子について説明します。以下の表が、その一覧です。

比較演算子	意味	読み
A = B	A は B と等しい	A イコール B
A <> B	A と B は等しくない	A 大なり小なり B
A > B	A は B よりも大きい	A 大なり B
A < B	A は B よりも小さい	A 小なり B
A >= B	A は B 以上	A 大なりイコール B
A <= B	A は B 以下	A 小なりイコール B

比較演算子を用いる場合は、以下の点にご注意ください。

- 比較演算子はすべて半角文字で入力する
- 比較演算子の左右には、半角スペースを1個入れる

P.261で作成したプロシージャの中に、下記の一文があります。

```
If 得点 > 74 Then
```

これは、比較演算子「>」を使用することで、「「得点」という変数の値が74より大きい場合」という条件式が作られています。「74より大きい場合」ですから、得点が75点以上の場合はTrue、74点以下の場合はFalseとなります。

Like演算子

次に、Like演算子をご紹介します。Like演算子は2つの文字列を比較するための演算子で、If文の中では以下のように使われます。

Like演算子の構文

```
If 文字列1 Like "*文字列2*" Then
    文字列1の中に、文字列2が含まれる場合に実行する処理
Else
    含まれない場合に実行する処理
End If
```

Like演算子では、文字列1の中に文字列2が含まれているかどうかを確認し、含まれている場合とそうでない場合とで処理を分岐させることができます。メールの業務を自動化する際は、「件名に●●が含まれる場合」や、「送信者が●●さんの場合」「本文に●●と書かれている場合」のように、特定の文字が含まれるかどうかの確認をよく行います。そのような場合に、Like演算子は頻繁に使用されます。

それでは、実際のプログラムを見てみましょう。次のプロシージャを作成してください。

```
Sub Like演算子テスト()

Dim 件名 As String
件名 = "本日の発注件数について"

If 件名 Like "*発注件数*" Then
    MsgBox "件名に発注件数の文字が含まれています。"
Else
    MsgBox "件名に発注件数の文字が含まれていません。"
End If

End Sub
```

このコードを実行すると、次のようなメッセージボックスが表示されます。

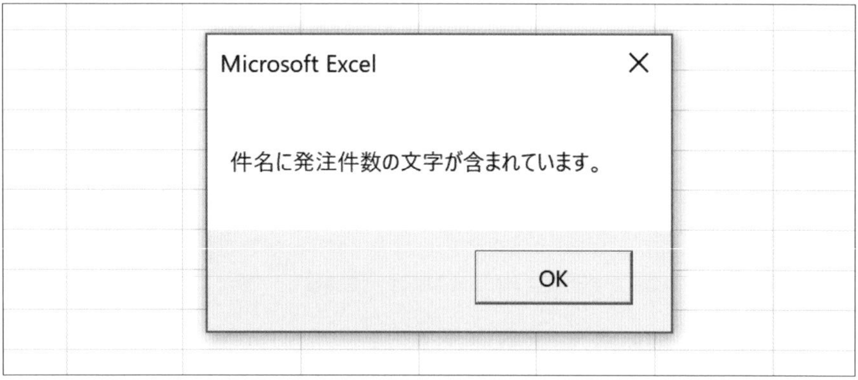
Microsoft Excel
件名に発注件数の文字が含まれています。
OK

このプロシージャでは、最初に「件名」という変数を定義し、その中に"本日の発注件数について"という文字列を代入しています。文字列なので、左右に「“(ダブルクォーテーション)」をつける必要があります。

「*発注件数*」の「*(アスタリスク)」は「ワイルドカード」と呼ばれるもので、「任意の数の文字列」を表しています。この場合、「発注件数」という文字列の前後にワイルドカード「*」がついているため、「発注件数という文字の前後にどのような文字が入っていてもよい」という意味になります。従って、「If 件名 Like "*発注件数*" Then」は、「変数「件名」に代入した値に「発注件数」という文字を含んでいる場合」という意味になります。

また、「発注件数」という文字のどちらか片方に「*」をつけると、次のような意味になります。

```
If 件名 Like "発注件数*" Then
    件名が、「発注件数」の文字から始まる場合
End If

If 件名 Like "*発注件数" Then
    件名が、「発注件数」の文字で終わる場合
End If
```

もしくは両方つけないこともあります。この場合は、「＝」と同様の意味になります。

```
If 件名 Like "発注件数" Then
        件名が、「発注件数」である場合
End If
```

どのパターンも、Outlook VBAでは頻繁に使用するものなので、ぜひ覚えておいてください。

» インデント

最後に紹介するのが、「インデント」です。「インデント」は日本語で「字下げ」という意味で、P.261のコードでは以下の図の部分がインデントになります。インデントは、Tabキーを押して追加、Back spaceキーを押して削除することができます。

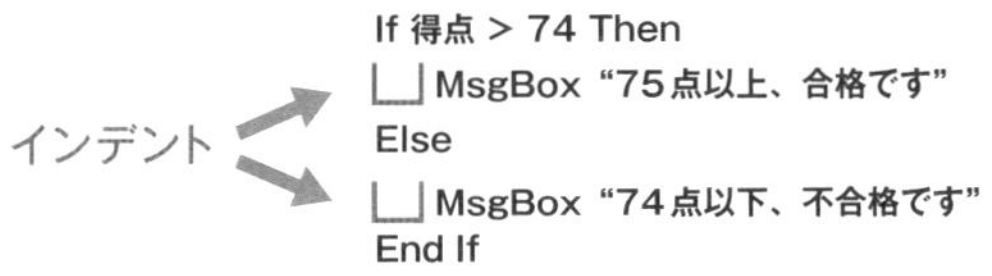
If 得点 > 74 Then
MsgBox "75点以上、合格です"
Else
MsgBox "74点以下、不合格です"
End If
インデント

VBAにおいて、インデントの有無はプログラムの実行結果に影響を与えません。しかし、あとから自分でコードを見返す場合や、他の人がコードを見た場合の見やすさを考えると、インデントは追加しておいた方がよいでしょう。またPythonのように、インデントの位置が少しでもちがうと正しく動作しないプログラミング言語もあります。VBA以外のプログラミング言語へステップアップする際にも役立ちますので、普段からインデントを用いる習慣を身につけておきましょう。

ポイント

- If文の条件式では、比較演算子を用いて値を比較できる
- Like演算子を用いて、文字列に特定の文字が含まれているかどうかを設定できる
- コードの可読性を上げるために、インデントを用いる習慣をつける

06 繰り返し処理を行う

》For Nextステートメント

For Nextステートメントは、繰り返し処理を行うためのフロー制御ステートメントです。繰り返し処理とは、同じ処理を、指定した回数分実行する処理のことです。For Nextステートメントの構文は、以下の通りです。

For Nextステートメントの構文

```
For カウンター = スタート To エンド [Step]
    実行する処理
Next カウンター
```

For Nextの構文は、以下のような要素によって構成されています。

- **カウンター**
  数字をカウントするための変数です。Integer型（整数型）もしくはLong型（長整数型）を使います。どのような変数名でもよいですが、i、j、k、l、m、n、lを使う人が多いです。
- **スタート**
  カウンターの初期値です。
- **Step**
  繰り返すたび、カウンターにこの数値を加えます。省略した場合は、「1」として扱われます。
- **エンド**
  カウンターの最終値です。
- **実行する処理**
  指定されたカウンターの回数分、繰り返し実行する処理です。

それでは、実際のプログラムを見てみましょう。次のプロシージャを作成してください。

```
Sub ForNextステートメントテスト()

Dim i As Integer

For i = 1 To 10 Step 2
    MsgBox "処理中：i=" & i
Next i

MsgBox "処理完了"

End Sub
```

上から、iという整数型の変数を定義し、それに1から10までを、2刻みで代入しています。そのたびに「処理中：i=」という文字列と変数iの値を「&」で連結させ、メッセージボックスで「処理中：i=●」と表示します。●には、iに格納されている数値が表示されます。初期値の1から10まで、Step2刻みでのカウントですので、「1,3,5,7,9」がiへ代入されていきます。完了すると、メッセージボックスで「処理完了」と表示されます。合計6回、メッセージボックスが表示されます。

》For Eachステートメント

For Nextステートメントは指定した回数分、繰り返し処理を行うことができますが、オブジェクトを処理対象にすることができません。For Eachステートメントを使うことによって、コレクションに対して繰り返し処理を行うことが可能です。コレクションとは、オブジェクトの集合体のことを指します。For Eachステートメントによって、例えば「複数のセル(Rangeオブジェクト)に対して文字を入力する」といった繰り返し処理を行うことができます。For Eachステートメントの構文は、以下になります。

For Eachステートメントの構文

```
For Each オブジェクト変数 In コレクション(処理の対象となるオブジェクトの集合体)
    オブジェクト変数に格納されたオブジェクトに対する処理
Next
```

実際のプログラムを見てみましょう。次のプロシージャを作成してください。

```
Sub ForEachステートメントテスト()

Dim 対象セル As Object

For Each 対象セル In Range("A1:E5")
    対象セル.Value = "テスト"
Next

End Sub
```

実行すると、A1セルからE5セルまでのすべてのセルに、「テスト」という文字が入力されます。

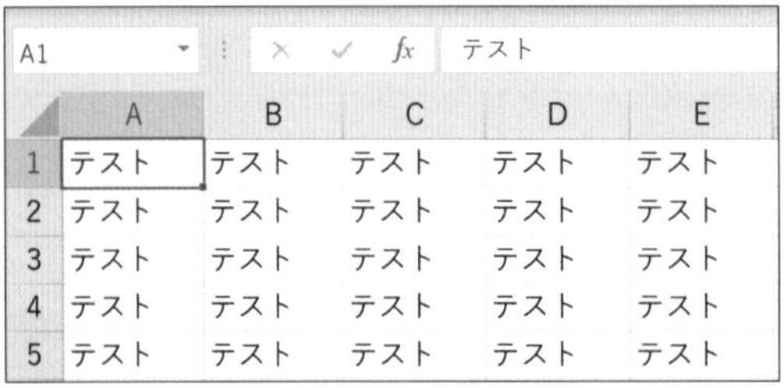

	A	B	C	D	E
1	テスト	テスト	テスト	テスト	テスト
2	テスト	テスト	テスト	テスト	テスト
3	テスト	テスト	テスト	テスト	テスト
4	テスト	テスト	テスト	テスト	テスト
5	テスト	テスト	テスト	テスト	テスト

コードは、上から順に以下のように処理されていきます。最初に、「対象セル」というオブジェクト型のデータ型の変数を宣言しています。

```
Dim 対象セル As Object
```

次に、For Eachステートメントを使用しています。

```
For Each 対象セル In Range("A1:E5")
    対象セル.Value = "テスト"
Next
```

For Eachステートメントでは、Inのうしろに指定したセルを変数「対象セル」に順番に代入し、処理を実行していきます。最初に変数「対象セル」にA1セルを代入し、A1セルに「テスト」という文字を入力。次に、B1セルを代入し、B1セルに「テスト」を入力します。以降、コレクション内（今回はA1セルからE5セル）のすべてのセルに対して処理を行っていき、最後にE5セルに「テスト」を入力したら、For Eachステートメントを抜けて、プログラムは終了です。「対象セル」のうしろの「Value」は、指定したセルに値を設定したり、セルの値を取得したりするプロパティです。プロパティについて、詳しくはP.286で解説します。

》While...Wendステートメント

繰り返し処理のステートメントとして、最後にWhile...Wendステートメントを紹介します。While...Wendステートメントは、指定した条件がTrueである限り一連のステートメントを繰り返し実行し、条件がFalseになった時点で繰り返し処理を抜けて次の処理に進むというステートメントです。

P.272で紹介したFor Nextステートメントが指定した回数だけ一連のステートメントを実行するのに対し、While...Wendステートメントでは指定した条件を満たしている間、永遠にその処理が繰り返されるという点が異なっています。

While...Wendステートメントの構文は、以下になります。

While...Wendステートメントの構文

```
While 条件式
    条件式がTrueの場合に実行したいステートメント
Wend
```

実際のプログラムを見てみましょう。次のプロシージャを作成してください。

```
Sub Whileステートメントテスト()

Dim 数値 As Long
数値 = 1

While 数値 < 10
    MsgBox "現在の数値は" & 数値 & "で、10より小さいです。"
    数値 = 数値 + 1
Wend

MsgBox "数値が10になりましたので、処理をストップしました。"

End Sub
```

実行すると、以下のメッセージボックスのように、値が9回表示されます。

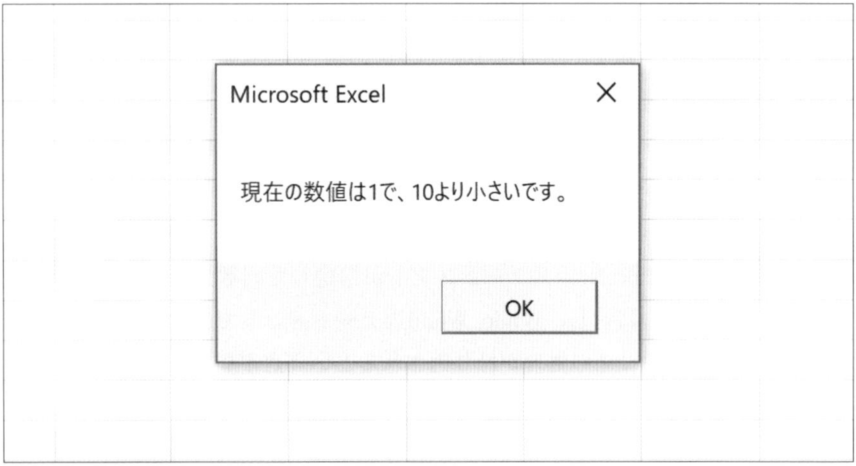
Microsoft Excel
現在の数値は1で、10より小さいです。
OK

最後に、以下のメッセージボックスが表示されます。

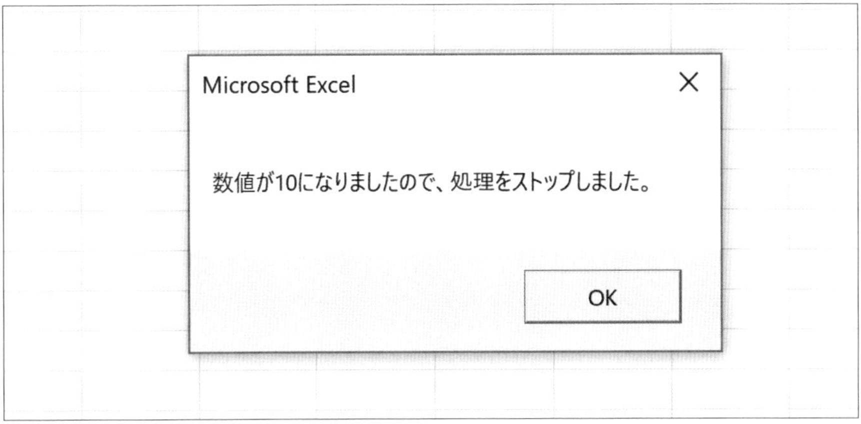
Microsoft Excel
数値が10になりましたので、処理をストップしました。
OK

このプログラムでは、「数値」という変数に初期値として1を代入しています。

```
Dim 数値 As Long
数値 = 1
```

While...Wendステートメントに入ると、「数値が10より小さい」という条件式がTrueである限り、Wendまでの間にある処理が繰り返し実行されます。

```
While 数値 < 10
    MsgBox "現在の数値は" & 数値 & "で、10より小さいです。"
    数値 = 数値 + 1
Wend
```

ここで、数学をしっかり勉強して来た方には違和感があったかと思います。以下の式は、数学ではまちがいです。

```
数値 = 数値 + 1
```

「=」は、その右辺と左辺の値が同じという意味の記号です。「数値」という変数には初期値として1が代入されています。右辺が1+1で2、左辺が1のため、明らかにイコールではありません。

P.255で説明した通り、「=」にはVBAならではの使い方があります。それは、「右辺の値を左辺へ代入する」という意味でした。そのため、このコードは「「数値」という変数に対して、現在の数値に1を加える」という意味になります。変数に代入されている値に対して加算するこの書き方は、プログラミングの世界では頻繁に使用されます。しっかりと覚えておいてください。

そのため、条件がTrueの場合の処理を1回行う度に、変数「数値」の値に1が加算されます。最初に「数値 = 1」として1が代入されているので、処理を1回行う度に変数「数値」の値は1、2、3、4、5、6、7、8、9、10と増えていきます。数値が10になると、「数値 < 10」つまり数値が10より小さいという条件式を満たせなくなる(=Falseになる)ので、繰り返し処理は終了し、Wend以降のコードへ移ります。

このサンプルでは、For Nextステートメントでもほぼ同じことを行うことが可能です。書き換えると以下のようになります。

```
Sub Whileステートメントテスト2_for_nextを用いた場合()

Dim 数値 As Long

For 数値 = 1 To 9
    MsgBox "現在の数値は" & 数値 & "で、10より小さいです。"
Next 数値

MsgBox "数値が10になりましたので、処理をストップしました。"

End Sub
```

今回は、While...Wendステートメントを用いた場合に比べてFor Nextステートメントの方が2行少なく記述することができました。厳密には、For Nextステートメントでは最終的に変数「数値」に10が代入されていないものの、ほぼ同じ動作を実行することができています。プログラムはなるべく行数を少なくして書いた方が処理速度が速くなるので、その観点から見ると、For Nextステートメントの方が適しているということになります。

また、For Nextステートメントを使って条件をよりわかりやすくするために、以下のように書くこともできます。

```
Sub Whileステートメントテスト2_for_nextを用いた場合2()

Dim 数値 As Long

For 数値 = 1 To 10
    If 数値 = 10 Then
        Exit For
    End If

    MsgBox "現在の数値は" & 数値 & "で、10より小さいです。"
Next 数値

MsgBox "数値が10になりましたので、処理をストップしました。"

End Sub
```

変数「数値」が10になった時に、Exit ForでFor Nextステートメントを抜ける条件を追記したコードになります。どのような処理を行っているか、わかりやすくなったのではないでしょうか？　ただし、プログラムの内容によってはWhile...Wendステートメントの方が適している場合もあります。状況に応じて使い分けてください。

ポイント

- 「For Nextステートメント」「For Eachステートメント」「While…Wendステートメント」を用いて繰り返し処理を行うことができる
- 「For Nextステートメント」では、指定した回数分の繰り返し処理を行うことができる
- 「For Eachステートメント」では、オブジェクトを対象とした繰り返し処理ができる
- 「While…Wendステートメント」では、指定した条件式を満たしている間、繰り返し処理ができる

07 その他の便利なステートメント

» Withステートメント

ここからは、その他のフロー制御ステートメントについて解説を行います。最初に紹介するのは、Withステートメントです。Withステートメントは、単一のオブジェクトに対して一連の処理を実行する場合に、処理内容をまとめて記述することのできるステートメントです。

Withステートメントの構文は、以下になります。

Withステートメントの構文

```
With 対象オブジェクト
    実行したいステートメント
End With
```

実際のプログラムを見てみましょう。まずはWithステートメントを使わずに、次のプロシージャを作成してください。

```
Sub Withステートメントテスト()

Range("A1").Value = "テスト"
Range("A1").Interior.Color = RGB(100, 100, 100) ' 背景色
Range("A1").Font.Color = RGB(255, 100, 0) ' 文字の色

End Sub
```

このプログラムは、セルA1に対して「テスト」という文字を入力し、背景色と文字の色を変更する、というものです。Rangeがセルを表すオブジェクト、Valueが値を表すプロパティ、Interior.Colorが背景色を表すプロパティ、Font.Colorがフォントの色を表すプロパティです。

プロパティとは「オブジェクトの属性」のことで、＝の右側で指定した値や色を代入することができます。プロパティに関して、詳しくは9章でご説明します。

このプログラムを実行すると、A1セルが以下の画面のようになります。

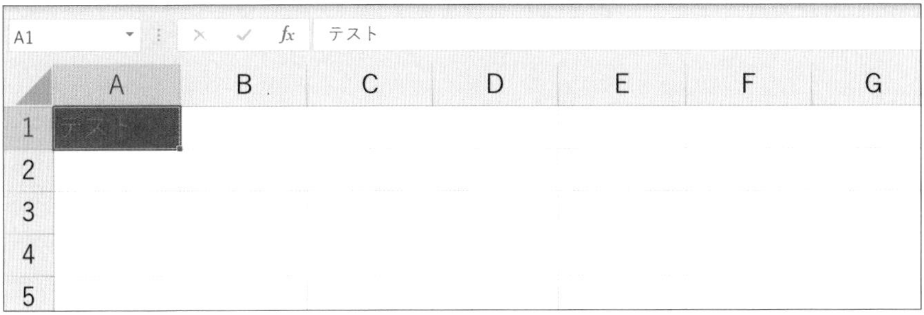

続いて、Withステートメントを用いて前ページのプロシージャを次のように書き換えてみましょう。

```
Sub Withステートメントテスト()

With Range("A1")
      .Value = "テスト"
      .Interior.Color = RGB(100, 100, 100) ' 背景色
      .Font.Color = RGB(255, 100, 0) ' 文字の色
End With

End Sub
```

実行すると、同じ結果を得ることができます。Withステートメントの主な効果は3つあります。

- 入力する文字数を少なくできる
- 繰り返し書くコードをシンプルにし、プログラムを見やすくできる
- 処理速度が上がる

Withステートメントを使用した場合、プログラムの行数が2行増えますが、入力する文字数は少なくなっています。

また、プログラムを開発する際、途中で変更が入るケースが多々あります。例えば、先ほどはA1セルに対して設定を行いましたが、これをB1セルに変更する必要が生じたとします。Withステートメントを使う場合は1か所だけAをBに変更すればすみますが、使わない場合は3か所修正しなくてはいけません。変更時の作業負荷が減りますし、修正漏れの可能性も少なくなります。

Withステートメントに書き換えたからといって、実行結果には影響を及ぼしません。そのため、必ずしも使用しなくてもよいステートメントであるといえます。しかし、WithステートメントはOutlook VBAとの相性がよく、使用頻度が高いステートメントです。例えば新規メールを自動で生成する場合、下記のような多数の項目を設定する必要があります。

- 宛先（To、CC、BCC）
- 件名
- 本文
- 重要度

メールという1つのオブジェクトに対して多数の項目を同時に設定することから、Withステートメントの利用価値は大きなものになります。

》On Error Resume Nextステートメント、On Error GoTo 0ステートメント

最後に、エラーが発生した時に便利な「On Error Resume Nextステートメント」と「On Error GoTo 0ステートメント」について説明します。

On Error Resume Nextステートメントは、日本語に訳すと「エラーが発生した場合、次（の行）から再開する」という意味になります。つまりエラーが発生した際に、エラーを無視して次の行に進ませる機能があります。通常、プログラミングではエラーが発生するとその行で処理を強制的に停止します。しかしこの1行を加えることで、処理は停止せず、次の行からそのまま進むことが可能になります。

On Error Resume Nextステートメントは非常に便利なステートメントですが、プログラムが予期せぬ動作をするかもしれない、危険なステートメントでもあります。エラーの原因がわかっているならOn Error Resume Nextステートメントを使って無視してもよいのですが、そうでない場合は使わず、強制停止が安全です。

一方のOn Error GoTo 0ステートメントは、現在のエラー処理を無効化する機能があります。On Error Resume Nextステートメントを無効化するために使用することが多いです。On Error GoTo 0ステートメントによってOn Error Resume Nextステートメントを無効化すると、次の行からは「エラー発生時は強制停止」という元の状態に戻ります。

それでは、2つのステートメントの実際の使い方を見てみましょう。

```
Sub エラーテスト()

'エラーが発生した場合、無視して次に進む
On Error Resume Next

Worksheets("テスト").Delete

On Error GoTo 0  'エラー無視を解除

MsgBox "実行完了"

End Sub
```

このプロシージャは、「テスト」という名前のシートを削除し、「実行完了」というメッセージボックスを表示させるプログラムです。通常、「テスト」という名前のシートが存在しない場合はエラーとなり、プログラムが途中で止まってしまいます。しかし、シートが存在せずエラーになっても途中で止まらず処理を継続したい場合に使うのが、On Error Resume Nextステートメントです。この1行を入れると、発生したエラーを無視して次のコードに移行します。

しかしOn Error Resume Nextステートメントをこのまま放置すると、プログラムの他の部分でエラーが発生した場合にも無視して先に進み、予想外のトラブルを起こす懸念があります。それを避けるため、必要性がなくなった時点でOn Error GoTo 0ステートメントを使用し、機能を停止させます。

On Error Resume NextステートメントとOn Error GoTo 0ステートメントは、必ずといってよいほどセットにして使用されるステートメントです。記述の順番は、On Error Resume Nextステートメントが先で、On Error GoTo 0ステートメントが後になります。

以上で、フロー制御ステートメントの説明は終了です。実際には他にもいくつかのステートメントが存在しますが、Outlookを自動化するためには当面これだけ知っていれば大丈夫です。

ポイント

- 「Withステートメント」を用いて、単一のオブジェクトが行う一連の処理をまとめて書くことができる
- 「Withステートメント」を用いて、コードの可読性と処理速度を上げることができる
- 「On Error Resume Nextステートメント」「On Error GoTo 0ステートメント」を用いて、エラーが起こった場合の処理を書くことができる

第 9 章

VBAの
「オブジェクトとプロパティ」
を知る

01 オブジェクトとプロパティ

》セルへの値の書き込み

この章では、VBAのオブジェクトとプロパティについての解説を行います。オブジェクトとプロパティの基本を学ぶにあたり、今回もExcelを用いた解説から始めていきます。Excel VBAでは、セルに値を書き込んだり、セルの値を読み込んだりする際に、セルというオブジェクトのプロパティに文字や数値を代入します。

VBAにおけるオブジェクトとは、「VBAから操作可能なもの」を指しています。Excelには、ブック、シート、セル、グラフ、貼り付けられた画像といったオブジェクトが存在します。Outlookには、メール、予定表、連絡先、タスクといったオブジェクトが存在します。また、プロパティは「属性」「性質」と訳され、「オブジェクトの情報を取得、もしくは設定するもの」を指します。

最初に、下記のプロシージャを作成してください。「Worksheet.Rangeプロパティ」と「Worksheet.Cellsプロパティ」を使用して、セルに値を書き込むプログラムです。

```
Sub セルへの書き込み()

Worksheets("Sheet1").Range("A1").Value = "テスト"
Worksheets("Sheet1").Range("A2").Value = 12345
Worksheets("Sheet1").Cells(3, 1).Value = "テスト"
Worksheets("Sheet1").Cells(4, 1).Value = 12345

End Sub
```

このプログラムを実行すると、以下のようになります。

	A	B	C	D	E	F	G
1	テスト						
2	12345						
3	テスト						
4	12345						
5							

ここでは、次の2行のコードに注目してください。

```
Worksheets("Sheet1").Range("A1").Value = "テスト"
Worksheets("Sheet1").Range("A2").Value = 12345
```

これが、「Worksheet.Rangeプロパティ」です。「Worksheet.Rangeプロパティ」では、「Worksheetオブジェクト」を操作しようとしています。ここでは「Worksheets("Sheet1")」となっているため、Sheet1という名前のシートを操作しようとしていることがわかります。この時、「Worksheets」の最後の「s」を書き忘れないようにしてください。

「Worksheet.Rangeプロパティ」は、Worksheetというオブジェクトが持つ多数のプロパティの内、特定のセルを操作するためのものです。Range()の()内に、指定したいセルを「""」で囲んで記述します。

また、このプログラムでは「Worksheets("Sheet1").Range("A1").Value」となっています。これは「Worksheetオブジェクト」が持つ「Rangeプロパティ」の中の「Valueプロパティ」を操作しようとしています。プロパティが、さらにプロパティを持っているということになります。プロパティは、「.」でつなげることによって指定することができます。

この状態を、普段の生活に置き換えて考えてみましょう。例えば「A君」というオブジェクトが存在したとします。A君は、多数のプロパティ（設定値）を持っています。

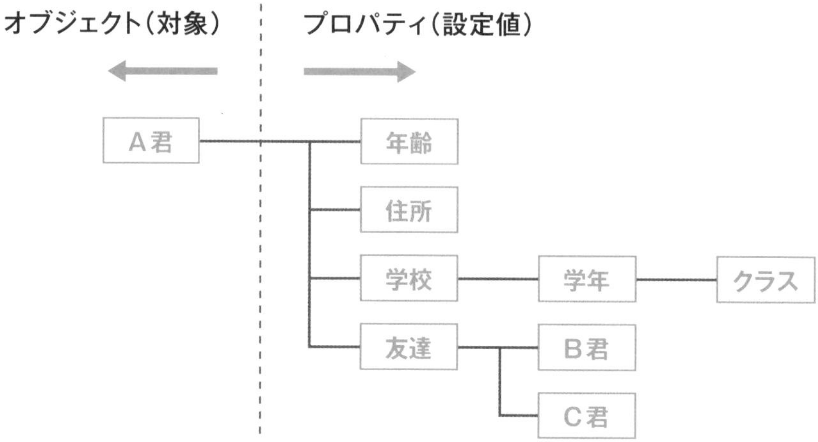

A君は「学校」というプロパティを持っていますが、その下にはさらに「学年」というプロパティが存在し、さらにその下には「クラス」というプロパティが存在しています。

さらにA君は「友達」というプロパティを持っていて、そこにはB君とC君が入っています。このようにプロパティは、関連するものがツリー状にまとめられて管理されています。この例では、A君のクラスを知りたい場合は「A君.学校.学年.クラス」と入力して調べることができます。

それでは、次の2行のコードを見てみましょう。

```
Worksheets("Sheet1").Cells(3, 1).Value = "テスト"
Worksheets("Sheet1").Cells(4, 1).Value = 12345
```

これは「Worksheet.Cells プロパティ」です。このプロパティでも、ワークシート上のセルを指定することができます。Cellsの()内には数値が2つ記述されていますが、前の数字が行、後の数字が列を指しています。つまり、Cells(3,1)は3行目1列目のセルを指定しています。「Worksheet.Rangeプロパティ」のRange("A3")と同じ意味になります。使い分けができるように、両方のプロパティを覚えておくようにしてください。

「Worksheet.Cells プロパティ」と「Worksheet.Rangeプロパティ」では、「Worksheetオブジェクト」を省略して書くこともできます。先ほどのプロシージャで省略すると、以下のようなコードになります。

```
Sub セルへの書き込み()

Range("A1") = "テスト"
Range("A2") = 12345
Cells(3, 1) = "テスト"
Cells(4, 1) = 12345

End Sub
```

「Worksheets("Sheet1").」という部分が省略され、最初の半分くらいの文字数になりました。Worksheetオブジェクトを省略した場合、VBAは自動で「現在選択しているシート」と判断します。そのため、「現在選択しているシート」を把握していない状態でこのプログラムを実行すると、予期しないシートに対して処理が行われることになります。

こうしたリスクを考えると、「Worksheets("Sheet1").」は省略しない方が安全ですが、その場合も、シート名が変更されるとエラーになってしまいます。マニュアルを用意し、「シート名は変更しないでください」と記載しておくのがかんたんです。また、このプロシージャでは「.Value」も省略しています。「.Value」も省略して書くことができます。

セルに書き込みを行う場合、変数を用いて書き込むこともできます。その場合、以下のように記述します。

```
Sub セルへの書き込み2()

Dim 文字列 As String
Dim 数値 As Integer

文字列 = "テスト"
数値 = 12345

Range("A1") = 文字列
Range("A2") = 数値
Cells(3, 1) = 文字列
Cells(4, 1) = 数値

End Sub
```

次に、セルからの値の読み込みについてご説明します。

》セルからの値の読み込み

セルからの値の読み込みも、書き込みと同様「Worksheet.Rangeプロパティ」もしくは「Worksheet.Cells プロパティ」を使用します。実際のプログラムで見てみましょう。次のプロシージャを作成してください。

```
Sub セルからの読み込み()

Dim 読み込んだ値 As String

読み込んだ値 = Range("A1")

MsgBox 読み込んだ値

End Sub
```

このプログラムは、「読み込んだ値」という文字列型の変数を定義し、A1セルにある値をセットする。最後にその内容をメッセージボックスで表示する、というものです。「Worksheets("Sheet1").」と「.Value」は、省略しています。

A1セルには先ほどのプログラムで「テスト」という文字列が入っているので、実行結果は以下のようになります。

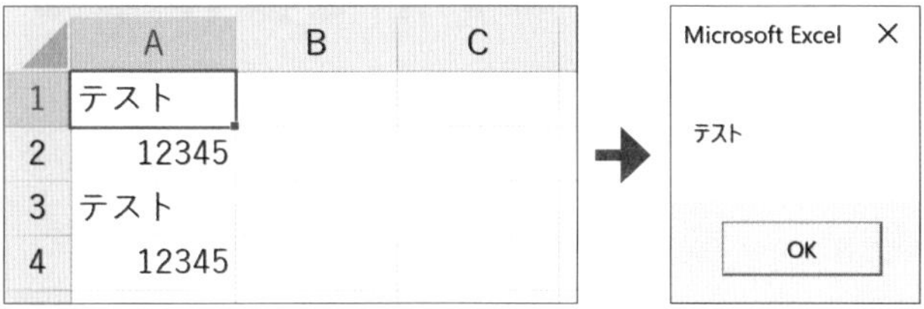

A1セルの値を取り込めていることがわかります。「読み込んだ値 = Range("A1")」という部分は、以下のようにさまざまな方法で記述することが可能です。処理対象が「Sheet1」であることを前提として、これらはすべて同じ意味になります。

```
読み込んだ値 = Range("A1")
読み込んだ値 = Cells(1, 1)
読み込んだ値 = Worksheets("Sheet1").Range("A1")
読み込んだ値 = Worksheets("Sheet1").Cells(1, 1)
読み込んだ値 = Worksheets("Sheet1").Range("A1").Value
読み込んだ値 = Worksheets("Sheet1").Cells(1, 1).Value
```

なおP.289で解説したように、「Worksheets("Sheet1").」というオブジェクトの指定を省略すると、予期しないシートに対して処理が行われる可能性があるため注意が必要です。

ポイント

- 「オブジェクト」とは、「VBAから操作可能なもの」のことで、Excelではブック、シート、セル等のことを指す。Outlookではメール、予定表、連絡先、タスクのことを指す
- 「プロパティ」とは、「オブジェクトの情報を取得、もしくは設定するもの」を指す
- 「プロパティ」を用いることで、「オブジェクト」の属性を変更したり、取得することができる

02 MailItemオブジェクトを操作する

MailItemオブジェクト

ここからは、いよいよOutlook VBAのオブジェクトとプロパティについての解説を行っていきます。VBAにおける「オブジェクト」とは、「VBAから操作可能なもの」を指しています。Outlookには、主に以下の4種類のオブジェクトが存在しています。

Outlookのアイテム	オブジェクト名
メール	MailItem
予定表	AppointmentItem
連絡先	ContactItem
タスク	TaskItem

メールの自動化を行うには、この中の「MailItemオブジェクト」の操作を行います。「MailItemオブジェクト」のプロパティには「宛先」「件名」「本文」などが存在し、それらを操作することによってメールの処理を自動化します。

「MailItemオブジェクト」を使用する場合は、最初にオブジェクトの定義を行う必要があります。「MailItemオブジェクト」では、次ページのようなコードを記述して定義を行います。これは「事前バインディング」という処理で、このコードを書くことによって、Excel VBAからOutlook VBAの機能を利用できるようになります。7章で説明した「参照設定」を行った上での処理となりますので、一緒に覚えるようにしてください。

```
Dim objOL As Outlook.Application
Dim myItem As Outlook.MailItem

Set objOL = New Outlook.Application
Set myItem = objOL.CreateItem(olMailItem)
```

上記コードの中で、最初の2行では変数の定義を行っています。「objOL」という名前の変数を「Outlook.Application型」で定義し、「myItem」という名前の変数を「Outlook.MailItem型」で定義しました。

```
Dim objOL As Outlook.Application
Dim myItem As Outlook.MailItem
```

その次の2行で、変数への代入を行っています。

```
Set objOL = New Outlook.Application
Set myItem = objOL.CreateItem(olMailItem)
```

「objOL」「myItem」という部分は変数名ですので、自由に変更することができます。一方、変数名以外の部分は変更することができません。1文字もまちがえないように入力してください。

ポイント

- Outlookには、主に「メール」「予定表」「連絡先」「タスク」の4つのオブジェクトが存在する
- 「メール」を操作するには、「MialItemオブジェクト」を用いる
- Excel VBAからOutlook VBAの機能を利用するには「事前バインディング」が必要

03 MailItemオブジェクトのプロパティ

》MailItemオブジェクトのプロパティの種類

ここまでで、「MailItemオブジェクト」を使用する準備が整いました。ここでは、「MailItemオブジェクト」が持つ主なプロパティをご紹介します。下記の表をご覧ください。「MailItemオブジェクト」はこれ以外にも多数のプロパティを持っていますが、VBAでプログラムを組む際はここにあるものを知っていれば大丈夫です。

プロパティ名	説明	値の型
To	宛先（To）	String
CC	宛先（CC）	String
BCC	宛先（BCC）	String
ReplyRecipients	返信先メールアドレス	String
Recipients	受信者	Recipients
SentOnBehalfOfName	送信先の表示名	String
Importance	重要度	Integer
Subject	件名	String
Body	本文	String
HTMLBody	HTML形式の本文	String
BodyFormat	メールの形式	OlBodyFormat
Attachments	添付ファイル	Attachments
ReceivedTime	受信日時	Date

》新規メール作成を自動で行う

それでは、これらのプロパティを使用して、実際にメールを自動化していきましょう。ここではメールを1件作成し、表示する動作を自動化してみます。ExcelからOutlookを操作しますので、これまでと同じようにExcelのVBEに次のプロシージャを作成してください。

```
Sub メールの作成()

Dim objOL As Outlook.Application
Dim myItem As Outlook.MailItem
Set objOL = New Outlook.Application
Set myItem = objOL.CreateItem(olMailItem)

myItem.To = "●●●@●●●.com" '宛先(To)を設定
myItem.CC = "●●●@●●●.com;●●●@●●●.com" '宛先(CC)を設定
myItem.BCC = "●●●@●●●.com;●●●@●●●.com" '宛先(BCC)を設定
myItem.SentOnBehalfOfName = "●●●@●●●.com" '送信者の表示名の設定
myItem.ReplyRecipients.Add "●●●@●●●.com" '返信先のメールアドレスの設定
myItem.Attachments.Add "¥¥●●¥●●¥めも.txt" '添付ファイルを添付
myItem.Subject = "Hello World!" '件名を設定
myItem.Importance = 2 '重要度を設定
myItem.Body = "○○様" & vbCrLf & vbCrLf & _
"お世話になります。メール自動化研究所です。" & vbCrLf & vbCrLf & _
"こちらはテストメールになります。" & vbCrLf & "以上" '本文を設定
myItem.BodyFormat = olFormatPlain 'テキスト形式を設定
myItem.Display ' メールを表示

End Sub
```

ここで、「myItem.Attachments.Add "¥¥●●¥●●¥めも.txt"」の部分に注意してください。このコードは「メールに「めも.txt」というファイルを添付する」という意味になりますが、指定したファイルが存在しない場合、エラーでプログラムが停止してしまいます。

そのため、事前に添付するファイルを用意し、Add以降の「¥¥●●¥●●¥めも.txt」の部分をそのファイルのフルパスに書き換えてください。フルパスとは、ファイルなどの保存場所を表す文字列のことで、データの住所のようなものです。例えばCドライブにある「メール添付保存」というフォルダーに保存されたファイルであれば、「C:¥メール添付保存¥めも.txt」といった形になります。

フルパスを調べるには、フルパスを知りたいファイルを右クリックし、「プロパティ」をクリックしてください。すると、次のような画面が開きます。

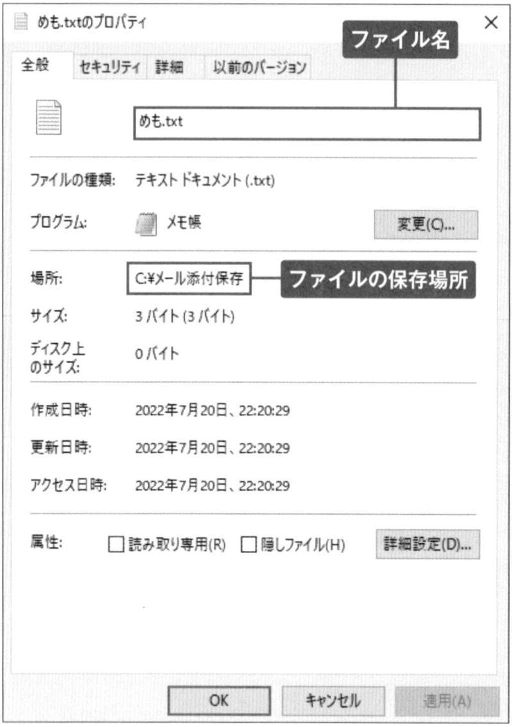

この画面の「場所: C:¥メール添付保存」という部分が、このファイルの保存場所になります。そして、「めも.txt」という部分がファイル名になります。「C:¥メール添付保存¥めも.txt」のようにこの2つを「¥」でつなげると、そのファイルのフルパスとなります。

このコードを実行すると、以下のようなメールが作成されます。

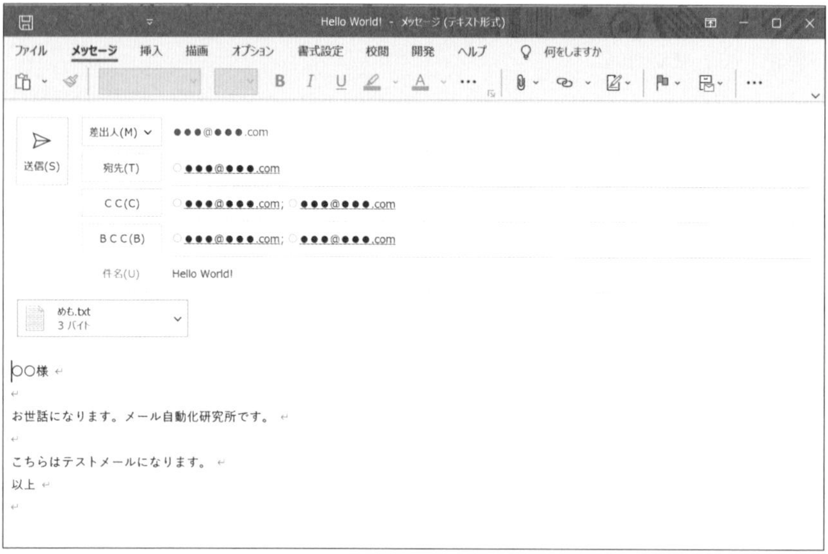

それでは、コードの解説を行っていきます。以下の4行は、P.292で解説した、Excelから Outlookを操作するための変数の定義と代入です。このコードによって、「これからメールを扱います。そのメールの名前は「myItem」です。」と宣言しています。

```
Dim objOL As Outlook.Application
Dim myItem As Outlook.MailItem
Set objOL = New Outlook.Application
Set myItem = objOL.CreateItem(olMailItem)
```

次からの行が、プロパティを使ってメールの内容を設定している部分です。

```
myItem.To = "●●●@●●●.com" '宛先(To)を設定
myItem.CC = "●●●@●●●.com;●●●@●●●.com" '宛先(CC)を設定
myItem.BCC = "●●●@●●●.com;●●●@●●●.com" '宛先(BCC)を設定
myItem.SentOnBehalfOfName = "●●●@●●●.com" '送信者の表示名の設定
myItem.ReplyRecipients.Add "●●●@●●●.com" '返信先のメールアドレスの設定
myItem.Attachments.Add "¥¥●●¥●●¥めも.txt" '添付ファイルを添付
myItem.Subject = "Hello World!" '件名を設定
myItem.Importance = 2 '重要度を設定
myItem.Body = "〇〇様" & vbCrLf & vbCrLf & _
"お世話になります。メール自動化研究所です。" & vbCrLf & vbCrLf & _
"こちらはテストメールになります。" & vbCrLf & "以上" '本文を設定
myItem.BodyFormat = olFormatPlain 'テキスト形式を設定
```

よく見ると、各プロパティを操作する記述方法が2種類あることに気づきます。「=」を使った書き方と、「.Add」を使った書き方です。「Add」を使った構文については、P.302でご説明します。

```
myItem.To = “●●●@●●●.com”
```

```
myItem.ReplyRecipients.Add "●●●@●●●.com"
```

「=」を使った構文は、以下のようになっています。

```
オブジェクト.プロパティ = 代入したい文字列
```

例えばToプロパティにメールアドレスを文字列として代入する場合、次のように指定します。

```
myItem.To = "●●●@●●●.com"
```

「＝」を使った構文を使う際の注意点は、下記になります。

- 「=」の左右に半角スペースを1つ入れる
- メールアドレス、件名、本文などの文字列は、左右に「"（ダブルクォーテーション）」をつける
- 送信先が2つ以上ある場合は、メールアドレスの間に「,（カンマ）」もしくは「;（セミコロン）」を記述する（「,（カンマ）」の場合、環境によってはエラーになることがあるため「;（セミコロン）」推奨）

送信先が2つ以上ある場合は、以下のように記述します。

```
myItem.CC = "●●●@●●●.com;●●●@●●●.com"
myItem.BCC = "●●●@●●●.com;●●●@●●●.com"
```

また以下のコードでは、「Bodyプロパティ」を使用してメールの本文を作成しています。「vbCrLf」で改行を行えることはP.257でご説明しましたが、それを2回行うことで1行空けることができます。

また、コードが長く見にくい場合は「 _（半角スペース＋半角アンダーバー）」を挟むと、次の行に記述を分けることができます。この改行は、マクロの実行結果には影響を及ぼしません。

```
myItem.Body = "〇〇様" & vbCrLf & vbCrLf & _
"お世話になります。メール自動化研究所です。" & vbCrLf & vbCrLf & _
"こちらはテストメールになります。" & vbCrLf & "以上"
```

先ほどのコードでメールを作成すると、次ページの画面のようになります。コードと画面を見比べて、どこがどれに対応するのか、確認してください。

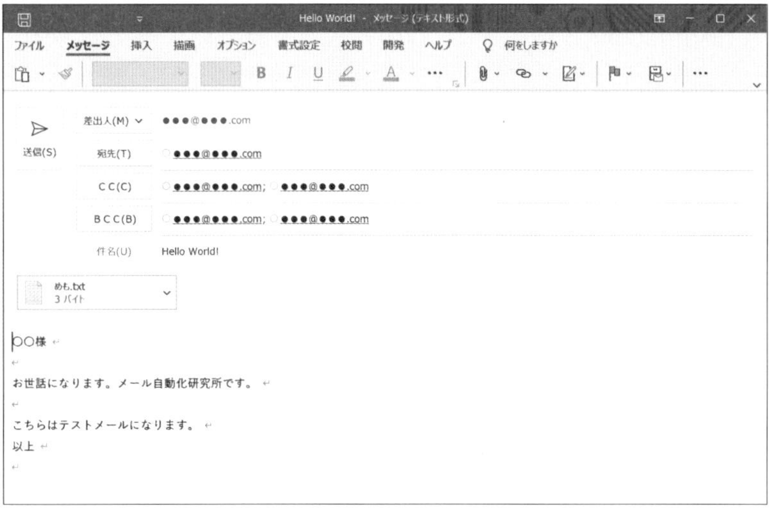

》HTMLBodyプロパティ

メールの本文を設定するプロパティは、「Bodyプロパティ」以外にもう1つ、「HTMLBody」が存在します。「Bodyプロパティ」と「HTMLBodyプロパティ」の使い分けは、メール本文の形式がHTML形式の場合は「HTMLBodyプロパティ」を用い、テキスト形式またはリッチテキスト形式の場合は「Bodyプロパティ」を用います。メール本文の形式は、「BodyFormatプロパティ」で設定することができます（次ページ参照）。

コードの記述方法にもちがいがあります。テキスト形式、リッチテキスト形式は改行する際「vbCrLf」を用いるのに対して、HTML形式では「"<br>"」を用います。これはHTMLタグをダブルクォーテーションで囲み、文字列として扱ったものになります。

先ほどのコードの「Bodyプロパティ」の箇所を「HTMLBodyプロパティ」を使用して記述すると、以下のようになります。

```
myItem.HTMLBody = "○○様" & "<br>" & _
"お世話になります。メール自動化研究所です。" & "<br>" & "<br>" & _
"こちらはテストメールになります。" & "<br>" & "以上"
myItem.BodyFormat = olFormatHTML  'HTML形式
```

》BodyFormatプロパティ

先ほどご紹介した、「BodyFormatプロパティ」について詳しく説明します。「BodyFormatプロパティ」は、メール本文の形式を設定するもので、以下の4種類の指定方法があります。「olFormatUnspecified（形式の指定なし）」を指定した場合、3種類の形式のいずれかが自動で設定されます。

名前	値	説明
olFormatUnspecified	0	形式の指定なし
olFormatPlain	1	テキスト形式
olFormatHTML	2	HTML 形式
olFormatRichText	3	リッチテキスト形式

これらの内、HTMLメールは装飾を施したメールが作れる反面、受け取る側が使っているメールのアプリ、サービスによっては見ることができなかったり、フォーマットが崩れてしまったりするリスクがあります。また「BodyFormatプロパティ」を指定しない場合は、「olFormatUnspecified（形式の指定なし）」として扱われます。

受信したメールに対して返信するような場合は、すでに書式が決定しているメールに対して返信するということなので、「olFormatUnspecified（形式の指定なし）」で問題ありません。一方、新規メールをVBAで作成する場合は、使いたい書式を指定した方がよいでしょう。そうしないと、メールが開けなかったり、レイアウトが崩れているといった事象が発生する場合があります。

「BodyFormatプロパティ」への代入は、先ほどの「BodyFormatプロパティの種類」の表の名前か値のどちらかを設定します。次の2行は、どちらもHTML形式を設定しています。どちらも同じ意味ですので、どちらか片方を記述すれば問題ありません。

```
myItem.BodyFormat = olFormatHTML
```

```
myItem.BodyFormat = 2
```

》Importanceプロパティ

次に、「Importanceプロパティ」について説明します。「Importanceプロパティ」を用いると、メールの重要度の設定を行うことができます。「Importanceプロパティ」の記述方法は、以下のようになります。

```
myItem.Importance = olImportanceHigh
```

```
myItem.Importance = 2
```

この2行は、どちらも重要度「高」に設定するというものです。「Importanceプロパティ」で設定できる名前・値は、以下の表の通りです。名前と値、どちらも効果は同じですので、使いやすい方を用いてください。

名前	値	説明
olImportanceLow	0	重要度「低」と設定
olImportanceNormal	1	重要度「中」と設定
olImportanceHigh	2	重要度「高」と設定

設定を行わない場合、重要度は「中」になります。例えば何らかのシステムでトラブルやエラーが発生した場合に、関係者に自動メールを送信するといった場面では、重要度「高」が適しています。

》「Add」メソッドを使った設定方法

P.295で登場した、「Add」を使った設定方法を見てみます。「Add」を使った構文は、以下のようになっています。

```
コレクション.Add　代入したい文字列
```

この構文は、サンプルプログラムでは以下の2カ所で使用しています。「ReplyRecipientsプロパティ」で返されたオブジェクトを「ReplyRecipientsコレクション」に、「Attachmentsプロパティ」で返されたオブジェクトを「Attachmentsコレクション」に、Addメソッドを使って追加をして設定を行います。

```
myItem.ReplyRecipients.Add "●●●@●●●.com"
myItem.Attachments.Add "¥¥●●¥●●¥めも.txt"
```

「MailItemオブジェクト」のプロパティでは、プロパティごとに「＝」で設定するのか、「Add」で設定するのかがあらかじめ決まっています。「Add」を使って設定するのは先ほどの2つのプロパティで、他は基本的にすべて「＝」を用います。

「ReplyRecipients（返信先）」は、受け取ったメールに対して返信する場合のメールアドレスで、通常、設定する必要はありません。返信先メールアドレスの設定が必要になるのは、例えば複数名で行っている業務でメンバー全員が情報を共有する必要があり、グループメールアドレスに対して相手が返信するように誘導したい場合が想定されます。

ただし、そのような場合も「ReplyRecipients（返信先）」の使用はあまりおすすめできません。例えば、届いたメールに返信しようと「返信」ボタンを押した場合に送信先として別のメールアドレスが自動で設定されていると、「このメールアドレスは何だろう？」と混乱する可能性があります。それを見て問い合わせが来るかもしれませんし、手動でそのメールアドレスが消去されるかもしれません。使用する場合も、必ずしも相手がそのアドレスに返信してくれるとは限らないという前提で設定した方がよいと思います。どうしても特定のメールアドレスに返信を誘導したいという場合は、Microsoft 365のサービスを使われている方なら、共有メールボックスを使用するのがおすすめです。

「ReplyRecipients(返信先)」は事故の原因になり得るので使わない方がよいということになると、プロパティの設定で「Add」を用いるのは「Attachments(添付ファイル)」だけになります。先ほどのプログラムでは、以下のようなコードでメールにファイルを添付していました。

```
myItem.Attachments.Add "¥¥●●¥●●¥めも.txt"
```

ここで注意が必要なのは、次の2点です。

- ファイルはフルパス(P.295)で指定する
- ファイル名は文字列なので、左右に「"(ダブルクォーテーション)」をつける
- 2つ以上のファイルを添付する場合は、複数回に分けて処理を行う

例えば2つのファイルを添付する場合、以下のように2行に分けて記述します。

```
myItem.Attachments.Add "¥¥●●¥●●¥めも.txt"
myItem.Attachments.Add "¥¥●●¥●●¥テスト.xlsx"
```

これでMailItemオブジェクトのプロパティの設定方法の解説は終わりですが、まだ説明していない以下の行があります。

```
myItem.Display ' メールを表示
```

これは「作成したメールを表示しなさい」という意味のコードで、「Display」はメソッドと呼ばれるものになります。メソッドに関して、詳しくは次章でご説明します。

ポイント

- 「MailItemオブジェクト」の持つプロパティを用いてメールの自動化を行うことができる
- 「MailItemオブジェクト」のプロパティに代入することで新規メールを作成できる(一部「Add」メソッドを使用する)
- メール本文を設定する場合は、形式による使い分けが必要

04 受信したメールの情報を取得する その1

》「件名」「送信者名」「重要度」「受信日時」を取得する

ここまで、新規メールを作成する場合の「MailItemオブジェクト」のプロパティについて説明してきました。ここでは、すでに受信しているメールのプロパティを取得する方法に関して解説していきます。

受信済みのメールから値を取得する際、フォルダ内のすべてのメールから取得するのではなく、条件を設定し、そのメールが取得対象かどうかを判別してから値を取得することが多いです。メールの情報を取得するにはいくつかの方法がありますが、ここではもっともかんたんな方法を解説します。Outlookでメールを1件選択し、そのメールの内容を取得する方法です。ExcelのVBEで、次のプロシージャを作成してください。

```
Sub 選択しているメールの内容を表示()

Dim objOL As Outlook.Application
Dim mySelectedItems As Outlook.Selection
Dim myItem As Outlook.MailItem

Set objOL = New Outlook.Application
Set mySelectedItems = objOL.ActiveExplorer.Selection
Set myItem = mySelectedItems.Item(1)

MsgBox "選択したメールの件名:" & myItem.Subject
MsgBox "選択したメールの送信者名:" & myItem.SenderName
MsgBox "選択したメールの重要度:" & myItem.Importance
MsgBox "選択したメールの受信日時:" & myItem.ReceivedTime

End Sub
```

Outlookでメールを1件選択している状態でこのプログラムを実行すると、次のようなメッセージボックスが表示され、メールの件名、送信者名、重要度、受信日時が順番に表示されます。

Microsoft Excel
選択したメールの件名:Hello World!
OK

このプログラムで新しく出てきた行は、以下の3行です。

```
Dim mySelectedItems As Outlook.Selection
```

```
Set mySelectedItems = objOL.ActiveExplorer.Selection
Set myItem = mySelectedItems.Item(1)
```

それぞれ、次のような意味になります。

```
mySelectedItemsという変数をOutlook.Selection型で定義する
```

```
mySelectedItemsに、Outlookの中で選択されているオブジェクトを代入する
myItemに、mySelectedItemsの中の1番最初のアイテムを代入する
```

「mySelectedItems.Item(1)」の「Item(1)」は「Itemメソッド」と呼ばれるもので、「mySelectedItemsの中の1つ目のアイテムを選択する」という意味になります。()内の1を2に変えると、2件目のメールを取得できます。これにより、Outlookの任意のメールを取得することができます。メソッドについて、詳しくはP.334で解説します。

》取得した値をExcelに入力する

先ほど紹介したプログラムでは、選択しているメールの内容を取得し、メッセージボックスで表示しました。次に、取得したメールの内容をExcelに入力するマクロを作成します。次のプロシージャを作成してください。

```
Sub 選択しているメールの内容をExcelに記入()

Dim objOL As Outlook.Application
Dim mySelectedItems As Outlook.Selection
Dim myItem As Outlook.MailItem

Set objOL = New Outlook.Application
Set mySelectedItems = objOL.ActiveExplorer.Selection
Set myItem = mySelectedItems.Item(1)

'タイトルを記入
Range("A7") = "件名"
Range("B7") = "送信者名"
Range("C7") = "重要度"
Range("D7") = "受信日時"

'取得したメールの内容を記入
Range("A8") = myItem.Subject
Range("B8") = myItem.SenderName
Range("C8") = myItem.Importance
Range("D8") = myItem.ReceivedTime

End Sub
```

Outlookでメールを選択している状態でこのプログラムを実行すると、Excelで選択されているシートの指定したセルに、以下の画面のようにメールの内容が転記されます。

	A	B	C	D	E	F
1						
2						
6						
7	件名	送信者名	重要度	受信日時		
8	Hello World!	伊賀上 真左彦	1	2021/8/9 13:13		
9						

》複数のメールの値を取得する

次に、1件のメールだけではなく、選択しているすべてのメールの値を取得するようにコードを改造しましょう。ここで使用する「For Nextステートメント」は、指定した回数分、指定した処理を行うステートメントです。「For Nextステートメント」では、繰り返しを行う回数を指定します。今回は「すべてのメール」に対して処理を行いたいので、選択しているメールが何件あるかを知る必要があります。

選択しているメールは、変数「mySelectedItems」に代入されています。そこに入っているアイテムの総数は、「mySelectedItems」のうしろに「Count」プロパティをつけた「mySelectedItems.Count」で知ることができます。「Count」プロパティを使うと、代入されているデータの数を知ることができます。

以上の内容を踏まえ、選択しているすべてのメールの内容をExcelに入力するプログラムを作ってみましょう。次のプロシージャを作成してください。

```
Sub 選択しているすべてのメール内容をExcelに記入()

Dim objOL As Outlook.Application
Dim mySelectedItems As Outlook.Selection
Dim myItem As Outlook.MailItem
Dim i As Long

Set objOL = New Outlook.Application
Set mySelectedItems = objOL.ActiveExplorer.Selection

'タイトルを記入
Range("A7") = "件名"
Range("B7") = "送信者名"
Range("C7") = "重要度"
Range("D7") = "受信日時"

'取得したメールの内容を記入
For i = 1 To mySelectedItems.Count
    Set myItem = mySelectedItems.Item(i)
    Range("A" & i + 7) = myItem.Subject
    Range("B" & i + 7) = myItem.SenderName
```

```
    Range("C" & i + 7) = myItem.Importance
    Range("D" & i + 7) = myItem.ReceivedTime
Next i

End Sub
```

このプログラムを実行すると、次のような結果が得られます。

	A	B	C	D	E
1					
2					
6					
7	件名	送信者名	重要度	受信日時	
8	Hello World!	伊賀上 真左彦	1	2021/8/9 13:13	
9	アポイントのお願い	伊賀上 真左彦	1	2021/8/9 14:15	
10	打ち合わせの件	伊賀上 真左彦	1	2021/8/10 10:31	
11	社内会議　議事録	伊賀上 真左彦	0	2021/8/12 15:46	
12	資料共有	伊賀上 真左彦	0	2021/8/15 11:50	
13	説明会　日程の件	伊賀上 真左彦	2	2021/8/16 16:16	
14					

「For Next ステートメント」で選択したメールの回数分、繰り返し処理を行っています。「i」は、メールの番号です。「For i = 1 To mySelectedItems.Count」と書かれているので、「i」は1から選択している最後のメールまで、順番に1個ずつ進んでいきます。例えば5件のメールを選択しているなら、「i」には1、2、3、4、5の順に数字が入っていきます。

このプログラムで少し難しいのは、以下の部分かと思います。

```
Range("A" & i + 7) = ●●
```

例えば「i」が3の場合、3+7で次のコードと同じ意味、つまり「A10セルに●●と記入しなさい」という意味になります。

```
Range("A10") = ●●
```

Excelでセルに値を連続で書き込む場合、このような方法を使います。先ほどのプログラムでは7行目がタイトル行になっていて、取り込んだ値は8行目以降に入力されています。「i」は1から始まりますが、8行目から書き込みを行う必要があるため、「i」に対して「+7」を行っているのです。

	A	B	C	D	E
1					
2					
6					
7	件名	送信者名	重要度	受信日時	
8	Hello World!	伊賀上 真左彦	1	2021/8/9 13:13	
9	アポイントのお願い	伊賀上 真左彦	1	2021/8/9 14:15	
10	打ち合わせの件	伊賀上 真左彦	1	2021/8/10 10:31	
11	社内会議　議事録	伊賀上 真左彦	0	2021/8/12 15:46	
12	資料共有	伊賀上 真左彦	0	2021/8/15 11:50	
13	説明会　日程の件	伊賀上 真左彦	2	2021/8/16 16:16	
14					

》メールの「本文」を取得する

ここまでで、「件名」「送信者名」「重要度」「受信日時」の取得ができました。次に、メールの「本文」を取得する方法を説明します。メール本文は、「Bodyプロパティ」または「HTMLBodyプロパティ」で取得できます。

受信するメールの本文は、テキスト形式、リッチテキスト形式、HTML形式の3つが存在します。プロパティの名称から、HTML形式のメールの場合は「HTMLBodyプロパティ」、それ以外の場合は「Bodyプロパティ」を使わなければいけないと思われるかもしれませんが、実際にはHTML形式のメールであっても「Bodyプロパティ」を使うことができます。同様に、テキスト形式であっても「HTMLBodyプロパティ」を使うことができます。

ここで、実例を見てみましょう。次のプロシージャを作成してください。

```
Sub メールBodyテスト()

Dim objOL As Outlook.Application
Dim myItem As Outlook.MailItem
Dim myCopyItem As Outlook.MailItem

Set objOL = New Outlook.Application
Set myItem = objOL.CreateItem(olMailItem)

'プロパティの設定
myItem.To = "●●●@●●●.com" ' Toのアドレス
myItem.CC = "●●●@●●●.com,●●●@●●●.com" ' CCのアドレス
myItem.Subject = "Hello World!" ' 件名
myItem.Body = "○○様" & vbCrLf & vbCrLf & _
"お世話になります。メール自動化研究所です。" & vbCrLf & vbCrLf & _
"こちらはテストメールになります。" & vbCrLf & "以上"          ' 本文
myItem.BodyFormat = olFormatPlain   ' メールの形式
MsgBox myItem.HTMLBody ' HTMLBodyの表示

End Sub
```

このプログラムでは、新規メールを作成し、最後に

```
MsgBox myItem.HTMLBody
```

でHTML形式の本文を取得しています。しかし、このプログラムでは「myItem.Body」は設定していますが、「myItem.HTMLBody」は設定していません。しかしこのプログラムを実行すると、本来存在しないはずの「HTMLBody」が表示されます。

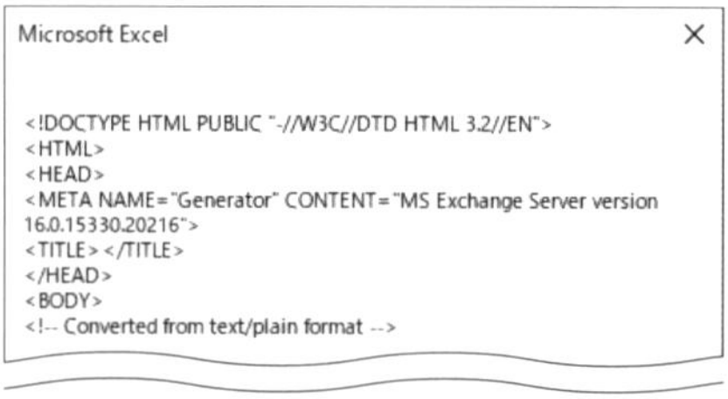
Microsoft Excel
<!DOCTYPE HTML PUBLIC "-//W3C//DTD HTML 3.2//EN">
<HTML>
<HEAD>
<META NAME="Generator" CONTENT="MS Exchange Server version 16.0.15330.20216">
<TITLE></TITLE>
</HEAD>
<BODY>
<!-- Converted from text/plain format -->

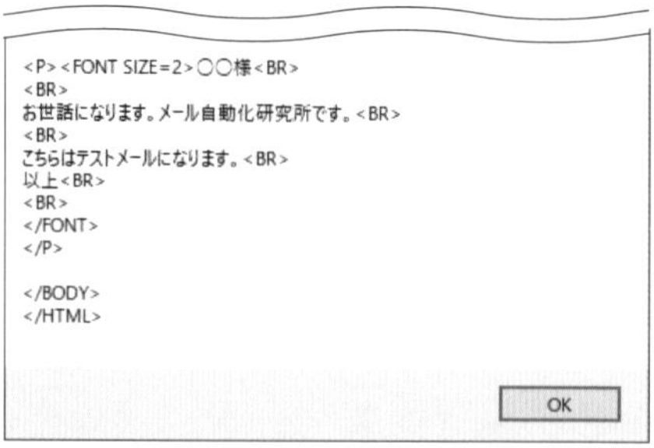
<P><FONT SIZE=2>○○様

お世話になります。メール自動化研究所です。

こちらはテストメールになります。
以上

</FONT>
</P>
</BODY>
</HTML>
OK

このことから、「myItem.Body」を設定すると、Outlookが「myItem.HTMLBody」も自動生成していることがわかります。同様に「myItem.HTMLBody」だけを設定した場合も、「myItem.Body」が自動生成されます。メール本文の形式は「MailItem.BodyFormatプロパティ」で取得できますが、本文の形式が何であれ、本文は「myItem.Body」もしくは「myItem.HTMLBody」で取得できるということです。

もう1点注意が必要なのが、メール本文をExcelに取り込む場合に、以下の問題が発生する可能性があるということです。

- Excelの1つのセルに入る文字数は32,767文字までなので、メール本文の文字数がこれを超えるとエラーになる
- メール本文が「=」から始まる場合、Excelが数式（Excel関数）であると認識し、既存のExcel関数に一致しない場合にエラーとなる

パソコンのメールの文字数は無制限の場合が多く、プログラムを組む際は考慮せざるを得ません。そもそもExcelの1つのセルに数万字も入れると読みにくくなるだけなので、どこかで切って短くして取り込む等の工夫が必要です。

また、メール本文を「=」から書き始める方が、稀にではありますがいる可能性もあります。対応手段としては、「=」から始まる本文に対して、一番左に別の文字を足すことで解消できます。

これらの内容を受けて、実際にメール本文をExcelに取り込むプログラムを作成します。先ほど書いたプロシージャ

```
Range("D" & i + 7) = myItem.ReceivedTime
```

のコードの下に、以下の2行を追加してください。

```
Range("E" & i + 7) = "_" & Left(myItem.Body, 32766)
Range("F" & i + 7) = Left(myItem.HTMLBody, 32767)
```

すると、下記のようなコードになります。

```
Sub 選択しているすべてのメール内容をExcelに記入()

Dim objOL As Outlook.Application
Dim mySelectedItems As Outlook.Selection
Dim myItem As Outlook.MailItem
Dim i As Long
Dim 本文 As String

Set objOL = New Outlook.Application
Set mySelectedItems = objOL.ActiveExplorer.Selection

'タイトルを記入
Range("A7") = "件名"
Range("B7") = "送信者名"
Range("C7") = "重要度"
Range("D7") = "受信日時"
Range("E7") = "本文"
Range("F7") = "HTML形式本文"

'取得したメールの内容を記入
For i = 1 To mySelectedItems.Count
    Set myItem = mySelectedItems.Item(i)
    Range("A" & i + 7) = myItem.Subject
    Range("B" & i + 7) = myItem.SenderName
    Range("C" & i + 7) = myItem.Importance
    Range("D" & i + 7) = myItem.ReceivedTime
    Range("E" & i + 7) = "_" & Left(myItem.Body, 32766)
    Range("F" & i + 7) = Left(myItem.HTMLBody, 32767)
Next i

End Sub
```

下記コードの「Left()」という部分では、「Left関数」を使用しています。

```
Range("F" & i + 7) = Left(myItem.HTMLBody, 32767)
```

Left関数の構文

```
Left(文字列, 文字数)
```

「Left関数」はExcel関数にもあるように、「文字列に対して、左から指定した文字数分の文字を切り出す」という関数になります。セルに入るのが32,767文字なので、その上限文字数を超えないように本文から切り出しを行っています。実際の業務で使う場合は、セルに32,767文字も入っていると見にくいですし、データ処理を行うにしてもそこまでの文字数は不要と思いますので、もう少し短い文字数で切ってよいと思います。

また下記のコードの「"_" &」では、メール本文が「=」から始まりエラーになるのを避けるため、最初に「_（アンダーバー）」を足しています。

```
Range("E" & i + 7) = "_" & Left(myItem.Body, 32766)
```

アンダーバーを用いたのは目立たないようにしただけで、他の文字でも構いません。また「, 32766)」と、セルの文字数制限を32767にしなかったのは、先頭にアンダーバーを1文字足した分、短くする必要があるからです。本来は、メール本文が「＝」で始まっているかどうかをIf文で判断し、始まっている場合のみ他の文字を追加する方が丁寧です。

もう1つ注意が必要なのが、メール本文がHTML形式の場合、一定の文字数で切ってしまうとタグの一部が欠落し、表示が崩れてしまう心配があります。また取り込んだメール本文をカンマ区切りのcsv形式で保存する場合に、メール本文にカンマがあるとフォーマットが崩れる場合があります。

そもそもメール本文をExcelに取り込むのは、受信したメールを管理したり、システムから送信する自動メールの情報を処理したりする場合が想定されます。そのような目的では、多少形が崩れても問題ないと思いますが、問題となる場合はHTML形式の本文はExcelに取り込まないように処理する必要があります。

ポイント

- 「MailItemオブジェクト」のプロパティを用いて、受信したメールの情報を取得できる
- 繰り返し処理と組み合わせることで、複数のメールの情報を取得できる
- メール本文を取得する場合は、形式に注意する

05 受信したメールの情報を取得する その2

》送信者メールアドレスの取得

送信者のメールアドレスは、「MailItem.SenderEmailAddressプロパティ」を用いて取得することができます。先ほどのサンプルプログラムでは「MailItemオブジェクト」を表す変数として「myItem」を使用しているため、「myItem.SenderEmailAddress」で送信者のメールドレスを知ることが可能です。

しかし、そこで問題が発生するのが、Microsoft 365などのExchange環境でOutlookを使用している場合です。Exchange環境とは、MicrosoftのExchange Serverを導入している環境のことで、メールやスケジュールなどの情報を他の人との間で共有することができます。実際に「myItem. SenderEmailAddress」を使って送信者のメールアドレスを取得すると、以下のような特殊なメールアドレスが混ざっていることに気がつくと思います。

```
/O=●●●●/OU=●●●●●●●● (●●●●●●●)/CN=RECIPIENTS/CN=●●
```

これはExchange環境のみで使用される「LegacyExchangeDN」と呼ばれるメールアドレスで、●●●の部分には組織の名称や送信者個人を示す番号が記されています。このメールアドレスはOutlookが内部で利用しているメールアドレスで、一般の使用者が見ることはないものです。「LegacyExchangeDN」のアドレスは組織内でのみ有効なアドレスなので、このままでは活用が難しいです。

その場合は「AddressEntry.GetExchangeUserメソッド」を用いることで、Exchangeユーザーのメールアドレスを知ることができます。またExchangeユーザーかどうかは「AddressEntry.AddressEntryUserTypeプロパティ」を用いると知ることができます。

以上の内容を踏まえ、メール送信者のメールアドレスを知るためのプログラムを作ってみましょう。次のプロシージャを作成してください。

```
Sub 選択しているすべてのメール内容をExcelに記入_送信者アドレス追加版()

Dim objOL As Outlook.Application
Dim mySelectedItems As Outlook.Selection
Dim myItem As Outlook.MailItem
Dim i As Long
Dim 本文 As String
Dim 対象ユーザー As ExchangeUser

Set objOL = New Outlook.Application
Set mySelectedItems = objOL.ActiveExplorer.Selection

'タイトルを記入
Range("A7") = "件名"
Range("B7") = "送信者名"
Range("C7") = "送信者メールアドレス"
Range("D7") = "重要度"
Range("E7") = "受信日時"
Range("F7") = "本文"
Range("G7") = "HTML形式本文"

'取得したメールの内容を記入
For i = 1 To mySelectedItems.Count
    Set myItem = mySelectedItems.Item(i)
    Range("A" & i + 7) = myItem.Subject
    Range("B" & i + 7) = myItem.SenderName

    Select Case myItem.Sender.AddressEntryUserType 'ExchangeUserか判断
        Case 0, 5 'Exchange ユーザーの場合
                Set 対象ユーザー = myItem.Sender.GetExchangeUser
                Range("C" & i + 7) = 対象ユーザー.PrimarySmtpAddress
        Case 30 'SMTPアドレスの場合
                Range("C" & i + 7) = myItem.SenderEmailAddress
    End Select

    Range("D" & i + 7) = myItem.Importance
    Range("E" & i + 7) = myItem.ReceivedTime
    Range("F" & i + 7) = "_" & Left(myItem.Body, 32766)
    Range("G" & i + 7) = Left(myItem.HTMLBody, 32767)
Next i

End Sub
```

P.312で作成したプログラムに、送信者のメールアドレスを取得する機能を追加しました。Outlookでメールを何件か選択している状態で実行すると、現在開いているExcelのシートにその内容が入力されます。

以下の部分が、新たに追加した送信者のメールアドレスを知るためのコードです。

```
Dim 対象ユーザー As ExchangeUser
```

```
    Select Case myItem.Sender.AddressEntryUserType 'ExchangeUserか判断
        Case 0, 5 'Exchange ユーザーの場合
                Set 対象ユーザー = myItem.Sender.GetExchangeUser
                Range("C" & i + 7) = 対象ユーザー.PrimarySmtpAddress
        Case 30 'SMTPアドレスの場合
                Range("C" & i + 7) = myItem.SenderEmailAddress
    End Select
```

最初に、「ExchangeUser」というデータ型の変数として「対象ユーザー」を定義しています。これは、ExchangeUserオブジェクトを格納できる変数です。「Select Caseステートメント」を使用し、以下のコードで送信者メールアドレスがExchangeUserであるかどうかを判断しています。

```
Select Case myItem.Sender.AddressEntryUserType 'ExchangeUserか判断
```

社内のExchangeユーザーであれば「0」、社外のExchangeユーザーであれば「5」、Exchangeユーザーでなければ「30」を返すので、それぞれの場合で処理を分岐させています。「Case 0, 5」は「0」もしくは「5」の場合という意味で、送信者がExchangeUserであるということを表しています。その場合は「AddressEntry.GetExchangeUserメソッド」を実行して対象ユーザーを調べて変数に代入し、「PrimarySmtpAddressプロパティ」でそのユーザーのメールアドレスを調べます。最後に、「Range("C" & i + 7)」でセルに値を書き込みます。

「Case 30」の場合はExchangeUserではないので「SenderEmailAddressプロパティ」でメールアドレスを取得し、それをそのままセルに書き込みます。

》受信者メールアドレスの取得

次に、受信者のメールアドレスの取得です。メールの受信者は、Toは「myItem.To」、CCは「myItem.CC」で知ることができます。BCCは「myItem. BCC」で知ることができますが、これは取得する機会が少ないと思います。

P.304のプログラムを、以下のように書き換えてください。選択しているメールの「myItem.To（Toの受信者）」と「myItem.CC（CCの受信者）」を、メッセージボックスで表示するプログラムです。

```
Sub 選択しているメールの内容を表示_受信者追加版()

Dim objOL As Outlook.Application
Dim mySelectedItems As Outlook.Selection
Dim myItem As Outlook.MailItem

Set objOL = New Outlook.Application
Set mySelectedItems = objOL.ActiveExplorer.Selection
Set myItem = mySelectedItems.Item(1)

MsgBox "選択したメールのTo:" & myItem.To
MsgBox "選択したメールのCC:" & myItem.CC

End Sub
```

Outlookで任意のメールを選択した状態でこのプログラムを実行すると、以下のように宛先が日本語で表示されてしまいます。知りたいのはメールアドレスですので、これではいけません。実はメールアドレスは、まったくちがうところに保管されています。なお、送信者が送信者の日本語名を共有しない設定にしている場合など、稀にメールアドレスが表示される場合もあります。

メールアドレスの保存先は、P.329のコラムで紹介する方法で知ることができます。以下の画像を見ると、「myItem」オブジェクトの「Recipients」プロパティの中にItem1から3が存在し、その中の「Address」プロパティにメールアドレスが入っていることがわかります。

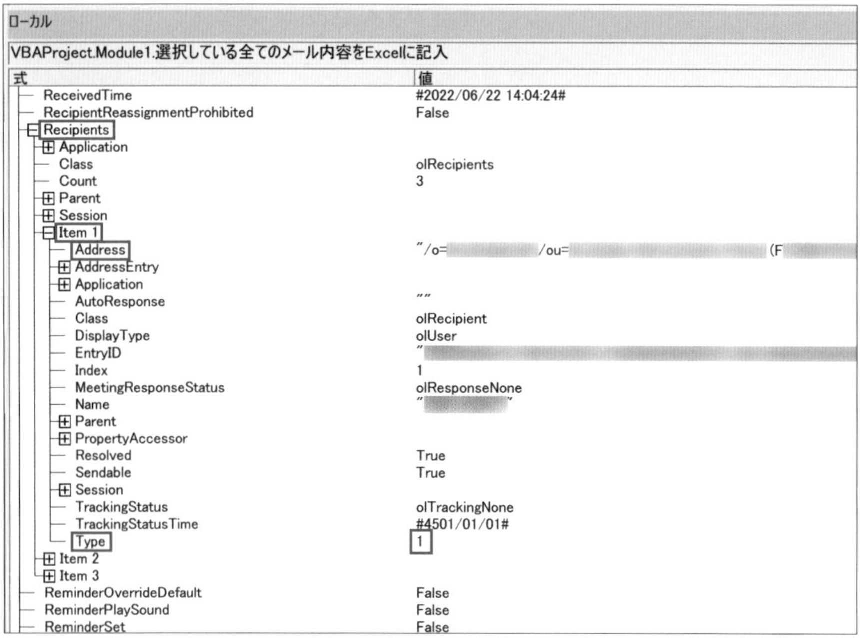

この画面ではメールアドレスが「/O=●●●●/OU=●●●●●●●● (F●●●●●●」となっており、「LegacyExchangeDN」形式になっています。そのため、受信者のSMTPアドレスを取得し、変換する必要が発生します。その場合も、P314の「AddressEntry.GetExchangeUserメソッド」を使用することは可能です。ただし、この方法は、環境によっては社外のExchangeユーザーのSMTPアドレスを取得できない場合があります。そのため本書では、より確実な「PropertyAccessor オブジェクト」と「PropertyAccessor.GetProperty メソッド」を用います。

また、この画面ではItem1、Item2、Item3と3つ入っていますが、これは受信者が3人いるからです。そして一番下に、「Type」というプロパティがあります。これは「1」の場合To、「2」の場合CCを表しています。BCCは知る手段はありません。

これで必要な情報が揃いました。もう1つの注意点は、受信者が配布リストの場合です。配布リストとは、Microsoft 365などのExchange環境で使われるグループメールアドレスの1つです。受信者に配布リストが含まれる場合は、P.315のプログラムに受信者のアドレスを取得する機能を追加する必要があります。何件かのメールを選択している状態で実行すると、現在開いているExcelのシートに対して、メールの内容を書き出します。

```
Sub 選択しているすべてのメール内容をExcelに記入_受信者アドレス追加版()

Dim objOL As Outlook.Application
Dim mySelectedItems As Outlook.Selection
Dim myItem As Outlook.MailItem
Dim i As Long
Dim 本文 As String
Dim 対象ユーザー As ExchangeUser '送信者用
Dim 対象リスト As ExchangeDistributionList '配布リストの場合
Dim 受信者 As Recipient '受信者用
Dim Toのアドレス As String
Dim CCのアドレス As String
Dim pa As Outlook.PropertyAccessor

Const PR_SMTP_ADDRESS As String = _
        "http://schemas.microsoft.com/mapi/proptag/0x39FE001E"
Set objOL = New Outlook.Application
Set mySelectedItems = objOL.ActiveExplorer.Selection

'タイトルを記入
Range("A7") = "件名"
Range("B7") = "送信者名"
Range("C7") = "送信者メールアドレス"
Range("D7") = "Toのメールアドレス"
Range("E7") = "CCのメールアドレス"
Range("F7") = "重要度"
Range("G7") = "受信日時"
Range("H7") = "本文"
Range("I7") = "HTML形式本文"

'取得したメールの内容を記入
For i = 1 To mySelectedItems.Count
    Set myItem = mySelectedItems.Item(i)
    Range("A" & i + 7) = myItem.Subject
    Range("B" & i + 7) = myItem.SenderName
    Select Case myItem.Sender.AddressEntryUserType 'ExchangeUserか判断
```

```
        Case 0, 5 'Exchange ユーザーの場合
            Set 対象ユーザー = myItem.Sender.GetExchangeUser
            Range("C" & i + 7) = 対象ユーザー.PrimarySmtpAddress
        Case 30 'SMTPアドレスの場合
            Range("C" & i + 7) = myItem.SenderEmailAddress
    End Select

    Toのアドレス = ""
    CCのアドレス = ""

    For Each 受信者 In myItem.Recipients
        If 受信者.Type = 1 Then 'Toの場合
            Select Case 受信者.AddressEntry.AddressEntryUserType
                Case 0, 5 'Exchange ユーザーの場合
                    Set pa = 受信者.PropertyAccessor
                    Toのアドレス = Toのアドレス & ";" & _
                    pa.GetProperty(PR_SMTP_ADDRESS)
                Case 1, 11 '配布リストの場合
                    Set 対象リスト = 受信者.AddressEntry. _
                    GetExchangeDistributionList
                    Toのアドレス = Toのアドレス & ";" & 対象リスト. _
                    PrimarySmtpAddress
                Case 30 'SMTPアドレスの場合
                    Toのアドレス = Toのアドレス & ";" & 受信者.Address
            End Select

        Else 'CCの場合
            Select Case 受信者.AddressEntry.AddressEntryUserType
                Case 0, 5 'Exchange ユーザーの場合
                    Set pa = 受信者.PropertyAccessor
                    CCのアドレス = CCのアドレス & ";" & pa. _
                    GetProperty(PR_SMTP_ADDRESS)
                Case 1, 11 '配布リストの場合
                    Set 対象リスト = 受信者.AddressEntry. _
                    GetExchangeDistributionList
                    CCのアドレス = CCのアドレス & ";" & 対象リスト. _
                    PrimarySmtpAddress
                Case 30 'SMTPアドレスの場合
                    CCのアドレス = CCのアドレス & ";" & 受信者.Address
            End Select
        End If
    Next '次の受信者

    Range("D" & i + 7) = Toのアドレス
    Range("E" & i + 7) = CCのアドレス
```

```
    Range("F" & i + 7) = myItem.Importance
    Range("G" & i + 7) = myItem.ReceivedTime
    Range("H" & i + 7) = "_" & Left(myItem.Body, 32766)
    Range("I" & i + 7) = Left(myItem.HTMLBody, 32767)
Next i

End Sub
```

「PropertyAccessor オブジェクト」と「PropertyAccessor.GetProperty メソッド」の使い方は、以下のサイトで説明されています。

- PropertyAccessorに関するMicrosoftの説明
  https://docs.microsoft.com/ja-jp/office/vba/outlook/concepts/address-book/obtain-the-e-mail-address-of-a-recipient

先ほどのプログラムでは、以下の部分に使用しています。

```
Dim pa As Outlook.PropertyAccessor
Const PR_SMTP_ADDRESS As String = _
        "http://schemas.microsoft.com/mapi/proptag/0x39FE001E"
中略
            Select Case 受信者.AddressEntry.AddressEntryUserType
                Case 0, 5 'Exchange ユーザーの場合
                    Set pa = 受信者.PropertyAccessor
                    Toのアドレス = Toのアドレス & ";" & _
                    pa.GetProperty(PR_SMTP_ADDRESS)
中略
            End Select
```

「PropeyAccessor オブジェクト」と「PropertyAccessor.GetProperty メソッド」は、「Outlookでオブジェクトモデルで明示的に公開されていないアイテムレベルのプロパティを取得するためのもの」とされています。「AddressEntry.GetExchangeUserメソッド」と使い方は似ていますが、大きく異なるのは次ページの部分です。

```
Const PR_SMTP_ADDRESS As String = _
        "http://schemas.microsoft.com/mapi/proptag/0x39FE001E"
```

この部分は「SchemaName（スキーマネーム）」と呼ばれており、値を取得したいプロパティの名前を表わしています。これがSMTPアドレスが保管されている場所の名前で、「PropertyAccessor オブジェクト」と「PropertyAccessor.GetProperty メソッド」を用いてSMTPアドレスを取得している、と考えるとわかりやすいかもしれません。以下のコードがその部分です。

```
pa.GetProperty(PR_SMTP_ADDRESS)
```

このプログラムで結果をアウトプットするのは、以下のコードになります。ここではセルにデータを書き出していますが、()の中を変更すると別のセルに書き出すことができますし、変数に代入して利用することもできます。

```
Range("D" & i + 7) = Toのアドレス
Range("E" & i + 7) = CCのアドレス
```

》添付ファイルの取得

「MailItemオブジェクト」のプロパティについて、最後に添付ファイルの取得について解説します。メールの添付ファイルは、プロパティの1つとして扱われます。ファイルが添付されたメールを選択し、P.329の方法を利用してプロパティを確認してみてください。

次ページの画像から、「myItem」という「MailItem」型のオブジェクトが存在し、その「Attachments」プロパティの中にItem1とItem2が存在することがわかります。このメールにはファイルが2つ添付されているので、それぞれItem1とItem2になります。「FileName」もしくは「DisplayName」で、ファイル名を確認することができます。

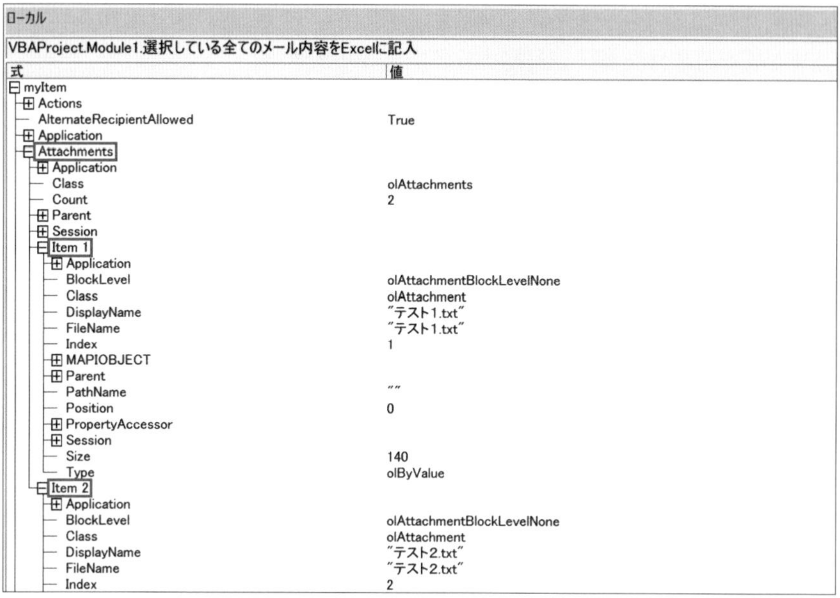

自動化に際してよく行われるのが、添付ファイルの自動ダウンロードです。自動ダウンロードを行う際は、ファイル名にご注意ください。Windowsでは、1つのフォルダーに同じ名前のファイルを格納することができません。一方、Outlookでは1つのメールに対して同じ名前のファイルを添付することができます。そのため、添付ファイルをすべて同じフォルダーにダウンロードするように設定すると、同名のファイルが上書きされ、先にダウンロードしたファイルは削除されてしまいます。

これに対応する手段はいくつかありますが、もっともかんたんで実用性が高いのが、ダウンロードと同時にファイル名にメールの受信日時と連番を追記する方法です。受信日時だけだと、たまたま同じ時間に同じ名前のファイルを受信すると上書きされてしまうため、それを避けるために連番を加えます。同じ時間に同じ名前のファイルを受信することは確率としては少ないのでは？　と思われるかもしれませんが、1つのメールに同名のファイルが複数添付されている場合がこれに該当します。また、メール＋Excelファイルで注文を受けるような業務の場合、Excelファイルの名前はデフォルトのまま変えない方も多いですし、大量の注文が来た場合、同じ時間に2つのメールが届くこともあり得ます。

このように、プログラミングで業務を効率化する場合、単に文法を知る以外にもさまざまな可能性を考え、対応する必要があります。

それでは、添付ファイル名の取得とダウンロードのプログラムを作成します。以下のプロシージャを作成してください。

```
Sub 選択しているすべてのメールの内容をExcelに記入_添付ファイル追加版()

Dim objOL As Outlook.Application
Dim mySelectedItems As Outlook.Selection
Dim myItem As Outlook.MailItem
Dim i As Long
Dim ファイル番号 As Long
Dim 本文 As String
Dim 対象ユーザー As ExchangeUser '送信者用
Dim 対象リスト As ExchangeDistributionList '配布リストの場合
Dim 受信者 As Recipient
Dim Toのアドレス As String
Dim CCのアドレス As String
Dim pa As Outlook.PropertyAccessor
Dim 受信日時 As Date
Dim 受信日時文字列 As String
Dim ファイル名 As String
Const PR_SMTP_ADDRESS As String = _
        "http://schemas.microsoft.com/mapi/proptag/0x39FE001E"
Set objOL = New Outlook.Application
Set mySelectedItems = objOL.ActiveExplorer.Selection

'タイトルを記入
Range("A7") = "件名"
Range("B7") = "送信者名"
Range("C7") = "送信者メールアドレス"
Range("D7") = "Toのメールアドレス"
Range("E7") = "CCのメールアドレス"
Range("F7") = "重要度"
Range("G7") = "受信日時"
Range("H7") = "本文"
Range("I7") = "HTML形式本文"

Range("J7") = "添付ファイル１"
Range("K7") = "添付ファイル２"
Range("L7") = "添付ファイル３"
Range("M7") = "添付ファイル４"
```

```
Range("N7") = "添付ファイル5"

'取得したメールの内容を記入
For i = 1 To mySelectedItems.Count
    Set myItem = mySelectedItems.Item(i)
    Range("A" & i + 7) = myItem.Subject
    Range("B" & i + 7) = myItem.SenderName

    Select Case myItem.Sender.AddressEntryUserType
        Case 0, 5
            Set 対象ユーザー = myItem.Sender.GetExchangeUser
            Range("C" & i + 7) = 対象ユーザー.PrimarySmtpAddress
        Case 30
            Range("C" & i + 7) = myItem.SenderEmailAddress
    End Select

    Toのアドレス = ""
    CCのアドレス = ""

    For Each 受信者 In myItem.Recipients
        If 受信者.Type = 1 Then  'Toの場合
            Select Case 受信者.AddressEntry.AddressEntryUserType
                Case 0, 5
                    Set pa = 受信者.PropertyAccessor
                    Toのアドレス = Toのアドレス & ";" & _
                    pa.GetProperty(PR_SMTP_ADDRESS)
                Case 1, 11
                    Set 対象リスト = 受信者.AddressEntry. _
                    GetExchangeDistributionList
                    Toのアドレス = Toのアドレス & ";" & 対象リスト. _
                    PrimarySmtpAddress
                Case 30
                    Toのアドレス = Toのアドレス & ";" & 受信者.Address
            End Select
        Else 'CCの場合
            Select Case 受信者.AddressEntry.AddressEntryUserType
                Case 0, 5
                    Set pa = 受信者.PropertyAccessor
                    CCのアドレス = CCのアドレス & ";" & pa. _
                    GetProperty(PR_SMTP_ADDRESS)
                Case 1, 11
                    Set 対象リスト = 受信者.AddressEntry. _
                    GetExchangeDistributionList
                    CCのアドレス = CCのアドレス & ";" & 対象リスト. _
                    PrimarySmtpAddress
```

```
                Case 30
                    CCのアドレス = CCのアドレス & ";" & 受信者.Address
            End Select
        End If
    Next

    Range("D" & i + 7) = Toのアドレス
    Range("E" & i + 7) = CCのアドレス
    Range("F" & i + 7) = myItem.Importance
    Range("G" & i + 7) = myItem.ReceivedTime
    Range("H" & i + 7) = "_" & Left(myItem.Body, 32766)
    Range("I" & i + 7) = Left(myItem.HTMLBody, 32767)

    If myItem.Attachments.Count > 0 Then
        For ファイル番号 = 1 To myItem.Attachments.Count
            受信日時 = myItem.ReceivedTime
            受信日時文字列 = Format(受信日時, "yyyymmddhhnnss")
            ファイル名 = 受信日時文字列 & "_" & i & "_" & ファイル番号 & _
            "_" & myItem.Attachments(ファイル番号).DisplayName
            myItem.Attachments(ファイル番号).SaveAsFile _
            (ThisWorkbook.Path & "¥" & ファイル名)
            Cells(i + 7, 9 + ファイル番号).Value = ファイル名
        Next ファイル番号
    End If

Next i

End Sub
```

このプログラムは、Outlookで選択しているメールの内容を現在開いているExcelのシートに取り込み、添付ファイルをダウンロードする、というものです。添付ファイルは、このプログラムが入ったExcelファイルが置かれているフォルダーと同じ場所に保存されます。

実行した結果のExcelファイルは、下記の画面となります。J列より右に、ファイル名が入るようにしています。添付ファイル1から5と、5列に渡り書いていますが、ダウンロードできる添付ファイルの数に制限はなく、6ファイル以上でもダウンロードされます。

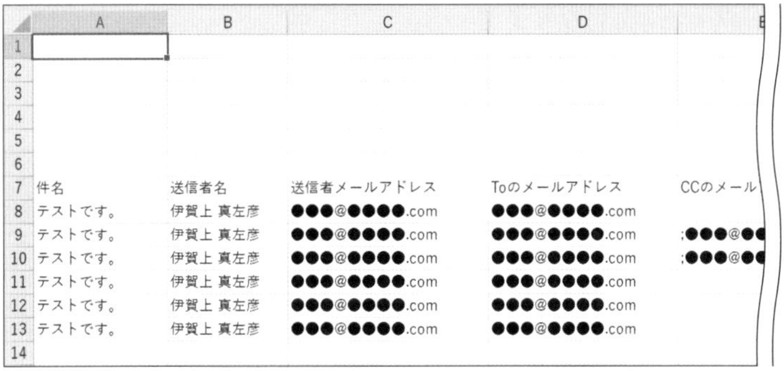

	A	B	C	D	E
1					
2					
3					
4					
5					
6					
7	件名	送信者名	送信者メールアドレス	Toのメールアドレス	CCのメール
8	テストです。	伊賀上 真左彦	●●●@●●●●.com	●●●@●●●●.com	
9	テストです。	伊賀上 真左彦	●●●@●●●●.com	●●●@●●●●.com	;●●●@●●
10	テストです。	伊賀上 真左彦	●●●@●●●●.com	●●●@●●●●.com	;●●●@●●
11	テストです。	伊賀上 真左彦	●●●@●●●●.com	●●●@●●●●.com	
12	テストです。	伊賀上 真左彦	●●●@●●●●.com	●●●@●●●●.com	
13	テストです。	伊賀上 真左彦	●●●@●●●●.com	●●●@●●●●.com	
14					

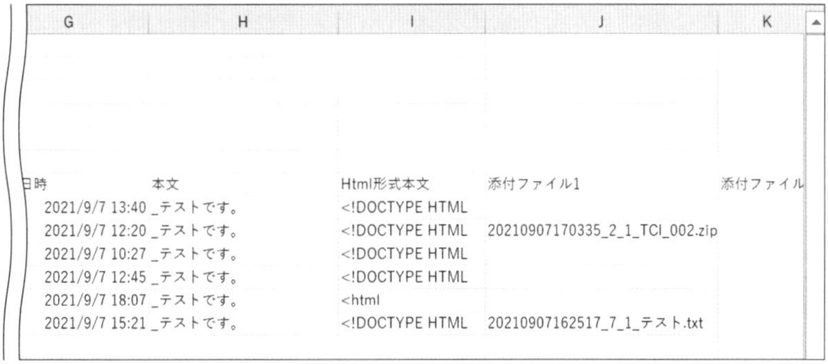

G	H	I	J	K
日時	本文	Html形式本文	添付ファイル1	添付ファイル
2021/9/7 13:40	_テストです。	<!DOCTYPE HTML		
2021/9/7 12:20	_テストです。	<!DOCTYPE HTML	20210907170335_2_1_TCI_002.zip	
2021/9/7 10:27	_テストです。	<!DOCTYPE HTML		
2021/9/7 12:45	_テストです。	<!DOCTYPE HTML		
2021/9/7 18:07	_テストです。	<html>		
2021/9/7 15:21	_テストです。	<!DOCTYPE HTML	20210907162517_7_1_テスト.txt	

添付ファイルを保存するコードは、下記になります。

```
myItem.Attachments(ファイル番号).SaveAsFile _
(ThisWorkbook.Path & "¥" & ファイル名)
```

「ThisWorkbook.Path」というのは読んで字のごとし、「このブックが置かれている場所のパス」です。ダウンロードしたファイルを、プログラムの入ったExcelファイルが置かれている場所と同じフォルダーに保存します。Cドライブの「添付ファイル」フォルダーに保存する場合は、「ThisWorkbook.Path」を「"C:¥添付ファイル"」に変更してください。文字列ですので、左右に「"（ダブルクォーテーション）」が必要です。

構文としては、以下のようになります。

メールの添付ファイルをダウンロードする構文

```
myItem.Attachments(添付ファイル数).SaveAsFile (ファイル名のフルパス)
```

このプログラムは、このままでも業務で使用できますが、改造するとより効果を発揮します。例えば、自動でダウンロードしたExcelファイルを別のプログラムで一覧表に集計し、その結果をメールで関係者に自動送信する、というような形です。タスクスケジューラと組み合わせれば、スケジュールの実行も可能です。そこまですぐに1人で行うことは難しいので、少しずつ学習を進めていってください。

この本では、単に結果だけではなく、理由や考え方も含めてご説明します。ローカルウィンドウの使い方も含め、考え方を理解できると、この本に書かれていない内容に関してもいずれは自分で開発できるようになるはずです。

次の章では、MailItemのメソッドに関して解説します。メソッドは、この章でもすでに出てきましたが、メールの送信、下書き保存などのアクションを行うものです。プロパティとメソッドを理解できると、メールに関わるすべての操作の自動化が可能になります。メソッドはプロパティと比較して少しかんたんですので、この章の内容が難しいと感じた方も、気にせず先に進んでいただければと思います。

ポイント

- Exchange環境とは、MicrosoftのExchange Serverを導入している環境のこと
- 「送信者メールアドレス」「受信者メールアドレス」は環境によって変わるので、VBEのローカルウィンドウを使って調べることができる
- 添付ファイルは、「Attachments」プロパティを用いて操作できる

COLUMN »»

VBEのローカルウィンドウでプロパティを確認する方法

ここで、VBEのローカルウィンドウを使用して、「MailItemオブジェクト」が持つプロパティの値や状況を調べる方法をご紹介します。ローカルウィンドウを使うと、実行中のVBAに対してオブジェクトのプロパティや変数の値を一覧で確認することができます。

ローカルウィンドウを使用するには、「Stop」ステートメントを使用して実行中のプログラムを中断する必要があります。例として、ここではP.307のプログラムに「Stop」を挿入してみましょう。今回はメール、つまり「myItem」の中身を調べたいので、「myItem」の中身がセットされた直後に「Stop」を挿入してみます。

```
Sub 選択しているすべてのメール内容をExcelに記入()

Dim objOL As Outlook.Application
Dim mySelectedItems As Outlook.Selection
Dim myItem As Outlook.MailItem
Dim i As Long

Set objOL = New Outlook.Application
Set mySelectedItems = objOL.ActiveExplorer.Selection

'タイトルを記入
Range("A7") = "件名"
Range("B7") = "送信者名"
Range("C7") = "重要度"
Range("D7") = "受信日時"

'取得したメールの内容を記入
For i = 1 To mySelectedItems.Count
    Set myItem = mySelectedItems.Item(i)
    Stop
    Range("A" & i + 7) = myItem.Subject
    Range("B" & i + 7) = myItem.SenderName
    Range("C" & i + 7) = myItem.Importance
    Range("D" & i + 7) = myItem.ReceivedTime
```

```
Next i

End Sub
```

Outlookで1件以上のメールを選択している状態でこのプログラムを実行すると、下記の画面のような状態になります。ここからローカルウィンドウを使います。ローカルウィンドウが表示されていない場合は「表示」→「ローカルウィンドウ」と選択し、表示します。

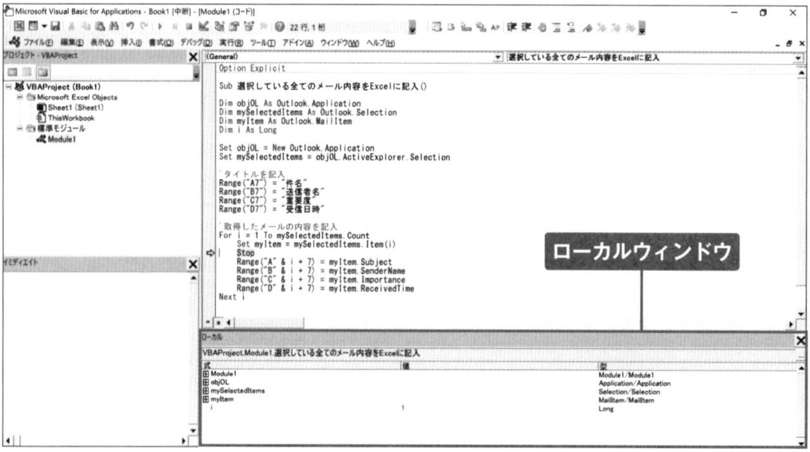

ローカルウィンドウでは、プログラム内で使われているすべてのオブジェクトと変数の値を知ることができます。通常、以下の画面のようにオブジェクト名と変数名が並んでいるので、「+」のボタンをクリックすることで、詳細なプロパティを見ることができます。

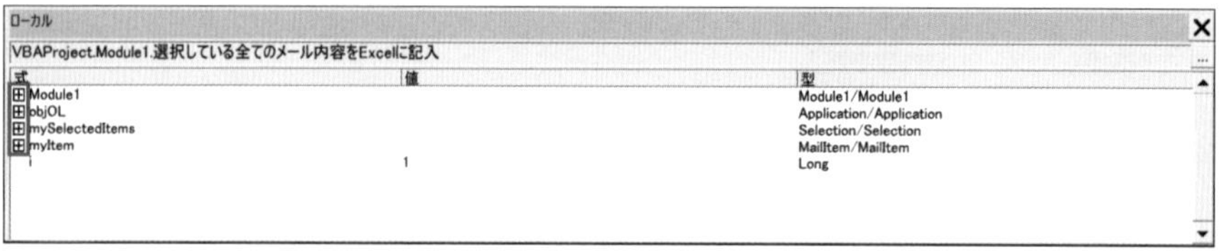

実際に「+」ボタンをクリックすると、たくさんのプロパティが出てきます。一覧から、「myItem」という「MailItem」型の変数が、「Attachments（添付ファイル）」というプロパティを持っていることがわかります。「Attachments」はさらにプロパティを持っていて、例えば「Session」というものも存在します。さらに「Session」も、多数のプロパティを持っています。このように、プロパティはツリー状の多重構造になっています。

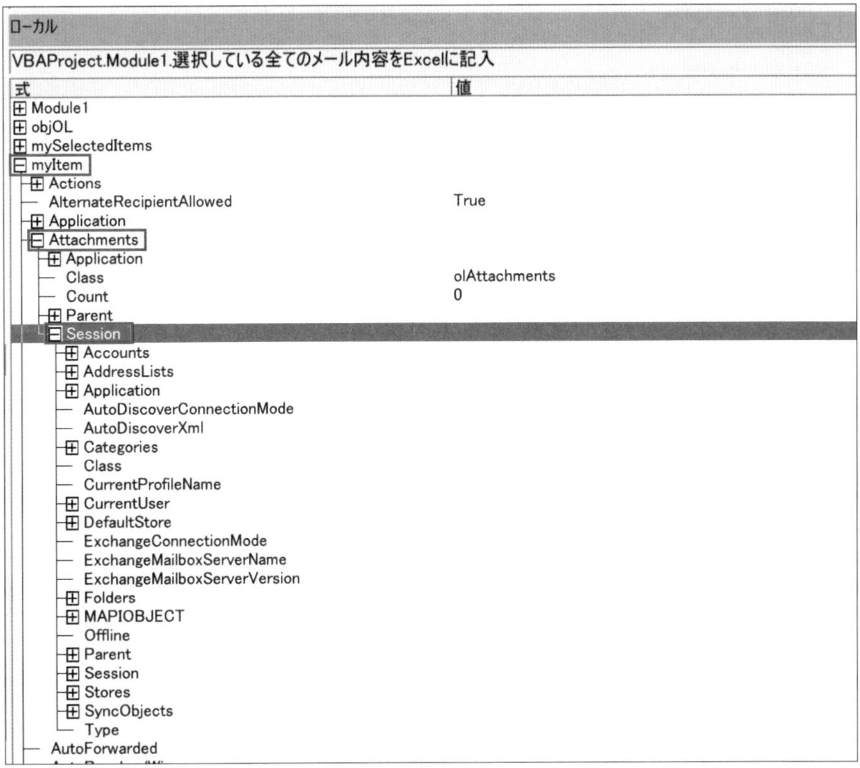

例えば、メール送信者の名前がどこにあるか探してみてください。「myItem」の下に「Sender」が存在し、その下の「Name」の中に書かれていることがわかります。また「myItem」の下に「SenderName」というプロパティがあり、こちらでも取得できそうだということがわかります。

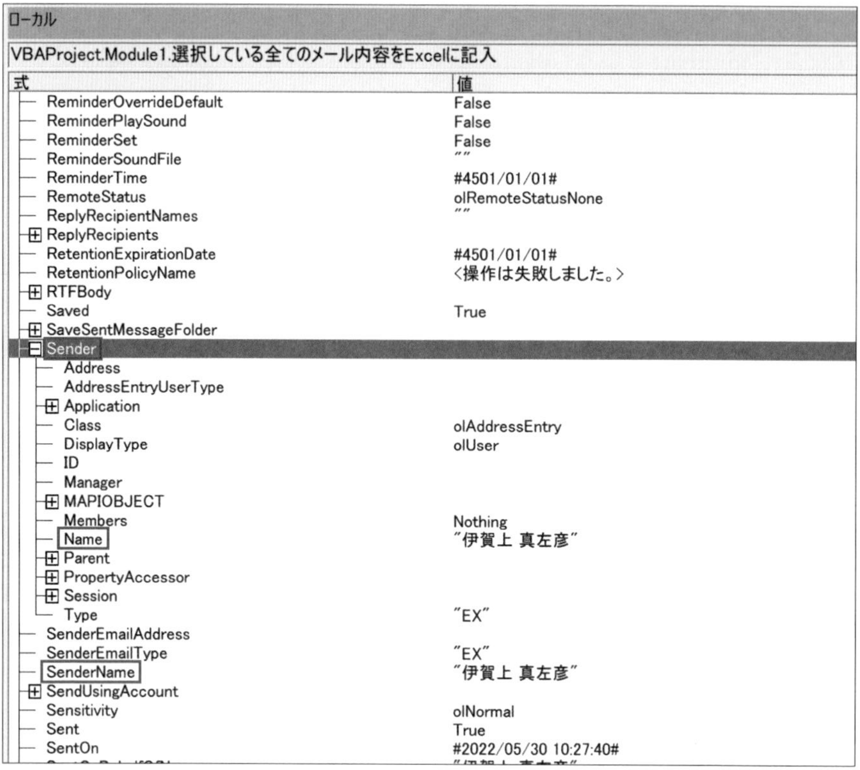

このことから、メール送信者の名前は以下の2つのプロパティのどちらかで取得できることがわかります。

```
myItem.Sender.Name
myItem.SenderName
```

「myItem. Sender. Name」は、「myItem」が「Sender(送信者)」というプロパティを持ち、さらにその下に「Name」というプロパティが存在する構造になっています。プロパティは、このようにピリオドでつなげることで取得できます。この例ではピリオドは2個でしたが、さらにたくさんのピリオドでつなぐ場合もあります。メールに関するプロパティは数が多いので、その都度ローカルウィンドウで確認するようにするとよいでしょう。

第10章

VBAの「メソッド」を知る

01 MailItemオブジェクトのメソッド

》MailItemオブジェクトのメソッドの種類

メソッドは、日本語で「方法」「手法」を意味し、オブジェクトに対してさまざまな指示を行うものです。例えば「MailItem」のオブジェクトには、「送信」「下書き保存」「全員に返信」などのメソッドが存在しています。「MailItem」オブジェクトに関するプロパティとメソッドの使い方を習得すれば、メール操作を自動化することができます。以下に、主な18種類のメソッドをご紹介します。

No	メソッド名	機能
1	AddBusinessCard	メールに関連付けられた電子名刺（EBC）に基づく連絡先情報を追加
2	ClearConversationIndex	メールの ConversationIndex を削除
3	ClearTaskFlag	メールの TaskFlag を削除
4	Close	メールを閉じる。必要に応じて上書きする
5	Copy	メールをコピー
6	Delete	メールを削除
7	Display	メールを新規ウィンドウで表示
8	Forward	対象のメールに対して「転送アクション」を実行し、結果のコピーを MailItem オブジェクトとして返す
9	GetConversation	メールが属しているスレッドを表す Conversation オブジェクトを取得
10	MarkAsTask	メールにタスクとしてマークをつけ、仕事の間隔を割り当てる
11	Move	メールを別のフォルダーに移動
12	PrintOut	メールを印刷
13	Reply	対象のメールに対して「返信アクション」を実行し、結果のコピーを MailItem オブジェクトとして返す
14	ReplyAll	対象のメールに対して「全返信アクション」を実行し、結果のコピーを MailItem オブジェクトとして返す
15	Save	メールを上書き保存。新規メールの場合は、下書きフォルダーに保存
16	SaveAs	ファイルとして、指定した形式で保存

17	Send	メールを送信
18	ShowCategoriesDialog	ダイアログボックスが表示され、アイテムの件名に対応するカテゴリを選択

これらのメソッドは、以下の構文を用いて使用します。オブジェクトのうしろに「.(カンマ)」をつけ、そのあとにメソッド名を記述します。メソッドには、引数を必要とするものとしないものが存在します。引数を渡さなくてよいメソッドは、「(引数)」の部分を省略して記述します。

メソッドの基本構文

```
オブジェクト.メソッド名 (引数)
```

例えばメール操作の基本的なメソッドでは、次のような書き方をします。

メソッドの使用例

```
myItem.Display
myItem.Send
myItem.Save
myItem.Close
```

意外とかんたんな印象を受けるのではないでしょうか。この本では18種のメソッドの中でも、特に利用頻度が高いものに絞ってご紹介していきます。

ポイント

- 「メソッド」とは、オブジェクトに対してさまざまな指示を行うもの
- 「MailItem」オブジェクトには18種類のメソッドが存在する。それらを活用し、メール操作を自動化することができる
- メソッドはオブジェクトのうしろに「.(カンマ)」をつけ、そのあとにメソッドを記述して使用する

02 メールの基本操作を自動化するメソッド

》メールを表示させる「MailItem.Displayメソッド」

この節では、メールの基本的な操作を自動化するためのメソッドを紹介していきます。最初に紹介するのは、メールを表示させる「MailItem.Displayメソッド」です。VBAを用いて作成した新規メールをいきなり送信すると、内容にミスがあった場合に取り返しがつきません。自動生成したメールをいったん表示し、内容を確認してから送信を行うことで、リスクを避けることができます。「MailItem.Displayメソッド」を使うと、以下の画面のようにメールを別ウィンドウで表示させることができます。

しかし、数十件以上もあるような大量のメールを同時に表示すると画面が見にくくなりますし、送信漏れの事故も発生します。同時に表示するのは、多くても数件程度にした方がよいでしょう。「MailItem.Displayメソッド」の構文は、以下の通りです。

MailItem.Displayメソッドの構文

```
MailItemオブジェクト.Display
```

それでは、「MailItem.Displayメソッド」を実際に使ってみましょう。次のプロシージャを作成してください。

```
Sub フォルダー内のすべてのメールを表示()

Dim objOL As Outlook.Application
Dim myNamespace As Outlook.NameSpace
Dim myFolder As Outlook.Folder
Dim 対象フォルダー As MAPIFolder
Dim 対象メール As MailItem
Dim i As Integer
Dim メール総数 As Integer

'対象のフォルダーをセット
Set objOL = New Outlook.Application
Set myNamespace = objOL.GetNamespace("MAPI")
Set myFolder = myNamespace.GetDefaultFolder(6) '6は受信トレイ
Set 対象フォルダー = myFolder.Folders("対象")

'エラーが発生した場合、無視して次に進む
On Error Resume Next

メール総数 = 対象フォルダー.Items.Count

'フォルダー内の全アイテムを順番に表示
For i = 1 To メール総数
    Set 対象メール = 対象フォルダー.Items.Item(i)
    対象メール.Display
Next i

On Error GoTo 0  'エラー無視を解除。

MsgBox "メール" & メール総数 & "件を表示しました。"

End Sub
```

このプログラムを実行すると、受信トレイ直下にある「対象」という名前のフォルダー内にあるすべてのメールが表示されます。受信トレイ直下に「対象」フォルダーが存在しない場合は、エラーになります。また、「対象」フォルダー内にメールが1件も入っていない場合は、何も表示されません。

》メールを送信する「MailItem.Sendメソッド」

「MailItem.Sendメソッド」は、メールを送信するメソッドです。「MailItem.Sendメソッド」の構文は、以下の通りです。

MailItem.Sendメソッドの構文

```
MailItemオブジェクト.Send
```

それでは、「MailItem.Sendメソッド」を実際に使ってみましょう。次のプロシージャを作成してください。

```
Sub 新規メールを作成し送信()

Dim objOL As Outlook.Application
Dim myItem As Outlook.MailItem

Set objOL = New Outlook.Application
Set myItem = objOL.CreateItem(olMailItem)

myItem.To = "●●●@●●●.com" ' Toのアドレス
myItem.CC = "●●●@●●●.com,●●●@●●●.com" ' CCのアドレス
myItem.Subject = "Hello World!" ' 件名
myItem.Body = "testです。" ' 本文
myItem.BodyFormat = olFormatPlain   ' メールの形式
myItem.Send   ' メールの送信

End Sub
```

このプログラムを実行すると、メールが自動的に作成され、そのまま送信されます。

「MailItem.Sendメソッド」を使用する際は、注意が必要です。「MailItem.Sendメソッド」は人のチェックを介さず、そのままメールを自動送信します。そのため、事故が発生するリスクが比較的高いメソッドです。メールの下書き保存を行う「MailItem.Saveメソッド」や、メールを表示する「MailItem.Displayメソッド」と異なり、ミスがあっても人間が確認する余地がありません。完全に自動化され

た業務や、検証が完了したプログラムから送る分には問題ありませんが、人が作業する部分が多い業務、検証が不十分なプログラムでこのメソッドを使用すると、大きな事故につながる可能性があります。

そのため筆者としては、以下のようなメールに対しては「MailItem.Sendメソッド」の使用は避け、「MailItem.Saveメソッド」や「MailItem.Displayメソッド」を使用し、人が十分に確認してから送信を行うことをおすすめします。

- 社外の宛先を含むメール
- 添付ファイルを含むメール
- 人が手で作業する分が多く、作業ミスの心配があるメール

反対に、以下のようなメールは「MailItem.Sendメソッド」を使用し、極力自動化した方がよいと思います。

- 社内メールなど、情報漏洩のリスクが少ないメール
- すべての処理が自動化されており、人間が手で作業する部分がないメール

業務を自動化・効率化する際に注意が必要なのは、何を自動化して、何を人が行うか、です。人とコンピューターのベストミックスを探す必要があります。

》メールを閉じる「MailItem.Closeメソッド」

「MailItem.Closeメソッド」は、今開いているメールを閉じるためのメソッドです。「MailItem.Closeメソッド」の構文は、以下の通りです。

MailItem.Closeメソッドの構文

```
MailItemオブジェクト.Close(SaveMode)
```

引数のSaveModeには、次の3種類が存在します。「名前」か「値」のどちらかを入力してください。引数を省略することはできません。

名前	値	説明
olSave	0	変更内容を保存
olDiscard	1	変更内容を破棄
olPromptForSave	2	保存するかどうかをユーザーに確認

MailItem.Closeメソッドの使用例

```
myItem.Close olSave
myItem.Close (0)
```

それでは、「MailItem.Closeメソッド」を実際に使ってみましょう。以下のプロシージャを作成してください。

```
Sub メールを新規作成し上書きして閉じる()

Dim objOL As Outlook.Application
Dim myItem As Outlook.MailItem

Set objOL = New Outlook.Application
Set myItem = objOL.CreateItem(olMailItem)

'プロパティの設定
myItem.To = "●●●@●●●.com" ' Toのアドレス
myItem.CC = "●●●@●●●.com" ' CCのアドレス
myItem.Subject = "Hello World!" ' 件名
myItem.Body = "○○様" & vbCrLf & vbCrLf & _
    "お世話になります。メール自動化研究所です。" & vbCrLf & vbCrLf & _
    "こちらはテストメールになります。" & vbCrLf & "以上"         ' 本文
myItem.BodyFormat = olFormatPlain   ' メールの形式

'メソッドの実行
myItem.Display   ' メールの表示
myItem.Close olSave ' メールを上書きし閉じる

End Sub
```

このプログラムを実行すると、メールが新規作成され、表示してすぐに上書き保存され、閉じます。このメールは、「下書きトレイ」に保存されます。

》メールをコピーする「MailItem.Copyメソッド」

「MailItem.Copyメソッド」は、メールをコピーするためのメソッドです。VBAを用いてメールを加工する場合、特に開発の途中においては、誤ってメールを加工し、元に戻せなくなるリスクがあります。それを避けるためには、届いたメールを直接加工するのではなく、コピーを取り、そちらを加工する方が安全です。「MailItem.Copyメソッド」の構文は、以下の通りです。

MailItem.Copyメソッドの構文

```
MailItemオブジェクト.Copy
```

それでは、「MailItem.Copyメソッド」を実際に使ってみましょう。以下のプロシージャを作成してください。

```
Sub メールを新規作成しコピー()

Dim objOL As Outlook.Application
Dim myItem As Outlook.MailItem
Dim myCopyItem As Outlook.MailItem

Set objOL = New Outlook.Application
Set myItem = objOL.CreateItem(olMailItem)

'プロパティの設定
myItem.To = "●●●@●●●.com" ' Toのアドレス
myItem.CC = "●●●@●●●.com" ' CCのアドレス
myItem.Subject = "Hello World!" ' 件名
myItem.Body = "○○様" & vbCrLf & vbCrLf & _
    "お世話になります。メール自動化研究所です。" & vbCrLf & vbCrLf & _
    "こちらはテストメールになります。" & vbCrLf & "以上"          ' 本文
myItem.BodyFormat = olFormatPlain    ' メールの形式     "

'メソッドの実行
myItem.Display 'メールの表示
Set myCopyItem = myItem.Copy 'メールをコピー
myCopyItem.Display 'コピーしたメールを表示

End Sub
```

このプログラムでは、作成したメールを下記のコードによって表示させています。

```
myItem.Display
```

次に、下記のコードでメールのコピーを作成し、変数「myCopyItem」に格納しています。

```
Set myCopyItem = myItem.Copy
```

下記のコードで、コピーしたメールも同じく表示させています。

```
myCopyItem.Display
```

このプログラムを実行すると、同じ内容の2つのメールが画面に表示されます。

》メールを削除する「MailItem.Deleteメソッド」

「MailItem.Deleteメソッド」は、対象となるメールを削除し、「ゴミ箱」フォルダーに移動します。メールが元から「ゴミ箱」フォルダー内にある場合、完全に削除されます。「MailItem.Deleteメソッド」の構文は、以下の通りです。

MailItem.Deleteメソッドの構文

```
MailItemオブジェクト.Delete
```

それでは、「MailItem.Deleteメソッド」を実際に使ってみましょう。次ページのプロシージャを作成してください。このプログラムは、受信トレイ直下の「削除対象」というフォルダー内のすべてのメールを順番に削除し、最後に「メール●件の削除を完了しました。」という削除件数を記載したメッセージボックスを表示する、というものです。

```
Sub 削除対象フォルダー内のすべてのメールの削除()

Dim objOL As Outlook.Application
Dim myNamespace As Outlook.NameSpace
Dim myFolder As Outlook.Folder
Dim 削除対象フォルダー As MAPIFolder
Dim 削除対象メール As MailItem
Dim i As Integer
Dim メール総数 As Integer

'削除対象のフォルダーをセット
Set objOL = New Outlook.Application
Set myNamespace = objOL.GetNamespace("MAPI")
Set myFolder = myNamespace.GetDefaultFolder(6) '6は受信トレイ
Set 削除対象フォルダー = myFolder.Folders("削除対象")

'エラーが発生した場合、無視して次に進む
On Error Resume Next

メール総数 = 削除対象フォルダー.Items.Count
'フォルダー内の全アイテムを順番に削除
For i = メール総数 To 1 Step -1
    Set 削除対象メール = 削除対象フォルダー.Items.Item(i)
    削除対象メール.Delete
Next i

On Error GoTo 0  'エラー無視を解除。

MsgBox "メール" & メール総数 & "件の削除を完了しました。"

End Sub
```

なお、受信トレイ直下に「削除対象」というフォルダーがない場合はエラーとなりますので、あらかじめフォルダーを作成しておいてください。

ポイント

- 「MailItem.Displayメソッド」を使って、メールを別ウィンドウで表示できる
- 「MailItem.Sendメソッド」を使って、メールを送信することができる
- 「MailItem.Closeメソッド」を使って、今開いているメールを閉じることができる
- 「MailItem.Copyメソッド」を使って、メールをコピーすることができる
- 「MailItem.Deleteメソッド」を使って、対象となるメールを「ゴミ箱」フォルダーへ移動させることができる

03 受信したメールに対するメソッド

» メールを返信・転送する「MailItem.Forwardメソッド」「MailItem.Replyメソッド」「MailItem.ReplyAllメソッド」

この節では、受信したメールを操作する際に便利なメソッドをご紹介します。最初に、メールの返信や転送を行う「MailItem.Forwardメソッド」「MailItem.Replyメソッド」「MailItem.ReplyAllメソッド」の解説を行います。

これらのメソッドを用いると、選択しているメールに対して転送、返信、全返信を行うことができます。それぞれについてご説明します。

・選択しているメールを転送「MailItem.Forwardメソッド」

選択しているメールに対して、転送を行います。添付ファイルを残したまま、To、CC、BCCを空欄にして新規メールを作成します。

・選択しているメールに返信「MailItem.Replyメソッド」

選択しているメールに対して、返信を行います。選択しているメールから添付ファイルを削除し、メールの送信者をToにセットして新規メールを作成します。

・選択しているメールに全返信「MailItem.ReplyAllメソッド」

選択しているメールに対して、全返信を行います。選択しているメールから添付ファイルを削除し、メールの送信者をToに追加し、その他のToとCCに入ったメールアドレスを残して新規メールを作成します。

それぞれのメソッドの構文は、以下の通りです。

転送・返信系メソッドの構文

```
MailItemオブジェクト.Forward
MailItemオブジェクト.Reply
MailItemオブジェクト.ReplyAll
```


いずれのメソッドも、引数はありません。また、P.341の「MailItem.Copyメソッド」と同様、新しくメールが作成され、MailItemオブジェクトとして返ってきます。そのため、返ってきたオブジェクトを変数に格納する必要があります。

それでは、メソッドを実際に使ってみましょう。以下のプロシージャを作成してください。今回は「MailItem.Forwardメソッド」を使い、返ってきたオブジェクトを変数「新規メール」に代入しています。

```
Sub フォルダー内のすべてのメールの添付ファイルを削除した上で指定アドレスに転送()

Dim objOL As Outlook.Application
Dim myNamespace As Outlook.Namespace
Dim myFolder As Outlook.Folder
Dim 対象フォルダー As MAPIFolder
Dim 対象メール As MailItem
Dim 新規メール As MailItem
Dim i As Integer

'削除対象のフォルダーをセット
Set objOL = New Outlook.Application
Set myNamespace = objOL.GetNamespace("MAPI")
Set myFolder = myNamespace.GetDefaultFolder(6) '6は受信トレイ
Set 対象フォルダー = myFolder.Folders("対象")

'エラーが発生した場合、無視して次に進む
On Error Resume Next

'フォルダー内の全メールの添付ファイルを順番に削除
For i = 1 To 対象フォルダー.Items.Count
    Set 対象メール = 対象フォルダー.Items.Item(i)
    Set 新規メール = 対象メール.Forward
    新規メール.To = "●●●@●●●.com" '転送したいメールアドレス
```

```
    While 新規メール.Attachments.Count > 0 '添付ファイルが存在する場合
        新規メール.Attachments.Remove 1 '添付ファイルを削除
    Wend 'Whileにもどり繰り返す。

    新規メール.Send 'メールを送信
Next i

On Error GoTo 0 'エラー無視を解除

End Sub
```

このプログラムは、受信トレイ直下にある「対象」という名前のフォルダー内のすべてのメールを、「"●●●@●●●.com"」のメールアドレスに、添付ファイルを削除した上で転送するというものです。

添付ファイルを全削除する操作が不要な場合は、以下の部分を削除してください。

```
    While 新規メール.Attachments.Count > 0 '添付ファイルが存在する場合
        新規メール.Attachments.Remove 1 '添付ファイルを削除
    Wend 'Whileにもどり繰り返す。
```

》メールを移動する「MailItem.Moveメソッド」

「MailItem.Moveメソッド」は、メールを別のフォルダーに移動させるメソッドです。VBAによる処理が完了したメールを、別のフォルダーに移動させる場合に使用することがあります。近いメソッドにメールを削除する「MailItem.Deleteメソッド」がありますが、こちらは誤ってメールを削除するトラブルが発生しがちです。メール容量の制限がなくなりつつある今の時代ですと、「MailItem.Moveメソッド」を使用した方が望ましい場合が多いです。

「MailItem.Moveメソッド」の構文は、以下の通りです。引数DestFldrは、移動先のフォルダーを示す、Folder型の変数です。

MailItem.Moveメソッドの構文

```
MailItemオブジェクト.Move( DestFldr )
```

それでは、「MailItem.Moveメソッド」を実際に使ってみましょう。以下のプロシージャを作成してください。

```
Sub フォルダー内のメールをすべて移動()

Dim objOL As Outlook.Application
Dim myNamespace As Outlook.Namespace
Dim 受信トレイのフォルダー As MAPIFolder
Dim 対象フォルダー As MAPIFolder
Dim 移動先フォルダー As MAPIFolder
Dim 処理対象myItem As MailItem
Dim i As Integer
Dim n As Integer  '処理したメールの件数のカウント用

'移動対象のフォルダーをセット
Set objOL = New Outlook.Application
Set myNamespace = objOL.GetNamespace("MAPI")
Set 受信トレイのフォルダー = myNamespace.GetDefaultFolder(6)  '受信トレイ
Set 対象フォルダー = 受信トレイのフォルダー.Folders("処理対象")
Set 移動先フォルダー = 受信トレイのフォルダー.Folders("処理済み")

'エラーが発生した場合、無視して次に進む
On Error Resume Next
n = 0  '処理したメールの件数。初期値をセット

'フォルダー内の全アイテムを順番に移動
For i = 対象フォルダー.Items.Count To 1 Step -1
'フォルダー内のメールに関して繰り返し実行
    Set 処理対象myItem = 対象フォルダー.Items.Item(i)
    処理対象myItem.Move 移動先フォルダー
    n = n + 1  '処理件数を+1にする
Next i
```

```
    On Error GoTo 0  'エラー無視を解除。
    MsgBox "メール" & n & "件の移動を完了しました。"
End Sub
```

このプログラムは、「受信トレイ」直下にある「処理対象」という名前のフォルダー内のすべてのメールを、同じく「受信トレイ」直下にある「処理済み」という名前のフォルダーに移動する、というものです。「受信トレイ」直下に「処理対象」と「処理済み」の2つのフォルダーを作り、「処理対象」のフォルダーに何件かメールを入れた状態で実行してください。成功すれば、すべてのメールが「処理済み」フォルダーに移動します。

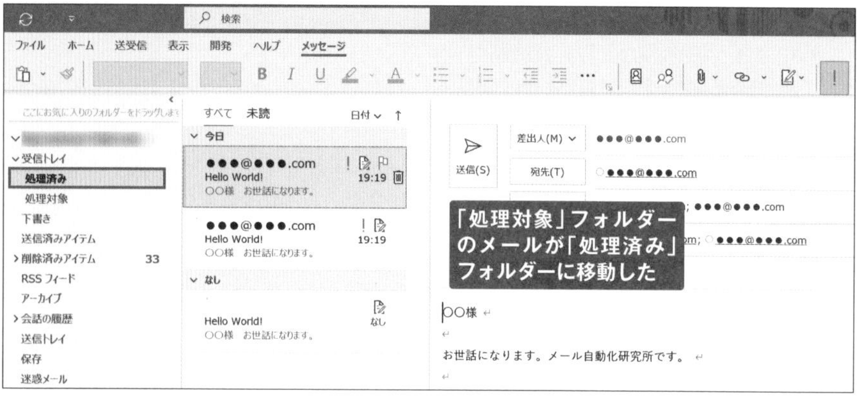

ポイント

- 「MailItem.Forwardメソッド」を使って、メールの転送を行うことができる
- 「MailItem.Replyメソッド」を使って、メールの返信を行うことができる
- 「MailItem.ReplyAllメソッド」を使って、メールの全返信を行うことができる
- 「MailItem.Moveメソッド」を使って、メールを別フォルダーへ移動させることができる

04 知っておくと便利なメソッド

》メールを印刷する「MailItem.PrintOutメソッド」

この節では、知っておくと自動化の幅が広がるメソッドをご紹介します。最初に紹介するのが、「MailItem.PrintOutメソッド」です。このメソッドを使うと、そのパソコンに設定されているプリンターへメールのデータを送信し、印刷することができます。用紙指定などの印刷条件は指定できず、プリンターの標準の印刷条件が適用されます。印刷条件の変更が必要な場合は、プリンターの標準の印刷条件を変更しましょう。

MailItem.PrintOutメソッドの構文

```
MailItemオブジェクト.PrintOut
```

》メールを下書き保存する「MailItem.Saveメソッド」

「MailItem.Saveメソッド」は、MailItemオブジェクトの変更を上書きし、現在のフォルダーに保存するためのメソッドです。新規メールの場合は「下書きトレイ」に保存されるなど、アイテムの種類に応じてOutlookの規定のフォルダーに保存されます。「MailItem.Saveメソッド」の構文は、以下の通りです。

MailItem.Saveメソッドの構文

```
MailItemオブジェクト.Save
```

それでは、「MailItem.Saveメソッド」を実際に使ってみましょう。次ページのプロシージャを作成してください。プログラムを実行すると、新規にメールを作成し、そのメールを下書きトレイに保存することができます。

```
Sub 新規メールを作成し下書きトレイに保存()

Dim objOL As Outlook.Application
Dim myItem As Outlook.MailItem

Set objOL = New Outlook.Application
Set myItem = objOL.CreateItem(olMailItem)

myItem.To = "●●●@●●●.com" ' Toのアドレス
myItem.CC = "●●●@●●●.com,●●●@●●●.com" ' CCのアドレス
myItem.Subject = "Hello World!" ' 件名
myItem.Body = "testです。" ' 本文
myItem.BodyFormat = olFormatPlain   ' メールの形式
myItem.Save   ' メールの下書き

End Sub
```

》msgファイルを作成する「MailItem.SaveAsメソッド」

「MailItem.SaveAsメソッド」は、新規作成したメールをMailItemオブジェクトの指定したパスに、指定したファイル形式で保存するためのメソッドです。「MailItem.Saveメソッド」と異なるのは、「MailItem.Saveメソッド」がOutlook内のいずれかのフォルダーにメールを保存するのに対して、「MailItem.SaveAsメソッド」はOutlookの外部のフォルダーに、ファイル形式を指定して出力することができるという点にあります。これによって、例えば作成したメールのファイルを他の人に渡して内容をダブルチェックしたり、メールを証拠として保管したりすることができます。

「MailItem.SaveAsメソッド」の構文は、以下の通りです。引数Pathには、ファイルを保存するパスを指定します。引数Pathを省略することはできません。

MailItem.SaveAsメソッドの構文

```
MailItemオブジェクト.SaveAs (Path, Type)
```

引数Typeには、ファイル形式を指定します。以下のいずれかを指定できます。

名前	値	説明
olTXT	0	テキスト形式 (.txt)
olRTF	1	リッチテキスト形式 (.rtf)
olTemplate	2	Microsoft Outlook テンプレート (.oft)
olMSG	3	Outlook メッセージ形式 (.msg)
olDoc	4	Microsoft Office Word 形式 (.doc)
olHTML	5	HTML 形式 (.html)
olVCard	6	VCard 形式 (.vcf)
olVCal	7	VCal 形式 (.vcs)
OlICal	8	ICal 形式 (.ics)
olMSGUnicode	9	Outlook Unicode メッセージ形式 (.msg)
olMHTML	10	MIME HTML 形式 (.mht)

引数Typeは省略可能です。省略した場合は、「msg形式」が選択されたものとして処理が行われます。そのため、それ以外の形式で保存したい場合は省略することができません。msg形式(.msg)のファイルについて、詳しくはP.353で解説します。

以下に、「MailItem.SaveAsメソッド」の使用例を紹介します。使用例1〜3は、すべて同じ内容を示しています。

MailItem.SaveAsメソッドの使用例1

```
myItem.SaveAs " C:¥メール自動化¥メール下書き.msg"
```

MailItem.SaveAsメソッドの使用例2

```
myItem.SaveAs "C:¥メール自動化¥メール下書き.msg", olMSG
```

MailItem.SaveAsメソッドの使用例3

```
myItem.SaveAs "C:¥メール自動化¥メール下書き.msg", 3
```

それでは、「MailItem.SaveAsメソッド」を実際に使ってみましょう。以下のプロシージャを作成してください。

```
Sub 新規メールを作成しmsgファイルを生成

Dim objOL As Outlook.Application
Dim myItem As Outlook.MailItem

Set objOL = New Outlook.Application
Set myItem = objOL.CreateItem(olMailItem)

myItem.To = "●●●@●●●.com" ' Toのアドレス
myItem.CC = "●●●@●●●.com,●●●@●●●.com" ' CCのアドレス
myItem.Subject = "Hello World!" ' 件名
myItem.Body = "testです。" ' 本文
myItem.BodyFormat = olFormatPlain   ' メールの形式
myItem.SaveAs "C:¥メール自動化¥メール下書き.msg"   ' msgファイルの生成

End Sub
```

これは、新規メールを作成し、「C:¥メール自動化¥メール下書き.msg」にmsg形式のファイルとして保存する、というプログラムです。実行する場合は、Cドライブ上に「メール自動化」というフォルダーをあらかじめ作成しておいてください。

メソッドについての解説は、以上になります。プロパティと合わせて、メールを自動で操作する幅が広がったかと思います。これまでは主にExcelからOutlookを操作する方法を解説してきましたが、次章ではOutlook自体にVBAを組み込んで操作する方法をご説明します。

ポイント

- 「MailItem.PrintOutメソッド」を使って、設定されているプリンターへデータを送信することができる
- 「MailItem.Saveメソッド」を使って、Outlook内のフォルダーにメールの保存ができる
- 「MailItem.SaveAsメソッド」を使って、ファイル形式を指定してOutlook外に出力することができる

msgファイル

» msgファイルについて

ここでは、Outlookのメールの保存形式である、msgファイルに関してご説明します。P.352のプログラムを実行すると、「C:¥メール自動化」にmsgファイルが作成されます。このファイルをダブルクリックしてください。

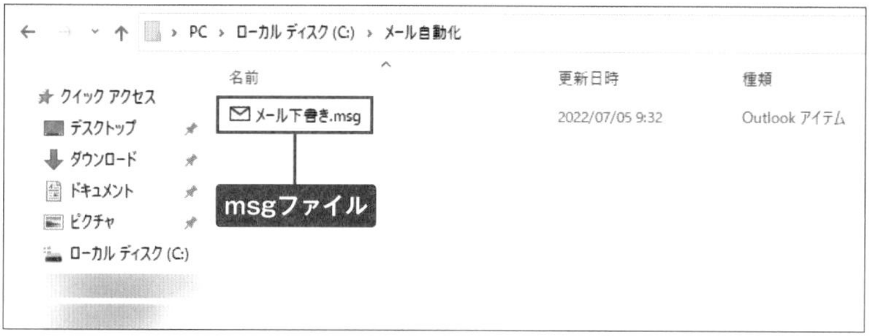

すると、以下の画像のように、メールが1件開いたかと思います。これがmsgファイルです。1つのmsgが、1つのメールを表しています。

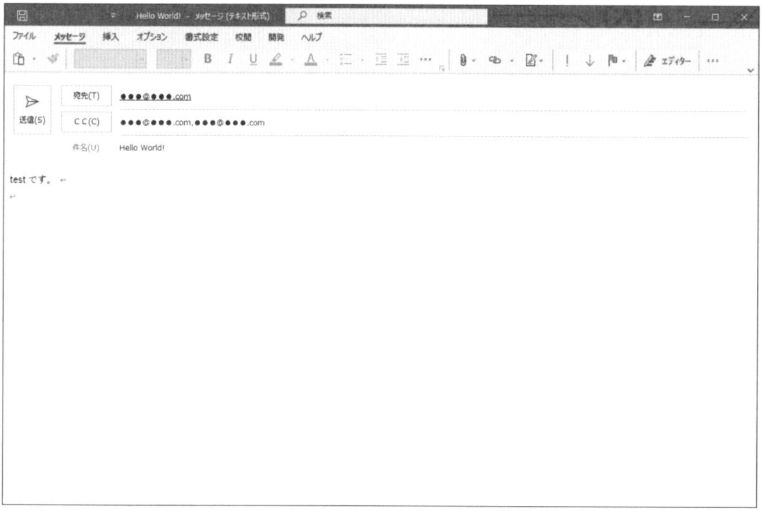

もう1つ見てみます。Outlookクライアント版を立ち上げ、「下書きトレイ」を開いてください。先ほどのmsgファイルを、「下書きトレイ」にドラッグ&ドロップしてみましょう。

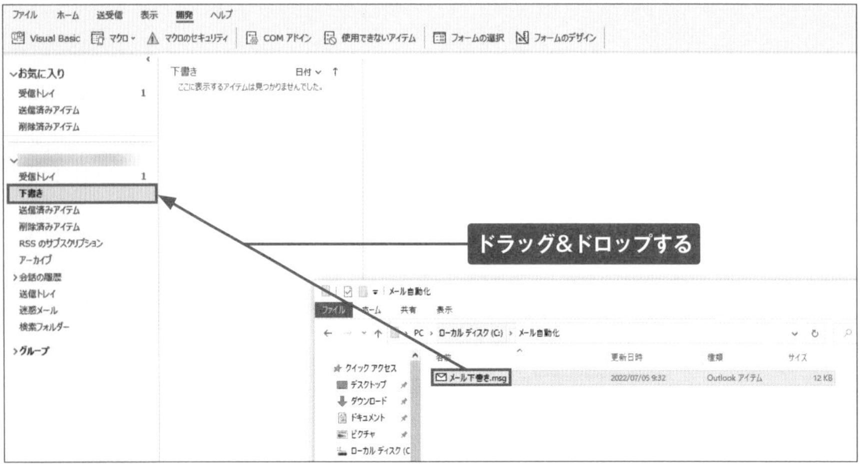

msgファイルが、「下書きトレイ」に格納されました。これで、他のメールと同様に送信することが可能になります。

msgファイルは、メールの下書きだけに使うものではありません。例えば受信トレイに入っているメールを何件か選択してコピーし、その後、任意のフォルダーにペーストしてください。5件のメールを選択した場合、5件のmsgファイルが作成されています。

このようにmsgファイルは、他の人との間でメールを共有、保存する場合に便利です。また、msgファイルを作成できる「MailItem.SaveAsメソッド」(P.350)も、利用価値がとても高いメソッドです。

》msgファイルとoftファイルのちがい

「MailItem.SaveAsメソッド」を使用するとmsgファイルを作成できますが、このメソッドを使って、oftファイルというファイルを作成することも可能です。この2つのファイルは、書式自体は完全に同一とされており、異なるのは拡張子だけです。それでは、いったいどこが異なるのでしょうか？

msgファイルのmsg形式は、メッセージ形式と呼ばれ、Microsoftによって開発された、Outlook用のメールを保存するためのファイル形式です。一方、oftファイルのoft形式は、Outlookファイルテンプレート形式と呼ばれ、Outlookでメール書くためのテンプレートとなるファイルです。msg形式をメッセージ形式、oft形式をテンプレート形式と呼ぶこともあります。

この2つのファイルは、中身が完全に同一です。試しにmsgファイルの拡張子をoftに変更すると、oftファイルとして機能します。この2つのファイルのちがいは、Outlookクライアント版がこのファイルを開く時の開き方の差にあります。msgファイルを開いた場合は、そのファイル自体が開かれます。一方、oftファイルを開いた場合、oftファイルはあくまでもテンプレートですので、oftファイル自体が開かれるのではなく、それを元に新規作成した別のメールが開かれます。

試しにmsgファイルを開き、件名などを少し変更し、上書き保存して閉じてください。もう一度msgファイルを開くと、先ほどの変更内容が反映されています。一方、oftファイルを開き、少し変更して上書き保存して閉じてください。再度oftファイルを開いても、変更は反映されていません。Outlookクライアント版の「下書きトレイ」を見ると、そこに、変更されたメールが入っています。

msgファイルと異なり、oftファイルはそれ自体を開くのではなく、それを元にした新規メールを作成する、という処理が行われます。この時に作成される新規メールには、oftファイルが持っていたプロパティのいくつかは引き継がれず、新規の値が与えられます。その中には、「PR_SEARCH_KEY」や「PR_REPORT_TAG」といったプロパティが含まれています。

「PR_SEARCH_KEY」や「PR_REPORT_TAG」は、Outlookがメールを認識するためのキーとなるプロパティです。Outlookはこれらのプロパティを見て個々のメールを区別しています。例えばmsgファイルを開いて修正を行い、別ファイルとして保存したとします。その場合、「PR_SEARCH_KEY」も「PR_REPORT_TAG」も、元のmsgファイルの値が引き継がれます。これは、複数のmsgファイルが同じ「PR_SEARCH_KEY」「PR_REPORT_TAG」を持っているということになり、Outlookがこれらのメールを区別できなくなるということを意味しています。それでも、メールを送るだけなら問題とならないことが多いのですが、送ったあとの開封確認、検索、並べ替え、移動、削除などを行う際に、Outlookが複数あるメールの区別がつかず、誤動作をする危険があります。また稀に、送ったメールの添付ファイルが削除され、相手に届かない場合があります。

これらの理由から、1つのmsgファイルをもとにメールを送るのは1回限りとしてください。もし複数回送る必要がある場合は、msgファイルではなく、oftファイルを使用してください。

第11章

OutlookにVBAを組み込んで使用する

01 Outlookに組み込むタイプのVBA

》Outlookクライアント版に組み込むタイプのVBAを使う理由

ここからは、Outlookクライアント版の内部にVBAを組み込み、実行する方法に関してご説明します。この方法は、これまで説明してきたようなExcelなどの外部のファイルにVBAを組み込む方法と異なり、以下のようなメリットとデメリットがあります。

メリット

- Outlook本体に独自の機能を追加できる
- メールの受信時や送信時などのイベントをトリガーとして起動する機能を追加できる

デメリット

- Outlook クライアント版でしか機能を追加できない
- ファイルとしての配布が困難で、使用する環境とユーザーに対して個別に設定を行う必要がある
- 他の人からはプログラムの内容を知る手段がなく、ブラックボックス化する傾向がある

このように一長一短あるものの、

- メールの受信時や送信時などのイベントをトリガーとして起動する機能を追加できる

というメリットは非常に大きなものがあります。

これまで説明してきたExcelの外部ファイルからOutlookを操作する方法では、プログラムは手動で起動させる必要がありました。一方、VBAをOutlookクライアント版の内部に組み込む方法では、何かしらの動作をトリガーとしてプログラムを実行させせることが可能になるため、人の手を介さない真の意味での自動化が可能になります。とはいえ、先述したようなデメリットもあるため、利用には一定の注意が必要です。

このような理由から、ExcelファイルからOutlookを操作する方法と比較すると、Outlookクライアント版の内部にVBAを組み込む方法は上級者向けと考えられます。Outlookクライアント版に組み込むタイプのVBAを業務で活用するのは、主に以下のような場面が考えられます。

- プログラミングスキルを持った方が、自分のOutlook業務を効率化したい場合
- 特定部署のすべてのパソコンに対して、社外メールの送信を禁止するなど、なんらかの機能を追加したい場合
- 受信したメールに対して、添付ファイルのダウンロード、メール本文からのテキストデータ抽出などの自動処理を行いたい場合

次の節から、OutlookにVBAを組み込むための基本的な内容を学習していきましょう。

ポイント

- VBAは、Outlookクライアント版に組み込んで実行することができる
- メール受信時等のイベントをトリガーとしてマクロを起動することができ、メールの自動化ができることが最大のメリット
- ブラックボックス化してしまう等のデメリットもあるため、利用には一定の注意が必要

02 Outlookでプログラムを作成する

》Outlookクライアント版で「Hello World」を表示する

最初に、Outlookクライアント版にメッセージボックスで「Hello World」を表示するプログラムを組み込んでみましょう。最初にOutlookクライアント版を起動し、Alt+F11キーをクリックします。すると、Visual Basic Editorが起動します。OutlookのVisual Basic Editorは、ExcelのVisual Basic Editorと同じ画面、同じ使い方です。この画面で、「Project1」の左にある「+（プラス）」をクリックしてください。

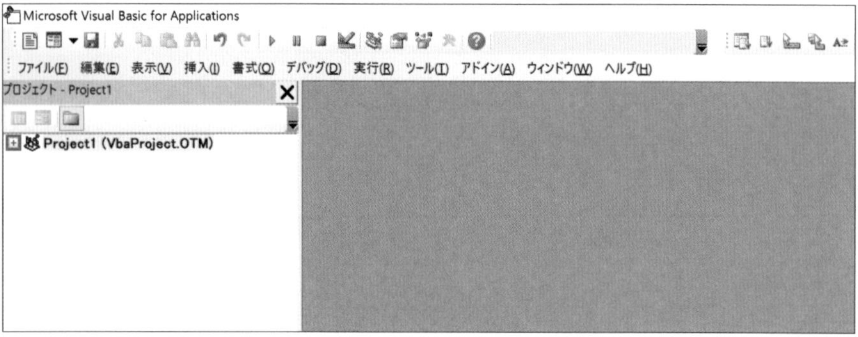

すると、「Microsoft Outlook Objects」が表示されます。こちらも「+」をクリックして展開してください。

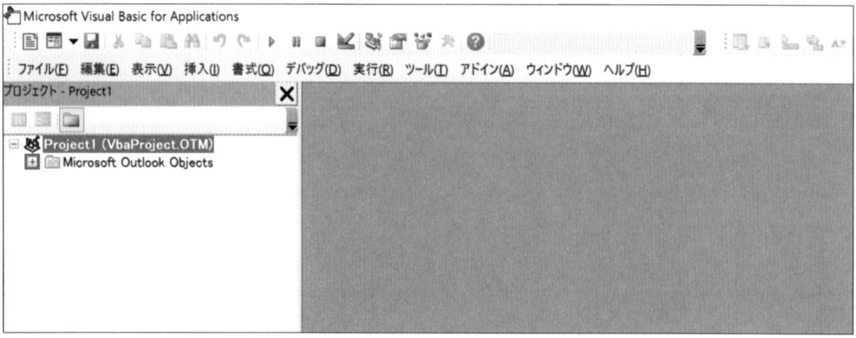

「ThisOutlookSession」が表示されるので、これをダブルクリックしてください。

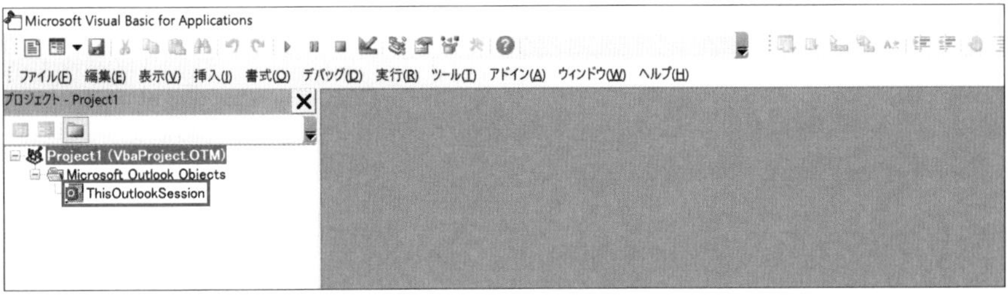

するとコードウィンドウが表示されるので、以下のように記述してください。

```
Sub HelloWorld()

MsgBox "Hello World"

End Sub
```

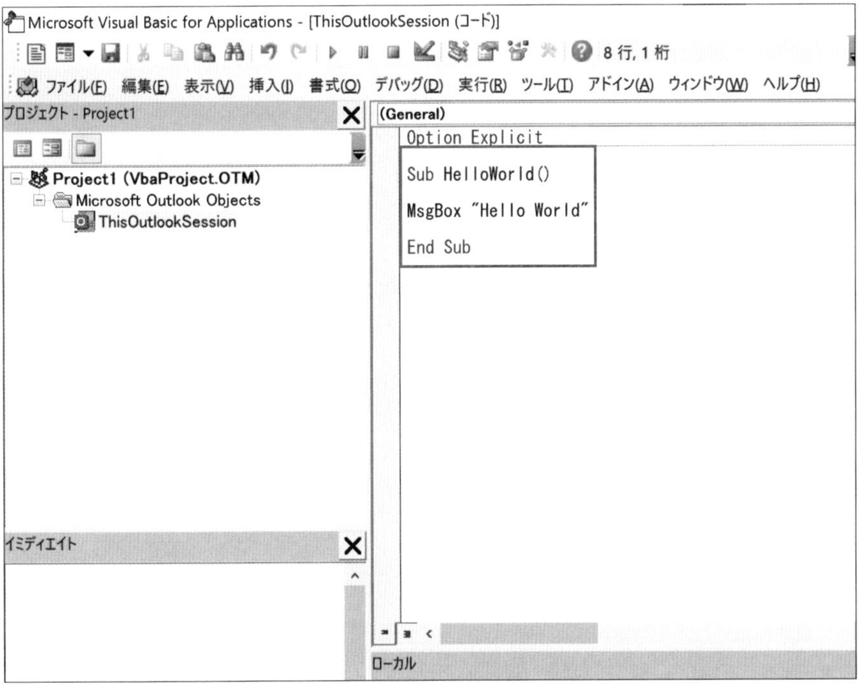

それでは、このプログラムについてご説明します。これまでの解説と重複する部分もありますが、復習も兼ねておさらいしてください。

以下の部分は、プログラムのスタートと終了を意味しています。プログラムのスタートと終了にはいくつかの方法が存在しますが、これはもっとも標準的な「標準プロシージャ」と呼ばれるタイプです。他のタイプに関しては、以降のページでご説明します。

```
Sub HelloWorld()

End Sub
```

この中で、「HelloWorld」という部分がプログラム名を表しています。プログラムの内容に合わせて、自由に変更できます。「HelloWorld」のうしろにある「()」は、引数を渡すためのものです。今回はプログラムから別のプログラムを起動するわけでなく、値の引き渡しも行わないので、「()」の中は空欄になります。

プログラムの中身は、1行だけです。

```
MsgBox "Hello World"
```

MsgBoxはMsgBox関数といわれるもので、画面にメッセージボックスを表示する機能を持っています。"Hello World"が、メッセージボックスに表示する文字列です。プログラム中で文字列を扱う場合は、「"(ダブルクォーテーションマーク)」で囲みます。

このプログラムにコメントをつけると、以下のようになります。プログラムの中にコメントを入れる場合、先頭に「'(シングルクォーテーション)」をつけます。

```
Sub HelloWorld()    'HelloWorldというプログラムを開始

MsgBox "Hello World"    'Hello Worldというメッセージボックスを表示

End Sub    'プログラムを終了
```

VBEでは、「'(シングルクォーテーション)」をつけた文字は色が緑に変わり、他と区別されます。緑の文字は説明用のコメントで、プログラム実行時は機能しないということを覚えておいてください。

VBAのプログラムでは、基本的に半角文字で入力を行います。日本語などの全角文字を使用してよいのは、以下の3パターンです。これ以外で全角文字を用いると、エラーになります。VBAはユーザーの入力ミスをある程度自動補正しますし、まちがっていれば警告する機能を持っています。そのため、最初は「一部を除き半角文字を用いる」とだけ知っておけば問題ありません。

- 変数名、マクロ名
- 文字列(""で囲われたもの)
- コメント(’で始まるもの)

これでプログラムが完成しました。念のため、「上書き保存」のボタンをクリックしておきましょう。プログラミングを行う際は万が一の削除に備え、定期的に保存をした方がよいでしょう。

ポイント

- VBAをOutlookクライアント版に組み込んで使用する場合は、「ThisOutlookSession」のコードウィンドウに記述する
- 「ThisOutlookSession」のコードウィンドウには、今まで行ってきた「標準プロシージャ」を記述することができる
- コードの先頭に「' (シングルクォーテーション)」をつけるとコメントになる

03 Outlookでプログラムを実行する

》VBAの実行①VBEからの実行

先ほど作成したプログラムを実行します。実行にはいくつかの方法が存在し、ここではそれらをまとめてご紹介します。最初はVBEからの実行です。P.360の方法でVBEを開き、「実行」❶の「マクロの実行」❷をクリックしてください。

「マクロ」という新しいウィンドウが開きます。先ほど作成した、「Hello World」のプログラムが表示されています。「ThisOutlookSession.HelloWorld」を選択し❶、「実行」をクリックしてください❷。

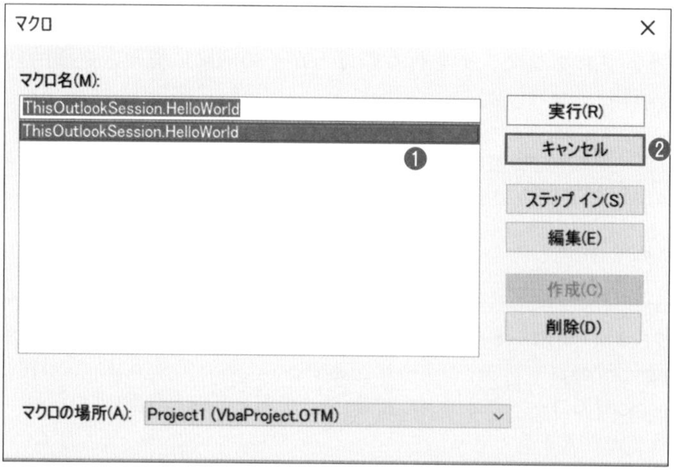

すると、「Hello World」というメッセージボックスが表示されます。

これが実行方法としてはもっともかんたんなものですが、業務で頻繁に使うには、VBEを開いてプログラムを実行と、何度もクリックする必要が生じ面倒です。この方法は、プログラムの開発途中に動作を確認したい場合に適しています。

VBAの実行②「開発」タブからの実行

Excelと同様、Outlookのリボンに「開発」タブを表示し、そこから実行することも可能です。「開発」タブは最初は非表示になっているため、設定を変更し表示する必要があります。

Outlookクライアント版で、「ファイル」タブをクリックします。

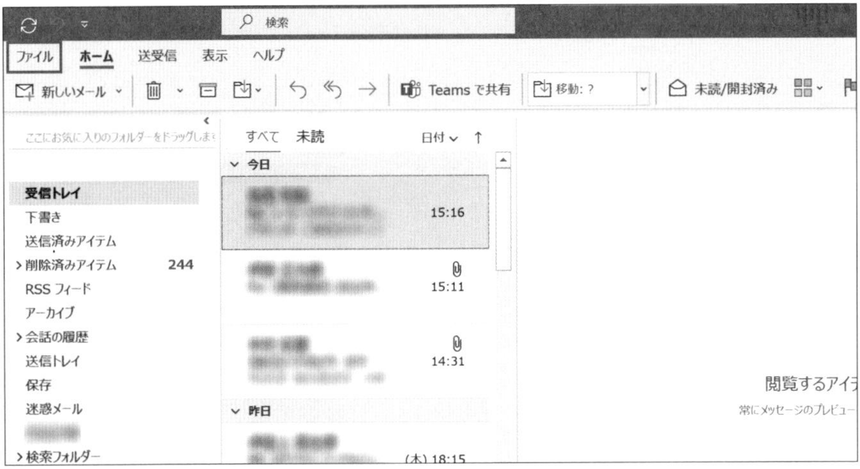

画面が切り替わったら、「オプション」をクリックしてください。

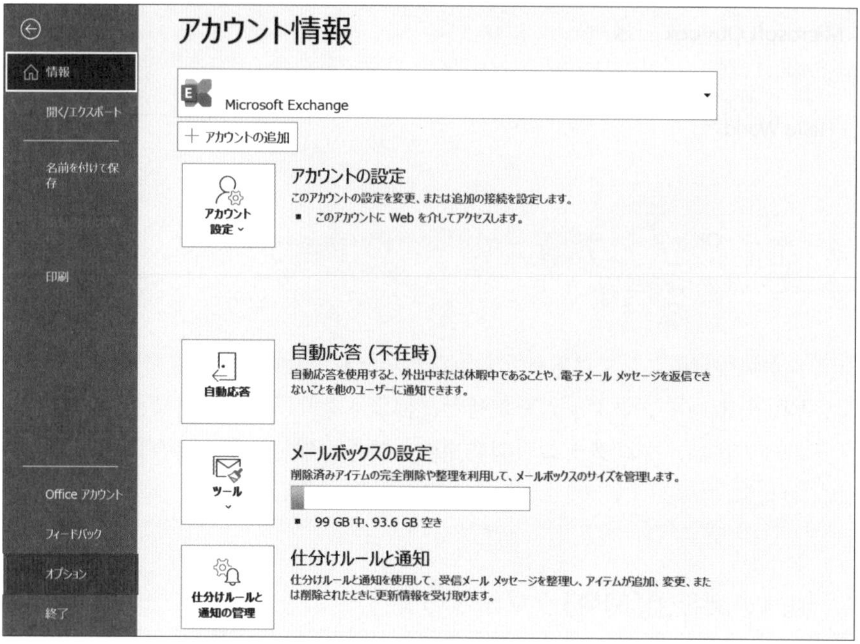

「Outlookのオプション」ウィンドウが立ち上がります。「リボンのユーザー設定」をクリックし❶、「開発」にチェックを入れます❷。「OK」をクリックし❸、画面を閉じてください。

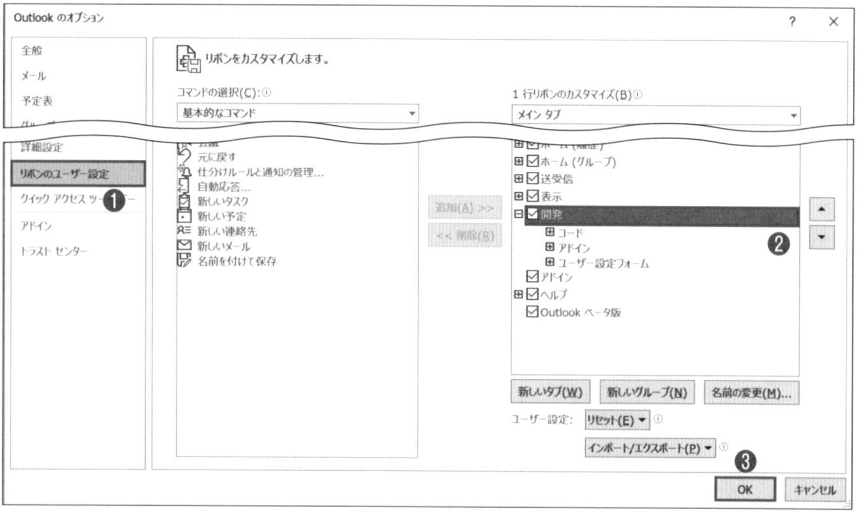

これで、「開発」タブが表示されました。

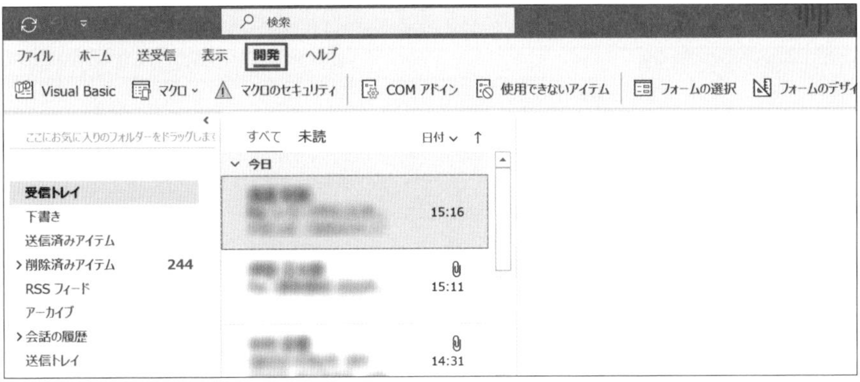

「開発」タブからプログラムを実行します。「開発」タブの「マクロ」❶をクリックして、「Project1.ThisOutlookSession.HelloWorld」❷をクリックします。

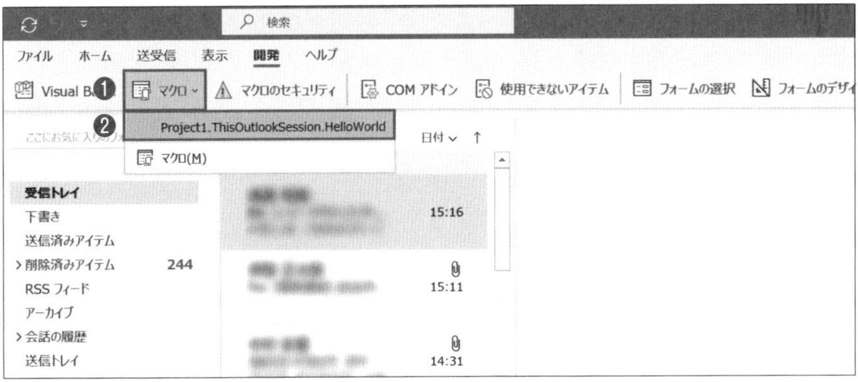

するとプログラムが実行され、「Hello World」とメッセージボックスで表示されます。

続いて、セキュリティの設定を確認します。先ほどの「マクロ」の横に、「マクロのセキュリティ」というボタンがあります。このボタンをクリックします。

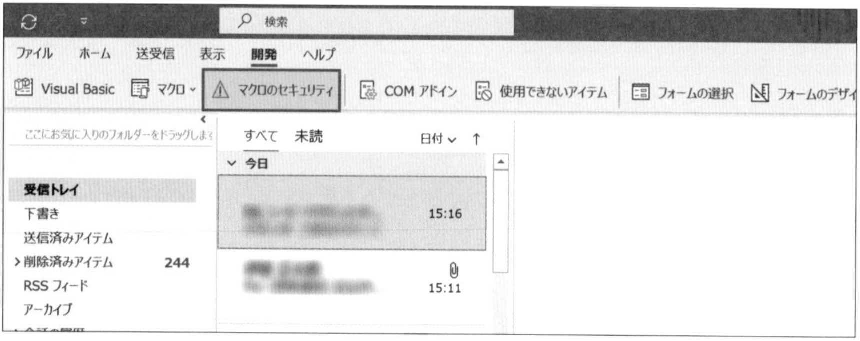

次のようなウィンドウが立ち上がります。ここでセキュリティのレベルを設定することができ、プログラムの起動を無効にしたり、プログラムを有効にするかどうかの確認作業を挟んだりすることができます。一番上の「警告を表示せずにすべてのマクロを無効にする」を選択するとOutlook VBAが使用できなくなってしまうので、ここでは選択しません。おすすめは「すべてのマクロに対して警告を表示する」です。

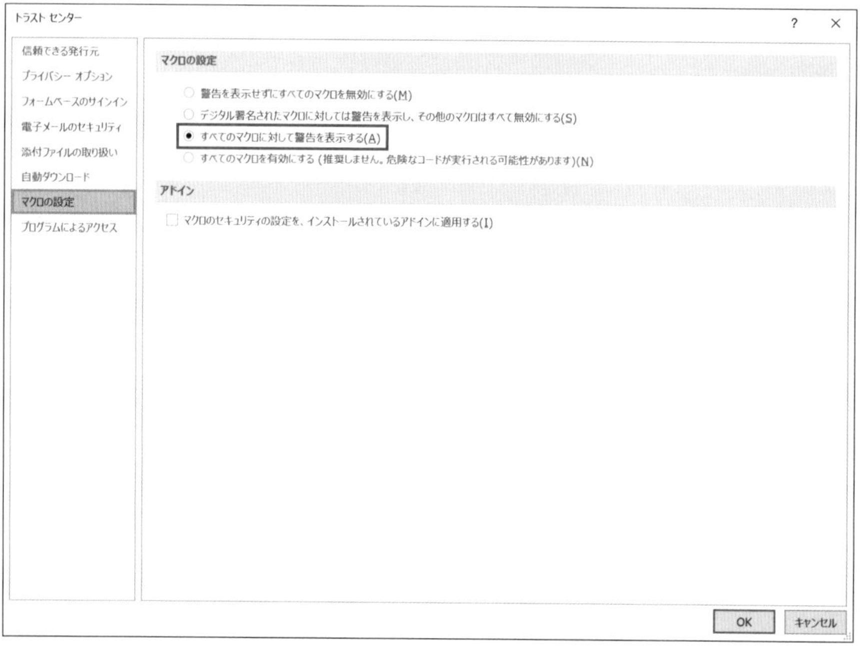

「すべてのマクロに対して警告を表示する」を選択すると、Outlookの起動時に以下のようなアラートが表示されます。この画面で「マクロを有効にする」をクリックすると、マクロを使用できるようになります。

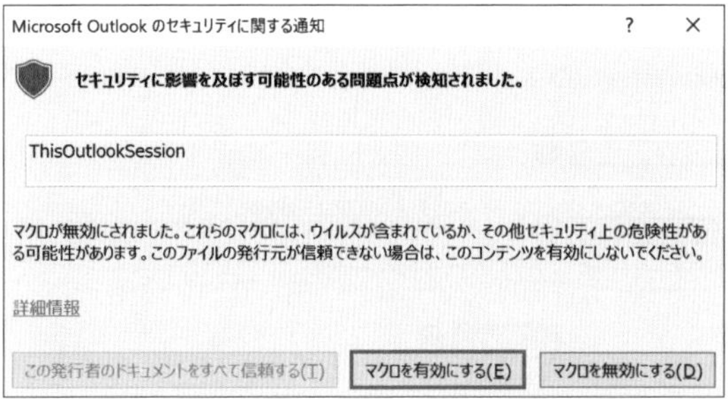

〉VBAの実行③クイックアクセスツールバーからの実行

Outlookクライアント版のクイックアクセスツールバーにプログラムを実行するボタンを設置し、そこからプログラムを実行することが可能です。利用頻度が高いプログラムは、ここに登録すると便利です。

クイックアクセスツールバーにある下矢印のマークをクリックします❶。表示されたメニューで、「その他のコマンド」をクリックします❷。

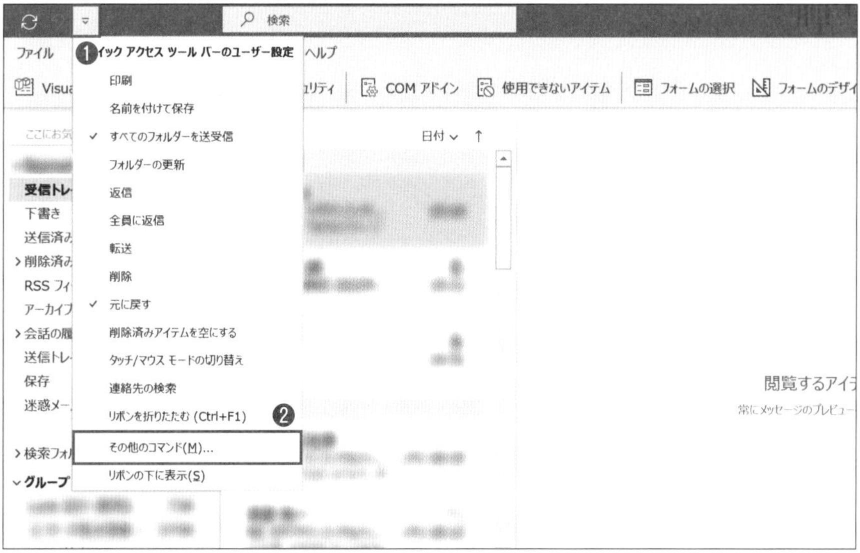

「コマンドの選択」で、「マクロ」を選択します❶。先ほど作成した「Hello World」のプログラムが表示されるのでこれを選択し❷、「追加」をクリックします❸。

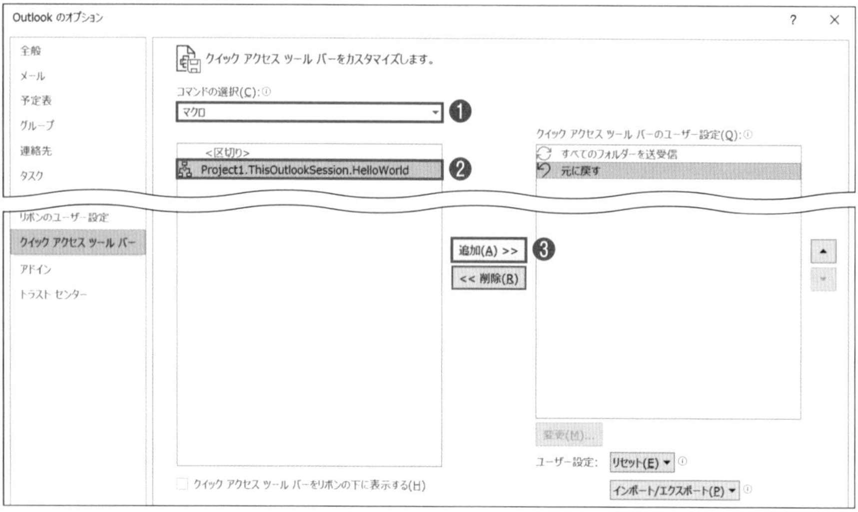

「クイックアクセスツールバーのユーザー設定」に「Hello World」のプログラムが追加されたことを確認し❶、「OK」をクリックして画面を閉じてください❷。この画面で「変更」をクリックすると、ボタンのアイコン画像を変更することができます。

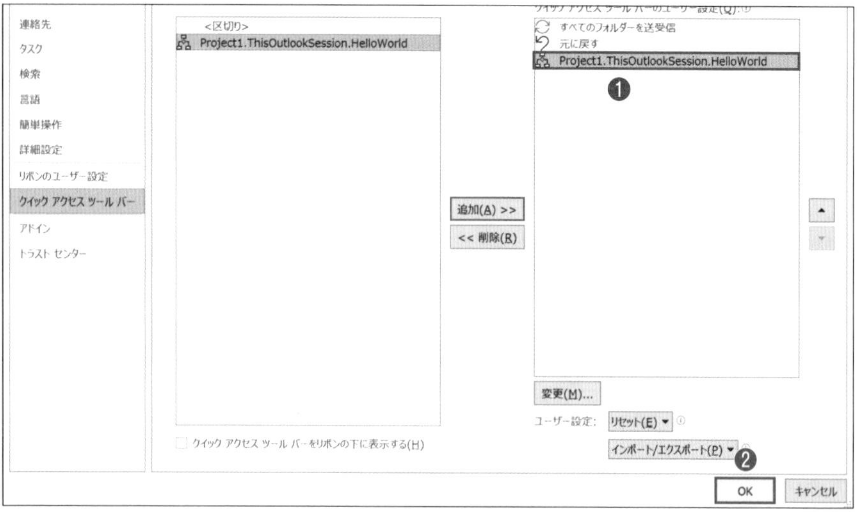

これで、クイックアクセスツールバーにプログラムを実行するためのボタンが表示されました。このボタンをクリックし、プログラムが起動することを確認してください。

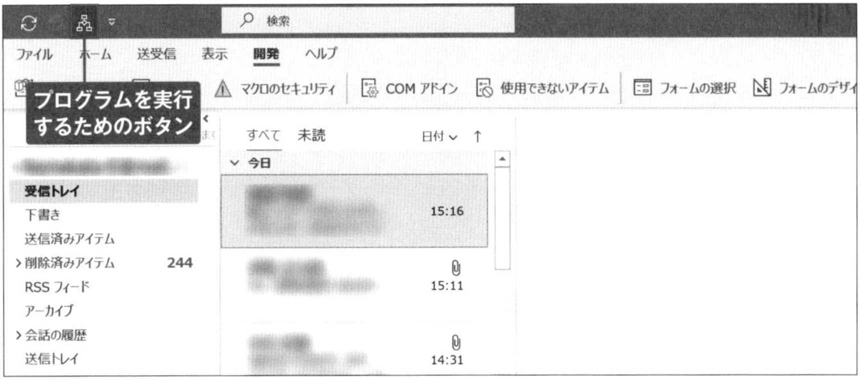

ここまで完了したら、いったんOutlookを閉じてください。この時、以下のようなメッセージが表示された場合は、「はい」をクリックしてください。

再度Outlookを起動して、先ほど作成した「Hello World」を実行してください。

ポイント

- 「ThisOutlookSession」のコードウィンドウの「標準プロシージャ」に記述されたプログラムの実行手段は主に3つある
- 1つ目は「Visual Basic Editor」から起動する方法。もっともかんたんな方法だが、「Visual Basic Editor」の起動が必要なため、開発途中に確認したい場合の方法として適している
- 2つ目は「開発」タブから起動する方法。「開発」タブの表示が必須となるため、初期設定が必要
- 3つ目はクイックアクセスツールバーから起動する方法。利用頻度が高いプログラムはここに登録するとすぐに起動することができる

04 Outlookでイベントから プログラムを起動する

》Outlook VBAにおけるイベントの種類

ここまでに、Outlookクライアント版でプログラムを手動で起動させる方法をご紹介してきました。次は、何かしらの動作をトリガーとしてマクロを起動する方法をご紹介します。Outlookクライアント版には、プログラムを起動させることができる複数の「イベント」が用意されています。「イベント」には、例えば「メールを受信した時」「メールを送信する時」などがあります。これらの「イベント」をトリガーとして、プログラムを自動で実行することができます。こうしたイベントによるプログラムの自動実行こそ、「Outlookクライアント版に組み込むタイプのVBA」の最大のメリットです。Outlook VBAにおける「イベント」には、以下の12種類があります。

イベント名	イベントの発生タイミング
AdvancedSearchComplete	検索完了後に発生
AdvancedSearchStopped	検索中止後に発生
BeforeFolderSharingDialog	選択した Folder オブジェクトの「共有」ダイアログ ボックスが表示される前に発生
ItemLoad	Outlook アイテムをメモリに読み込む時に発生
ItemSend	Outlook アイテムが送信される直前に発生
MAPILogonComplete	ユーザーがシステムにログオンしたあとに発生
NewMail	メッセージを受信トレイで受信したあとに発生。ルールの処理が行われるときに発生
NewMailEx	受信トレイに新しいアイテムを受信すると発生。NewMail とのちがいは、Entry ID により受信アイテムを特定することが可能な点
OptionsPagesAdd	ユーザーが Outlook の「オプション」ダイアログ ボックスの「アドイン」タブ上のオプションボタンをクリックするたびに発生
Quit	Outlook が終了する時に発生
Reminder	リマインダーが表示される直前に発生
Startup	Outlook の起動後、すべてのアドインプログラムが読み込まれたあとに発生

これらのイベントを使用する場合、VBEで「ThisOutlookSession」を選択し❶、コードウィンドウの「(General)」で「Application」を選択します❷。

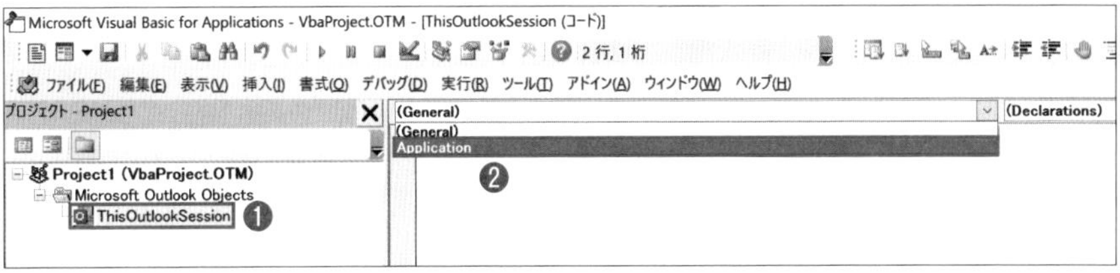

すると、右隣のプルダウンで各イベントを選択することができます。これらのイベントの中からどれか1つを選択すると、自動でプロシージャが作成されます。このプロシージャに、イベントをトリガーとして起動した場合の処理を書いていきます。このようにイベントを選択して作成されたプロシージャを、「イベントプロシージャ」と呼びます。

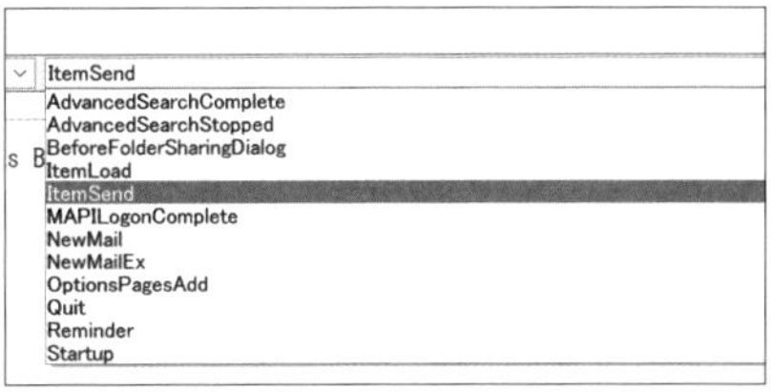

12種類のイベントの中で、業務で使用する頻度が高いのは以下の6つです。これから、この6つのイベントについて解説していきます。

- ItemSend：メール送信時
- MAPILogonComplete：システムにログオンしたあと
- NewMailEx：新規メール受信時
- Quit：Outlookが終了する時
- Reminder：リマインダーが表示される直前
- Startup：Outlook の起動後、すべてのアドインプログラムが読み込まれたあと

ポイント

- Outlookクライアント版では、Outlookの動作をトリガーとしてプログラムを実行させせることができる
- トリガーとなるOutlookの動作とは、例えば「メールを受信した時」や「メールを送信する時」などのこと
- Outlookの動作をトリガーとして起動するプロシージャを「イベントプロシージャ」と呼び、12種類存在する

05 Outlook VBAのイベントを活用する

メール送信時の自動処理「Application.ItemSendイベント」

「Application.ItemSendイベント」は、Outlookクライアント版でメールを送信する直前に発生するイベントです。「送信の直前」というのがポイントで、イベント起動時にはまだメールは送信されていません。そのため、プログラムの実行後にキャンセルや内容の修正を行うことが可能です。

例えば、以下のようにメールを送信する前の最終確認を行うような場面で使用します。

- 社外宛のメールの場合に、確認メッセージを表示する
- 添付ファイルがある場合に、確認メッセージを表示する

また、社外宛メールの送信をできなくすることも可能なので、個人情報を取り扱う業務など、高いセキュリティが要求される場面でも有効です。「Application.ItemSendイベント」の構文は、以下の通りです。

Application.ItemSendイベントの構文

```
Private Sub Application_ItemSend (ByVal Item As Object, Cancel As _
Boolean)

End Sub
```

「Application.ItemSendイベント」を使ったプログラムは、次ページのようになります。

```
Private Sub Application_ItemSend (ByVal Item As Object, Cancel As _
Boolean)

実行したい処理（ステートメント）

End Sub
```

「Application.ItemSendイベント」は、「Item」と「Cancel」の2つの引数を持っています。この2つの引数は、イベント発生時にOutlookが自動で代入します。

「Item」は、送信しようとしているメールが格納された、オブジェクト型の変数です。このイベントが発生すると同時に、対象のメールが「Item」に代入されます。「Item」に入るのはMailItemのオブジェクトなので、MailItemに関するプロパティを持っていますし、メソッドも使用可能です。例えば「Item.Subject」と入力すると、そのメールの件名を確認できます。

「Cancel」は、メール送信をキャンセルするかどうかを指定する、ブーリアン型（Boolean）の変数です。ブーリアン型変数は、「True（真）」と「False（偽）」の2つの値だけを持つことができます。「Application.ItemSendイベント」では、初期値として「False（偽）」を与えられています。プログラムの内部に「Cancel = True」の1行を入れ、「Cancel」の値を書き換えると、メールの送信がキャンセルされます。

補足として、「ThisOutlookSession」は複数の「Application.ItemSendイベント」を保存することはできません。そもそもVBAは、同じ場所に同じ名前のプログラムが複数存在することを容認していません。そのためメール送信時に複数の処理を行いたい場合は、1つのイベントの中に複数の機能を入れる必要があります。つまり、「Private Sub Application_ItemSend(ByVal Item As Object, Cancel As Boolean)」は1回しか書くことができませんが、その中にはいくつでも処理を加えることが可能です。

》ログイン時の自動処理「Application.MAPILogonCompleteイベント」

「Application.MAPILogonCompleteイベント」は、Outlookクライアント版でユーザーがログインしたあとに発生するイベントです。ウェルカムメッセージの表示や、管理のために誰がいつログインしたかの履歴を残したい場合などに使用します。部署のすべてのパソコンに設定して、誰がいつOutlookを起動したのか、一覧表として記録するといった使い方も可能です。「Application.MAPILogonCompleteイベント」の構文は、以下の通りです。

Application.MAPILogonCompleteイベントの構文

```
Private Sub Application_MAPILogonComplete()

End Sub
```

「Application.MAPILogonCompleteイベント」を使ったプログラムは、以下のようになります。引数はないため、「()」の中は空欄になっています。

```
Private Sub Application_MAPILogonComplete()

MsgBox "よろしくお願いします。"

End Sub
```

このプログラムは、Outlookクライアント版を起動すると「よろしくお願いします。」というメッセージボックスが表示される、というものです。

これをベースに機能を追加したものが、次のプログラムになります。ログイン時に、コンピューター名とユーザー名を取得します。コンピューター名とユーザー名は、Environ関数を使って取得します。コンピューター名は「Environ ("COMPUTERNAME")」、ユーザー名は「Environ ("USERNAME")」で取得できます。

```
Private Sub Application_MAPILogonComplete()

'Outlookクライアント版にログインした際、ウェルカムメッセージを表示する。

MsgBox "よろしくお願いします。" & vbCrLf & "コンピューター名:" & _
Environ("COMPUTERNAME") _
& vbCrLf & "ユーザー名:" & Environ("USERNAME")

End Sub
```

プログラムを作成できたら、Outlookをいったん閉じて、再起動してください。すると、それをトリガーとして以下のようなメッセージが表示されます。

このプログラムではメッセージボックスを表示しただけですが、実際の業務で使用する場合は、データベースにコンピューター名とユーザー名を書き込み勤務時間を管理する、といった使い方も考えられます。パソコンの使用履歴を管理するのに適しているイベントです。

》メール受信時の自動処理「Application.NewMailExイベント」

「Application.NewMailExイベント」は、Outlookクライアント版で「受信トレイ」に新しいメールを受信した場合に発生するイベントです。メールを受信した場合に添付ファイルを自動でダウンロードする、転送や返信を行う、受信メールの本文をExcelに記載して一覧表にするといったことが可能です。受信メールの件名に自動で連番を振り、管理しやすくする場合にも使用します。「Application.NewMailExイベント」の構文は、次ページの通りです。

Application.NewMailExイベントの構文

```
Private Sub Application_NewMailEx(ByVal EntryIDCollection As String)

End Sub
```

引数の「EntryIDCollection」は、受信したアイテムのエントリID を表す文字列です。「ByVal」によって、変数への値の渡し方が定められています。

「Application.NewMailExイベント」は一見便利そうなイベントですが、使いづらい点もあります。最大の問題は、Outlookクライアント版が起動していないと動作しないという点です。夜間にパソコンの電源を切っている場合や、担当者がお休みの場合、プログラムが実行されなくなります。もう1つの大きな問題は、Microsoft 365などのExchange環境を使用している場合、メールを受信しても、このイベントが発生しないことがある点です。

「Application.NewMailExイベント」をすべての受信メールに対して確実に実行したい場合は、24時間365日パソコンを立ち上げ、ログインしたままにする必要があります。セキュリティ面や運用コストを考えると、ハードルが高いのではないでしょうか。ロボット用のアカウントを別に用意する等、何らかの対応が必要だと思います。

以上のようなことから、「Application.NewMailExイベント」を業務で使用する場合は、多少の処理漏れが発生しても問題のない範囲で使用するのがよいと思います。例えば、「受信したメールの件名に自動で連番を振り管理しやすくする」というプログラムであれば、動作しなくても業務に大きな影響はないと思います。どうしても処理漏れを発生させたくないという場合は、「Application.NewMailExイベント」を使わず、他の手段と組み合わせながら、自動化してください。

このように、「Application.NewMailExイベント」は扱いが少し難しいイベントでもあります。使用する際は十分に注意し、テストを行った上で使用してください。

次のサンプルマクロで、「Application.NewMailExイベント」の使い方を説明します。Outlookクライアント版の「ThisOutlookSession」に、次のイベントプロシージャを作成してください。

```
Private Sub Application_NewMailEx(ByVal EntryIDCollection As String)

Dim myNamespace As Outlook.NameSpace
Dim myItem As MailItem

Set myNamespace = GetNamespace("MAPI")
Set myItem = myNamespace.GetItemFromID(EntryIDCollection)

MsgBox "件名：" & myItem.Subject & "のメールが届きました！"

End Sub
```

このプログラムは、新規メールを受信した際、メッセージボックスを表示する、というものです。「エントリID（EntryIDCollection）」は、MailItemオブジェクトに振られた、そのメールを表すユニークなキーの1つです。MailItemオブジェクト自体ではありませんので、そのままでは使い勝手が劣っています。そこで、「NameSpace.GetItemFromID メソッド」を用いた以下のコードによって、「EntryIDCollection」をMailItemオブジェクトに変換しています。「Application.NewMailExイベント」とセットで使います。

```
Dim myNamespace As Outlook.NameSpace
Dim myItem As MailItem

Set myNamespace = GetNamespace("MAPI")
Set myItem = myNamespace.GetItemFromID(EntryIDCollection)
```

プログラムを実行し、メールの件名を取得できたことを確認してください。

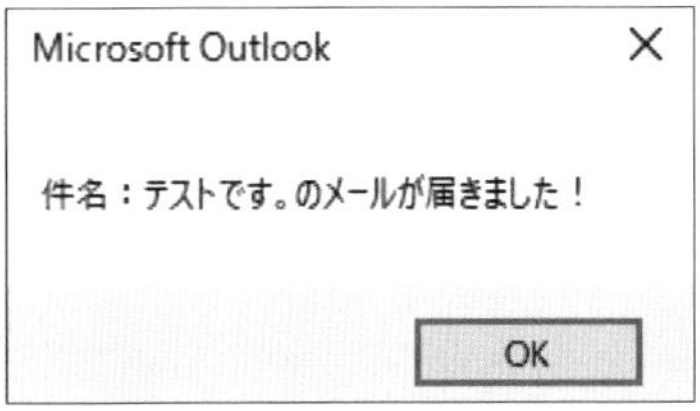
Microsoft Outlook
件名：テストです。のメールが届きました！
OK

》Outlook終了時の自動処理「Application.Quitイベント」

「Application.Quitイベント」は、Outlookクライアント版のアプリを閉じる際に発生するイベントです。「さよならの挨拶を表示する」などの使い方になります。「Application.MAPILogonCompleteイベント」とは、ちょうど対になるイベントです。「Application.Quitイベント」の構文とプログラムは、以下の通りです。

Application.Quitイベントの構文

```
Private Sub Application_Quit()

End Sub
```

```
Private Sub Application_Quit()
    MsgBox "Outlookを終了します。お疲れ様でした。"
End Sub
```

》アラーム発生時の自動処理「Application.Reminderイベント」

「Application.Reminderイベント」は、アラームが表示される直前に発生するイベントです。Outlookのアラーム設定は、メール、予定表、連絡先、タスクスケジューラなど、さまざまなものに対して設定できますが、本書では予定表に対してアラームを発生させる方法に絞って解説します。このイベントを使うと、予定表で指定された時間に自動でマクロを実行することで、マクロの実行時間を管理することができます。「Application.Reminderイベント」の構文は、以下の通りです。

Application.Reminderイベントの構文

```
Private Sub Application_Reminder(ByVal Item As Object)

End Sub
```

引数の「Item」は、アラームに関連付けられたAppointmentItem、MailItem、ContactItem、TaskItemなどのオブジェクト型変数です。この本では、今までMailItemオブジェクトに関してのみ解説してきましたが、ここでは予定表に関するオブジェクトである、AppointmentItemオブジェクトを使用します。AppointmentItemオブジェクトとMailItemオブジェクトは共通部分が多く、使い方も似ています。MailItemオブジェクトを使いこなしていれば、同じ感覚で使うことが可能です。

指定した時間にマクロを実行する手段としては、他にタスクスケジューラを使う方法も存在します。タスクスケジューラは、設定によってはユーザーがパソコンにログインしていない時もパソコンの電源が入っていれば起動しますので、確実性は高いです。一方、VBAで「Application.Reminderイベント」を利用してプログラムをスケジュール実行するメリットは、実行の時間や回数を柔軟に変更し、Outlookの予定表を用いて管理できる点にあります。祝日は動かしたくない、今日だけ実行時間を変更したいといった場合は、Outlook VBAの方が便利です。状況に応じて、Outlook VBAとタスクスケジューラを使い分けてください。

「Application.Reminderイベント」を使ったプログラムは以下になります。Outlookクライアント版のアラーム発生時、件名が「マクロ実行」の場合にメッセージボックスを表示する、という機能があります。

```
Private Sub Application_Reminder(ByVal Item As Object)

If Item.Subject = "マクロ実行" Then
    MsgBox Item.Subject & "のアラームが発生、プログラムを実行"
End If

End Sub
```

それでは、実際に動かしてみましょう。Outlookの予定表で、件名が「マクロ実行」という予定を登録してください。

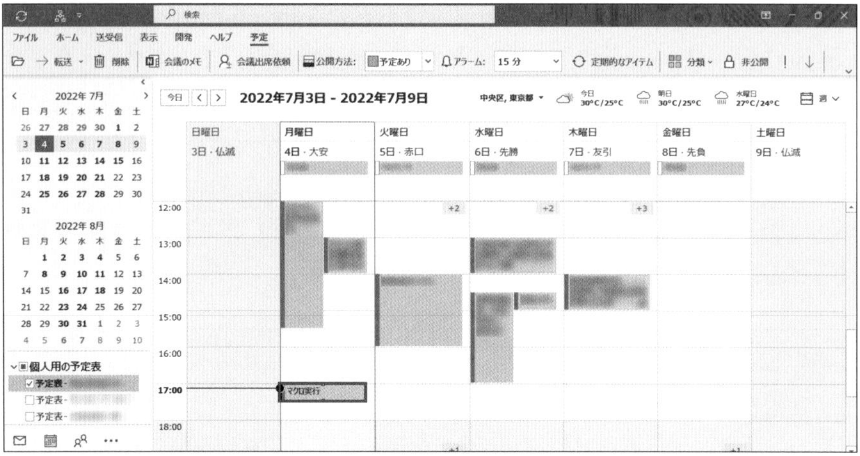

また、アラームも発生させなくてはいけません。この例では「0分」にしていますので、予定の時間に達したらアラームが発生します。

アラームの時間になるとプログラムが実行され、以下のようにメッセージボックスが表示されます。

先程はアラームの時間を「0分」としましたが、「なし、0分、5分、10分、・・・」と自由に変更し、プログラムの起動のタイミングを設定することができます。

このサンプルプログラムではメッセージボックスの表示を行っただけですが、「MsgBox」の部分を変更することで、他の処理を行うことも可能です。例えば、以下のような使い方が考えられます。

- 何らかのシステムにアクセスし、注文状況を確認。新規注文がある場合、注文データを他のシステムに連携し、関係者にメールを送る
- メール＋添付されたExcelファイルで届いた注文に関して、Excelファイルの内容を一覧表にまとめ、1日1回関係部署にメールする

この本はOutlook VBAに関する本ですので、Excelの操作や、Webシステムの自動化については一部を除き扱っていません。Pythonを活用したWeb操作自動化を習得し、Outlook VBAと組み合わせることで、より高度な自動化が可能になると思います。

〉Outlook起動時の自動処理「Application.Startupイベント」

「Application.Startupイベント」は、Outlookクライアント版の起動中、すべてのアドインプログラムが読み込まれたあとに発生します。ユーザーがログインしたあとに発生する「Application.MAPILogonCompleteイベント」とほぼ同じものです。順番としては「Application.Startupイベント」が先に発生し、その後「Application.MAPILogonCompleteイベント」が発生します。「Application.Startupイベント」の構文とプログラムは、以下の通りです。

Application.Startupイベントの構文

```
Private Sub Application_Startup ()

End Sub
```

```
Private Sub Application_Startup ()

MsgBox "起動します。"

' ウインドウ最大化
Application.ActiveExplorer.WindowState = olMaximized

End Sub
```

このプログラムは、Outlookクライアント版を立ち上げると「起動します。」というメッセージボックスが表示され、ウィンドウが最大化される、というものです。

これで、VBAの基本的な使い方に関する解説は終了です。必ずしも、すべてを暗記し、使いこなす必要はありません。必要に迫られた時に、辞書のようにページを開き、調べていただければ大丈夫です。次の章では、Outlook VBAの実務への活用に関して、より実用性が高いプログラムを用いてご説明します。

ポイント

- 「Application.ItemSendイベント」を使って、「メールの送信」をマクロ起動のトリガーとすることができる。「メールの送信直前」に起動するので、送信前に内容を確認したり、キャンセルしたりすることができる
- 「Application.MAPILogonCompleteイベント」を使って、「ユーザーがOutlookクライアント版にログインしたあと」をマクロ起動のトリガーとすることができる。パソコンの利用履歴を管理するのに適している
- 「Application.NewMailExイベント」を使って、「受信トレイに新しいメールを受信した時」をマクロ起動のトリガーにすることができる。受信メールを管理するのに便利だが、Outlookクライアント版が起動していないと動作しないので注意が必要
- 「Application.Quitイベント」を使って、「Outlookクライアント版を閉じる時」をマクロ起動のトリガーとすることができる
- 「Application.Reminderイベント」を使って、「アラームが表示される直前」をマクロ起動のトリガーとすることができる
- 「Application.Startupイベント」を使って、「Outlookクライアント版の起動中、すべてのアドインプログラムが読み込まれたあと」をマクロ起動のトリガーとすることができる

第12章

Outlook VBAで
メール業務を
「自動化」する

01 サンプルプログラムを使用する前準備

》ThisOutlookSessionのコードウィンドウを表示する

この章では、Outlook VBAを使った、仕事で活用できる実践的なプログラムを紹介していきます。ここでは準備として、11章でも解説した、マクロを使用するためのThisOutlookSessionのコードウィンドウの表示方法について解説します。Outlookクライアント版を起動し、Alt+F11キーをクリックしてください。Visual Basic Editorが起動するので、「Project1」の左にある「+(プラス)」をクリックしてください。

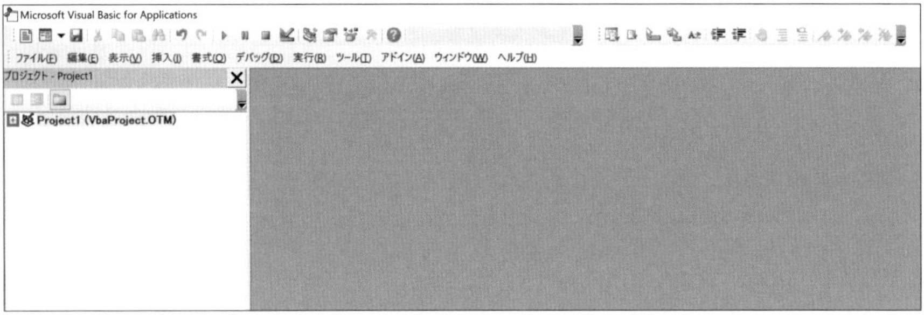

「Microsoft Outlook Objects」が表示されます。これも、「+」をクリックして展開してください。

「ThisOutlookSession」が表示されるので、ダブルクリックしてください。

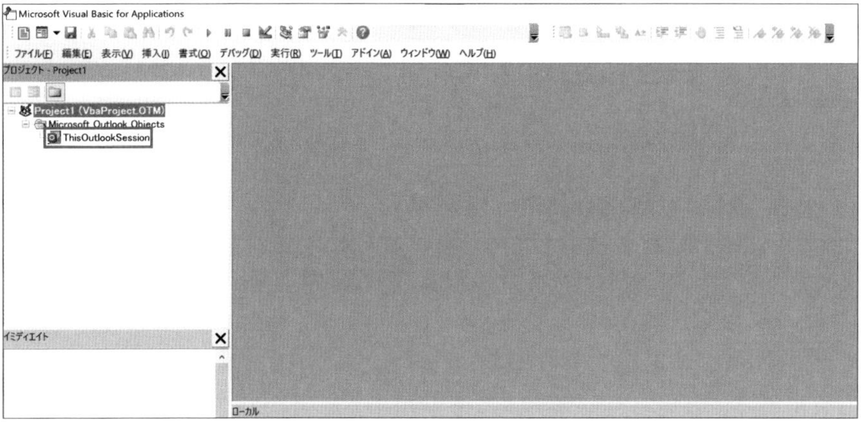

すると、コードウィンドウが表示されます。ここに、これから紹介するコードを入力していきます。P.12の方法でダウンロードしたサンプルファイルからコピー&ペーストしても構いません。コードを入力したら、忘れずに保存しましょう。これで、これから解説するプログラムを使用する前準備が完了しました。

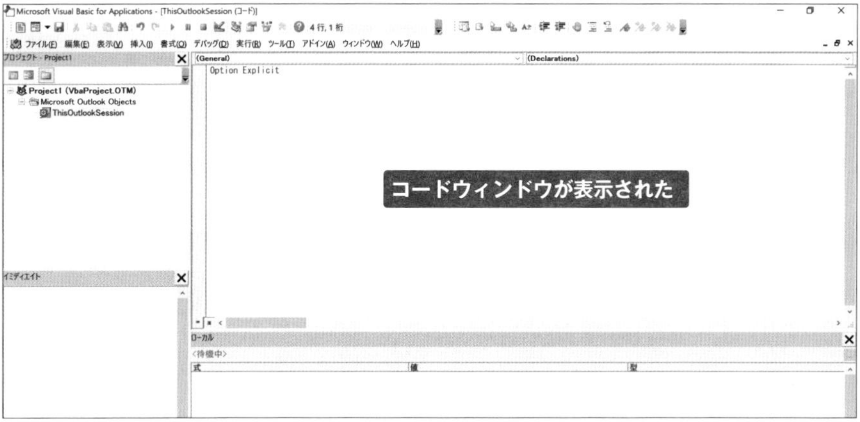

ポイント

- これから紹介するマクロは、前準備が必要
- Visual Basic Editorを起動し「ThisOutlookSession」のコードウィンドウにサンプルファイルをコピー&ペーストするか、直接入力して使用することができる

02 サンプル①特定の件名のメールに自動返信する

》特定メールへの自動返信プログラム

最初に紹介するのは、特定の件名のメールに自動で返信を行うプログラムです。件名に特定の文字を含んでいるメールに対して、自動でメールを返信することができます。特定のアドレスに空メールを送ると申し込みフォームを自動返信してくれる、といったシステムにも利用することができます。ThisOutlookSessionのコードウィンドウに、以下のコードを入力してください。

```
Private Sub Application_NewMailEx(ByVal EntryIDCollection As String)

Dim myNamespace As Outlook.NameSpace
Dim myItem As MailItem
Dim msg As String

On Error GoTo Label1

Set myNamespace = GetNamespace("MAPI")
Set myItem = myNamespace.GetItemFromID(EntryIDCollection)

If LCase(TypeName(myItem)) = "mailitem" And myItem.Subject = _
"発注テスト" Then
    With myItem.ReplyAll
    msg = myItem.SenderName & vbCrLf & _
            "ご注文いただきありがとうございました。" & vbCrLf & _
            "受付登録を完了いたしました。" & vbCrLf & vbCrLf & _
            "--------------------" & vbCrLf & .Body
    .Body = msg
    .Send
    End With
End If

Label1:

End Sub
```

このプログラムを設定しておくと、受信したメールの件名が「発注テスト」であった場合に、以下のようなメールを自動で返信することができます。

このプログラムは「Application.NewMailExイベント」を用いているため、メールを受信した時に起動します。

```
Private Sub Application_NewMailEx(ByVal EntryIDCollection As String)

End Sub
```

以下のコードで、操作対象を「受信したメール」としています。

```
Set myNamespace = GetNamespace("MAPI")
Set myItem = myNamespace.GetItemFromID(EntryIDCollection)
```

「Application.GetNamespaceメソッド」は、Applicationに対して、指定した型のNameSpaceオブジェクトを返します。このメソッドを使うことで、Outlookで設定されているアカウントのメール、予定表、連絡先などのデータが格納されているフォルダーにアクセスすることができます。

Application.GetNamespaceメソッドの構文

```
Application.GetNamespace ( Type )
```

「Application.GetNamespaceメソッド」の引数「Type」に入る値は「"MAPI"」のみなので、常に「"MAPI"」を入れます。

```
Set myNamespace = GetNamespace("MAPI")
```

Outlookでは、新規に設定されたメールやタスク、予定には一意の「EntryID」というIDが付与されます。「Application.NewMailExイベント」は受信したメールの「EntryID」を引数「EntryIDCollection」へ代入し、String型で返します。

以下のコードの「GetItemFromIDメソッド」は、NameSpace内で合致する「EntryID」のメールを探し、取得したアイテムのオブジェクト型(メールならMailItemオブジェクト)で返してくれるメソッドです。これにより、受信したメールオブジェクトが変数myItemに代入されます。「Application.NewMailExイベント」で受信したメールを取得する際は、この2行をそのまま暗記しておくのがよいでしょう。

```
Set myItem = myNamespace.GetItemFromID(EntryIDCollection)
```

次ページのコードでは、受信したメールが処理対象のメールかどうかを判定しています。条件は、操作対象のオブジェクトがメールであるかどうかと、メールの件名が「発注テスト」であるかどうかです。TypeName関数は、オブジェクトの型を返す関数です。メールであれば、MailItemオブジェクトをString型で返すので、LCase関数ですべて小文字に変換して、「mailitem」であるかどうかを確認しています。

```
If LCase(TypeName(myItem)) = "mailitem" And myItem.Subject = _
"発注テスト" Then
 (中略)
End If
```

条件を満たせば、下記のコードで設定した定型文を返信します。

```
        With myItem.ReplyAll
        msg = myItem.SenderName & vbCrLf & _
                "ご注文いただきありがとうございました。" & vbCrLf & _
                "受付登録を完了いたしました。" & vbCrLf & vbCrLf & _
                "--------------------" & vbCrLf & .Body
        .Body = msg
        .Send
        End With
```

処理中にエラーが起こったとしても、以下のステートメントを使って自動返信メールを送らないようにしています。「On Error GoTo Label1」以降のコードでエラーが発生した場合、「Label1:」以降のコードに処理が飛びます。このプログラムでは「Label1:」以降のコードはEnd Subですので、そこで強制終了となります。

```
On Error GoTo Label1

 (中略)

Label1:
```

受信したメールの、自動返信のトリガーとなる文字を他の文字に変更したい場合は、以下のコードの「発注テスト」という文字を変更します。

```
If LCase(TypeName(myItem)) = "mailitem" And myItem.Subject = _
"発注テスト" Then
```

現在のコードは注文を受けるコールセンターの担当が使用するような場合に有効ですが、汎用性を持たせ、特定の文字を「含む」場合に自動返信するようにも設定可能です。その場合は、以下のようにコードを修正してください。

```
If LCase(TypeName(myItem)) = "mailitem" And _
InStr(myItem.Subject, "発注テスト")<>0 Then
```

ここで使用している「InStr関数」は、特定の文字の中に指定した文字を含む場合に、その文字が見つかった位置を返します。ここでは「0ではない」、つまり「その特定の文字を含む場合」という条件式になっています。これによって、受信したメールの件名に「発注テスト」という文字が含まれる場合に自動返信することができます。他の文字をトリガーにしたい場合は、「発注テスト」の文字を変更してください。

また、自動返信したいメールの内容を変更したい場合は、以下のコードの「＝」の右辺の内容を変更してください。

```
msg = myItem.SenderName & vbCrLf & _
        "ご注文いただきありがとうございました。" & vbCrLf & _
        "受付登録を完了いたしました。" & vbCrLf & vbCrLf & _
        "--------------------" & vbCrLf & .Body
```

このプログラムは、特定の送信者に対してや、本文に特定の文字を含む場合等、用途に合わせて応用させることが可能です。状況に応じて使用してください。

ポイント

- 「サンプルVBA①特定の件名のメールに自動返信する」マクロを使うことで、自分の設定した特定の文字が受信メールに含まれている場合、自動でメールを返信することが可能になる
- 特定のアドレスに空メールを送ると申し込みフォームを自動返信する、といった使い方ができる
- 返信メールの本文も自分で設定できる

03 サンプル②特定の文字を件名に含む場合に送信をキャンセルする

特定のメール送信キャンセルプログラム

次に紹介するのは、メールの送信時、件名に特定の文字を含む場合に送信をキャンセルすることができるプログラムです。例えば注文を受ける業務において、定型のメールに対する誤った返信を防ぐことができます。ThisOutlookSessionのコードウィンドウに、以下のコードを入力してください。

```
Private Sub Application_ItemSend(ByVal Item As Object, Cancel As _
Boolean)

If Item.Subject Like "*送信禁止*" Then
    Cancel = True
    MsgBox "件名に「送信禁止」の文字が含まれるため、送信をキャンセルしました。"
End If

End Sub
```

このプログラムは「Application.ItemSendイベント」を用いているため、メールを送信する直前に起動します。

```
Private Sub Application_ItemSend(ByVal Item As Object, Cancel As _
Boolean)

End Sub
```

「Application.ItemSendイベント」は、送ろうとしているメールを引数「Item」に代入し、そのメールの件名に特定の文字を含むかどうかを判定しています。この場合の条件は、件名に「送信禁止」という文字を含むかどうかです。

```
If Item.Subject Like "*送信禁止*" Then
    (中略)
End If
```

条件式に使われているLikeは「Like演算子」と呼ばれるもので、2つの文字列を比較し、一致する場合はTrue、不一致の場合はFalseを返します。

また、「*送信禁止*」の「*(アスタリスク)」はワイルドカードと呼ばれ、「任意の数の文字列」を表しています。「*送信禁止*」の場合、「送信禁止」の前後にワイルドカードがついているため、「送信禁止という文字の前後はどのような文字でもよい」という意味になります。つまり「If Item.Subject Like "*送信禁止*" Then」は、「Itemの件名が「送信禁止」という文字を含む場合」という意味になります。「Like演算子」と「*(アスタリスク、ワイルドカード)」は、Outlook VBAでは頻繁に使用します。

続いて以下のコードで、条件に合致したメールに対して送信をキャンセルし、メッセージボックスを表示させます。

```
        Cancel = True
        MsgBox "件名に「送信禁止」の文字が含まれるため、送信をキャンセルしました。"
```

「Application.ItemSendイベント」はBoolean型の引数「Cancel」を持っており、以下のようにすることで、送信をキャンセルできます。

```
        Cancel = True
```

プログラムを実行し、件名に「送信禁止」という文字が入ったメールを作成し、送信してください。すると次のようなメッセージボックスが表示され、送信することができません。

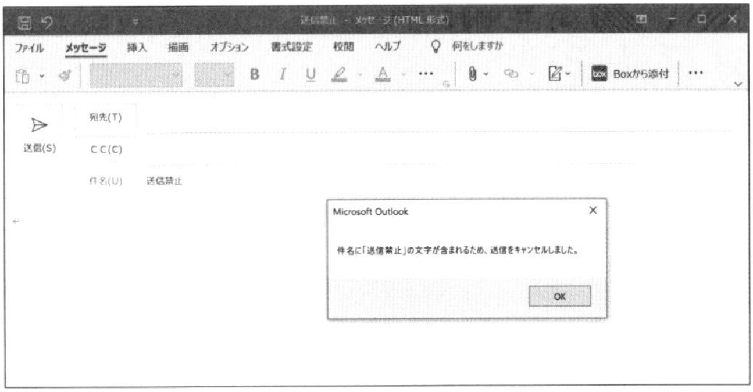

「送信禁止」という文字は、他の文字に書き換えられます。応用して、メールの宛先や本文に特定の文字が含まれる場合に送信をキャンセルするということもできます。例えば「メールの本文に特定の文字が含まれる場合に送信をキャンセルする」というプログラムにしたい場合は、If文の条件式を次のように書き換えます。「●●株式会社」へ送りたくないとして、この文字を本文に含む場合は送信をキャンセルするという条件になります。

```
If Item.Body Like "*●●株式会社*" Then
```

また、共有したい人をCCに入れ忘れるのを防ぐことができます。「佐藤」さんと仮定して、条件式を否定する「Not演算子」を用いて、その人がCCに入っていない時に送信をキャンセルするというプログラムを作成します。この場合、Outlookの連絡先で必ず入れたい人の表示名を「佐藤」にしておいてください。

```
If Not Item.CC Like "*佐藤*" Then
```

ポイント

- 「サンプルVBA②特定の文字を件名に含む場合に送信をキャンセルする」マクロを使うことで、自分が設定した特定の文字が送信メールの件名に含まれる場合、送信をキャンセルさせることが可能になる
- 注文を受ける業務で、定型メールに対する誤った返信を防ぐことができる
- 件名の他にも、本文や宛先を条件にすることもできる

04 サンプル③ 誤送信防止機能を追加する

》誤送信防止プログラム

次に紹介するのは、送信時に確認用のメッセージボックスを表示させるプログラムです。これにより、メールの作成が完了する前に送信してしまうといったミスを防ぐことができます。また件名と添付ファイルの情報を確認できるので、A社に送るはずのファイルを他の会社へ送っていないかを確認できます。情報漏洩によるリスクが叫ばれる昨今において、有用なプログラムです。ThisOutlookSessionのコードウィンドウに、以下のコードを入力してください。

```
Private Sub Application_ItemSend(ByVal Item As Object, Cancel As Boolean)

Dim 受信者 As Recipient
Dim ファイル As Attachment
Dim To対象者 As String
Dim Cc対象者 As String
Dim Bcc対象者 As String
Dim ファイル名 As String
Dim メッセージ文言 As String

For Each 受信者 In Item.Recipients
    If 受信者.Type = 1 Then
        To対象者 = To対象者 & "," & 受信者
    End If

    If 受信者.Type = 2 Then
        Cc対象者 = Cc対象者 & "," & 受信者
    End If

    If 受信者.Type = 3 Then
        Bcc対象者 = Bcc対象者 & "," & 受信者
    End If
Next

On Error Resume Next
```

```
For Each ファイル In Item.Attachments
    ファイル名 = ファイル名 & "," & ファイル.FileName
Next

On Error GoTo 0

メッセージ文言 = "To対象者>" & To対象者 & vbCrLf _
& "Cc対象者>" & Cc対象者 & vbCrLf _
& "Bcc対象者>" & Bcc対象者 & vbCrLf & vbCrLf _
& "件名>" & Item.Subject & vbCrLf _
& "添付>" & ファイル名 & vbCrLf & vbCrLf

If MsgBox(メッセージ文言 & "送信してよろしいですか？", vbYesNo) = vbNo Then
    Cancel = True
    MsgBox "送信をキャンセルしました。"
End If

End Sub
```

このプログラムは「Application.ItemSendイベント」を用いているため、メールを送信する直前に起動します。起動と同時に、引数「Item」にそのメールをオブジェクトとして代入します。

```
Private Sub Application_ItemSend(ByVal Item As Object, Cancel As Boolean)
（中略）
End Sub
```

次に、送信しようとしているメールの受信者を、Typeプロパティを用いてTo、CC、BCCの各変数へ分類します。次のコードではFor Eachステートメントを使用し、メールの受信者を順番に変数「受信者」へ格納しています。

```
For Each 受信者 In Item.Recipients
    If 受信者.Type = 1 Then
        To対象者 = To対象者 & "," & 受信者
    End If

    If 受信者.Type = 2 Then
        Cc対象者 = Cc対象者 & "," & 受信者
    End If
```

```
    If 受信者.Type = 3 Then
        Bcc対象者 = Bcc対象者 & "," & 受信者
    End If
Next
```

続いて、添付ファイルのファイル名を取得します。添付ファイルがない場合はエラーになってしまうため、On Error Resume Nextステートメントを用い、添付ファイルがない場合でも処理を進められるようにしています。

```
On Error Resume Next

For Each ファイル In Item.Attachments
    ファイル名 = ファイル名 & "," & ファイル.FileName
Next '次のファイル

On Error GoTo 0 'エラー無視を解除
```

取得した受信者と添付ファイルの情報、件名を合わせて、変数「メッセージ文言」に文字列として代入します。

```
メッセージ文言 = "To対象者>" & To対象者 & vbCrLf _
& "Cc対象者>" & Cc対象者 & vbCrLf _
& "Bcc対象者>" & Bcc対象者 & vbCrLf & vbCrLf _
& "件名>" & Item.Subject & vbCrLf _
& "添付>" & ファイル名 & vbCrLf & vbCrLf
```

最後に、変数「メッセージ文言」に代入された情報をメッセージボックスで表示し、この内容で送信していいかどうかの確認を促します。

```
If MsgBox(メッセージ文言 & "送信してよろしいですか？", vbYesNo) = vbNo Then
    Cancel = True
    MsgBox "送信をキャンセルしました。"
End If
```

プログラムを実行し、メールを作成して送信を行うと、以下のようなメッセージボックスが表示されます。

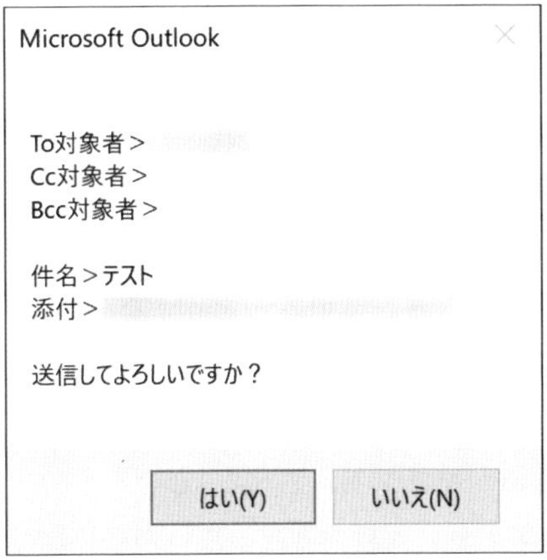

「いいえ」をクリックすると、下記のコードによって送信がキャンセルされます。「はい」をクリックすると、メールが送信されます。

```
    Cancel = True
```

ポイント

- 「サンプルVBA③誤送信防止機能を追加する」プログラムを使うことで、メール送信時にメッセージボックスを表示し内容確認を行うことができる
- メールの内容を確認し、内容にまちがいがあれば送信をキャンセルすることができる
- 添付ファイルのファイル名と送信先情報を同時に確認できるので、情報漏洩によるリスクを軽減させることができる

05 サンプル④指定したドメイン以外のアドレスにメールを送る場合にアラートを表示する

》特定メールへのアラート表示プログラム

次に、想定しない送信先のメールアドレスが含まれているかどうかを確認し、誤送信を防止できるプログラムを紹介します。このプログラムは、「指定したドメイン以外のメールアドレスにメールを送信しようとした場合、確認メッセージが表示され、「いいえ」を選択した場合は送信がキャンセルされる」というものです。メールを送る際、宛先は社内のメールアドレスだけだと思っていたのに実は社外の宛先が混ざっていた、といったトラブルを防ぐことができます。

このプログラムは、個人情報を取り扱う部署でも使用されます。そのような部署ではそもそもメールの使用自体を禁止する場合も多いのですが、それでも社内連絡用に数台はメールを送信できるパソコンを残すことがあります。そのような場合に、このプログラムを導入すると効果的です。ThisOutlookSessionのコードウィンドウに、以下のコードを入力してください。

```
Private Sub Application_ItemSend(ByVal Item As Object, Cancel As _
Boolean)

Dim 送信可能ドメインの配列 As Variant
Dim 受信者 As Recipient
Dim i As Integer
Dim エラー件数 As Integer
Dim エラー対象アドレス As String
Dim 送信可能フラグ As Boolean

エラー件数 = 0

送信可能ドメインの配列 = Array("bahoo.co.jp", "outlook.jp", _
"mail.test.co.jp")

For Each 受信者 In Item.Recipients
    送信可能フラグ = False
```

```
    For i = 0 To UBound(送信可能ドメインの配列)
        If 受信者.Address Like "*@" & 送信可能ドメインの配列(i) Then
            送信可能フラグ = True
            Exit For
        End If
    Next

    If 送信可能フラグ = False Then
        エラー対象アドレス = エラー対象アドレス & 受信者 & ","
        エラー件数 = エラー件数 + 1
    End If
Next

If エラー件数 > 0 Then
    If MsgBox("宛先に送信不可のドメインが" & エラー件数 & "件、含まれています。" _
    & vbCrLf & "エラーのメールアドレス:" & エラー対象アドレス & vbCrLf & _
    "それでも、送信しますか?", vbYesNo) = vbNo Then
        Cancel = True
        MsgBox "送信をキャンセルしました。"
    End If
End If

End Sub
```

このプログラムは「Application.ItemSendイベント」を用いているため、メールを送信する直前に起動します。同時に、そのメールを引数「Item」に代入します。

```
Private Sub Application_ItemSend(ByVal Item As Object, Cancel As _
Boolean)
（中略）
End Sub
```

次に、送信を許可するメールアドレスを配列に代入します。配列についてかんたんに説明すると、2つ以上のデータを代入することができる変数のことです。

```
送信可能ドメインの配列 = Array("bahoo.co.jp", "outlook.jp", _
"mail.test.co.jp")
```

次に、送信しようとしているメールに送信可能なメールアドレス以外のアドレスが含まれているかどうかを確認し、含まれている場合はそのメールアドレスと件数を割り出します。

```
For Each 受信者 In Item.Recipients
    送信可能フラグ = False

    For i = 0 To UBound(送信可能ドメインの配列)
        If 受信者.Address Like "*@" & 送信可能ドメインの配列(i) Then
            送信可能フラグ = True
            Exit For
        End If
    Next

    If 送信可能フラグ = False Then
        エラー対象アドレス = エラー対象アドレス & 受信者 & ","
        エラー件数 = エラー件数 + 1
    End If
Next
```

以下のコードでは、配列に代入したメールアドレスの数だけ判定処理を行っています。配列に代入したデータを「要素」と呼びますが、要素の数は「1」ではなく、「0」から数えます。また、「UBound関数」は配列の要素数の最大値を返します。ここでは3つの要素が代入されているので、「2」を返します。そのため、0から2の間、繰り返し処理を行うという意味になります。

```
    For i = 0 To UBound(送信可能ドメインの配列)
```

配列の要素は、以下のように指定します。

```
配列（要素数）
```

例えば下記のコードによって、1番最初に代入された「bahoo.co.jp」を取り出すことができます。

```
送信可能ドメインの配列 (0)
```

また下記のコードで、配列から取り出したメールアドレスが、送信しようとしているメールアドレスと一致しているかどうかを判定します。

```
If 受信者.Address Like "*@" & 送信可能ドメインの配列(i) Then
```

もし一致していれば、以下の処理を行います。

```
送信可能フラグ = True
Exit For
```

Boolean型の変数「送信可能フラグ」をTrueに変え、判定が終わり「一致している」ということがわかったので、「Exit For」でFor ~ Nextステートメントを抜けます。

次のコードが、送信可能なメールアドレスと一致しなかった場合の処理です。

```
If 送信可能フラグ = False Then
    エラー対象アドレス = エラー対象アドレス & 受信者 & ","
    エラー件数 = エラー件数 + 1
End If
```

変数「送信可能フラグ」がFalseの時に、If文の中の処理を行います。一致した場合はTrueにしているので、Falseであるということは一致しなかったということを意味します。一致しなかった場合、変数「エラー対象アドレス」にそのメールアドレスを、変数「エラー件数」に一致しなかったメールアドレスの件数を保管します。送信しようとしているメールのすべての受信者に対して、この処理を行います。その結果、送信可能ではないメールアドレスが含まれている場合は、次の処理を行います。

```
If エラー件数 > 0 Then
    If MsgBox("宛先に送信不可のドメインが" & エラー件数 & "件、含まれています。" _
    & vbCrLf & "エラーのメールアドレス:" & エラー対象アドレス & vbCrLf & _
    "それでも、送信しますか？", vbYesNo) = vbNo Then
        Cancel = True
        MsgBox "送信をキャンセルしました。"
    End If
End If
```

前のコードでカウントした変数「エラー件数」が0よりも大きい場合、送信可能ではないメールアドレスの件数と、対象のメールアドレスをメッセージボックスで表示します。「はい」をクリックすると送信され、「いいえ」をクリックすると送信がキャンセルされます。

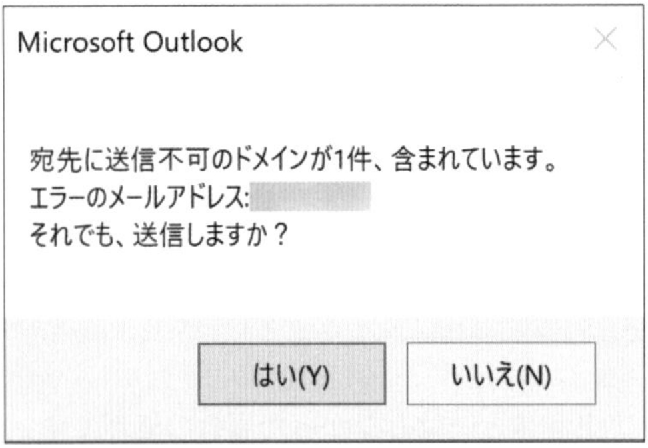
Microsoft Outlook
宛先に送信不可のドメインが1件、含まれています。
エラーのメールアドレス:
それでも、送信しますか？
はい(Y)
いいえ(N)

送信可能ドメインをカスタマイズするには、「Array」のうしろの()の中のドメインを修正してください。設定数も、自由に変更できます。メールアドレスも文字列になりますので、メールアドレスの左右を「“」で囲みます。また、この部分は「配列」という処理を使用して対象のメールアドレスを設定しています。複数のメールアドレスを配列に格納する場合、「,(カンマ)」または「;(セミコロン)」でつないで使用します。メールアドレスの間に「,」か「;」を入れることを忘れないようにしてください。

```
送信可能ドメインの配列 = Array("bahoo.co.jp", "outlook.jp", _
"mail.test.co.jp")
```

配列を扱う上で、いくつかの注意点があります。1つ目は、すでに説明した通り、配列に格納された「要素」を数える時は1からではなく、0から数えるということです。まちがえやすいので、注意してください。今後、VBA以外のプログラミング言語を学ぶようになった時も、似たような考え方が出てくると思います。今のうちに覚えておくとよいでしょう。

2つ目が、Array関数を使って配列に代入する場合のデータ型は、必ずVariant型で宣言するということです。今回のプログラムでは、「送信可能ドメインの配列」という配列にString型のメールアドレスを代入しています。そうであれば、配列「送信可能ドメインの配列」はString型で宣言してよいのではないか？　という疑問がわくかもしれません。しかし、このプログラムで「送信可能ドメインの配列」のデータ型をVariant型からString型へ変更して実行すると、以下のようにエラーとなってしまいます。

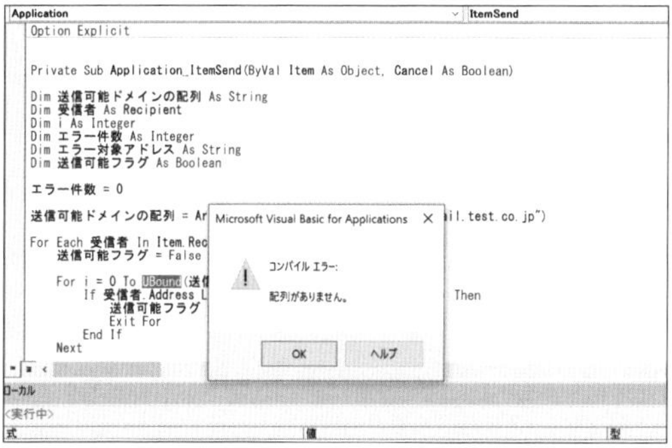
Application
ItemSend
Option Explicit
Private Sub Application_ItemSend(ByVal Item As Object, Cancel As Boolean)
Dim 送信可能ドメインの配列 As String
Dim 受信者 As Recipient
Dim i As Integer
Dim エラー件数 As Integer
Dim エラー対象アドレス As String
Dim 送信可能フラグ As Boolean
エラー件数 = 0
送信可能ドメインの配列 = Ar
il.test.co.jp")
For Each 受信者 In Item.Rec
送信可能フラグ = False
For i = 0 To UBound(送信
If 受信者.Address L
Then
送信可能フラグ
Exit For
End If
Next
Microsoft Visual Basic for Applications
コンパイル エラー:
配列がありません。
OK
ヘルプ
ローカル
<実行中>
式
値
型

これは、「Array関数」を使って配列へ代入していることが原因です。Array関数を使って配列へ代入する時のデータ型はVariant型で定義すると覚えておいてください。

⊕ポイント

- 「サンプルVBA④指定したドメイン以外のアドレスにメールを送る場合にアラートを表示する」プログラムを使うことで、自分が設定したメールアドレス以外にメールを送信する時にアラートを表示させることができる
- アラートを表示し、まちがっていれば送信をキャンセルすることができる
- 指定するメールアドレスはいくつでも追加できる

06 サンプル⑤受信したメールの添付ファイルを自動で保存する

受信メールの添付ファイル自動保存プログラム

次は、受信したメールの添付ファイルを、指定したフォルダーに自動で保存するプログラムです。ThisOutlookSessionのコードウィンドウに、以下のコードを入力してください。

```
Private Sub Application_NewMailEx(ByVal EntryIDCollection As String)

Dim myNamespace As Outlook.NameSpace
Dim myItem As MailItem
Dim 受信日時 As String
Dim 保存するフォルダー As String
Dim 保存ファイル名 As String
Dim i As Integer
Dim j As Integer

Set myNamespace = GetNamespace("MAPI")
Set myItem = myNamespace.GetItemFromID(EntryIDCollection)

保存するフォルダー = "C:¥メール添付ファイル¥"
受信日時 = Format(myItem.ReceivedTime, "yyyymmddhhnnss")

If myItem.Attachments.Count > 0 Then
    For i = 1 To myItem.Attachments.Count
        If InStr(myItem.Attachments.Item(i), ".") <> 0 Then
            保存ファイル名 = "_" & 受信日時 & "_" & i & "_" & _
            myItem.Attachments.Item(i)
            For j = 1 To 1000
                If Dir(保存するフォルダー & j & 保存ファイル名) = "" Then
                    myItem.Attachments.Item(i).SaveAsFile _
                    保存するフォルダー & j & 保存ファイル名
                    Exit For
                End If
            Next j
        End If
    Next i
```

```
    End If

End Sub
```

このプログラムは「Application_NewMailExイベント」を用いているため、メールを受信した時に起動します。

```
Private Sub Application_NewMailEx(ByVal EntryIDCollection As String)
 (中略)
End Sub
```

以下の2行で、受信したメールを取得します。受信したメールの添付ファイルは、MailItemオブジェクトが持つAttachmentsプロパティを用いることで操作できます。

```
Set myNamespace = GetNamespace("MAPI")
Set myItem = myNamespace.GetItemFromID(EntryIDCollection)
```

このプログラムでは、以下のコードで添付ファイルの保存先を「"C:¥メール添付ファイル」のフォルダーとしています。

```
保存するフォルダー = "C:¥メール添付ファイル¥"
```

このプログラムを使用する場合は、Cドライブ直下に「メール添付ファイル」フォルダーを作るか、保存先のフォルダーにコードの内容を変更してください。

プログラムを実行し、自分宛に添付ファイル付きのメールを送り、テストしてみてください。指定したフォルダーに、ファイルがダウンロードされていると思います。

このプログラムでは、それぞれのファイル名に受信日時と1つのメールの内の何ファイル目の添付ファイルかという連番を追記し、ファイル名をユニークにしています。理由は、もし同じメールに同じ名前のファイルが複数ついていた場合、あとから保存したファイルによって先に保存したファイルが上書きされ、削除されてしまうことを防ぐためです。受信日時はMailItemオブジェクトのプロパティ、「ReceivedTime」で取得しています。ファイル名は「myItem.Attachments.Item(i)」ですので、この2つを「&」で連結しています。

ただし、このままだと「ReceivedTime」の通常の書式は「20●●/08/11 15:01:44」となります。「/」と「:」はファイル名には使えない文字でエラーとなってしまうため、「Format関数」を用いて「yyyymmddhhnnss」形式に変換しています。これにより、「/」と「:」、さらにスペースも削除されます。

```
Format(変換したい文字列, "yyyymmddhhnnss")
```

もう1つ、1つのメールに同名の添付ファイルが複数ついてきた場合の対応として、1つのメールの中の何ファイル目の添付ファイルかという数字を次ページのコードで採番しています。

```
For i = 1 To myItem.Attachments.Count
        If InStr(myItem.Attachments.Item(i), ".") <> 0 Then
            保存ファイル名 = "_" & 受信日時 & "_" & i & "_" & _
            myItem.Attachments.Item(i)
                          (中略)
Next i
```

このコードに「i」という変数がありますが、これは「メールアイテム」の添付ファイルの番号です。添付ファイルが3つついている場合、それぞれに「1、2、3」と番号が振られていくようにしています。これにより、同じメールに同じ名前のファイルが添付されていても、ファイル名をユニークにして保存することができます。

また以下のコードによって、1つのメールに1000ファイルまで添付されたファイルをユニークなファイル名に変換し保存することを可能にしています。可能性としては低いかもしれませんが、1000ファイル以上添付されたメールを受信する可能性がある場合は、1000という整数を調整してご利用ください。

```
For j = 1 To 1000
    If Dir(保存するフォルダー & j & 保存ファイル名) = "" Then
        myItem.Attachments.Item(i).SaveAsFile _
        保存するフォルダー & j & 保存ファイル名
        Exit For
    End If
Next j
```

ポイント

- 「サンプルVBA⑤受信したメールの添付ファイルを自動で保存する」プログラムを使うことで、受信したメールの添付ファイルを指定したフォルダーに自動で保存することができる
- 大量の添付ファイルをダウンロードしなければならない業務の自動化ができる
- 同一フォルダー内に同名のファイルを格納することはできないので、自動で保存する際に一意のファイル名になるように処理を行っている

VBA上達のコツ

ここまで読み進めていただき、ありがとうございました。皆様の業務にそのまま活用できるよう、汎用性を持たせたプログラムを中心にVBAをご紹介してきました。もしVBAにさらに興味を持っていただき、ご紹介した業務以外の自動化も試してみたいと思っていただけたのであれば、さらにVBAの勉強を進めてほしいと思います。

はじめのうちは、VBAを書いても思うようにプログラムが動作しないと思います。しかし、VBAの上達のコツは「プログラムでエラーが発生したら原因を考えて自分で解決していくこと」です。プログラムを自分で書いてみると様々なエラーが発生しますが、大きく以下の3つに分けることができます。

- **コンパイルエラー**
  入力ミスや文法がまちがっている時に発生するエラー。例えば、If...Then...Elseステートメント使用時に「Then」を書き忘れた時に発生する
- **実行時エラー**
  プログラムを実行した時に発生するエラー。例えば、変数に格納しようとしたデータの型が一致しなかった時に発生する
- **論理エラー**
  上記エラーは発生しなかったが、アウトプットが想定とちがっていた時のエラー

発生したエラーの原因を突き止め、解決していくことで、VBAの理解が深まっていきます。そして、より高度なプログラムを作成することができるようになっていきます。最初はエラーばかりで時間がかかると思いますが、上達のために避けては通れない道と考え、ぜひ取り組んでみてください。

第13章

Outlook VBAによる「業務自動化ツール」を活用する

01 3つの汎用業務自動化ツールを使う

≫ VBAを取得したあとに何をするか

この章では、サンプルプログラムとしてダウンロード提供している、3つの汎用業務自動化ツールの使い方をご説明します。汎用業務自動化ツールとは、特定の限定されたものではない、複数の業務に活用可能なプログラムのことを指しています。ここでご紹介する3つのツールは、すべてVBAを用いて作成したものです。VBAを用いて業務をどのように効率化するかの参考としてお使いください。また、中のプログラムを開いて、自分なりに改造してご利用ください。

1つ目のツールは、「AutoMailerDraft」です。「Draft」は「下書き」という意味で、Excelの表を元に大量のメールを下書き、もしくは送信する機能があります。添付ファイルをつけて送信することも可能です。100時間かかっていたメール送信作業が1時間で終わるようになったと感謝されたこともあり、筆者が作った汎用業務自動化ツールの中ではもっとも人気が高いものです。

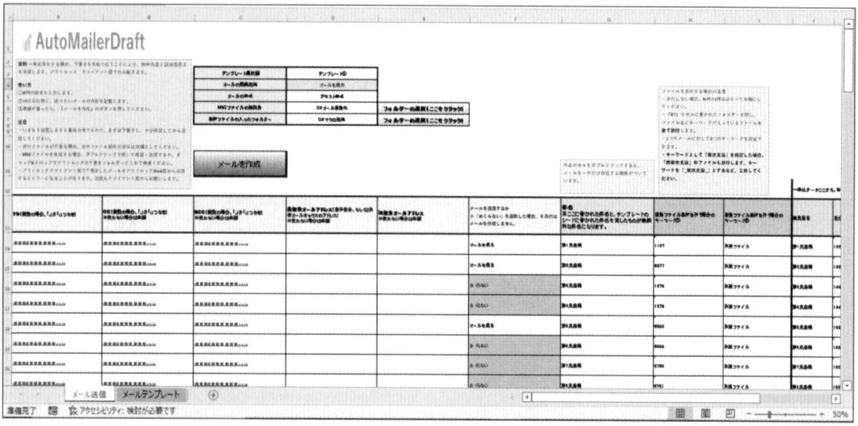

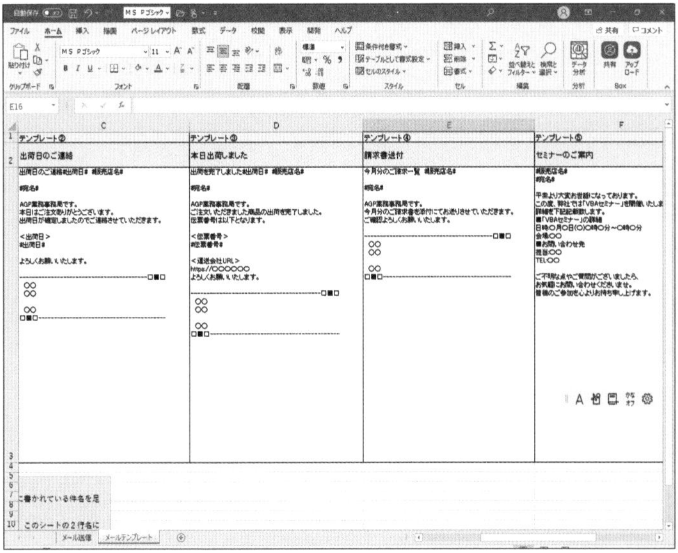
テンプレート②
出荷日のご連絡
出荷日のご連絡#出荷日# #販売店名#
#宛名#
AGP業務事務局です。
本日はご注文ありがとうございます。
出荷日が確定しましたのでご連絡させていただきます。
<出荷日>
#出荷日#
よろしくお願いいたします。
テンプレート③
本日出荷しました
出荷を完了しました#出荷日# #販売店名#
#宛名#
AGP業務事務局です。
ご注文いただきました商品の出荷を完了しました。
伝票番号は以下となります。
<伝票番号>
#伝票番号#
<運送会社URL>
https://○○○○○○
よろしくお願いいたします。
テンプレート④
請求書送付
今月分のご請求書一覧 #販売店名#
#宛名#
AGP業務事務局です。
今月分のご請求書を添付にてお送りさせていただきます。
ご確認よろしくお願いいたします。
テンプレート⑤
セミナーのご案内
#販売店名#
#宛名#
平素より大変お世話になっております。
この度、弊社では「VBAセミナー」を開催いたします。
詳細を下記記載致します。
■「VBAセミナー」の詳細
日時○月○日(○)○時○分～○時○分
会場○○
■お問い合わせ先
担当○○
TEL○○
ご不明な点やご質問がございましたら、
お気軽にお問い合わせください。
皆様のご参加を心よりお待ち申し上げます。
メール送信
メールテンプレート

2つ目のツールは、「AutoMailer」です。Outlookの「受信トレイ」直下にある指定したフォルダー内にあるすべてのメールをExcelに取り込み、添付ファイルをダウンロードする機能があります。添付ファイルがExcelファイルの場合、指定した共通パスワードを自動で解除する機能を持っています。「AutoMailerDraft」がExcelの表を元に大量のメールを下書き、もしくは送信するのに対し、「AutoMailer」は複数のメールをExcelに取り込み、表にする機能があります。「AutoMailer」は、多人数が共同で作業するような職場で、その日に届いたメールを整理、管理するのに適しています。

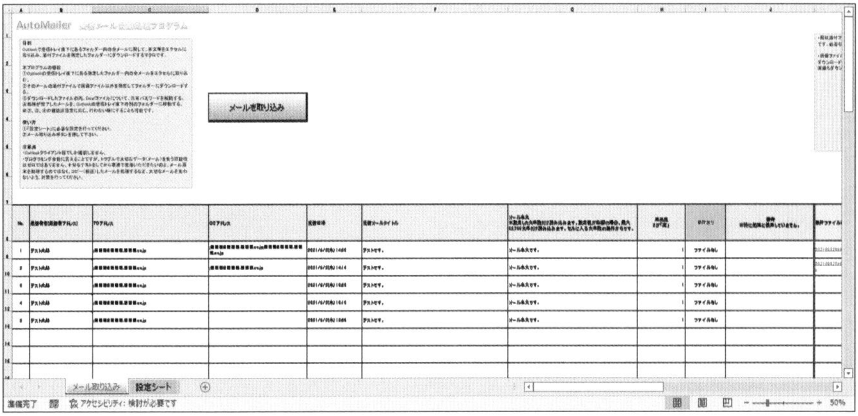

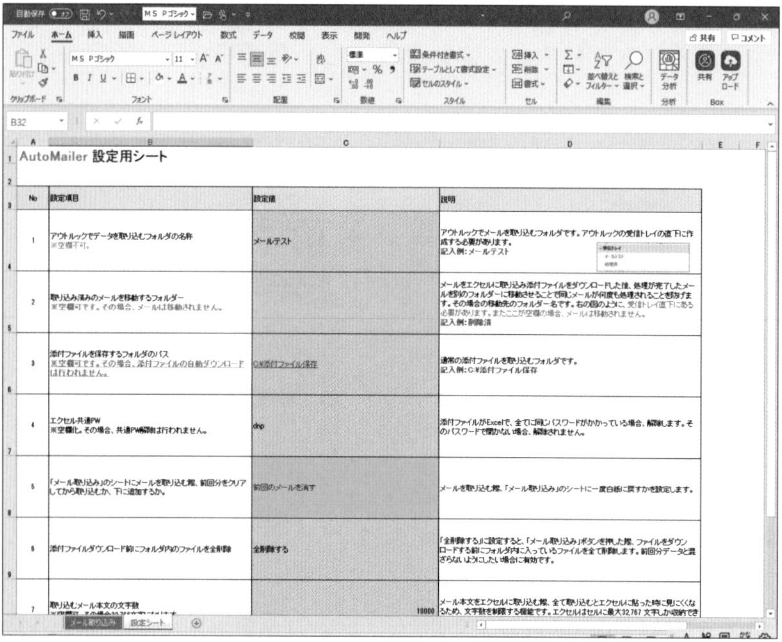
AutoMailer 設定用シート
No
設定項目
設定値
説明
1
アウトルックでデータを取り込むフォルダの名称
※空欄不可。
メールテスト
アウトルックでメールを取り込むフォルダです。アウトルックの受信トレイの直下に作成する必要があります。
記入例：メールテスト
2
取り込み済みのメールを移動するフォルダー
※空欄可です。その場合、メールは移動されません。
メールをエクセルに取り込み添付ファイルをダウンロードした後、処理が完了したメールを別のフォルダーに移動させることで同じメールが何度も処理されることを防ぎます。その場合の移動先のフォルダー名です。右の図のように、受信トレイ直下にある必要があります。またここが空欄の場合、メールは移動されません。
記入例：削除済
3
添付ファイルを保存するフォルダのパス
※空欄可です。その場合、添付ファイルの自動ダウンロードは行われません。
C:¥添付ファイル保存
通常の添付ファイルを取り込むフォルダです。
記入例：C:¥添付ファイル保存
4
エクセル共通PW
※空欄化。その場合、共通PW解除は行われません。
dnp
添付ファイルがExcelで、全てに同じパスワードがかかっている場合、解除します。そのパスワードで開かない場合、解除されません。
5
「メール取り込み」のシートにメールを取り込む際、前回分をクリアしてから取り込むか、下に追加するか。
前回のメールを消す
メールを取り込む際、「メール取り込み」のシートに一度白紙に戻すかを設定します。
6
添付ファイルダウンロード前にフォルダ内のファイルを全削除
全削除する
「全削除する」に設定すると、「メール取り込み」ボタンを押した際、ファイルをダウンロードする前にフォルダ内に入っているファイルを全て削除します。前回分データと混ざらないようにしたい場合に有効です。
7
取り込むメール本文の文字数
10000
メール本文をエクセルに取り込む際、全て取り込むとエクセルに貼った時に見にくくなるため、文字数を制限する機能です。エクセルはセルに最大32,767 文字しか収納でき
メール取り込み
設定シート

3つ目のツールは、多数のExcelファイルを集計する汎用プログラム「エクセル集計おまとめ君」です。多くのExcelファイルを一覧表に集計する作業は多くの会社で行っていると思いますが、どのような形のExcelファイルであっても、ボタン1個で集計することができます。ただし、事前にExcelファイルを加工する必要があり、加工されていないファイルを集計することはできません。Excelファイルの集計は、人間がコピー&ペーストを駆使して行うか、ファイルごとに専用のプログラムを組むのが一般的です。「エクセル集計おまとめ君」はそうではなく、幅広いExcelファイルを集計できるようにしている点が特徴です。

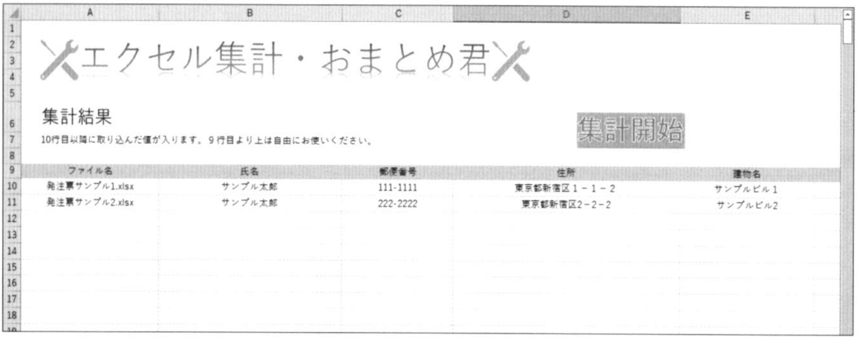
エクセル集計・おまとめ君
集計結果
10行目以降に取り込んだ値が入ります。9行目より上は自由にお使いください。
集計開始
ファイル名
氏名
郵便番号
住所
建物名
発注票サンプル1.xlsx
サンプル太郎
111-1111
東京都新宿区1－1－2
サンプルビル1
発注票サンプル2.xlsx
サンプル太郎
222-2222
東京都新宿区2－2－2
サンプルビル2

応用的な方法として、「AutoMailer」でダウンロードしたExcelファイルを「エクセル集計おまとめ君」で一覧表にまとめる、という使い方も可能です。メールに添付したExcelファイルを用いて報告や出荷等の指示を行う業務の場合、この2つを組み合わせると、ボタンを2回押すだけで完了します。

本書はOutlookに関する書籍ですが、「エクセル集計おまとめ君」はExcel VBAそのもので、Outlookとの関係は薄いです。しかし「AutoMailer」と組み合わせて使うことが多く、「AutoMailer」の機能を十分に活用するためには必要と考え、あえてご紹介させていただきました。

12章まででご紹介したプログラムは、はじめての方でもわかるよう、極力高度な機能を使わないようにしていました。しかし、13章でご紹介するツールはその制限を外し、この本で説明していない手法も用いています。あらかじめ、ご容赦ください。プログラム内に極力コメントを入れていますので、それをお読みいただければ、ある程度プログラムの内容も理解できると思います。

これらのプログラムをサンプルとしてご提供させていただいたのは、プログラミングの入り口だけではなく、もう少し先に進んだ出口もご紹介することで、皆様の学習のお役に立つと考えたからです。「どうやって自動化用のプログラムを作ればよいかわからない」という方は、本プログラムをまねるところから始めることで、学習の負荷を減らすことができます。

02 一斉メール自動下書き／送信ツールAutoMailerDraft

》大量メール送信時の負荷軽減と誤送信防止の切り札

一斉メール自動下書き／送信ツール「AutoMailerDraft」に関してご説明します。このプログラムは、Excelの一覧表に従って、多数のメールを下書き、もしくは送信するものです。各送付先に、異なるファイルを添付することも可能です。

Excelの一覧表を元に多くのメールを書くという仕事は、世の中に多数存在しています。例えば、月末に請求書、在庫報告書、発注履歴などを関係部署や他社にメールで送信する、といった作業です。また、Webミーティングやセミナーのurlを登録者全員にメール送信する作業にも活用できます。筆者の会社でも、従来は月末だけ長時間残業を行ったり、土日に出勤して作業をしたりしていましたが、今はボタン1個で完了するようになっています。

このツールには、効率化以外に誤送信防止というメリットもあります。A社にB社の請求書をまちがって送ってしまった、無関係な会社の似た名前の方にメールを送ってしまった、という事故をなくすことが可能です。

AutoMailerDraftの機能

「AutoMailerDraft」は、以下の機能を持っています。

①Excelの一覧表に従い、多数のメールを下書き、もしくは送信する
②送付先ごとにキーワードを2つまで設定し、そのキーワードがファイル名に入った添付ファイルを、自動で何個でも添付する
③予約語（差し替え文言）の機能があり、送付先ごとにメールの件名と本文の文言を差し替えることが可能
④「件名」の列のセルをダブルクリックすることで、メールを1件だけ下書き／送信することも可能
⑤メールの本文は6つのテンプレートを設定し、プルダウンで選択し使用できる

AutoMailerDraftの用途

「AutoMailerDraft」は、以下のような用途に使用します。これ以外にも、工夫次第でさまざまな用途に使用可能です。

- Excelの表に従い、多数のメールを下書き・送信する
- 請求書など、送付先ごとに異なるファイルを添付し、メールを送る
- セミナーの案内、アンケートのURLを多くの方に送る

AutoMailerDraftの画面と操作

「AutoMailerDraft」は、2つのシートから構成されています。1つが「メール送信」シートで、基本設定と送付先ごとの情報を設定します。もう1つは「メールテンプレート」シートで、6種類のメール件名と本文のテンプレートを保存することが可能です。

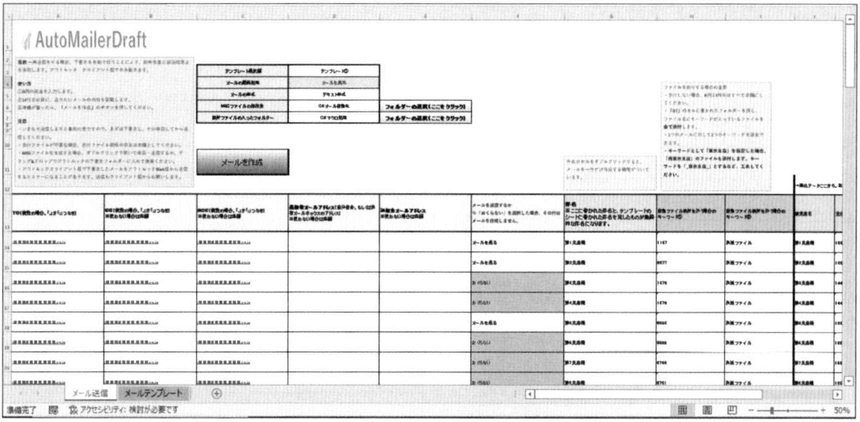

》AutoMailerDraftの基本設定

「メール送信」のシートは、主に2つのエリアから成り立っています。1つは設定値を入力する部分、もう1つは送付先ごとの情報を入れる部分です。最初に、設定値を入れる部分に関してご説明します。なお、「AutoMailerDraft」の基本設定は、すべてプルダウンかマウスクリックで選択します。手入力することも可能ですが、誤った値を入力すると動かなくなります。

設定項目① テンプレート選択欄

プルダウンで、どのテンプレートを使用するか設定します。テンプレート①から⑥の6種類が存在します。後ほどご説明する「メールテンプレート」シートで設定した6種類に対応しており、それぞれ異なるメールの件名と本文を設定可能です。例えばテンプレート①は請求書送付、テンプレート②は受領書送付、というように使用します。テンプレートを選びまちがうと大事故になりますので、十分ご注意ください。テンプレートの選びまちがいという事故はとても多いので、その意味でも「自動送信」ではなく「自動下書き」にとどめ、確認しながら送るという方法をおすすめします。

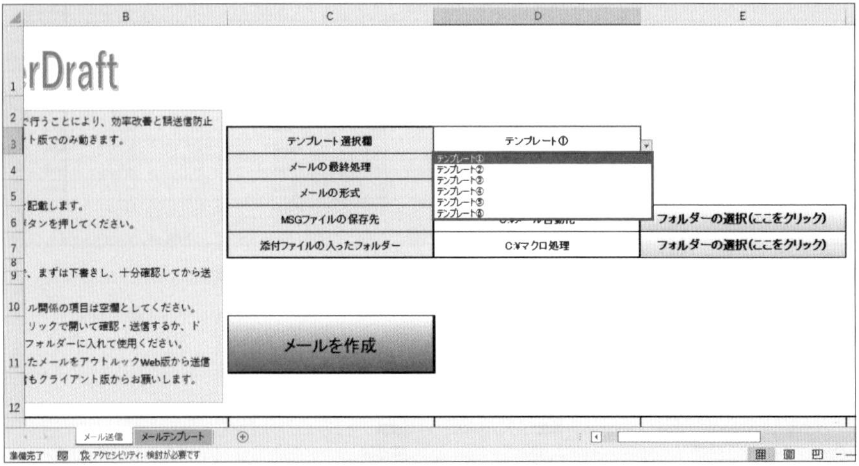

設定項目② メールの最終処理

プルダウンで、「メール送信」「メール下書きトレイに保存」「Msgファイル作成」「メールを表示」の4つから選択できます。この本を読んでいただいた方は、それぞれが何を意味するか、想像がつくと思います。「.Send」「.Save」「.SaveAs」「.Display」の4つのメソッドです。

この中で注意すべきは「メール送信」です。いきなりメールが送信されますので、誤送信のリスクが高いです。極力「メール送信」は使用しないことをおすすめします。「メール下書きトレイに保存」は、デフォルトのアカウントの「下書きトレイ」にそのメールが作成されます。なお、Outlookクライアント版でメールを「下書きトレイ」に入れたあと、Outlook Web版でそのメールを開き、送信すると不具合が発生する場合があります。本ツールを使いメールを下書きする場合は、必ず送信までOutlookクライアント版で行ってください。

「Msgファイル作成」を選択した場合、2行下にある「MSGファイルの保存先」で指定したフォルダーに、作成したmsgファイルがすべて保存されます。

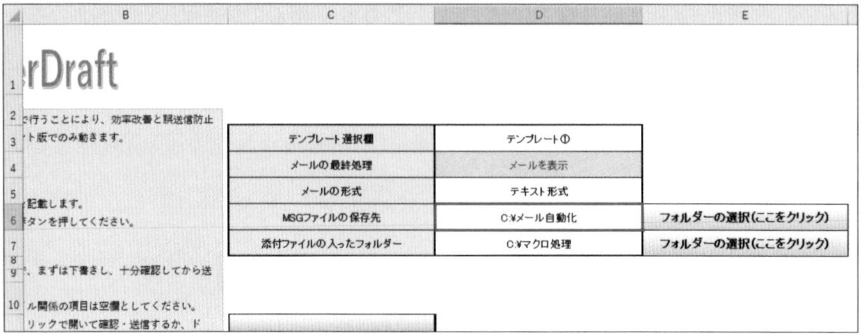

「MSGファイルの保存先」は、「フォルダーの選択(ここをクリック)」というボタンをクリックすると選択画面が開きますので、ここで選択してください。手入力も可能ですが、1文字でもまちがうとエラーになります。作成したmsgファイルは、ダブルクリックで開き、中身をチェックした上で送信してください。

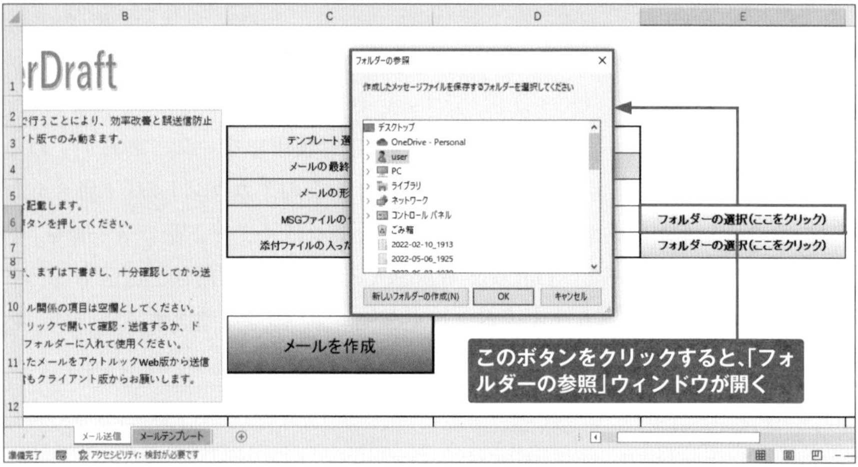

最後の「メールを表示」は、作成したメールをすべて表示します。メールの件数が10件程度ならなんとか対応できますが、数百件ものメールを下書きする場合、画面が数百枚のメールで埋め尽くされてしまいます。最初は「メールを表示」を選択した状態で設定を行い、内容が正しいと確認が取れた段階で「メール下書きトレイに保存」などに変更するとよいと思います。

設定項目③ メールの形式

メール本文のフォーマットを、「テキスト形式」「リッチテキスト形式」「HTML形式」から選択します。このプログラムですと、複雑な装飾がついた本文は作成できませんので、「テキスト形式」もしくは「リッチテキスト形式」を選択するのがよいと思います。

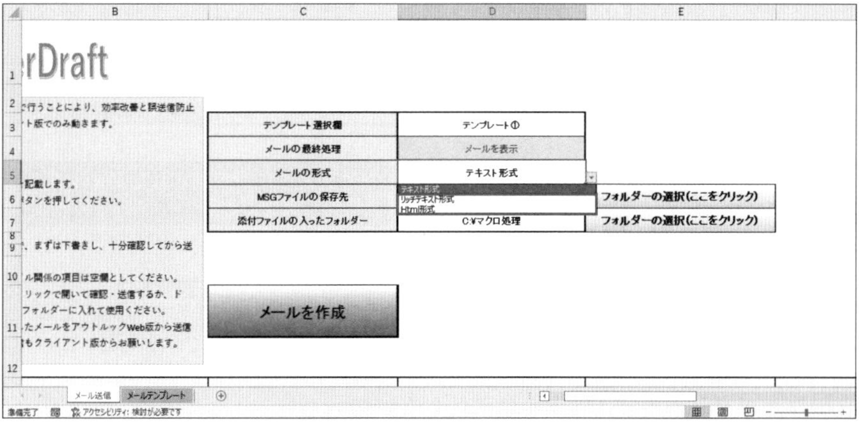

設定項目④ 添付ファイルの入ったフォルダー

最後の設定項目は、「添付ファイルの入ったフォルダー」です。これはメールにファイルを添付する場合に設定します。ファイルを添付しない場合、この項目は空欄としてください。フォルダーを選択する場合は、右側にある「フォルダーの選択(ここをクリック)」というボタンをクリックします。手入力も可能ですが、1文字でもまちがうとエラーになります。

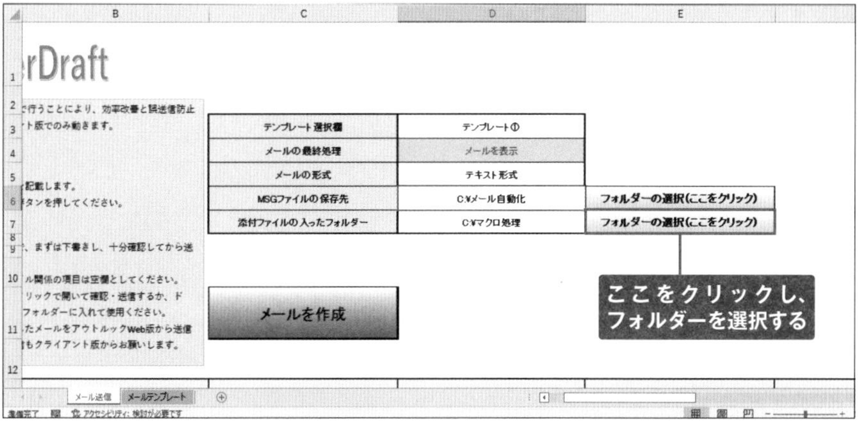

隠し機能として、下の図で囲んだセルをダブルクリックすると、そのフォルダーをエクスプローラーで開いてみることが可能です。

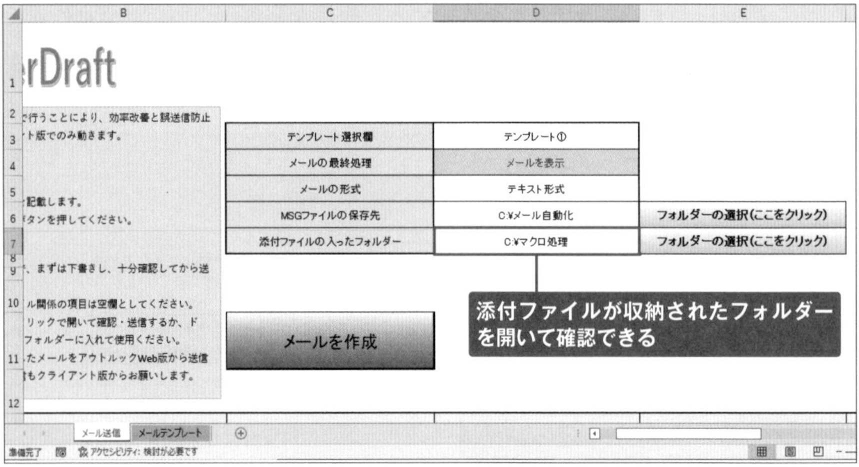

このフォルダーの中に、メールに添付したいファイルをすべて入れてください。「AutoMailerDraft」がメールにファイルを添付する場合、ファイル名に入っているユニークな文言をキーとして添付します。ユニークキーは、1つのメールの送付先につき最大2つまで設定可能です。そのユニークキーがファイル名に入っているファイルを発見した場合、すべてのファイルがメールに自動で添付されます。添付できるファイルの数に制限はありません。

これで基本設定は終了です。続いて、送付先ごとの情報を設定する方法をご説明します。

》送付先ごとの情報の設定

送付先ごとの情報は、「メール送信」シートの、14行目より下の部分で行います。必要に応じて、行をコピーして使用してください。

設定項目①メールアドレス

A列からE列までは、メールアドレスを入力する部分です。右からTo、CC、BCC、送信者メールアドレス、返信先メールアドレスです。

複数の相手に送りたい場合は、メールアドレスを「,(カンマ)」もしくは「;(セミコロン)」を間に挟んでつなげてください。送信者アドレスと返信先アドレスは、複数のアドレスを想定していませんのでご注意ください。

送信者メールアドレスと返信先アドレスを空欄にすると、送信した方のメールアドレスが自動でセットされます。送信者メールアドレスと返信先アドレスの設定が必要なのは、送信した方以外のメールアドレスをセットしたい場合だけで、レアなケースだと思います。返信先の方はそういった問題が発生することは少ないですが、受信したメールに返信するとまったく異なるメールアドレスが出現し、相手の方が混乱する場合があります。送信者メールアドレスと返信先アドレスは、設定すると何かとトラブルになります。基本は空欄、設定する場合は十分テストをしてから利用するようにしてください。

設定項目②メールを送信するか

プルダウンで、「メールを送る」「おくらない」から選択します。「おくらない」になっている行の宛先には、メールを作成しません。すでにその送付先はなくなっているが、問い合わせが来た時のために残しておこう、という場合にも使用します。

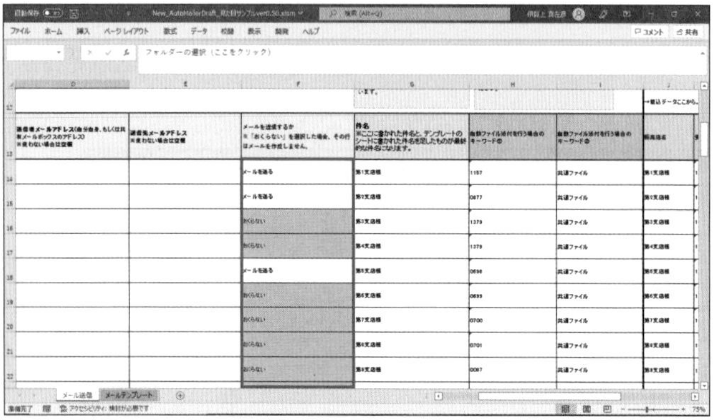

設定項目③件名

メールの件名です。実際に作成される件名は、ここに入力された件名と、「メールテンプレート」シートの2行目に入っている件名をつないだものになります。例えば下記の例で「テンプレート①」を選択している場合、「第1支店様＿【●●事務局】内容のご確認」が最終的な件名になります。プルダウンで選択したテンプレートによって、件名が変更されます。

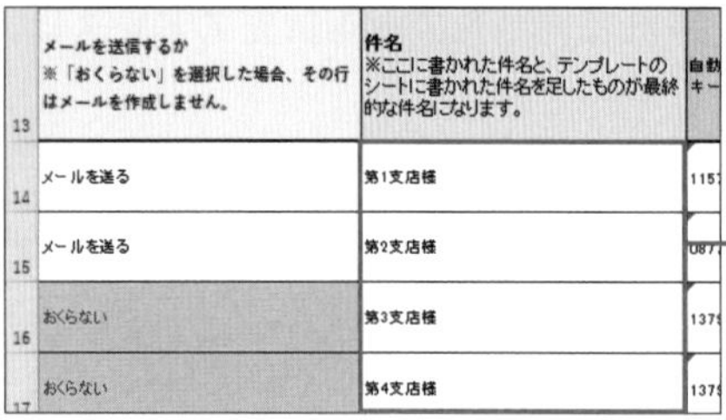

設定項目④自動ファイル添付を行う場合のキーワード①、②

ファイルを自動で添付する機能を使う場合に、添付すべきファイルを探すために使用するキーワードを設定します。支店名や支店コードなどが適しています。ファイルを添付しない場合は、誤動作防止のために空欄としてください。

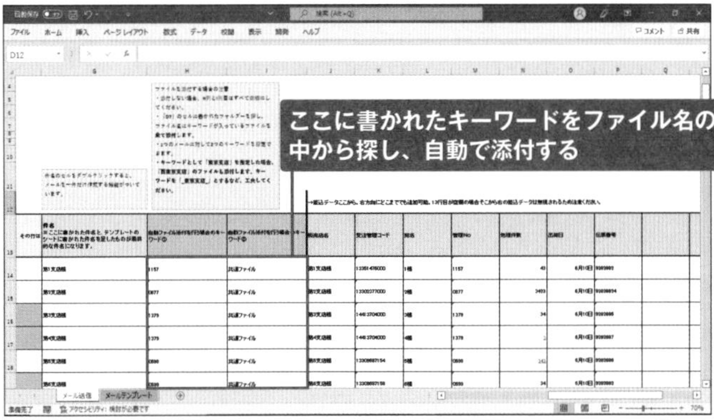
ここに書かれたキーワードをファイル名の
中から探し、自動で添付する

キーワードを2つ設定できるのは、全店舗共通のマニュアルと、店舗ごとに異なるExcelファイルの両方を送るような場合を想定しています。キーワードは、必ずユニークになるようご注意ください。例えばキーワードとして「東京支店」と設定した場合、ファイル名に「西東京支店」と入ったファイルも添付されます。これは、ファイル名にキーワードが含まれるかどうかしか判断していないためです。こうした事故を避けるには、キーワードを「_東京支店_」のようにするとよいと思います。

設定項目⑤ 差込データ、予約語

メール本文で、差込データ（もしくは予約語）を使うための設定になります。差込データというのは、例えば会社名、ご担当者名、部署名など、メール本文で可変させたい文言を登録する機能になります。J列より右の列を使用でき、設定できる項目数に制限はありません。

差込データ（予約語）

13行目が項目名になっていますので、まずはここを設定してください。ここに空欄があると、それより右の列は処理されなくなるのでご注意ください。通常は部署名、ご担当者名を入れる場合に使用しますが、納品日、注文数、ファイルをダウンロードするURLなどを入れる場合もあります。

》AutoMailerDraftの注意点

「AutoMailerDraft」には、以下のような注意点があります。十分に読み、慎重に対応するようにしてください。

- Excelの表に従ってメールを自動で作成するため、その表がまちがっているとそのまま誤送信になります
- 得意先など、誤送信が許されない重要なメールに関しては、自動送信ではなく自動下書きに留め、人間が確認してから送ってください
- 添付ファイルのキーワードを「東京支店」とした場合、ファイル名に「西東京支店」と入っていても一致とみなし、添付してしまいます。キーワードを「_東京支店_」にするなど、事故が発生しない対策を行ってください
- このプログラムを使用しても、皆様の環境でかけられている制限を超えることはできません。例えば添付ファイルの容量の制限、送付先を変更できないような制限がある場合です

なお、「AutoMailerDraft」ではメールの下書き用に、「oftファイル(テンプレートファイル)」ではなく、「msgファイル(メッセージファイル)」を使用しています(P.419)。P.353で解説したように、msgファイルは1回だけメールを送信するのは問題ありませんが、複数回送信すると不具合が発生します。業務では一般的に、同じ方に同じ文面のメールを複数回送ると「誤送信」と判断されます。「誤送信」であるなら、むしろ添付ファイルが削除された方が望ましいと考え、あえて「msgファイル」を使用しています。

もし、同じ方に同じ文面のメールを複数回送る必要がある場合は、「msgファイル」よりも「oftファイル」の方が優れています。そのような場合は、「AutoMailerDraft」のプログラムを改造して「oftファイル」を生成できるようにするか、「メールの生成」ボタンをもう一度クリックし、「msgファイル」を再度作成してください。

》「メールテンプレート」シートの使い方

続いて、「メールテンプレート」のシートの使い方をご説明します。件名の部分は、P.424で説明しました。注意すべきは、本文の部分です。

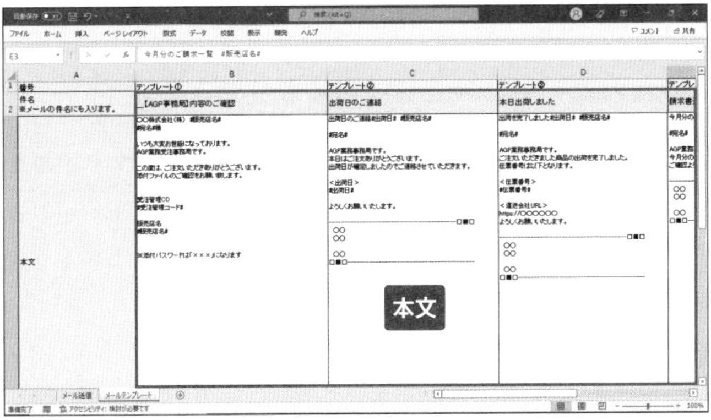
番号
件名
※メールの件名にも入ります。
本文
テンプレート①
テンプレート②
テンプレート③
【AGP事務局】内容のご確認
出荷日のご連絡
本日出荷しました
メール送信
メールテンプレート
本文

先程の予約語を、ここで設定します。例えば販売店名や宛名ですが、以下のように書かれています。「#（シャープ）」で挟まれた部分が、予約語になります。ここが、先ほどの表に従ってそれぞれ差し替えられる部分になります。シャープは、必ず半角を使ってください。たくさんの方にメールを送る場合、全員のメールアドレスをBCCに入れて一斉送信する場合もありますが、このツールを使うと全員にちがう文言でメールを送ることができるので、特別感が出ます。

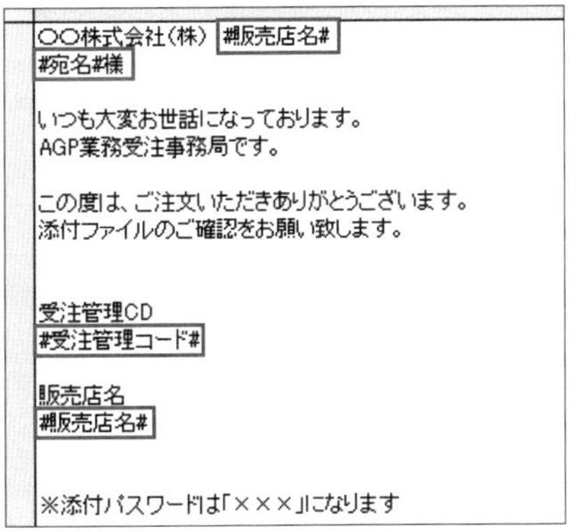
〇〇株式会社（株） #販売店名#
#宛名#様
いつも大変お世話になっております。
AGP業務受注事務局です。
この度は、ご注文いただきありがとうございます。
添付ファイルのご確認をお願い致します。
受注管理CD
#受注管理コード#
販売店名
#販売店名#
※添付パスワードは「×××」になります

以上で、「AutoMailerDraft」の使い方に関する説明は終了です。くれぐれも事故が起きないよう、確認をしてから送信をお願いします。

03 受信したメールを自動取り込みするAutoMailer

》大量の注文や問い合わせのメールをExcelに取り込み管理する

「AutoMailer」は、受信したメールをExcelの一覧表に集約し、添付ファイルをダウンロードする汎用業務自動化ツールです。「AutoMailerDraft」はExcelの表を元にメールを下書き、もしくは送信する機能がありますが、それとはちょうど逆の機能を持っています。

AutoMailerの機能

「AutoMailer」は、以下の機能を持っています。これらの機能の内、②③④は、必要がない場合にオフにすることができます。

①Outlookの「受信トレイ」直下にある、指定したフォルダー内にある全メールの内容をExcelに取り込む
②メールの添付ファイルを、指定したフォルダーに自動でダウンロードする。その際、ファイル名に受信日時と連番を加える
③処理が終わったメールを、Outlookの「受信トレイ」直下にある別のフォルダーに移動する
④ダウンロードしたファイルの内、Excelファイルに対して共通パスワードがかかっている場合、それを解除する

AutoMailerの用途

「AutoMailer」は、以下のような用途に使用できます。

①メールを処理する業務を行っている部署で、届いたメールの内容と、その処理結果を報告、もしくは証拠を残す
②何らかのシステムが送る自動メールをExcelに取り込み、そこからパスワード、発注番号、伝票番号などの情報を自動で抽出する
③メール＋添付されたExcelファイルで注文を受ける業務で、添付ファイルを自動ですべてダウンロードする

②の「メール本文内の情報の抽出」は、「AutoMailer」のみでは不可能です。Excel関数や、何らかの追加のプログラムを組む形となります。③のExcelファイルの自動ダウンロードについては、「エクセル集計おまとめ君」と併せて使用すると、ダウンロードしたファイルを自動で一覧表にすることも可能です。

AutoMailerの画面と操作

「AutoMailer」には、「メール取り込み」と「設定シート」の2つのシートがあります。「メール取り込み」シートは以下のようになっており、「メールを取り込み」と書かれたセルをダブルクリックすると、Outlookの指定したフォルダー内にあるすべてのメールが取り込まれます。

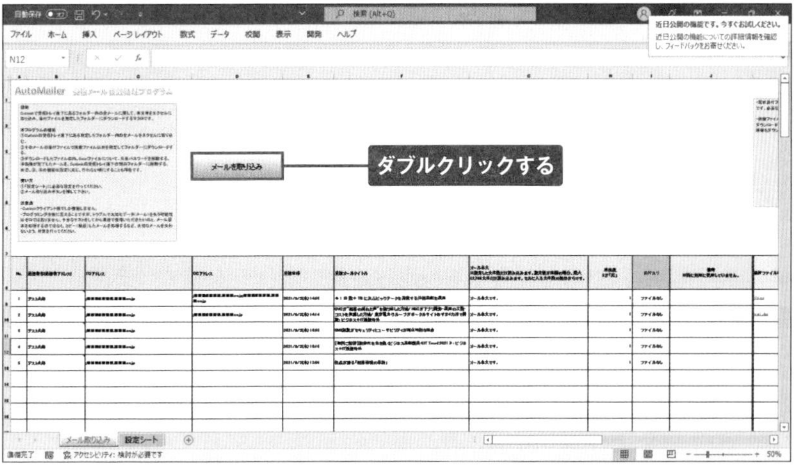

この画面のK列より右に、取り込んだ添付ファイル、20ファイル分のファイル名を記載する部分があります。実際にはファイルの数に制限はなく、添付されたファイルをすべてダウンロードします。

また添付ファイルに関する重要な注意点として、ファイルが画像形式(jpg、png、bmp)の場合はダウンロードしない仕様になっており、ファイル名が記載されることもありません。これは、メール本文の装飾のため画像ファイルが複数ついていることがあり、それをダウンロードすることを避けるためです。仮にこれらのファイル形式の画像をダウンロードしたい場合は、プログラムを改造する必要があります。次の図で囲んだ部分を加工してください。

```
If Len(保存フォルダのパス) > 1 Then '添付保存先のフォルダーが空欄の場合、保存しないので
    If 対象メール.Attachments.Count > 0 Then '添付ファイル数が1以上の場合
        For ファイル番号 = 1 To 対象メール.Attachments.Count '全てのファイルに対して順に実行
            If InStr(対象メール.Attachments(ファイル番号).DisplayName, ".") <> 0 Then
            If Right(対象メール.Attachments(ファイル番号).DisplayName, 3) <> "jpg" Then
            If Right(対象メール.Attachments(ファイル番号).DisplayName, 3) <> "png" Then
            If Right(対象メール.Attachments(ファイル番号).DisplayName, 3) <> "bmp" Then
                画像以外のファイル数 = 画像以外のファイル数 + 1
                受信日時 = 対象メール.ReceivedTime
                受信日時文字列 = Format(対象メール.ReceivedTime, "yyyymmddhhnnss")
                'Debug.Print "発見ファイル名：" & 対象メール.Attachments(ファイル番号).DisplayName
                'ファイル名 = 保存フォルダのパス & 受信日時文字列 & "_" & 画像以外のファイル数 & "_" & 対象メール.Attachments(フ
                ファイル名 = 受信日時文字列 & "_" & 画像以外のファイル数 & "_" & 対象メール.Attachments(ファイル番号).DisplayNam
                対象メール.Attachments(ファイル番号).SaveAsFile (保存フォルダのパス & ファイル名)
                Cells(最下行 + メール番号, 画像以外のファイル数 + 10).Value = ファイル名
                Range("I" & 最下行 + メール番号).Value = "添付あり"
            End If
            End If
            End If
            End If
        Next ファイル番号 '次のファイルへ
    End If '添付ファイルの処理終了
End If '添付フォルダーの保存先パスが書いてあるかの確認終了
```

"jpg"
"png"
"bmp"

注意点として、If文を消す際、それと対になる「End If」も一緒に消さないとエラーになり動かなくなります。そのため、行を消すよりもキーワードの文字を変える方が、リスクが少ないです。例えば「"jpg"」という部分で拡張子がjpgの場合にダウンロードできなくしていますので、ここを「"xxx"」など、存在しない拡張子に変更すると、この行は実質効果を失い、行を消すよりかんたんで安全です。

》AutoMailerDraftの基本設定

AutoMailerの「設定シート」での基本設定は、次のようになっています。

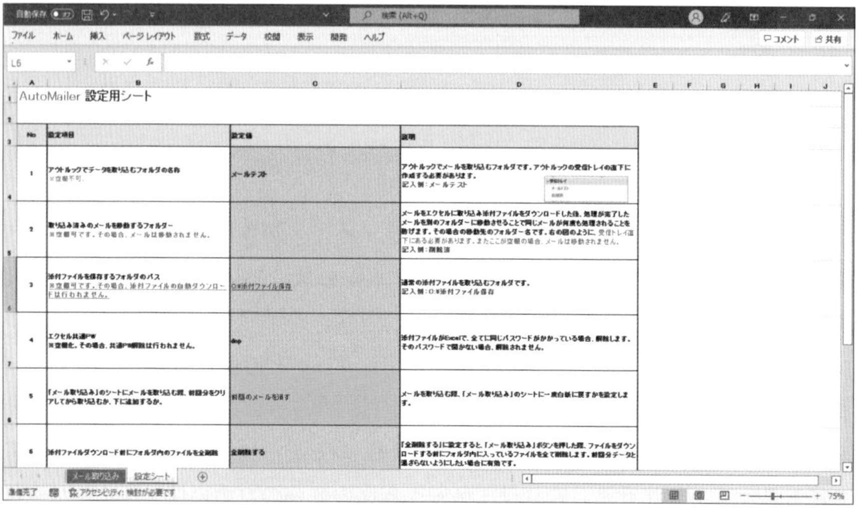

設定項目①Outlookでデータを取り込むフォルダの名称

このツールでは、Outlookの「受信トレイ」直下にあるフォルダーからメールを取り込みます。この設定項目では、そのフォルダーの名称を指定します。例えば「メールテスト」というフォルダーが処理対象の場合、「設定シート」に「メールテスト」と入力します。

設定項目②取り込み済みのメールを移動するフォルダー

このプログラムで処理が終わったメールを移動するフォルダーを指定します。移動先のフォルダーも、同じく「受信トレイ」直下にある必要があります。例えば、「処理済」のフォルダーに移動したい場合は、「処理済」と入力します。メールを移動する必要がない場合は、空欄としてください。

設定項目③添付ファイルを保存するフォルダーのパス

メールの添付ファイルを自動でダウンロードする機能を使う場合、ここに保存先のフォルダーのパスを入力します。例えばCドライブ直下の「添付ファイル保存」というフォルダーに保存したい場合、「C:¥添付ファイル保存」と入力します。添付ファイルをダウンロードしない場合は、空欄としてください。

設定項目④Excel共通PW

ダウンロードしたファイルの内、Excelファイルの共通パスワードを解除する機能を使う場合、ここにパスワードを入力します。この機能を使用しない場合は、空欄としてください。共通パスワードというのは、すべてのExcelファイルに同じパスワードがかかっている、という意味です。時折、パスワードを変更してしまう方がいますが、その場合は解除できず、そのファイルはスキップされます。

設定項目⑤「メール取り込み」のシートにメールを取り込む際、前回分をクリアしてから取り込むか、下に追加するか

「メール取り込み」のシートにメールを取り込む際、前回分のデータを消すか、消さないかを選択できます。「前回のメールを消す」を選択した場合、「メール取り込み」のシートの内容をすべて消去したあとにプログラムが起動します。データが混ざらないようにするための機能ですが、使い方をまちがえると大切なデータが消えてしまうのでご注意ください。

設定項目⑥添付ファイルダウンロード前にフォルダ内のファイルを全削除

このプログラムが動く際、事前にファイルをダウンロード先のフォルダー内にあるファイルをすべて削除するかどうかを選択できます。データが混ざらないようにするための機能ですが、重要なファイルを消してしまう可能性があるのでご注意ください。

設定項目⑦取り込むメール本文の文字数

メール本文をExcelに取り込む際、すべて取り込むとExcelに貼った時に見にくくなるため、文字数を制限する機能です。先頭から何文字残すかを、数字で指定します。なお、Excelはセルに最大32,767文字しか収納できません。そのため、この設定が未入力の場合も、最大32,766文字(1文字余裕を持っています)になるように制限をかけています。

これらすべての設定値を設定したあと、「メール取り込み」シートにある「メールを取り込み」ボタンをダブルクリックすると、処理が行われます。

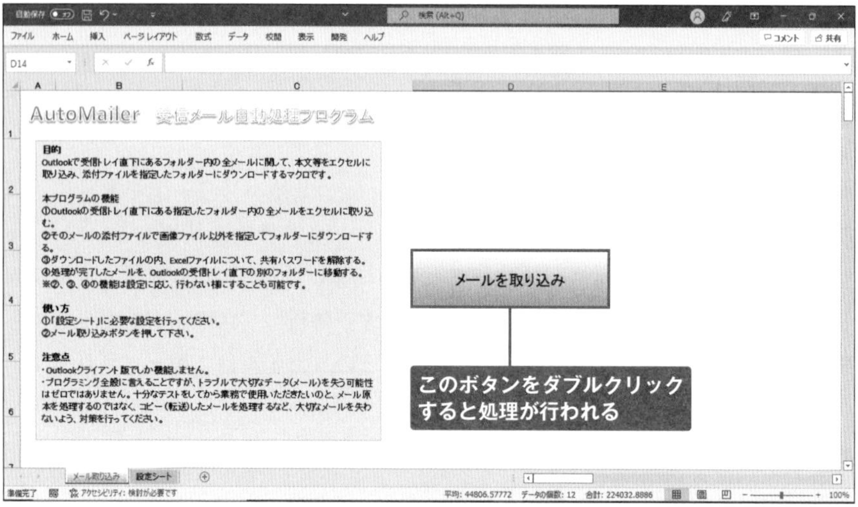

ファイル　ホーム　挿入　ページレイアウト　数式　データ　校閲　表示　開発　ヘルプ
D14
AutoMailer　受信メール自動処理プログラム
目的
Outlookで受信トレイ直下にあるフォルダー内の全メールに関して、本文等をエクセルに取り込み、添付ファイルを指定したフォルダーにダウンロードするマクロです。
本プログラムの機能
①Outlookの受信トレイ直下にある指定したフォルダー内の全メールをエクセルに取り込む。
②そのメールの添付ファイルで画像ファイル以外を指定してフォルダーにダウンロードする。
③ダウンロードしたファイルの内、Excelファイルについて、共有パスワードを解除する。
④処理が完了したメールを、Outlookの受信トレイ直下の別のフォルダーに移動する。
※②、③、④の機能は設定に応じ、行わない様にすることも可能です。
使い方
①「設定シート」に必要な設定を行ってください。
②メール取り込みボタンを押して下さい。
注意点
・Outlookクライアント版でしか機能しません。
・プログラミング全般に言えることですが、トラブルで大切なデータ(メール)を失う可能性はゼロではありません。十分なテストをしてから業務で使用いただきたいのと、メール原本を処理するのではなく、コピー(転送)したメールを処理するなど、大切なメールを失わないよう、対策を行ってください。
メールを取り込み
このボタンをダブルクリックすると処理が行われる
メール取り込み　設定シート
準備完了　アクセシビリティ: 検討が必要です

04 エクセル集計おまとめ君

》多数のExcelファイルを一覧表にまとめる

最後に、Excelファイル集計ツール「エクセル集計おまとめ君」に関してご説明します。このツールはOutlookとは無関係の、純粋なExcelプログラムです。このプログラムは、理論上どのようなExcelファイルであっても(※)、ボタン1個で複数のExcelファイルを一覧表にまとめ、集計できるというものです。「AutoMailer」を用いてExcelファイルをダウンロードしたあと、「エクセル集計おまとめ君」を使って一覧表に集計する、という使い方を想定しています。この方法を使うと、専任の作業者をつけて1日6時間程度かかっていた業務を、30分で完了させた例もあります。残る30分は、発注者の記入漏れ、変更やキャンセル依頼などの対応です。

※Excelの列は16,384列までですので、これを越える場合、データを取り込むことはできません

エクセル集計おまとめ君の機能

「エクセル集計おまとめ君」は、以下の機能を持っています。

①多数のExcelファイルを一覧表に集計できる
②集計の際、Excel関数を組み込み、値を整えることができる
③Excelファイルにパスワードがかかっている場合、自動で解除できる

エクセル集計おまとめ君の用途

「エクセル集計おまとめ君」には、以下の用途があります。

- Excelファイルで注文や報告を受ける
- 部署全員の日報をExcelファイルに集計する

エクセル集計おまとめ君の画面と操作

「エクセル集計おまとめ君」は、「集計結果」「設定」「FAQ」「取り込みシート」の4つのシートから構成されています。

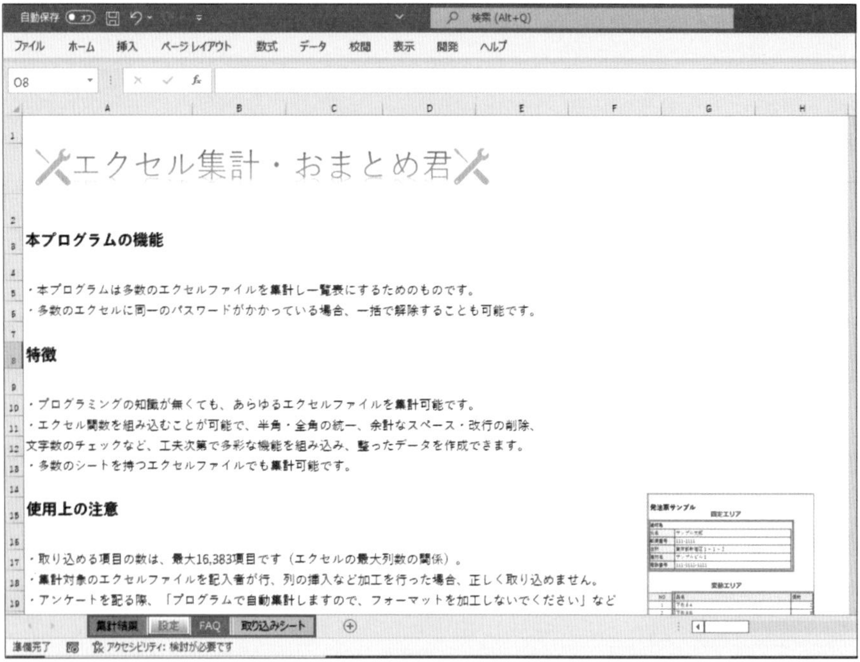

自動保存
検索 (Alt+Q)
ファイル　ホーム　挿入　ページレイアウト　数式　データ　校閲　表示　開発　ヘルプ
O8
エクセル集計・おまとめ君
本プログラムの機能
・本プログラムは多数のエクセルファイルを集計し一覧表にするためのものです。
・多数のエクセルに同一のパスワードがかかっている場合、一括で解除することも可能です。
特徴
・プログラミングの知識が無くても、あらゆるエクセルファイルを集計可能です。
・エクセル関数を組み込むことが可能で、半角・全角の統一、余計なスペース・改行の削除、
文字数のチェックなど、工夫次第で多彩な機能を組み込み、整ったデータを作成できます。
・多数のシートを持つエクセルファイルでも集計可能です。
使用上の注意
・取り込める項目の数は、最大16,383項目です（エクセルの最大列数の関係）。
・集計対象のエクセルファイルを記入者が行、列の挿入など加工を行った場合、正しく取り込めません。
・アンケートを配る際、「プログラムで自動集計しますので、フォーマットを加工しないでください」など
発注票サンプル
固定エリア
変動エリア
集計結果　設定　FAQ　取り込みシート
準備完了　アクセシビリティ: 検討が必要です

- 「集計結果」シート…Excelファイルを集計した一覧表です
- 「設定」シート…各種設定を行います
- 「FAQ」シート…使い方の補足説明です
- 「取り込みシート」シート…このシートをコピーし、集計対象のExcelファイルに事前に埋め込んでください

「集計結果」シートについて

「集計結果」シートは、Excelファイルを集計するための一覧表です。集計に必要な準備が終わったら、「集計開始」のボタンをクリックすることで集計されます。9行目の項目名に値を入れることで、結果を見やすくなります。

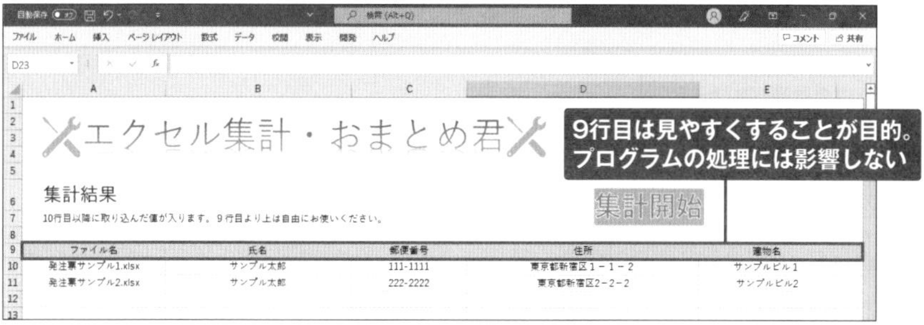
ファイル ホーム 挿入 ページレイアウト 数式 データ 校閲 表示 開発 ヘルプ
D23
エクセル集計・おまとめ君
集計結果
10行目以降に取り込んだ値が入ります。9行目より上は自由にお使いください。
集計開始
ファイル名 氏名 郵便番号 住所 建物名
発注票サンプル1.xlsx サンプル太郎 111-1111 東京都新宿区1－1－2 サンプルビル1
発注票サンプル2.xlsx サンプル太郎 222-2222 東京都新宿区2－2－2 サンプルビル2
9行目は見やすくすることが目的。
プログラムの処理には影響しない

「設定」シートについて

「設定」シートでは、各種設定を行います。

設定項目①集計対象ブックの置き場所

集計したいExcelファイルが入っているフォルダーのパスを設定します。「フォルダーを選択」ボタンをクリックすると選択画面が開くので、ここでフォルダーを選択します。「AutoMailer」と組み合わせて使用する場合、ファイルをダウンロードするフォルダーと同一にしておくと、ファイルを移動する手間が省けます。「フォルダーを開く」ボタンをクリックすると、設定したフォルダーを開くことができます。

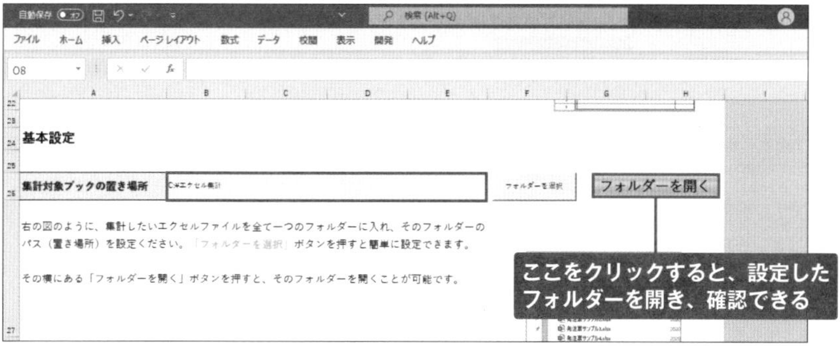
ファイル ホーム 挿入 ページレイアウト 数式 データ 校閲 表示 開発 ヘルプ
O8
基本設定
集計対象ブックの置き場所
フォルダーを選択
フォルダーを開く
右の図のように、集計したいエクセルファイルを全て一つのフォルダーに入れ、そのフォルダーのパス（置き場所）を設定ください。「フォルダーを選択」ボタンを押すと簡単に設定できます。
その横にある「フォルダーを開く」ボタンを押すと、そのフォルダーを開くことが可能です。
ここをクリックすると、設定した
フォルダーを開き、確認できる

設定項目②ブックの共通パスワード

集計するExcelファイルに共通パスワードがかかっている場合は、ここにパスワードを入力しておくと、自動で解除します。共通パスワードを使用していない場合は、空欄としてください。パスワードが変更されているExcelファイルがあった場合、そのファイルは集計対象外としてスキップされます。

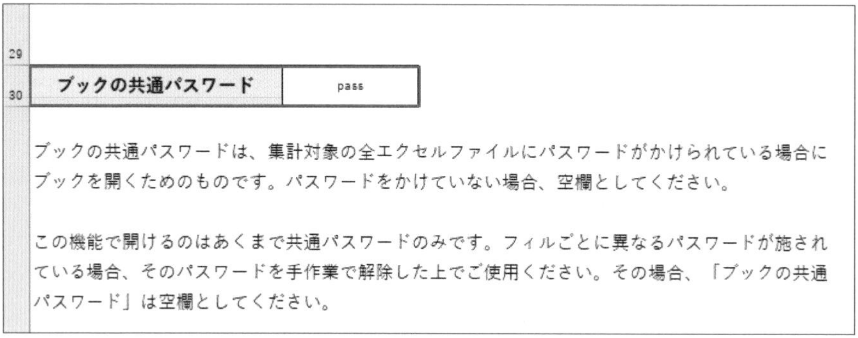

ブックの共通パスワード
pass
ブックの共通パスワードは、集計対象の全エクセルファイルにパスワードがかけられている場合にブックを開くためのものです。パスワードをかけていない場合、空欄としてください。
この機能で開けるのはあくまで共通パスワードのみです。フィルごとに異なるパスワードが施されている場合、そのパスワードを手作業で解除した上でご使用ください。その場合、「ブックの共通パスワード」は空欄としてください。

設定項目③前回分の結果を削除するか

「集計結果」シートに関して、前回プログラムを実行した際の結果を消すか、消さずに下に追記していくかの設定を行います。

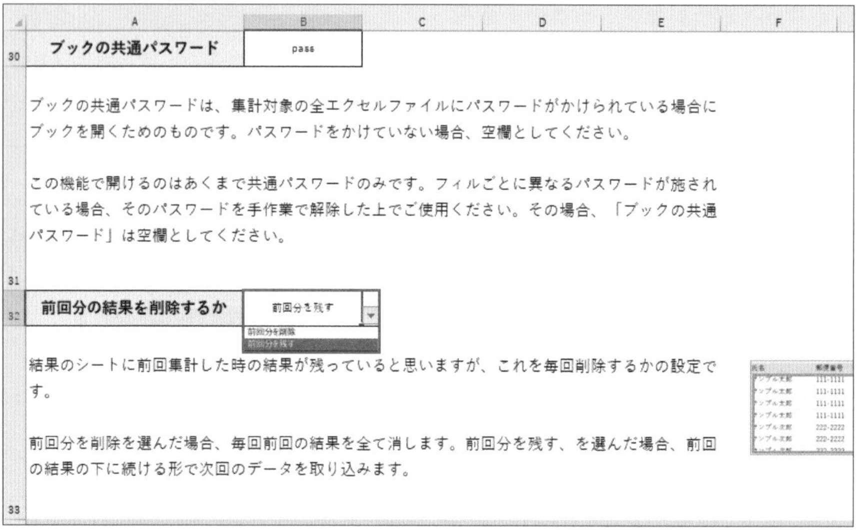

ブックの共通パスワード
pass
ブックの共通パスワードは、集計対象の全エクセルファイルにパスワードがかけられている場合にブックを開くためのものです。パスワードをかけていない場合、空欄としてください。
この機能で開けるのはあくまで共通パスワードのみです。フィルごとに異なるパスワードが施されている場合、そのパスワードを手作業で解除した上でご使用ください。その場合、「ブックの共通パスワード」は空欄としてください。
前回分の結果を削除するか
前回分を残す
前回分を削除
前回分を残す
結果のシートに前回集計した時の結果が残っていると思いますが、これを毎回削除するかの設定です。
前回分を削除を選んだ場合、毎回前回の結果を全て消します。前回分を残す、を選んだ場合、前回の結果の下に続ける形で次回のデータを取り込みます。

》「取り込みシート」シートについて

「エクセル集計おまとめ君」は、理論上、どのようなフォーマットのExcelファイルでもボタン1個で集計できますが、その種明かしがこのシートです。このシートをコピーし、事前に集計したいExcelファイルに組み込んでおきます。

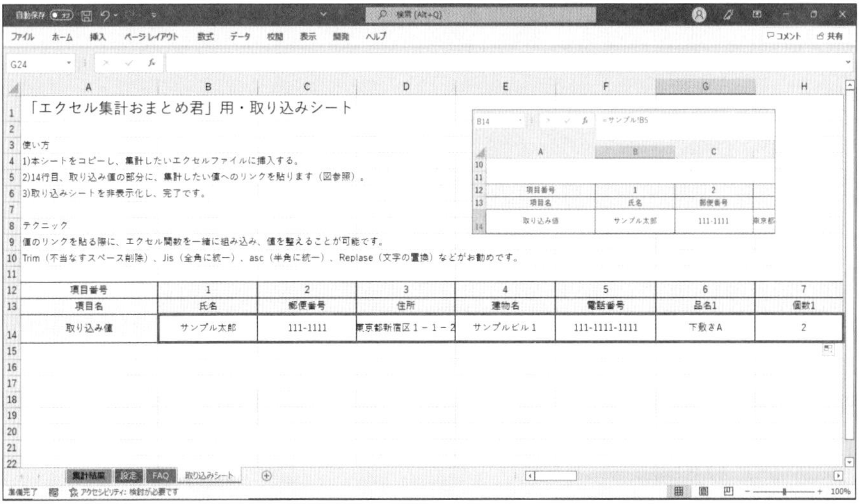
「エクセル集計おまとめ君」用・取り込みシート
使い方
1)本シートをコピーし、集計したいエクセルファイルに挿入する。
2)14行目、取り込み値の部分に、集計したい値へのリンクを貼ります（図参照）。
3)取り込みシートを非表示化し、完了です。
テクニック
値のリンクを貼る際に、エクセル関数を一緒に組み込み、値を整えることが可能です。
Trim（不当なスペース削除）、Jis（全角に統一）、asc（半角に統一）、Replase（文字の置換）などがお勧めです。
項目番号 1 2 3 4 5 6 7
項目名 氏名 郵便番号 住所 建物名 電話番号 品名1 個数1
取り込み値 サンプル太郎 111-1111 東京都新宿区１－１－２ サンプルビル１ 111-1111-1111 下敷きA 2
=サンプル!B5
集計結果 設定 FAQ 取り込みシート

そして、14行目のセルに「=(イコール)」を入力し、値を取り込みたいセルを指定してください。すべての項目を設定し終わったら、Excelファイルを上書き保存し、完成です。わからない方は、ダウンロードサンプルの中に実際に設定済みのExcelファイルを入れていますので、そちらをご覧ください。

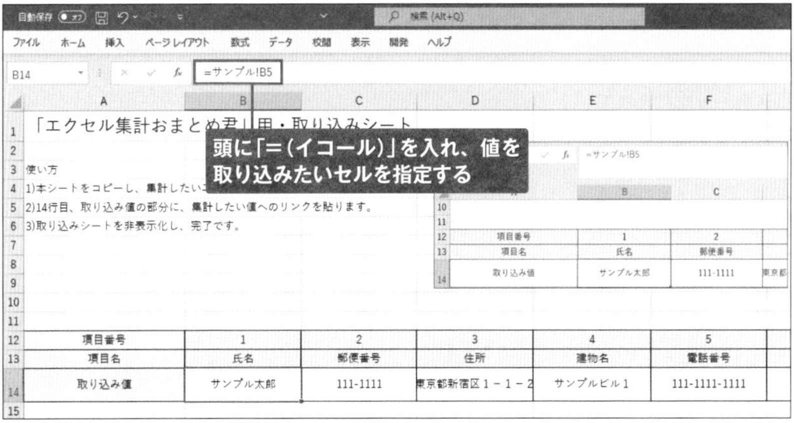
=サンプル!B5
頭に「=(イコール)」を入れ、値を取り込みたいセルを指定する
「エクセル集計おまとめ君」用・取り込みシート
使い方
2)14行目、取り込み値の部分に、集計したい値へのリンクを貼ります。
3)取り込みシートを非表示化し、完了です。
項目番号 1 2 3 4 5
項目名 氏名 郵便番号 住所 建物名 電話番号
取り込み値 サンプル太郎 111-1111 東京都新宿区１－１－２ サンプルビル１ 111-1111-1111

13 Outlook VBAによる「業務自動化ツール」を活用する

自動化

このプログラムのよい点は、設定作業に特別なスキルを要しない点です。VBAの知識がない方でも設定できます。もう1つのよい点は、集計時にExcel関数を組み込み、データを整えることができる点です。以下の画像のように「=JIS(サンプル!B5)」とすることで、「「サンプル」というシートのB5セルから値を取得」し、JIS関数によって「文字を全角文字に変換」しています。その他、不要なスペースを除去する「TRIM関数」、半角文字に統一する「ASC関数」、文字を置き換える「REPLACE関数」も使用できます。

皆様がご存知のすべてのExcel関数を組み込むことが可能ですが、「LAMBDA関数」のような最新の関数は使用しない方が安全です。対応していない古いExcelを利用している方がいる場合に、誤動作の原因になる可能性があります。「業務効率改善には枯れた技術がよい」とされています。最新の関数を組み込むことが必ずしも業務効率改善につながるわけではなく、安定した古い技術の方が優れている場合もあります。

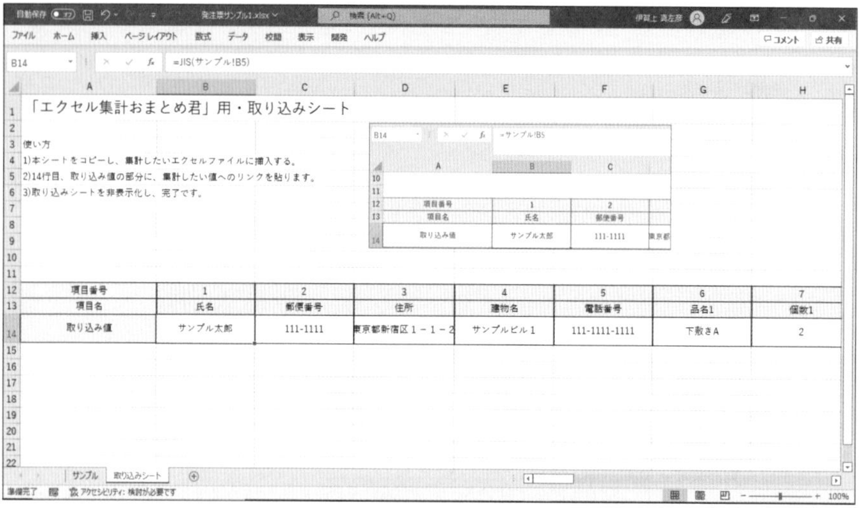

以上の準備が終わったら、「集計結果」シートに切り替え、「集計開始」ボタンをクリックしてください。問題がなければ、しばらく待つと一覧表が生成されます。A列に、データを取ってきたExcelファイルのファイル名が入りますので、確認したいデータがある場合は、それを参考にしてください。

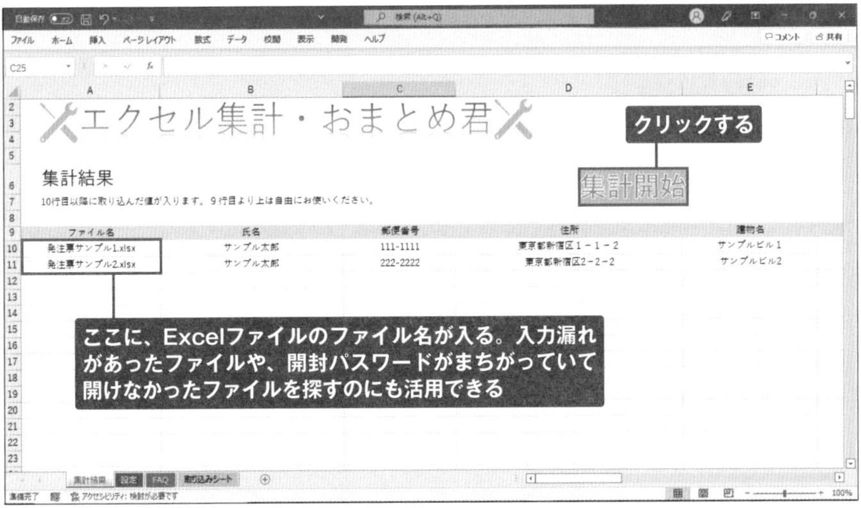

このプログラムの一番のリスクは、Excelファイルに入力した人が勝手にフォーマットを変更してしまう場合です。例えば、行や列の挿入・削除、シート名の変更などです。変更できないようにシートにロックをかけても、白紙のExcelファイルにコピーして編集するなど、抜け道はあります。

これに対応する手段は、集計するExcelファイルのどこかに、「プログラムで自動集計しますので、フォーマット等を変更しないでください。」と書いておく方法です。これだけで、フォーマットを加工する方は激減します。

Outlookの主要ショートカットキー一覧

基本操作のショートカット

操作	キー
アイテムを開く	Enter キー
ウィンドウやアイテムを閉じる	Esc キー
アイテムを削除する（ごみ箱に送る）	Delete キー
アイテムを削除する（アーカイブに送る）	Back space キー
操作を元に戻す	Ctrl キー + Z キー
すべてのアイテムを選択	Ctrl キー + A キー
選択範囲を切り取り	Ctrl キー + X キー
	Shift キー + Del キー
選択範囲をコピー	Ctrl キー + C キー
	Ctrl キー + Ins キー
コピーしたものを貼り付け	Ctrl キー + V キー
	Shift キー + Ins キー
選択した項目を印刷	Ctrl キー + P キー
最初のアイテムを選択	Home キー
最後のアイテムを選択	End キー
上にスクロール	Page Up キー
下にスクロール	Page Down キー
次のフィールドに移動	Tab キー
前のフィールドに移動	Shift キー + Tab キー
セクションの間を移動	F6 キー
カーソルを上に移動	↑ キー
カーソルを下に移動	↓ キー
カーソルを左に移動	← キー
カーソルを右に移動	→ キー
次の入力項目に移動	Alt キー + ↓ キー
前の入力項目に移動	Alt キー + ↑ キー
選択したグループを展開	→ キー
展開されたグループの最初のアイテムを選択	→ キー
選択したグループを折りたたむ	← キー

VBAのショートカット

操作	キー
Visual Basic Editor を開く	Alt キー + F11 キー
マクロを実行	Alt キー + F8 キー

ウィンドウのショートカット

操作	キー
「メール」ビューに切り替える	Ctrl キー + 1 キー
「予定表」ビューに切り替える	Ctrl キー + 2 キー
「連絡先」ビューに切り替える	Ctrl キー + 3 キー
「タスク」ビューに切り替える	Ctrl キー + 4 キー
「ノート」に切り替える	Ctrl キー + 5 キー
「フォルダー」ウィンドウに切り替える	Ctrl キー + 6 キー
「ショートカット」に切り替える	Ctrl キー + 7 キー
「履歴」に切り替える	Ctrl キー + 8 キー
「アドレス帳」に切り替える	Ctrl キー + Shift キー + B キー
前のビューに戻る	Alt キー + B キー
	Alt キー + ← キー
次のビューに進む	Alt キー + → キー
「ホーム」タブに切り替え	Alt キー + H キー
「ファイル」メニューに切り替え	Alt キー + F キー
「送受信」タブに切り替え	Alt キー + J キー、S キー
「フォルダー」タブを開く	Alt キー + O キー
「表示」タブに切り替え	Alt キー + V キー
次のメッセージに切り替える	Ctrl キー + > キー
前のメッセージに切り替える	Ctrl キー + < キー
ウィンドウ間を移動	Ctrl キー + Shift キー + Tab キー
	Shift キー + Tab キー
	Ctrl キー + Tab キー
リボンにアクセス キーを表示	Alt キー
	F6 キー
リボン要素のツールヒントを表示	Ctrl キー + Shift キー + F10 キー
分割ボタンを開く	Alt キー + ↓ キー
フォルダー ウィンドウまたは開いているメッセージで、メッセージ ヘッダー行を移動	Ctrl キー + Tab キー
別の「フォルダー」に移動	Ctrl キー + Y キー
前のメッセージに移動	Alt キー + ↑ キー
	Alt キー + Page Up キー
テキストをページダウン	Space キー
テキストをページアップ	Shift キー + Space キー
「送受信グループ」を開く	Ctrl キー + Alt キー + S キー

アイテムまたはファイルを作成するショートカット

操作	キー
新規アイテムを作成	Ctrl キー + N キー ※「メール」ビューなら新規メール、「予定表」ビューなら新規予定と、開いているビューによって作られるアイテムが異なる

操作	キー
「新規メール」を作成	Ctrl キー + Shift キー + M キー
「予定」を作成	Ctrl キー + Shift キー + A キー
「連絡先」を作成	Ctrl キー + Shift キー + C キー
「タスク」を作成	Ctrl キー + Shift キー + K キー
	Ctrl キー + Shift キー + Alt キー + U キー
「連絡先グループ」を作成	Ctrl キー + Shift キー + L キー
「FAX」を作成	Ctrl キー + Shift キー + X キー
「フォルダー」を作成	Ctrl キー + Shift キー + E キー
「会議」を作成	Ctrl キー + Shift キー + Q キー
「メモ」を作成	Ctrl キー + Shift キー + N キー
Microsoft Office ドキュメントを作成	Ctrl キー + Shift キー + H キー
検索フォルダーを作成	Ctrl キー + Shift キー + P キー

書式設定のショートカット（本文がテキスト形式の場合は使用不可）

操作	キー
リボンの「書式」タブを表示	Alt キー + O キー
「フォント」ダイアログ ボックスを表示	Ctrl キー + Shift キー + P キー
選択した最初の文字の大文字と小文字を切り替える	Shift キー + F3 キー
標準スタイルを設定	Ctrl キー + Shift キー + N キー
大文字と小文字を切り替え	Ctrl キー + Shift キー + K キー
太字を設定	Ctrl キー + B キー
箇条書きを設定	Ctrl キー + Shift キー + L
斜体を設定	Ctrl キー + I キー
インデントを設定	Ctrl キー + T キー
インデントを解除	Ctrl キー + Shift キー + T キー
テキストの中央揃えを設定	Ctrl キー + E キー
下線を設定	Ctrl キー + U キー
フォントのサイズを大きく	Ctrl キー + Shift キー + > キー
	Ctrl キー +] キー
フォントのサイズを小さく	Ctrl キー + Shift キー + < キー
	Ctrl キー + [キー
書式設定をクリア	Ctrl キー + Shift キー + Z キー
	Ctrl キー + Space キー
次の語を削除	Ctrl キー + Shift キー + H キー
テキストを揃える	Ctrl キー + Shift キー + J キー
スタイルを適用	Ctrl キー + Shift キー + S キー
ハイパーリンクを挿入	Ctrl キー + K キー
段落を右揃え	Ctrl キー + R キー
段落を左揃え	Ctrl キー + L キー
段落書式を解除	Ctrl キー + Q キー

検索のショートカット

操作	キー
検索	F3 キー
	Alt キー + Q キー
	Ctrl キー + E キー
検索対象を「すべてのメール アイテム」「すべての予定表アイテム」または「すべての連絡先アイテム」に拡大	Ctrl キー + Alt キー + A キー
「高度な検索」を開く	Ctrl キー + Shift キー + F キー
「現在のフォルダー」で検索	Ctrl キー + Alt キー + K キー
「サブフォルダー」に拡大し検索	Ctrl キー + Alt キー + Z キー

メールのショートカット

操作	キー
メッセージに「返信」	Ctrl キー + R キー
メッセージに「全員に返信」	Ctrl キー + Shift キー + R キー
メッセージを「転送」	Ctrl キー + F キー
「会議出席依頼」で返信	Ctrl キー + Alt キー + R キー
メッセージを添付ファイルとして「転送」	Ctrl キー + Alt キー + F キー
メールを送信	Ctrl キー + Enter キー
	Alt キー + S キー
「受信トレイ」に切り替える	Ctrl キー + Shift キー + I キー
「送信トレイ」に切り替える	Ctrl キー + Shift キー + O キー
メッセージに迷惑メールではないメールのマークを付ける	Ctrl キー + Alt キー + J キー
ブロックされた外部コンテンツを表示する(メッセージ内)	Ctrl キー + Shift キー + I キー
フォルダーに投稿	Ctrl キー + Shift キー + S キー
すべてのフォルダーを送受信	F9 キー
	Ctrl キー + M キー
メッセージウィンドウを開く	Ctrl キー + O キー
会話を削除して無視	Ctrl キー + Shift キー + D キー
「既読」を設定	Ctrl キー + Q キー
「未読」を設定	Ctrl キー + U キー
「フラグ」を追加	Ins キー
「フラグ」を表示	Ctrl キー + Shift キー + G キー
「プロパティ」を表示	Alt キー + Enter キー
アイテムをダウンロード用にマーク	Ctrl キー + Alt キー + M キー
アイテムを保存	Ctrl キー + S キー
「名前を付けて保存」を開く	F12 キー

フォルダーのショートカット

操作	キー
選択した項目を開く	Space キー
選択したフォルダーに投稿	Ctrl キー＋Shift キー＋S キー
選択したフォルダーに返信を投稿	Ctrl キー＋T キー
「フォルダー」ウィンドウから「メッセージ」ボックスの一覧に移動	Space キー
	Enter キー
フォルダーの一覧で選択したフォルダーの名前を変更	F2 キー
フォルダー名の最初の文字を入力して、フォルダーにジャンプ	フォルダー名の先頭文字

「メール」ビューのショートカット

操作	キー
複数アイテムを 選択（下方向）	Shift キー＋↓キー
複数アイテムを 選択（上方向）	Shift キー＋↑キー
選択範囲を変更せずに、前、もしくは次のアイテムに移動	Ctrl キー＋↓キーもしくは↑キー
隣接する複数のメッセージを選択	Shift キー＋↓キーもしくは↑キー
アクティブなアイテムの選択状態を切り替える	Ctrl キー＋Space キー
複数の非隣接メッセージを選択	Ctrl キーを押しながら↑キーもしくは↓キーを押し、Space キーでメッセージを選択
	Ctrl キーを押しながらメッセージをマウスでクリック
メッセージをフォルダーに移動	Ctrl キー＋Shift キー＋V
「ブロックされたコンテンツ」メニューを表示	Ctrl キー＋Shift キー＋W キー
フォルダーにアイテムをコピー	Ctrl キー＋Shift キー＋Y キー

「予定表」ビューのショートカット

操作	キー
翌日に移動	Ctrl キー＋→キー
前日に移動	Ctrl キー＋←キー
翌週に移動	Alt キー＋↓キー
前週に移動	Alt キー＋↑キー
翌月に移動	Alt キー＋Page Down キー
前月に移動	Alt キー＋Page Up キー
週初めに移動	Alt キー＋Home キー
週末に移動	Alt キー＋End キー
予定表に1日を表示	Alt キー＋1 キー
予定表に2日間を表示	Alt キー＋2 キー
予定表に3日間を表示	Alt キー＋3 キー
予定表に4日間を表示	Alt キー＋4 キー
予定表に5日間を表示	Alt キー＋5 キー
予定表に6日間を表示	Alt キー＋6 キー
予定表に7日間を表示	Alt キー＋7 キー
予定表に8日間を表示	Alt キー＋8 キー
予定表に9日間を表示	Alt キー＋9 キー

操作	キー
予定表に10日間を表示	Alt キー + 0 キー
毎日のビューを表示	Alt キー + H キー + R キー
	Ctrl キー + Alt キー + 1 キー
前の予定に移動	Ctrl キー + < キー
次の予定に移動	Ctrl キー + < キー
特定の日付に移動	Ctrl キー + G キー
	Alt キー + H キー + L キー
「月」ビューに切り替える	Alt キー + = キー
	Ctrl キー + Alt キー + 4 キー
「稼働日」ビューに切り替える	Ctrl キー + Alt キー + 2 キー
「完全な週」ビューに切り替える	Alt キー + − キー
	Ctrl キー + Alt キー + 3 キー
アラームが表示されたら、予定を開く	Alt キー + O キー
アラームを解除	Alt キー + D キー
リマインダーをスヌーズ	Alt キー + S キー
開いている予定または会議に「定期的な予定」を設定	Ctrl キー + G キー
メッセージで「返信」	Ctrl キー + R キー
メッセージで「全員に返信」	Ctrl キー + Shift キー + R キー

「連絡先」のショートカット

操作	キー
アドレス帳の検索	F11 キー
特定の文字で始まる最初の連絡先に移動	Shift キー、続いて文字
選択した連絡先を件名として含むメッセージを作成	Ctrl キー + F キー
選択した連絡先の連絡先フォームを開く	Ctrl キー + O キー
連絡先グループメンバーの一覧を更新	F5 キー
別のフォルダーに移動	Ctrl キー + Y キー
連絡先に新しい通話をダイヤル	Ctrl キー + Shift キー + D キー

「タスク」のショートカット

操作	キー
選んだアイテムを開く	Ctrl キー + O キー
タスクを承諾	Ctrl キー + C キー
タスクを辞退	Ctrl キー + D キー
選択したアイテムを削除	Ctrl キー + D キー
進捗状況を終了に	Ins キー
「フォルダーへ移動」 を開く	Ctrl キー + Y キー
タスクを添付ファイルとして転送	Ctrl キー + F キー

索引

は行

ま行

や行

ら・わ行

今後のプログラミングの勉強方法

ここまで読んでいただき、ありがとうございました。本書ではじめてOutlook VBAを学習されたという方も多かったのではないかと思うのですが、印象はいかがだったでしょうか？　今後も継続してプログラミングを勉強をしたいという方のために、本書の最後におすすめのWebサイトや書籍、勉強方法をご紹介したいと思います。

なお、筆者はBPR（ビジネスプロセス・リエンジニアリング：業務革新）コンサルタント／エンジニアの仕事も行っていますが、BPRコンサルタント／エンジニアになるには「これを覚えなくてはいけない」といった明確な決まりはありません。ここでご紹介するのは、あくまで一例です。皆様の普段の業務に役に立つよう、アレンジしてお使いください。

》①Outlook VBAを引き続き学習される場合のおすすめ

Outlook VBAは書籍の情報がほとんど存在せず、Webでの学習が主となります。下記は、Microsoftの公式HPです。情報量が非常に多く、ここに書かれていることをすべて習得するのは困難ですし、必要もありません。辞書として、わからないことをピンポイントで調べるために使うとよいでしょう。

- **Microsoft HP**

  日本語サイトURL

  https://docs.microsoft.com/ja-jp/office/vba/api/overview/outlook

  英語サイトURL

  https://docs.microsoft.com/en-us/office/vba/api/overview/outlook

また以下の「OUTLOOK研究所」には、業務でそのまま活用できるプログラムが多数掲載されています。勉強を始めたばかりの方は、ご自分でゼロからプログラムを作るということは困難です。本書や、こちらのサイトに書かれているプログラムの中からご自分が作りたいと考えているプログラムを探し、それを解析したり、改造したりすることから始めるとよいでしょう。

- **OUTLOOK研究所**

  https://outlooklab.wordpress.com/

》②Excel VBAを学習される場合のおすすめ

Outlook VBAをある程度習得されたら、次はExcel VBAを勉強するとよいでしょう。Outlook VBAと文法が同じですし、2つを混ぜて使用することも可能です。Excel VBAを習得する際にまず知っておくべきことは、本書でもご紹介した「マクロの記録」機能です。人が手で行うマウスやキーボードの動きを記録し、VBAのプログラムを自動で生成します。これを使うだけで、皆さんが普段行っている仕事をボタン1個に集約できることもあります。

Excel VBAはOutlook VBAと異なり、たくさんの書籍が出ていますし、Webの情報も豊富です。まずは書店に行き、自分がよいと感じた本を購入してみるとよいでしょう。その中でも、筆者はこちらの本を特におすすめしています。

- **たった1秒で仕事が片づくExcel自動化の教科書（吉田 拳氏著）**

この本では、業務経験が豊富な著者が、現場の仕事を効率化する上で重要なポイントをわかりやすく説明してくれています。業務でExcelを使用している方が、ご自分の仕事を自動化したいと考えた際に適した書籍です。

》③ブラウザ操作の自動化はPythonがおすすめ

近年、業務用アプリの多くがブラウザ上で動くようになっています。そのため、業務自動化のためにはブラウザ操作の自動化が重要となっています。しかし、ブラウザ操作の自動化はOutlookやExcelの自動化と比べて高度なテクニックが必要です。また、Webサイトのデザイン変更やブラウザのバージョンアップによってプログラムが突然動かなくなるリスクも抱えています。ブラウザ操作の自動化は、プログラミングにある程度慣れてからチャレンジすることをおすすめします。

VBAも、IE（Internet Explorer）を自動化する機能を持っています。しかし、2022年6月にIEのサポートが切れたことで、この機能を使い続けることは推奨できなくなりました。ブラウザ操作の自動化を行う場合は、プログラミング言語「Python」を使用するのがおすすめです。

「Python」は、VBAと異なり頻繁にバージョンアップが行われ、文法が変更されることもあります。古い書籍やWebで学習すると、まちがった文法で覚えてしまうリスクがあります。初心者の方は、書店でその時の最新の書籍を購入し、学習することをおすすめします。下記は、Pythonを学習する上でおすすめのサイトです。

- **Microsoft「playwright-python」**
  https://github.com/microsoft/playwright-python

「playwright-python」は、Microsoftが開発、公開しているブラウザ操作自動化用のPython用ライブラリ（無料）で、Pythonに組み込んで使用します。ブラウザ操作を自動化するためのライブラリは他にも複数存在しますが、それらは「ブラウザがバージョンアップすると動かなくなる」というリスクを抱えています。「playwright-python」は、「自動化専用のブラウザを別に持つ」という独自の手法によってその問題を解決しているため、長期間、安定して動作します。

「playwright-python」のもう1つの特徴は、Excel VBAと同様、「レコーディング機能」を持っているということです。人間が手で行う操作を記録し、Pythonのプログラムを自動で生成します。そのため初心者の方でも、短時間の学習で業務自動化プログラムを作成できます。

またプログラミング言語ではありませんが、Microsoftが無料で提供するアプリ「Power Automate For Desktop」も、ブラウザ操作を自動化する機能を持っています。「Power Automate For Desktop」を学習したい場合は、下記の書籍がおすすめです。

- **できるPower Automate Desktop ノーコードで実現するはじめてのRPA（あーちゃん氏著）**

本書は製造業の人事総務を行っていた「あーちゃん」氏が執筆したもので、初心者の方にもわかりやすく解説されています。

このように、「パソコン業務の自動化」には「VBA」「Python」「Power Automate For Desktop」など多数の手法が存在します。「どれから先に覚えるか」は、下記のような特徴を把握した上で、皆さんが普段行われている業務に応じて決められるのがよいと思います。普段使用していないアプリの自動化方法を習得しても、使う機会がありません。

VBAの特徴

- Microsoft Officeの自動化が得意
- それ以外の自動化は苦手
- Excelの「マクロの記録」機能などにより、初心者でも覚えやすい

Pythonの特徴

- ブラウザ操作の自動化からAIやゲームの開発まで、何でもできる万能言語
- 海外では小学校、日本でも中学校で教える程度に文法がかんたん
- Microsoft Officeの自動化はVBAと比較して苦手

Power Automate For Desktopの特徴

- Windowsユーザーは無料で使える、業務自動化専用アプリ
- Microsoft Officeの自動化はVBAと比較して苦手
- 新しいアプリのため、書籍やWebの情報が少ない

業務自動化の分野では、今後「Power Automate For Desktop」が主力になる可能性があります。とはいえ新しいアプリのため、今後定着するかどうかは未知数です。また、「VBA」や「Python」ほど高度な処理も行えません。そのため業務自動化に関して、現時点では「VBA」と「Python」が優勢と考えます。プログラミングが苦手な方は、プログラミング不要な「Power Automate For Desktop」から勉強を始めるのもよいでしょう。

参考文献

「Inbox Zero: Cutting Through the Crap to Do the Work That Matters」Merlin Mann

「Getting Things Done（邦題：仕事を成し遂げる技術 —ストレスなく生産性を発揮する方法）」David Allen

「アウトルック最速仕事術 年間100時間の時短を実現した32のテクニック」森新

「Outlook　最強の仕事術　仕事が速い人は「5秒」で決める！」石川 和男

「処理時間が10分の1になるスゴ技80 アウトルック最強のメール仕事術」山中 薫

「たった1秒で仕事が片づくExcel自動化の教科書」吉田 拳

参考URL

- **Merlin Mann氏のブログ「43-folders」**

http://www.43folders.com/43-folders-series-inbox-zero

- **Adobe社「2019 Consumer Email Survey」**

https://www.adobe.com/jp/news-room/news/201910/20191010_2019-consumer-email-survey.html

- **日本ビジネスメール協会「ビジネスメール実態調査2021」**

https://businessmail.or.jp/research/2021-result/

- **サイバーソリューションズ社「メール誤送信の実態調査」**

https://download.cybersolutions.co.jp/wp/missend_2022

- **Microsoft 日本語サイト**

https://docs.microsoft.com/ja-jp/office/vba/api/overview/outlook

- **Microsoft 英語サイト**

https://docs.microsoft.com/en-us/office/vba/api/overview/outlook

- **OUTLOOK研究所**

https://outlooklab.wordpress.com/

- **ダイヤモンド・オンライン「ビル・ゲイツも実践する生産性向上法、ディープ・ワークとは？」**

https://diamond.jp/articles/-/109667

著者プロフィール

伊賀上真左彦
株式会社シーピーデザインコンサルティング所属
ライトなITエンジニア育成コンサルタント
BPR（業務革新）コンサルタント

30歳台後半の時、リーマンショックの影響を受け、コールセンターの事務職という未経験の職種で再出発した経験を持つ。そこで自分自身の能力の低さを実感し、それを補う目的から、プログラミングをはじめとするITスキルを独自に習得、研究を開始した。目標は「すべてのパソコン仕事を自動化すること」。やがてコールセンター内の開発チームのリーダーとして、業務の設計やプログラム開発、メンバーへのIT教育を担当するようになった。現在は、年齢や職種を問わずプログラミングを当たり前の道具として使っていけるように、「ライトなITエンジニア育成コンサルタント」を生業としている。

● レイアウト・作図・本文デザイン　株式会社リンクアップ
● ブックデザイン　小口 翔平 ＋ 須貝 美咲（tobufune）
● 編集　大和田 洋平

■問い合わせについて

本書の内容に関するご質問は、下記の宛先まで FAX または書面にてお送りください。なお電話によるご質問、および本書に記載されている内容以外の事柄に関するご質問にはお答えできかねます。あらかじめご了承ください。

〒162-0846
東京都新宿区市谷左内町 21-13
株式会社技術評論社　書籍編集部
「Outlook ビジネスメール効率化 & 自動化の教科書」質問係
FAX：03-3513-6167
Web：https://book.gihyo.jp/116

※ご質問の際に記載いただいた個人情報は、ご質問の返答以外の目的には使用いたしません。また、ご質問の返答後は速やかに破棄させていただきます。

Outlook《アウトルック》 ビジネスメール効率化《こうりつか》 &《アンド》 自動化《じどうか》の教科書《きょうかしょ》

2022 年 9 月 27 日　初版　第 1 刷発行

著者　伊賀上《いがうえ》 真左彦《まさひこ》
発行者　片岡 巖
発行所　株式会社技術評論社
東京都新宿区市谷左内町 21-13
電話：03-3513-6150　販売促進部
03-3513-6160　書籍編集部
印刷／製本　日経印刷株式会社

造本には細心の注意を払っておりますが、万一、乱丁（ページの乱れ）や落丁（ページの抜け）がございましたら、小社販売促進部までお送りください。送料小社負担にてお取り替えいたします。

ISBN978-4-297-13012-1 C3055

Printed in Japan